高等教育“十二五”规划教材

企业组网技术

温建京　王　东　主　编

安淑梅　　主审

化学工业出版社

·北京·

本书根据组网技术的知识结构共分为九个工作任务，分别是工程认识、规划设计、设备安装、内网部署、外网部署、资源部署、安全部署、工程验收和运维管理。切合职业教育目标，重点培养职业能力，侧重技能传授。大量的经典真实案例，实训内容具体详细，与就业市场紧密结合。系统地介绍了组网工程的基本概念、设计标准、施工技术、测试技术、验收规范、运维管理等，将组网技术中完整的技术路线逐步展示给学生。

本课程融合了锐捷 RCNA 网络工程师和 CISCO 网络工程师相应的知识与技能要求，强化培养学生的岗位职业技能和职业素质，实现学生的培养与企业的需要“零距离”接轨。

本书在概念的讲述上循序渐进、由浅入深，内容安排上重点突出、全面系统，语言组织上通俗易懂，适合作为高职、中职院校计算机网络、计算机控制、计算机软件、计算机应用等专业的教材，也可作为 IT 网络从业者、企业网管、公司的网络工程技术人员的培训教材或阅读参考资料。

图书在版编目（CIP）数据

企业组网技术 / 温建京，王东主编. —北京：化学工业出版社，2013.6

高等教育“十二五”规划教材

ISBN 978-7-122-17339-3

Ⅰ. ①企… Ⅱ. ①温… ②王… Ⅲ. ①企业-计算机网络-高等学校-教材 Ⅳ. ①TP393.18

中国版本图书馆 CIP 数据核字（2013）第 097634 号

责任编辑：廉　静　　　　装帧设计：王晓宇

责任校对：吴　静

出版发行：化学工业出版社（北京市东城区青年湖南街 13 号　邮政编码 100011）

印　　装：大厂聚鑫印刷有限责任公司

787mm×1092mm　1/16　印张 19½　字数　484　千字　　2013 年 8 月北京第 1 版第 1 次印刷

购书咨询：010-64518888（传真：010-64519686）　　售后服务：010-64518899

网　　址：http: // www. cip. com. cn

凡购买本书，如有缺损质量问题，本社销售中心负责调换。

定　　价：39.00 元

前　　言

“企业组网技术”是计算机网络技术专业学生在工学结合岗位实习期间学习的一门专业核心课程。本书根据高职示范院校的教学特点以及课程改革的需要，从企业组网工程的实际应用出发，比较系统完整地介绍了组网系统的基本知识、常用材料、设计方法、施工技术、工程测试、验收维护和实际案例应用，特别强调了企业组网系统项目的开发以及读者职业能力的培养，给学生一个清晰的学习路线。本书由来自教学和实践一线的经验丰富的工程师和教师编写，通过对各种情境的学习，培养了读者的职业能力，提高了读者分析问题、解决问题的能力，为读者适应工作岗位打下了良好的基础。

本书特色如下：

①“企业组网技术”课程从企业组网的工作环境入手，围绕企业组网工作的实际需要，设计了一系列真实、连贯的工程案例脚本，采用“任务描述-任务目标-相关知识-任务实施-总结回顾-技能训练”的教学模式，融入大量的职业素质教育要素，引导读者在学习中掌握企业组网所需要的知识和技能。

② 把实际工作经验融入教学当中，摒弃过时的标准，系统地介绍了组网工程的基本概念、设计标准、施工技术、测试技术、验收规范、运维管理等，将组网技术中完整的技术路线逐步展示给学生，也结合了当前企业组网工程的新概念、新技术；

③ 本课程融合了锐捷 RCNA 网络工程师和 CISCO 网络工程师相应的知识与技能要求，强化培养学生的岗位职业技能和职业素质，实现学生的培养与企业的需要“零距离”接轨。

④ 在项目实施上，既可以采用真实的网络设备组建网络来完成，也可以采用虚拟工具 Packet Trace5.3.3 或 DynamipsGUI_2.8 来实现，使得实践教学条件不足的学校也能按照教材完成教学内容，锻炼学生的综合职业能力。

本书根据组网技术的知识结构共分为九个工作任务，分别是工程认识、规划设计、设备安装、内网部署、外网部署、资源部署、安全部署、工程验收和运维管理，涉及到系统集成行业的售前、售中和售后，切合职业教育目标，重点培养职业能力及职业规范，侧重技能传授。含有大量的经典真实案例，实训内容具体详细，与就业市场紧密结合。

本书在概念的讲述上循序渐进、由浅入深，内容安排上重点突出、全面系统，语言组织上通俗易懂，适合作为高职、中职院校计算机网络、计算机控制、计算机软件、计算机应用等专业的教材，也可作为 IT 网络从业者、企业网管、公司的网络工程技术人员的培训教材或阅读参考资料。本书为国家示范高职院校——山西工程职业技术学院建设项目成果教材，也可作为各省计算机职业技能大赛参考用书。本书建议学时为 56。

教学安排建议表

序号	工作任务	建议课时	备注
1	任务一：工程认识	4	
2	任务二：规划设计	6	
3	任务三：设备安装	6	
4	任务四：内网部署	8	
5	任务五：外网部署	8	
6	任务六：资源部署	8	
7	任务七：安全部署	8	
8	任务八：工程验收	4	
9	任务九：运维管理	4	

本教材由山西工程职业技术学院温建京和中北大学王东担任主编，锐捷网络大学安淑梅主审，本书的编写人员是由长期从事网络工程技术的人员和一线教学的老师组成。本教材中工作任务一、四、七和附录部分由温建京编写；工作任务二、三、八由王东编写；工作任务五由焦锋编写；工作任务六由中北大学秦品乐编写；工作任务九由王晓红编写；全书由温建京老师统稿。

本书是山西省省级精品课程配套教材，配合本书进行的课程教学开发已完成，相关教案、PPT 课件和学生工作任务单等教学资讯有需要的老师请给 sxgywjj@yahoo.com.cn 邮箱电函索取。

本教材得到了太原理工大学任新华教授，中北大学王福明教授的关心帮助，在此编者一并表示衷心的感谢。由于编者的水平有限，书中缺点及不妥之处在所难免，真诚希望使用本教材的老师和读者批评指正。

主编：温建京

2013 年 5 月

目录

工作任务一　工 程 认 识

任务描述

随着信息技术的快速发展，越来越多的企业正加速实施基于基础信息化网络平台整体建设，以提高企业的服务水平和核心竞争力。京通公司深刻认识到业务要发展必须提高企业内部核心竞争力，建立一个方便、快捷、安全的通信网络综合信息支撑系统，已迫在眉睫。

京通公司是一家电脑配件生产、销售的一体化公司。经过多年的努力与发展，已具一定的规模，现有员工 500 多人，两家分公司，分别负责电脑配件生产、销 售、售后维修等公司相关业务，另外公司 ERP 系统将在半年内实施运行。

京通公司信息系统主要建设一个企业信息系统，它以管理信息为主体，连接生产、研发、销售、行政、人事、财务等子系统，是一个面向公司的日常业务、立足生产、面向社会，辅助领导决策的计算机信息网络系统。

任务目标

① 了解企业网络工程项目的背景和现状；

② 熟悉网络系统采用开放、标准的网络协议；

③ 熟悉企业网络系统集成的内容；

④ 掌握企业网络的现状和建设目标；

⑤ 掌握企业组网工程项目调研方法；

⑥ 掌握企业组网系统的安全与防范机制；

⑦ 掌握企业组网项目计划编写方法。

相关知识

灵活掌握以前学过的 STP、RSTP、VLAN、DHCP、堆叠、链路聚合等局域网技术，进行局域网的规划设计和方案制定；灵活掌握以往学过的 PPP、ACL、NAT、RIP、OSPF 等技术，进行广域网的规划设计和方案制定。

① 构造一个既能覆盖本地又能与外界进行网络互通、共享信息、展示企业的计算机企业网；

② 选用技术先进、具有容错能力的网络产品，在投资和条件允许的情况下也可采用结构容错的方法；

③ 完全符合开放性规范，将业界优秀的产品集成于该综合网络平台之中；

④ 具有较好的可扩展性，为今后的网络扩容作好准备；

⑤ 整个公司计划采用 10M 光纤接入到运营商提供的 Internet，同时与分公司网络互联；

⑥ 设备选型必须在技术上具有先进性、通用性，且必须便于管理维护。应具备未来良好的可扩展性、可升级性，保护公司的投资。设备要在满足该项目的功能和性能上还具有良好的性价比。设备在选型上要拥有足够实力和市场份额的主流产品，同时也要有好的售后服务。

任务实施

步骤一、企业网络建设内容

1. 企业需要网络建设的原因

中小企业是我国国民经济的重要组成部分。有资料显示：我国有 1000 多万家中小企业，其生产总值、实现利税和外贸出口额分别占全国总量的 60%、40%和 60%。与我国大型企业乃至世界先进工业国家的中小企业相比，我国中小企业明显存在着人才缺乏、资金短缺、技术落后、信息滞后、管理水平低和协同能力差等一系列问题，严重影响着中小企业的快速、稳定和持续发展。

为了进一步提高中小企业的生存与发展能力，中小企业必须理性的面对和把握当今世界经济全球化和全球信息化环境，以及中国企业缺乏有效管理带来的挑战和压力，并从企业发展战略高度审视企业信息化建设的作用与价值，尽快、科学的做出应用协同商务、供应链管理、企业资源计划、业务模式重组、产品协同研发和信息技术的决策，并逐步落到实处。具体而言，就是将企业的管理技术、研发技术、制造技术、信息技术和网络技术有机的结合起来，通过有效的应用，推动供应链协同商务模式、相互信任和双赢机制的创新、企业管理模式和业务流程的创新、产品研发模式和设计理念的创新、产品制造模式和方法的创新，从而全面提升中小企业竞争力。

在信息化的现代社会,企业的运作模式也发生了根本性变化。如何利用不断涌现的信息技术，增强企业核心竞争力？如何把 IT 部门的运营效率转换成为业务发展的驱动力？如何通过对信息技术的持续投入，获取更多商业回报？是每个中小企业信息化主管心中永远在思考的问题。通过组建计算机网络来提高企业运作效率已势在必行。在中国新一轮的经济增长中，中小企业将扮演重要角色。在今天的市场竞争条件下，许多中小企业都在追求高效的管理与沟通方法，发展跨地区、跨国业务，促进客户服务，增强企业的市场竞争力。市场的全球化竞争已成为趋势。对于中小企业来说，在调整发展战略时，必须考虑到市场的全球竞争战略，而这一切将以信息化平台为基础，以网络通畅为保证。随着市场竞争日益激烈，如何及时、准确地获取第一手信息，如何提高公司运作效率，如何有效降低公司运营成本已经越来越被中小企业所认识。中小企业迫切需要提高公司竞争力，需要实现公司信息化，而网络无疑为他们提供了一个很好的解决手段。

中小企业建网，主要由于以下三方面因素的要求。

首先，“大环境”要求中小企业上网。当今社会已步入信息时代。企业面向的不仅仅是某个地区，而更应该看得更远，因为远在千里之外的人很可能正需要你的产品。而 Internet 由于自身可以使人们随时随地获取所需信息，并可与他人随时保持联系的特点，因而在社会生活中所处的地位也日益提高。并且基于 Internet 的电子商务开始在全球范围内兴起，带来了一种全新的商业模式。今天的 Internet 已不仅仅是了解世界，与人沟通的工具，更成为人们特别是企业拓展业务、积累财富的平台。企业通过它，可以抓到远在天边素不相识的客户。阿里巴巴、淘宝、当当等就是典型的例子。

图 1-1　三个著名电子商务网站标志

如图 1-1 所示，可以通过阿里巴巴采购某些国外的原材料；可以足不出户就可以在淘宝上开店，买自己的产品；通过电子商务购买自己喜爱的商品，如我们登陆当当网购买图书。

其次，“人数少”要求中小企业上网。对于中小企业来说，人手不足是普遍存在的问题。如何让员工之间能更好地沟通、协作，以及如何在人手少的情况下，仍能把握住稍纵即逝的商机，是中小企业老板所头疼的事情。而企业通过上网，让员工通过网络保持密切联系，协调工作，进而通过网络实现电子交易，将会是信息社会发展的必然趋势。

图 1-2　两个著名即时通讯工具标志

如图 1-2 所示，即时通讯工具（如 QQ、MSN 等）成了大家交流的平台，非常方便，而且及时高效的搭建人们之间沟通的桥梁。

再有，“高效率”要求企业上网。随着信息化的发展，人们生活节奏在加快，相应的企业办事效率要有所提高。通过网络，一方面，企业可以随时掌握客户的需求，更快的为客户作好服务。另一方面，企业可以把握市场随时可能发生的变化，尤其对于中小企业，产品适应市场的能力要更强。企业网络化能够为企业提高办公效率，加速企业内部员工间的沟通，满足移动办公的需要。另外，互联网可以作为实现企业对外宣传、信息发布平台，跨越空间和时间的界限，快速实现客户信息反馈和客户跟踪。

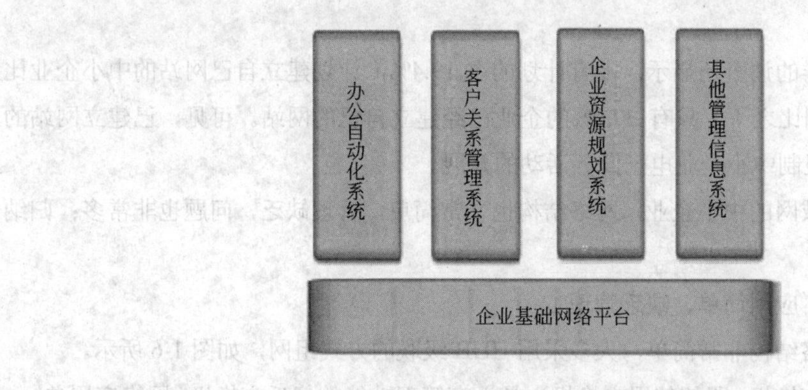

图 1-3　中小企业管理信息系统

如图 1-3 所示，现在的各种基于网络的应用系统，如 OA（Office Automation，办公自动化）系统、CRM（Customer Relationship Management，客户关系管理）系统、ERP（Enterprise Resource Planning，企业资源计划）系统以及各种管理信息系统等正帮助企业提升自己的工作效率。

由此可见，网络对于中小企业的重要性，可以说：没有网络，中小企业就失去了发展的基石，也就失去了发展的空间。

2. 企业网络现状

网络人才缺乏及企业对网络的认识不足，导致国内的中小企业网络建设情况不容乐观。

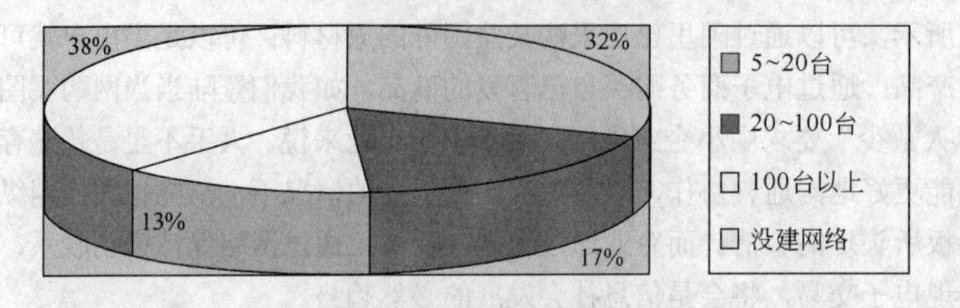

图 1-4 中小企业网络建设饼状图

如图 1-4 所示，根据赛迪顾问调查显示，没有建立内部局域网的中小企业数量最多约占 38%。在建立了内部局域网的中小企业中，内部局域网联网 PC 机数在 5～20 个的企业占 32%，联网 PC 机数在 20～100 个的占 17.0%，多于 100 个的仅占 13%。这说明我国目前的中小企业计算机应用还处于单机应用为主的状况，信息资源的共享程度还不够高。

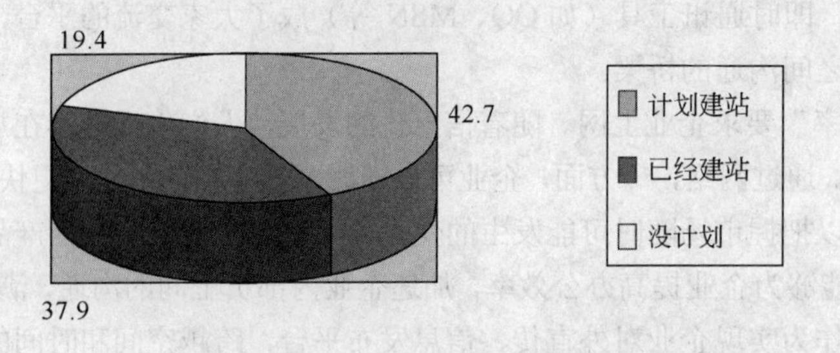

图 1-5 中小企业网站建设饼状图

如图 1-5 所示，同样的调查还显示，没有计划的占 19.4%，计划建立自己网站的中小企业比例最多，达到 42.7%，相比之下，只有 37.9%的企业已经建立自己的网站。可见，已建立网站的企业相对比较少，这将限制中小企业电子商务活动的开展。

即使组建了内部局域网的中小企业，网络结构也非常简单，管理缺乏，问题也非常多；归纳起来有以下几类问题。

（1）网络结构简单、应用简单、缺乏管理

很多中小企业的网络结构非常简单，大多采用 HUB 级联的方式组网，如图 1-6 所示。

很少采用可网管的交换机，即使使用交换机也是没有管理功能的傻瓜交换机；网络应用单一，聊天、上网、收发邮件是其主要应用；全网没有统一的管理，也没有相应的网络管理人员。在这种网络中所有互联设备处于同一个广播域，如果网络中计算机的数量比较多的情况下，广播风暴现象比较严重，网络的性能非常低；而那些没有交换机，全部使用 HUB 互连的网络，所有的 PC 机更是处于同一个冲突域，更会出现平分带宽的现象。

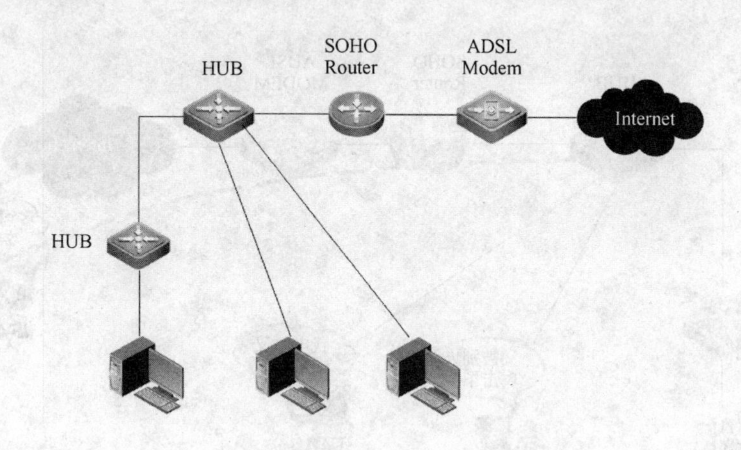

图 1-6　典型的中小企业组网图

（2）网络可靠性差，一台故障全网皆故障

在目前的中小企业网络中，基本是没有可靠性而言的，首先拓扑结构没有可靠性，在设备和线路上没有任何的冗余备份，另外设备本身的可靠性也比较差，往往会因为电压不稳、雷击而出现硬件故障；也会因为数据流量大而出现软件转发故障。

一台设备出现故障，整个网络都出现故障，在如图 1-7 所示的网络中，假如上面的 HUB 出现硬件或者软件转发故障，则下面连接的所有 PC 都不能上网，而如果出口的 ADSL Modem 或者 SOHO Router 出现故障的话，整个网络也会出现故障。

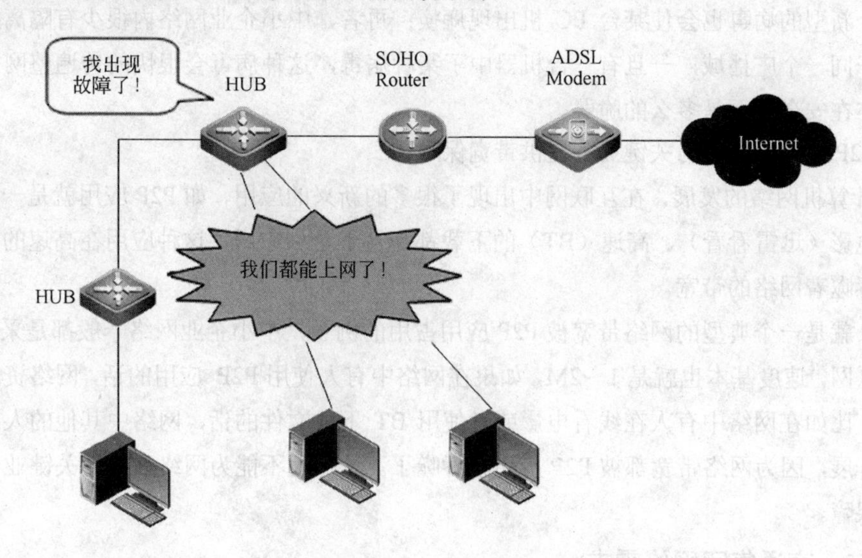

图 1-7　典型的中小企业网络故障图

由此可见，这种结构简单的网络，可靠性是非常差的，可用性也比较差。

（3）网络安全问题严重，病毒、攻击泛滥

随着计算机技术的普及，网络安全也成为网络的一大棘手问题，在今天不需要多么高超的技术，随便从网上下载一个攻击软件就可以对某些网络造成致命的威胁；另外病毒泛滥，传播速度越来越快；对于中小企业的网络而言，基本是没有网络安全防御而言的，在网络结构上没有，网络的使用者在意识上也基本上没有。

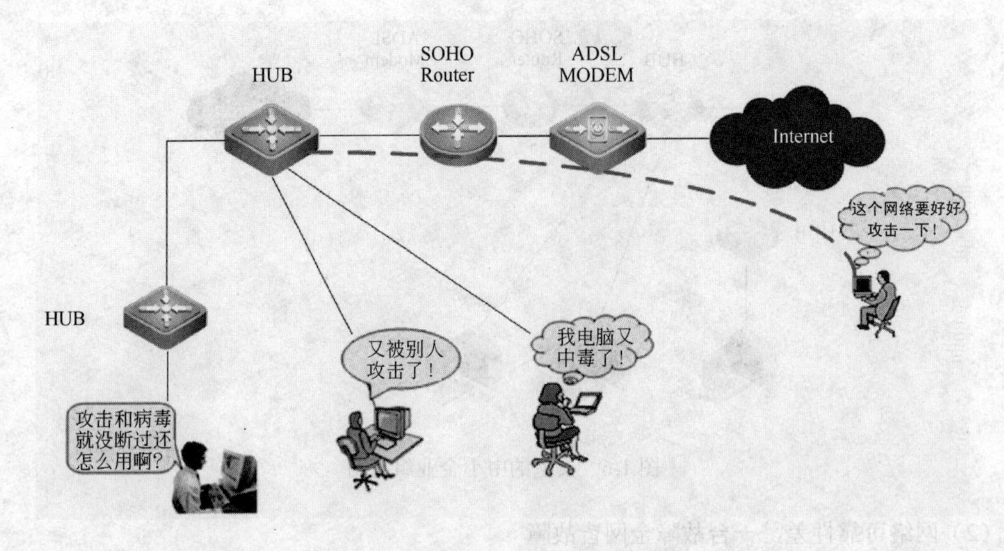

图 1-8 典型的中小企业网络安全图

图 1-8 为典型的中小企业网络安全的示意图，在这个结构中，网络设备不具备抵抗任何攻击的能力，外面的攻击者只要利用其中的一个漏洞就可以轻而易举地将整个网络攻击瘫痪，比如外面的攻击利用 DOS/DDOS 攻击，很短的时间内即可将整个网络攻击瘫痪；其次，中小企业网络内也没有很好的防病毒措施，PC 机上装的大多是盗版的杀毒软件，病毒库也是很长时间升级一次。这样，一个新型的病毒也会使某台 PC 机出现瘫痪；再者，中小企业网络内很少有隔离措施，这个网络处于同一个广播域，一旦有一台机器中了某种病毒，这种病毒会很快的传遍整网。可见中小企业网络在安全方面是多么的脆弱。

（4）P2P 泛滥，不能为关键业务提供带宽保障

随着计算机网络的发展，在互联网中出现了很多的新兴的应用，如 P2P 应用就是一种，现在的在线看电影（迅雷看看）、高速（BT）的下载都是基于这种应用，这种应用在高速的背后，更是无情地吞噬着网络的带宽。

图 1-9 就是一个典型的网络带宽被 P2P 应用占用的例子，中小企业网络一般都是采用 ADSL 来连接互联网，速度基本也就是 1～2M，如果在网络中有人使用 P2P 应用的话，网络资源很容易就被吞噬，比如在网络中有人在线看电影或者使用 BT 下载文件的话，网络中其他的人的应用基本没办法开展，因为网络带宽都被 P2P 应用给吞噬了。这样就不能为网络当中的关键业务提供任何的带宽保障。

步骤二、京通集团网络需求

1. 京通集团网络现状

京通集团是一个高新技术企业，以研发、销售汽车零部件为主，生产环节采用 OEM（Original Equipment Manufacture，定牌生产合作，俗称“代工”）方式。公司总部设在北京，在深圳和上海各有一个办事处；总部负责产品的研发、公司运营管理等，深圳办事处主要负责珠三角、港澳地区的产品销售及渠道拓展，上海办事处主要负责长三角地区、海外市场的产品销售及渠道拓展。该集团在 2003 年的时候组建了网络，如图 1-10 所示。

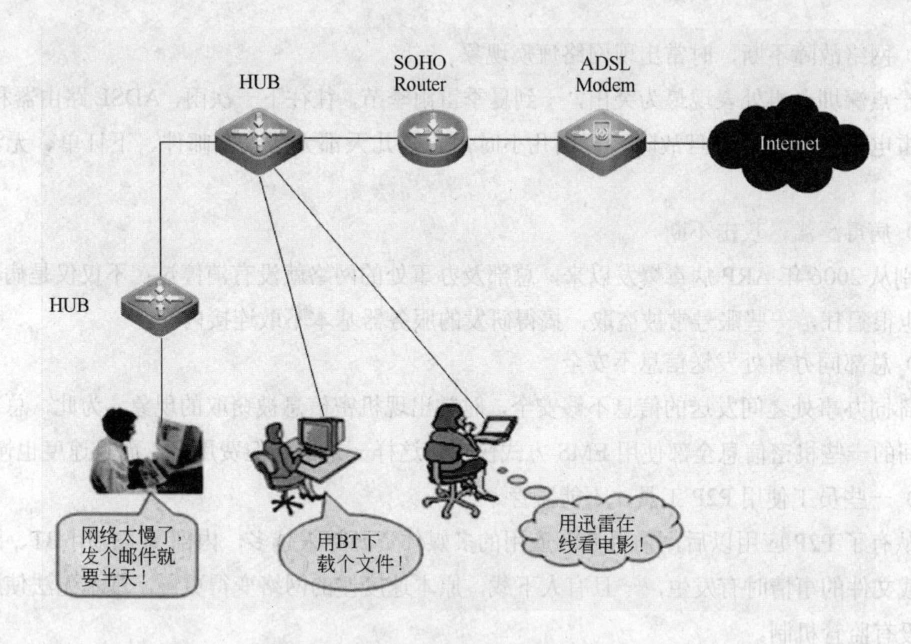

图 1-9　典型的中小企业网络带宽资源被 P2P 应用占用图

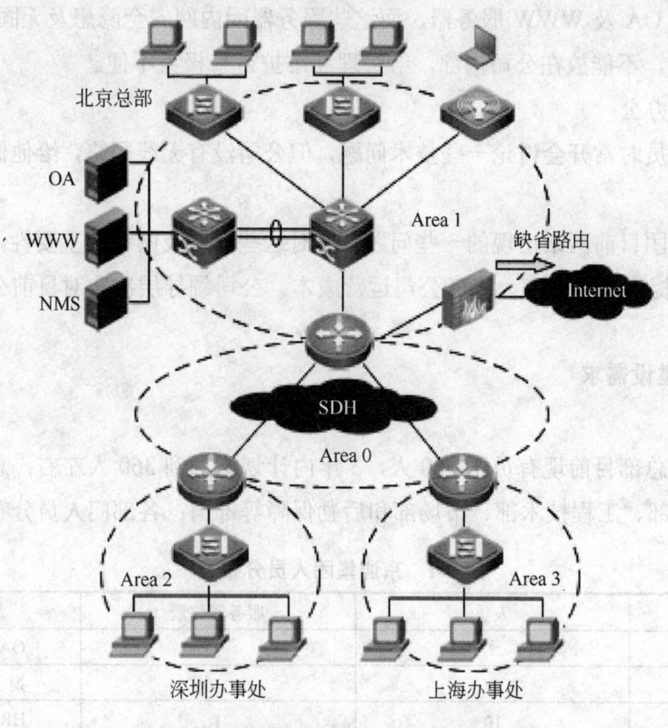

图 1-10　京通集团总部及办事处组网图

在北京总部及深圳、上海两个办事处都各自组建了办公网络，都采用 ADSL 方式直接将内部网络同 Internet 连接起来了，通过因特网将总部和异地办事处连接起来；用 HUB 连接各 PC 机及内部的服务器。ADSL 的带宽为 2M，而 HUB 带宽为 100M。在网络建设的初期，大家觉得网络的速度还可以，随着公司的发展，人员越来越多，速度越来越低，除了网速之外，还有以下一些问题。

（1）网络故障不断，时常出现网络瘫痪现象

这一点深圳办事处表现最为突出，一到夏季雷雨季节，往往下一次雨，ADSL 路由器和 HUB 就会被雷电击坏一次。一旦故障，短则几小时，长则几天都无法收发邮件、下订单、无法正常办公。

（2）病毒泛滥，攻击不断

特别从 2006 年 ARP 病毒爆发以来，总部及办事处的网络就没有消停过；不仅仅是病毒，各种木马也很猖狂，一些账号常被盗取，搞得研发的服务器基本不敢连接内网。

（3）总部同办事处发送信息不安全

总部同办事处之间发送的信息不够安全，时常出现机密信息被窃取的现象，为此，总部和办事处之间的一些机密信息全部使用 EMS 方式快递，这样一来，不但费用高，而且速度也慢。

（4）一些员工使用 P2P 工具，不能监管

自从有了 P2P 应用以后，采用 P2P 应用的多媒体资源越来越多，内部员工使用 BT、迅雷等工具下载文件的事情时有发生，一旦有人下载，原本速度慢的网络变得更慢，基本无法使用，但网络中没有监管机制。

（5）公司的一些服务器只能托管，不能放在公司内部

公司有自己的 OA 及 WWW 服务器，而这些服务器因内网安全隐患及无固定 IP 只能托管在运营商的 IDC 机房，不能放在公司内部，给管理和维护带来极大不便。

（6）不能移动办公

公司的研发人员时常开会讨论一些技术问题，但公司没有无线网络，给他们的移动办公带来很大不便。

以上是京通集团目前网络出现的一些问题，针对这些问题及网络的重要性，公司的领导层也是深有认识，为了提高工作效率，降低公司运营成本，公司领导层决定对目前公司的网络进行升级改造。

2. 京通集团建设需求

（1）网络现状

京通集团北京总部目前现有员工 300 人，3 年内计划增加到 360 人左右；总部设有总裁办、财务部、人力资源部、工程技术部、市场部和后勤保障等部门；各部门人员分布见表 1-1。

表 1-1 京通集团人员分布表

部门	人员	服务器数量	备注
总裁办	7	1	OA 服务器
财务部	17	1	财务金融服务器
人力资源部	10	1	HR、工资服务器
工程技术部	113	2	数据服务器
市场部	47	1	CRM 服务器
后勤保障	93	1	WWW 服务器

现有的网络非常简单，用了几台 TP-LINK 傻瓜交换机简单地将所有 PC 和服务器连在了一起，IP 地址为 192.168.0.0/24 网段；

上海、深圳和新成立的成都分公司各有员工 40 多人，没有专门的服务器。

（2）建设需求

① 在总部和各分支机构内组建各自的 LAN；

② 在总部和分支结构之间租用 2M SDH 线路进行互连；

③ 全网运行动态路由协议以保证全网可达；

④ 总部的 LAN，部门与部门之间充分可控制；

⑤ 服务器要有单独的服务器区域和交换机；

⑥ 内部要足够安全，不易遭到外部的攻击；

⑦ 在总部和分支机构的 LAN 中要满足移动办公的需求；

⑧ 整个网络要有一定的可靠性；

⑨ 网络易维护、管理；具备图形化的网管平台。

按照以上要求，并结合用户现有网络情况，形成了图 1-11 所示拓扑结构。

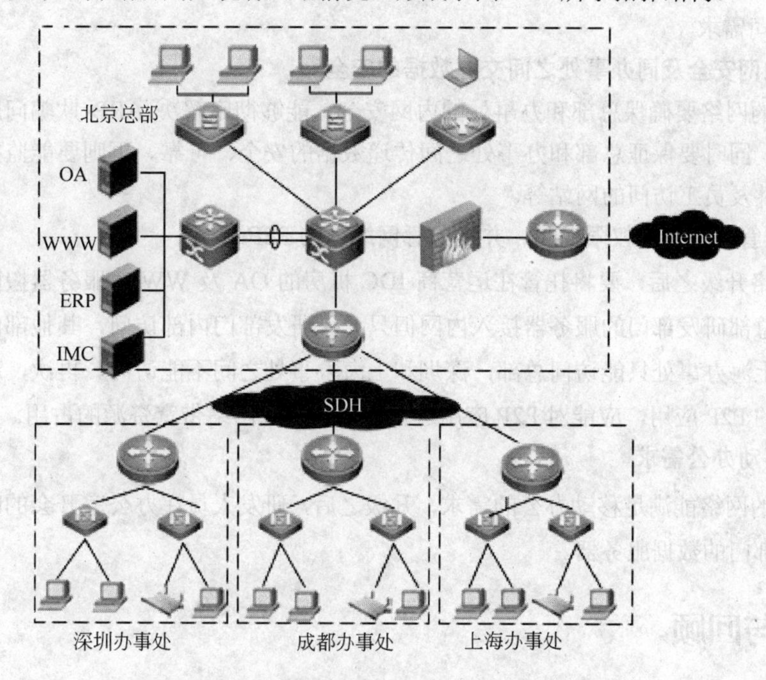

图 1-11　扩展后京通集团总部及办事处组网图

在以上的方案中，在总部和分支机构各部署一台路由器，通过运营商的 2M SDH 线路进行互连；总部的局域网通过一台核心交换机与路由器相连，服务器区单独通过一台交换机与核心交换机互连，为了保证服务器区交换机与核心交换机的速度，在二者互连中使用了 2 根线缆通过端口聚合的方式提供更高带宽。

接入交换机直接连接核心交换机，为了提供移动办公，在内网中部署了无线 AP；整个网络通过一台防火墙连接路由器，再接入外网，以保证内网接入公网和网络的安全。

在全网部署网络管理平台，提供图形化网络管理界面，方便网络的管理维护。

步骤三、京通集团网络建设目标

京通集团决定对当前的总部及办事处的办公网络进行升级改造，彻底解决当前网络存在的种种问题，提高公司的办公效率，并降低公司的运营成本。为此公司召开了各部门负责人会议，讨论集团网络的建设目标及其他一些细节；经过两天的深入讨论，得出了以下的建设目标。

1. 网络带宽升级，达到千兆骨干，百兆到桌面

目前内部网络采用是 100M 共享 HUB 互连，内部各 PC 之间共享带宽，升级之后变为 100M 独享到桌面，总部网络骨干升级为 1000M。

2. 增强网络的可靠性及可用性

升级之后的网络，不会因为一些单点故障而导致全网瘫痪，设备、拓扑等要有可靠性保障，不会因雷击而出现故障，整个网络要具备可用性。

3. 网络要易于管理、升级和扩展

升级之后的网络要易于管理，要提供图形化的管理界面和故障自动警告措施，另外考虑到公司以后的发展，网络要易于升级和扩展，要满足因人员增加、部门增加而扩展网络的需求，满足 3～5 年内的公司需求。

4. 确保内网安全及同办事处之间交互数据的安全

升级之后的网络要确保总部和办事处的内网安全，能够彻底解决 ARP 欺骗问题，防止外部对内网的攻击，同时要保证总部和办事处之间传递数据的安全、可靠。再则要能监控和过滤员工发往外部的邮件及员工访问的网站等。

5. 服务器管理及访问权限控制，并能监管网络中的 P2P 应用

首先，网络升级之后，要将托管在运营商 IDC 机房的 OA 及 WWW 服务器搬回公司，自己管理和维护；总部研发部门的服务器接入内网但只允许研发部门内部访问，其他部门不能访问；其次，深圳及上海办事处只能访问总部，深圳和上海办事处之间不能访问。再次，新的网络中应能监控网络中的 P2P 应用，应能对 P2P 应用进行限制，防止网络带宽资源的占用。

6. 满足移动办公需求

升级之后的网络能满足移动办公的需求，升级之后，研发人员在办公室开会的时候通过无线网络仍能访问部门的数据服务器。

总结与回顾

本节以京通集团为实际案例，分析了网络对京通集团的重要性，京通集团现有网络存在的问题：网络故障不断，时常出现网络瘫痪现象；病毒泛滥，攻击不断；总部同办事处发送信息不安全；一些员工使用 P2P 工具，不能监控；公司的一些服务器只能托管，不能放在公司内部；不能移动办公等；以及这些问题对目前业务的制约。并重点分析了京通集团计算机网络重新改造的建设目标：网络带宽升级，达到千兆骨干，百兆到桌面；增强网络的可靠性及可用性；网络要易于管理、升级和扩展；确保内网安全及同办事处之间交互数据的安全；服务器管理及访问权限控制，并能监管网络中的 P2P 应用；满足移动办公需求。

在本单元的学习中，详细介绍了企业组网的范畴、定位，结合企业进行信息化的需求及其对信息系统平台的要求，确定网络服务的功能、规模及实现形式。通过本单元的学习，可以使学生了解企业网络服务需求分析的流程和方法。

知识技能拓展

企业建网技术分析

从京通集团的网络需求中，可以看出现在中小企业建设的需求，要满足这些需求必须要具备以下技术和能力。

1. 局域网技术

要想成功部署总部和分支机构的局域网，就必须掌握各种交换技术；如：交换机的端口配置、VLAN 与 VLAN 间路由、STP 协议、DHCP 等。

2. 广域网技术

要想成功地将分支机构和总部连接起来，就必须要掌握各种互连的广域网技术，如 PPP 协议、HDLC 协议、FR 协议等。

3. 路由技术

在将总部和分支机构的 LAN 通过广域网线路连接起来后，仅仅是做到了网络的互连，并不能做到互通，如果要让分支机构能正常访问总部的业务，需要在全网部署路由；所以必须要掌握各种路由技术：如静态路由、各种动态路由协议。

4. 网络安全技术

在全网互连互通之后，大家考虑最多的一个问题就是网络的安全，这里面包括访问外网的安全和内部的访问控制，要控制内网中不同部门间的互访，需要在网络中部署 ACL；访问外网要部署 NAT；另外保证内网不受外部的攻击，需要在网络中部署防火墙；所以确保网络安全，需要掌握 ACL、NAT 和防火墙的配置等。

5. 网络管理技术

现在的网络项目在追求稳定、安全的同时还追求可管理和方便管理，在管理中一般都部署图形化的网络管理平台，如网络管理平台软件；另外在日常的维护中大家要掌握诸如设备升级、故障定位等技术和技巧；当然移动化的办公需要在网络中部署无线设备，如无线 AP 等；所以在这部分你需要掌握 SNMP 协议的设置、网管平台的安全使用和无线的使用等。

6. 整体网络的方案设计能力

当然具备了以上五个方面的技术之后，作为一个工程师，还要具备设计企业网络的能力；如何才能具备这方面的能力呢？只能是多看看厂商的解决方案和成功的案例；并做到举一反三，只有这样才能成为一名合格的工程师。

技能训练

企业网络项目调研的书写

1. 目的要求

① 明确网络项目调研的重要性；

② 了解网络项目调研的方法；

③ 掌握网络项目调研的步骤。

2. 实训内容

（1）以调研所在学校校园网为例，掌握网络项目调研的方法。

① 问卷调查法　通过问卷调查的方式，了解大家对目前校园网的意见，注意调查的人群分

布要广，不要片面地只调查学生，调查中尽量使用通俗易懂的语言，避免使用专业术语。

采用这种方法可以得出大家对网络性能的感受：如带宽、故障率、安全性等。

② 专题研讨会法　召开专题研讨会，邀请用户代表、网络管理者等参加，注意邀请的用户代表应为不同岗位的用户，尽量邀请对计算机熟悉的用户。

采用这种方法可以很容易地对整个网络的现状做出全面的了解，往往特定项目的调研采用此方法，但组织较麻烦，在实训中不可取。

③ 主管人员了解法。

直接找校园网的主管部门——学校信息中心了解情况，这样方法直接、有效，可以很好地了解网络架构、地址分配、协议使用等。

（2）以所在学校校园网为例，引导学生掌握网络项目调研的步骤。

① 采用主管人员了解法，直接找学校信息中心了解校园网的拓扑结构、使用的网络设备、IP地址分配以及使用何种协议。

② 采用问卷调查法，了解校园中各用户对校园网在带宽、故障率、安全性等方面的感受。

③ 对通过从主管人员得到的信息及采用问卷调查得到的信息整理总结。

（3）以所在学校校园网为例，编写《网络项目调研报告》，并分组讨论。

对通过从主管人员得到的信息及采用问卷调查得到的信息整理总结，小组讨论后编写《网络项目调研报告》，格式如下。

学校网络项目调研报告

一、概述

此部分简要描述校园网的概况，承前启后，概述本调研报告内容。

二、拓扑结构

此部分给出整个校园网的拓扑结构，注意拓扑要用 PowerPoint 绘制，然后插入 Word 中，插图全部由幻灯片直接粘贴而来。方法是在 PowerPoint 普通视图左侧的缩略图中选择一页幻灯片，在 Word 的相应位置粘贴即可。粘贴的幻灯片的宽度和长度不要调节(通常为 12.68cm，锁定纵横比)，不手工加外框。

三、地址分配

此部分给出整个校园网中使用的 IP 地址情况，比如使用了哪些网段，PC 机是手工分配 IP 地址还是通过 DHCP 获取 IP 地址。

四、协议使用

此部分给出在校园网中使用了哪些协议，如路由协议、局域网中有无使用 VLAN、STP、VRRP 等。

五、可靠性

此部分给出整个网络在可靠性方面的体现，如有可靠性保障，则描述是如何保障的；如无可靠性，则描述存在的问题及缺点。

六、安全性

此部分给出整个网络在安全性方面的体现，如防火墙、IDS/IPS、防病毒等。

七、网络性能

此部分给出网络用户在网络性能(带宽、延时)方面的要求。

八、总结

根据前面的描述，给出网络整体架构、性能总结。

---

3. 组织实施

每 6 人为一组，每组分为 2 个小分队；一队做问卷调查，另一队找信息中心直接了解；然后将得到的信息开会讨论整理，最后以组为单位形成《企业网络项目调研报告》，教师将每组提交的调研报告收集后在全班讨论，并在讨论过程中给予点评指正。

工作任务二　规 划 设 计

任务描述

京通集团下设上海分公司、深圳分公司，将开展业务的分公司有沈阳分公司、山西分公司、郑州分公司等。

随着京通集团 ERP 系统的启动，京通集团原有网络已不能满足本企业应用的需求，急需对企业总部和各分部网络进行改建。此次项目利用多种先进的网络设备和技术建设总部、分公司局域网和广域网，为公司的应用系统提供安全、稳定、高效的网络平台。

通过任务一的学习，了解了京通集团的网络现状与网络建设目标，依据需求说明书和数据流量说明书，按照运行成本、安装成本、故障时间最小化和性能、适应性、安全性、可靠性最大化原则，正确设计网络结构、网络设备、网络服务平台和网络安全等网络解决方案，编制规范的京通集团逻辑设计文档。

任务目标

通过本任务实施，应能掌握：

① 熟悉企业网络现状和需求的分析；

② 掌握网络层次化设计的优点；

③ 掌握网络规划的写作格式和应该表达的几个方面；

④ 掌握网络拓扑结构的设计，并能绘制网络拓扑图；

⑤ 掌握网络设备的选型及应用场合；

⑥ 掌握根据用户的需求，进行操作系统的选择；

⑦ 掌握 IP 地址分配及子网划分方法。

相关知识

为了完成京通公司网络建设中的规划设计，达到客户提出的任务目标，需要了解网络工程规划设计所涉及的以下几方面的知识。

一、网络需求分析

1. 网络需求分析概述

需求分析从字面上的意思来理解就是找出“需”和“求”的关系，从当前业务中找出最需要重视的方面，从已经运行的网络中找出最需要改进的地方，满足客户提出的各种合理要求，依据客户要求修改已经成形的方案。需求分析就是要彻底、全面的了解用户的网络建设目标，如图 2-1 所示。了解用户现有网络的状况、技术目标及制约性以及管理目标与需求等。还有一点就是要了解用户的资金预算，这一点对设备选型及整个方案非常重要。

在进行需求分析的时候要注意方式方法，比如通过问卷调查、讨论会等，最直接的方式莫过于找主管领导、技术人员沟通。在了解需求时尽量不要用专业术语，因为被调查的对象不可能每个人都是网络专家，他们对现有网络的认识和未来网络的建设目标只有速度快慢的感觉，而没有带宽需要多少兆的概念。

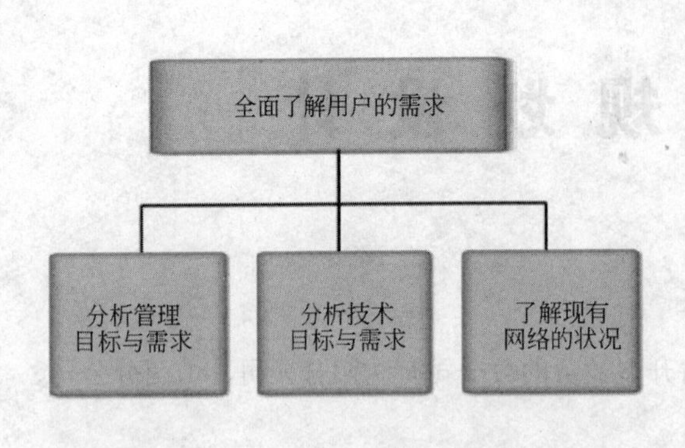

图 2-1 需求分析架构图

管理目标与需求主要是了解用户的商业目的、公司组织架构、实际业务情况、分支机构位置分布、现有和未来3～5年内员工情况、行业的信息化政策以及决策者的建网思路及项目预算。

技术目标与需求主要是了解用户对未来网络可扩展性、技术及设备兼容性、安全性、可管理性、易用适应性、网络性能等需求。

现有网络状况主要是全面了解用户现有网络的用户数量、拓扑结构、网络设备、地址规划、网络协议、网络的性能指标（如设备资源利用率、带宽延迟、安全、可靠性等)。

另外在了解用户需求的时候一定要考虑目前的技术或者产品能否满足用户的需求，这一点也非常重要，遇到不确定的技术目标的时候可以找厂商咨询，千万不要随便承诺。

2. 获得需求分析的方法

① 实地考察：实地考察是工程设计人员获得第一手资料采用的最直接的方法，也是必需的步骤；

② 用户访谈：用户访谈要求工程设计人员与招标单位的负责人通过面谈、电话交谈、电子邮件等通讯方式以一问一答的形式获得需求信息；

③ 问卷调查：问卷调查通常对数量较多的最终用户提出，询问其对将要建设的网络应用的要求；

④ 向同行咨询：将你获得的需求分析中不涉及商业机密的部分发布到专门讨论网络相关技术的论坛或新闻组中，请同行参考你制定的设计说明书，这时候，你会发现热心于你的方案的人们通常会给出许多中肯的建议。

3. 进行需求整理

通过分析客户网络应用需求，了解网络拓扑结构：局域网的拓扑结构、广域网的拓扑结构的基本情况。客户的局域网是否需要环路避免、划分 VLAN、终端的 IP 地址自动获取、链路和设备需要备份保障网络的可行性和可用性；对于企业和分支利用哪种广域网连接技术、出口是否需要安全防范。

根据用户对局域网和关于网络业务的需求选择设备类型。确定用户的带宽、安全接入、部门划分、动态获取 IP 地址的局域网需求，选择相应的局域网技术。确定用户对广域网的连接、内网安全选择相应的广域网安全技术。

说明：学习小组分工协作，在实施本任务时需利用 6～8 学时的课外工作时间。

① 收集企业业务需求。包括：决策者、业务信息源提供者联系信息，初始投资规模，业务活动的类型，预测增长率，安全性需求，远程访问，主要相关人员对网络的期望、需要和管理层列出该系统所需的特殊功能等信息；

② 收集企业用户需求。包括：用户对信息传输及时性、响应时间可预测性、可靠性和网络适应性、可升级性、安全性的需求等信息；

③ 收集企业应用需求。包括：应用的类型和地点，应用的使用方法，需求增长，可靠性和有效性需求，网络响应需求等信息；

④ 收集企业计算平台需求。包括：当前 PC、专用工作站、服务器、操作系统的主要技术；

⑤ 收集企业网络需求。包括：局域网各网段功能优先级，性能需求，网络管理需求，网络安全性需求，经济和费用控制调查。

4. 归纳整理需求信息

通过各种途径获取的需求信息通常是零散的、无序的，而且并非所有需求信息都是必要的或当前可以实现的，只有对当前系统总体设计有帮助的需求信息才应该保留下来，其他的仅作为参考或以后升级使用，最后撰写需求说明书。

二、网络规划设计

1. 网络规划的一些原则

网络规划的时候应遵循以下基本原则。

规范性：设计方案遵从中小企业信息化建设相关规范，包括广域网建设规范、IP 地址规范、数据中心建设规范等，保证广域网建设与其他系统建设的一致性。

标准性：技术标准化，使用开放、标准的主流技术及协议，确保网络的开放互连和升级扩展。

可靠性：网络高可用性，网络架构必须能够达到或超过业务系统对服务级别的要求。通过多层次的冗余连接考虑，以及设备自身的冗余支持使得整个架构在任意部分都能够满足业务系统不间断的连接需求。

安全性：集成安全手段，网络安全同时考虑生产系统和办公系统数据的完整和安全。网络架构需要具有支持整套安全体系实施的能力，以确保用户、合作伙伴和员工生产、办公的安全。

扩展性：可伸缩的网络架构，网络架构在功能、容量、覆盖能力等各方面具有易扩展能力，以适应快速的业务发展对基础架构的要求。

易管理性：高效网络管理，网络架构采用分层模块化设计，同时配合整体网络/系统管理，优化网络/系统管理和支持维护。

2. 网络规划的流程

在充分了解用户需求之后，按照网络规划的一般原则就可以对网络进行规划，在规划的时候可以按照以下流程进行，如图 2-2 所示。

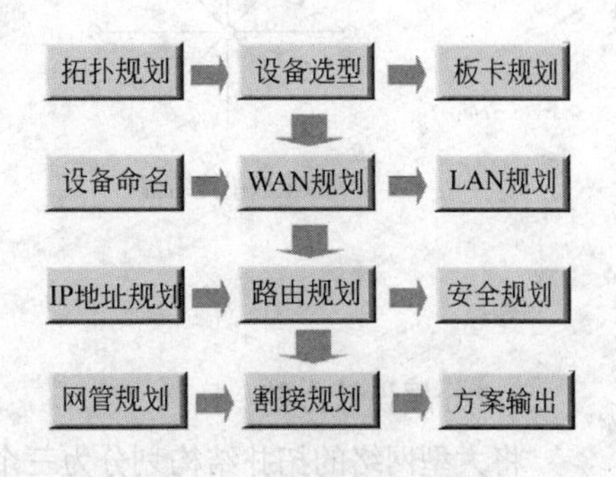

图 2-2 网络规划流程图

① 要根据需求分析进行整个网络的拓扑结构规划；

② 进行设备选型；

③ 规划设备的板卡安装槽位；

④ 进行设备的命名及端口描述的规划；

⑤ 规划广域网的线路；

⑥ 规划 LAN，包括 VLAN、端口以及无线等；

⑦ IP 地址规划，规划全网用的 IP 地址；

⑧ 规划路由；

⑨ 做网络安全规划；

⑩ 做网管规划；

最后做网络割接方案规划，将整个规划整理并输出，形成一个可实施方案。

3. 网络设计的目标

① 最大效益下最低的运作成本；

② 不断增强的整体性能；

③ 易于操作和使用；

④ 增强安全性；

⑤ 适应性；

为了实现上述目标，在设计过程中应综合权衡以下因素：

① 最小的运行成本；

② 最少的安装花费；

③ 最高的性能；

④ 最大的适应性；

⑤ 最大的安全性；

⑥ 最大的可靠性；

⑦ 最短的故障时间。

4. 网络拓扑结构

网络拓扑结构是指忽略了网络通信线路的距离远近和粗细程度，忽略通信节点大小和类型后仅仅用点和直线来描述的图形结构。如图 2-3 所示为网络拓扑图。

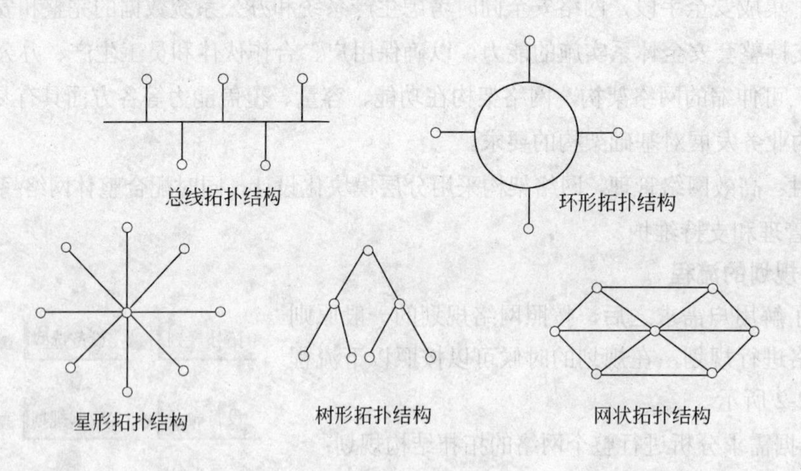

图 2-3 网络拓扑图

5. 分层设计方法

将大型网络的拓扑结构划分为三个层次，即核心层、分布层和接入层，如图 2-4 所示。

分层结构的设计目标是：

① 核心层处理高速数据流，其主要任务是数据包的交换；

② 分布层负责网段的逻辑分割，聚合路由路径，收敛数据流量；

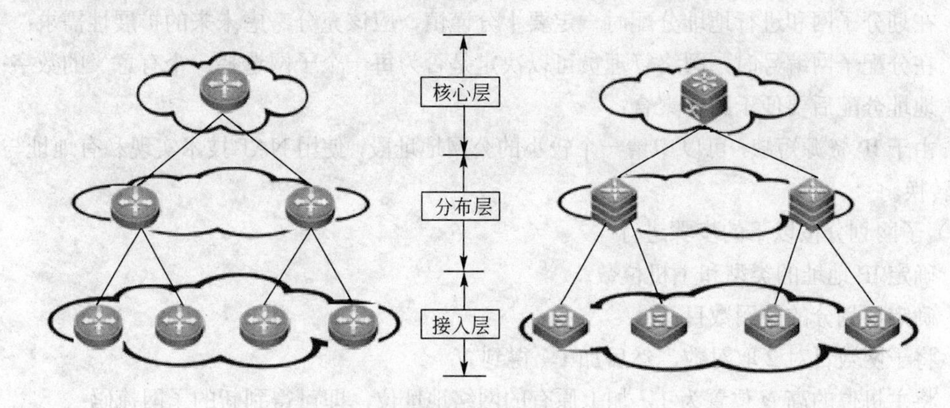

图 2-4　网络结构图

③ 接入层将流量馈入网络，执行网络访问控制，并且提供相关边缘服务。

6. IP 子网划分

（1）公有地址与私有地址

根据用途和安全性级别的不同，IP 地址还可以大致分为公有地址（Public Address）和私有地址（Private Address）两类。

在 3 类 IP 地址中专门保留了三个区段作为私有地址，其地址范围如下：

A 类地址：10.0.0.0～10.255.255.255

B 类地址：172.16.0.0～172.31.255.255

C 类地址：192.168.0.0～192.168.255.255

（2）规划客户机 IP 地址

客户机与所接到交换机端口处于同一网络，其 IP 地址的规划也只需对主机进行规划即可。在具体规划时，应尽量考虑使主机标识体现内部网中客户机的某些特征，如所属的行政单位或所在地具体物理位置等。

（3）规划交换机的管理 IP

各计算机的管理 IP 均采用所在网络段的 254，例如，在本例中，在北京总部的行政楼接入交换机 S3100 的管理 IP 为：192.168.1.254，技术部接入交换机 S3100 管理 IP 为：192.168.3.254 等。核心层两台交换机可分配为：192.168.0.253 和 192.168.0.254。

（4）规划交换机各端口的 IP 地址

① 网络中的服务器、客户机都直接或间接地连接到交换机的各个端口，因此，规划交换机各个端口的 IP 地址是规划整个内部网 IP 地址的关键；

② 每个子网中，交换机各端口起到关键的作用，为了让网关 IP 地址有规律，交换机端口 IP 地址的主机标识都取“1”。

（5）规划服务器 IP 地址

服务器可以接在主干网上，独占或共享 1000M 带宽，也可以接在部门级交换机上，独占 1000M 带宽。具体接在哪个端口，占用多大带宽，是由该服务器在内网中所承担的任务决定的。但不管接在哪个端口上，服务器都是与所接到交换机端口处于同一个网络，即服务器 IP 地址的网络标识与所接端口的网络是相同的，因此，服务器 IP 地址的规划只需对主机标识规划就可以了。

（6）子网划分时应该注意的问题

① 在划分子网和进行地址分配时一定要十分谨慎，应该充分考虑未来的扩展性需求；

② 在分配子网编号时，网络管理员可以决定是否为每一个子网选择一个有意义的数字；

③ 地址分配后要便于路由聚合；

④ 由于 IP 资源短缺，可以申请一个较小的公网地址段，使用 NAT 技术实现私有地址与公网地址的转换。

（7）子网划分按以下的步骤进行

① 确定 IP 地址的类型和主机位数；

② 确定要划分的子网数目；

③ 将子网数目对 2 取对数，然后加 1，得到 N;

④ 将主机位的高 N 位置为 1，加上原有的网络地址位，即可得到新的子网掩码；

⑤ 除去掩码所占的位数，剩下的位数就是可用的主机位 m，可用的主机地址数目就是 $2m–2$。写出除子网地址和子网广播地址之外的所有可用主机地址范围。

7. IP 路由设计

根据路由协议的作用范围，可以将路由协议分成两类，即域内路由协议（Interior Gateway Protocols，IGP）和域间路由协议（Exterior Gateway Protocols，EGP）。

自治系统（Autonomous System，AS）（见图 2-5）是为了网络管理的方便，人为制定的管理区域，由网络中心统一命名。

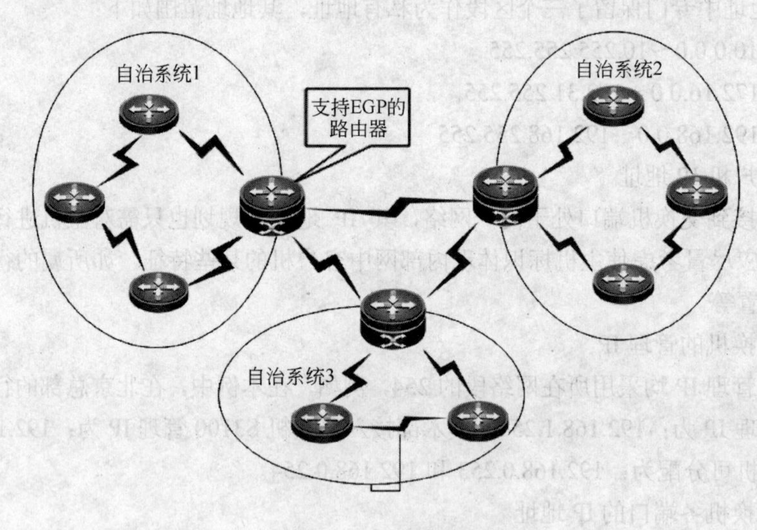

图 2-5 自治域系统图

（1）RIP 路由协议

① RIP 协议是基于距离矢量算法的路由协议，属于内部网关协议；它通过 UDP（User Datagram Protocol）报文交换路由信息；

② RIP 协议已到达目的地址所经过的路由器个数（跳数）为衡量路由好坏的度量值，最大跳数为 15；

③ RIP 有 RIP-1 和 RIP-2 两个版本，RIP-2 支持明文认证和 MD5 密文认证，并支持可变长子网掩码；

④ RIP 协议适用于基于 IP 的中小型网络。

（2）OSPF 路由协议

OSPF（Open Shortest Path First，开放最短路由优先协议。是 IETF 组织开发的一个基于链路状态（Link-State Protocol）的自治系统内部路由协议。在 IP 网络上，它通过收集和传递自治系统的链路状态来动态的发现并传播路由。

① 适应范围：OSPF 支持各种规模的网络，最多可支持几百台路由器；

② 快速收敛：如果网络拓扑结构发生变化，OSPF 立即发送更新报文，使这一变化在自治系统中同步；

③ 无自环：由于 OSPF 通过收集到的链路状态用最小生成树算法计算路由，故从算法本身保证了不会生成自环路由；

④ 子网掩码：由于 OSPF 在描述路由时携带网络的掩码信息，所以 OSPF 协议不受自然掩码的限制，对 VLSM 提供很好的支持；

⑤ 区域划分：OSPF 协议允许自治系统的网络被划分成区域来管理，区域间传送的路由信息被进一步抽象，从而减少了占用网络的带宽；

⑥ 等值路由：OSPF 支持到同一目的地最多三条等值路由；

⑦ 路由分级：OSPF 使用 4 类不同的路由，按优先顺序来说分别是：区域内路由，区域间路由，第一类外部路由，第二类外部路由；

⑧ 支持验证：它支持给予接口的报文验证以保证路由计算的安全性；

⑨ 组播发送：OSPF 在有组播发送能力的链路层上以组播地址发送协议报文，既达到了广播的作用，又最大程度的减少了对其他网络设备的干扰。

三、交换机设备的选择

交换机是目前网络中使用数量最多的网络设备，尤其对于局域网更是首选设备。交换机技术指标的高低是设备选择的重要依据，也是影响网络性能的重要因素之一。

（1）背板带宽

背板带宽是交换机接口处理器或交换模块和数据背板总线间所能吞吐的最大数据量。它标志着一个交换机总的吞吐能力。通常，背板带宽至少等于“端口数×端口速率×2”。

（2）包转发率

包转发率指每秒转发数据包的数量，单位为 Mpps（百万包 / 秒）。通常为几 Mpps 到几百 Mpps。

（3）端口类型

端口类型指交换机上的端口是以太网、令牌环、FDDI 还是 ATM 等。固定端口交换机只有单一类型的端口，中高端模块化交换机提供不同介质类型的模块，实现以太网、令牌环、FDDI 等的互连。

（4）端口速率

端口速率指交换机端口提供给数据资源设备独享的带宽，体现了交换机端口每秒吞吐数据包的能力，通常有 10Mbit / s、100Mbit / s、l0M / l00Mbit / s 自适应、1000Mbit / s 以及万兆位 / 秒。

（5）端口密度

端口密度指一台交换机所支持的最大端口数量。端口密度是在所有模块插槽都插满模块的情况下计算出来的。选用模块不同，端口密度值也不同。

（6）能否使用光纤

如果布线中必须选用光纤，则需要选择光纤接口交换机（价格较高），或加装光纤模块，或加装双绞线与光纤的转发器。

（7）冗余模块

冗余模块用在模块化的交换机上，以提高设备的容错能力，避免模块失效引起系统崩溃。常用的冗余模块包括超级引擎模块、交换矩阵模块和电源模块，它们都是影响系统能否正常工作的重要模块。

（8）堆叠能力

堆叠能力包括堆叠的带宽和堆叠的层数两个重要指标。只有同类的交换机才能互相堆叠在一起，不同类型的交换机其堆叠端口、堆叠线缆和堆叠协议都不相同，只能级连，不能堆叠。有两种堆叠连接方式，一种是从堆叠矩阵中心堆叠模块引出线缆到各交换机（带宽约几 Gbit / s），另一种是交换机之间互相连接起来（带宽约 1Gbit / s）。堆叠的层数为 4 台～9 台不等。

（9）VLAN 数量

考虑对 VLAN 的支持能力和支持数量。目前大多数交换机都支持 1000 个以上的 VLAN。

（10）MAC 地址数量

MAC 地址数量是指交换机的 CAM 表中最多可以存储的 MAC 地址个数，存储的 MAC 地址数量越多，数据转发的速度和效率就越高。此指标数值通常为几千到几万。

（11）3 层交换能力

3 层交换能力是指交换机有无 3 层交换能力，或是否可以通过软件升级达到此能力；交换机还有其他一些指标，比如 CPU 主频、延时、平均无故障时间、缓存类型和缓冲区大小等，在此不再说明，必要时可参考相关说明书。

四、锐捷-S3760 全千兆智能交换机

RG-S37600 系列全千兆智能弹性交换机是锐捷公司为设计和构建高弹性和高智能网络需求而推出的新一代以太网交换机产品。系统采用支持高达 48G 的堆叠带宽和高密度千兆端口，支持万兆上行。特别适合作为需要高带宽、高性能和高扩展性的中小企业网核心、大型企业网络和园区网的汇聚层以及数据中心的服务器接入设备。

RG- S3760 系列以太网交换机如图 2-6 所示。

图 2-6 RG-S3760-48GT/4SFP

H3C S5600 的性能指标见表 2-1、表 2-2。

表 2-1　S5600 系列以太网交换机规格特性

特性	RG-S3750E-24 RG-S3750E-48	RG-S3750E-24P　RG-S3750E-48P
线速二/三层交换	所有端口支持线速转发 交换容量为 49.6Gbit/s 包转发率 16.4Mpps	所有端口支持线速转发 交换容量为 9.6Gbit/s 包转发率 6.6Mpps
交换模式	存储转发模式（Store and Forward）	
VLAN	支持 4K 个符合 IEEE 802.1Q 标准的 VLAN 支持基于端口的 VLAN	
Voice VLAN	支持识别进入端口的流的 MAC 地址，如果是 IP 电话流，将该端口加入相应的 Voice VLAN	
广播风暴抑制	支持基于端口速率百分比的广播风暴抑制，同时支持基于 pps 的广播风暴抑制	
端口环回检测	支持端口收、发数据线被短路的检测与告警	
IP 路由	静态路由、 RIPv1/2；OSPF；BGP；ECMP	
VRRP	支持	
组播	IGMP Snooping；IGMP V1/V2；PIM-SM；PIM-DM	
生成树协议	支持 STP/RSTP/MSTP 协议，符合 IEEE 802.1D、IEEE 802.1w、IEEE 802.1s 标准	
端口汇聚	支持通过 LACP 进行动态端口汇聚 支持进行通过命令行手动进行端口汇聚 支持堆叠范围内的跨设备链路汇聚 支持 GE（Gigabit Ethernet）端口汇聚 最多 32 组端口汇聚组，GE 汇聚组最多支持 8 个端口，10GE 汇聚组最多 4 个端口，汇聚的端口必须具有相同的端口类型	
镜像	支持多对一的端口镜像，即多个源端口，一个镜像端口 支持流镜像 支持在堆叠范围内跨设备的镜像功能 支持 RSPAN（远程端口镜像）	
MAC 地址表	地址自学习 IEEE 802.1D 标准 最多支持 16K 个 MAC 地址 支持 1K 个静态 MAC 地址	
流控	支持 IEEE 802.3x 流控（全双工） 支持 Back-pressure based flow control（背压式流控）（半双工）	
IRF	支持 IRF，最多 8 台。2 个高速堆叠端口，每端口 48G 堆叠带宽，环形堆叠时可以提供高达 96G 堆叠带宽	
加载与升级	支持 XModem 协议实现加载升级 支持 FTP（File Transfer Protocol）、TFTP（Trivial File Transfer Protocol）加载升级	
管理	支持命令行接口（CLI）配置 支持 Telnet 远程配置 支持通过 Console 口配置 支持 SNMP（Simple Network Management Protocol） 支持 RMON　（Remote Monitoring）1，2，3，9 组 MIB 支持网管系统 支持 WEB 网管 支持系统日志 支持分级告警	

续表

特性	RG-S3750E-24 RG-S3750E-48	RG-S3750E-24P RG-S3750E-48P
维护	支持调试信息输出 支持 PING、Traceroute、Multicast Traceroute 支持 Telnet 远程维护	
QoS/ACL	支持对端口接收报文的速率和发送报文的速率进行限制 支持报文重定向 支持 CAR（Committed Access Rate）功能，GE 端口流量限速的粒度为：64Kbit/s，10G 端口流量限速的粒度为：1Mbit/s 支持 8 个端口输出队列 支持灵活的队列调度算法，可以同时基于端口和队列进行设置，支持 SP（Strict Priority）、WRR（Weighted Round Robin）、SP+WRR 三种模式 支持报文的 802.1p 和 DSCP 优先级重新标记 支持 L2（Layer 2）~L4（Layer 4）包过滤功能，提供基于源 MAC 地址、目的 MAC（Medium Access Control）地址、源 IP 地址、目的 IP 地址、端口、协议、VLAN（Virtual Local Area Network）、VLAN 范围、MAC 地址范围和非法帧过滤 支持基于时间段（Time Range）的 ACL 和 QOS 控制 支持 QOS Profile 管理方式，允许用户定制 QOS 服务方案	
安全特性	用户分级管理和口令保护 支持 IEEE 802.1X 认证 支持基于 MAC 地址的认证 支持 DUD （Disconnect Unauthorized Device）特性 支持 SSH 包过滤 支持端口隔离	
DHCP	支持 DHCP CLIENT/ DHCP RELAY/ DHCP SNOOPING/DHCP SERVER	
NTP	支持	

表 2-2　S5600 系列以太网交换机业务特性

项目		RG-S3750E-24	RG-S3750E-24P	RG-S3750E-48
管理端口		1 个 Console 口		
业务端口描述	固定端口	24 个 10/100/1000M 电口+4 个 SFP Combo 千兆口	24 个千兆 SFP 接口+4 个 10/100/1000M Combo 电口	48 个 10/100/1000M 电口+4 个 SFP Combo 千兆口
	可选模块	8 端口 SFP 模块 4 端口 1GE 电模块		
端口类型		10/100/1000BASE-T 1000Base-SX-SFP 1000Base-LX-SFP 1000Base-LH-SFP 1000Base-T-SFP		
电源	模块	DC： 额定电压范围：–48～60V 最大电压范围：–36～72V		
		PSL480-AD48P 电源模块直流输入		
		支持冗余电源输入		

续表

项目	RG-S3750E-24	RG-S3750E-24P	RG-S3750E-48
外形尺寸(mm) 宽×深×高	440×420×43.6		
重量	5kg		6kg
功耗（满负荷时）	130W		180W
工作环境温度	0～45℃		
工作环境相对湿度（非凝露）	10%～95%		

五、RG 系列交换机组网应用

1. 大型企业网络

RG S8600 作为汇聚层设备，用于大型企业网/园区网的核心层，提供强大性能的全分布式硬件策略路由功能、支持 ECMP/WCMP，帮助用户使用多条链路，不仅增加了传输带宽，并且可以无时延无丢包地备份失效链路的数据传输，实现流量的负载均衡及冗余备份。支持高密度万兆线速转发，通过万兆骨干网提供各区域之间的高速连接，保证各业务高效运行，并提供骨干区域之间的链路冗余备份提升网络高可用性。图 2-7 所示为 RG-S8600 在大型企业网络中的应用。

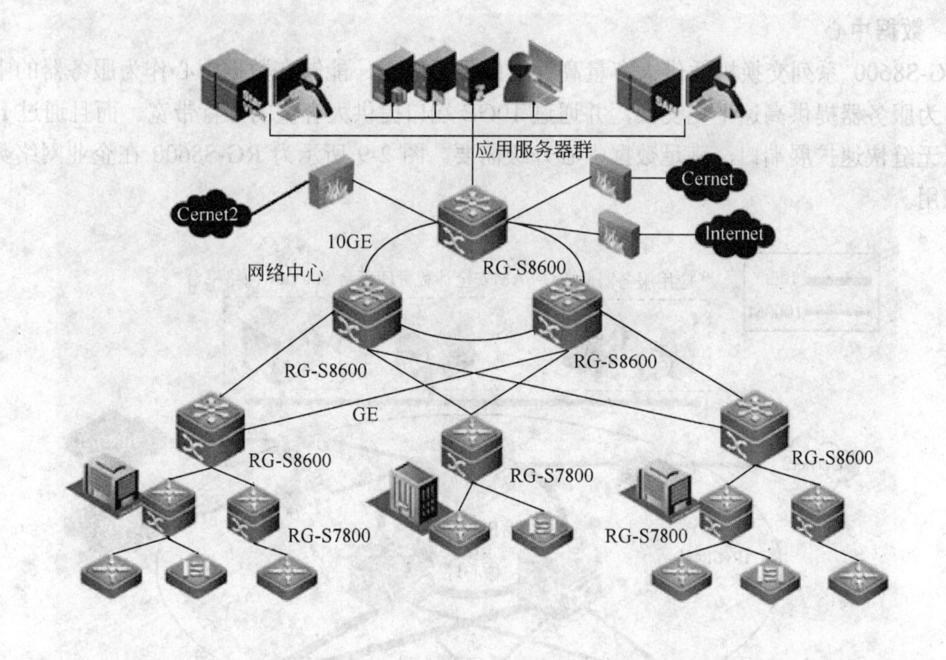

图 2-7 RG-S8600 在大型企业网络中的应用示意图

2. 中小型企业网络

S3760 作为中小型企业网络的核心，下面可以带 RG-S2600 提供高密度的接入，并可以通过 IRF 方式提供无缝的扩容，真正实现按需购买，无缝扩容。如图 2-8 所示。

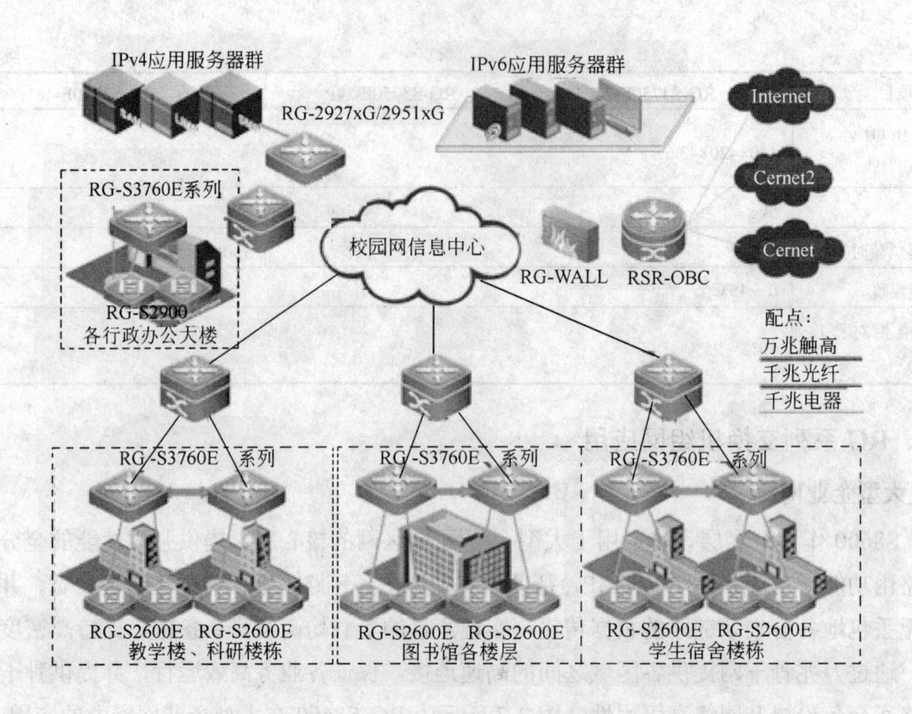

图 2-8　RG-S3760 在中小型企业网络中的应用示意图

3. **数据中心**

RG-S8600 系列交换机凭借大容量高性能的处理能力，能够在数据中心作为服务器的中心交换机，为服务器提供高速千兆交换，并通过 10GE 端口提供大容量的上行带宽。而且通过 IRF 技术可以无缝快速扩展端口，满足数据中心升级需要。图 2-9 所示为 RG-S8600 在企业网络数据中心的应用。

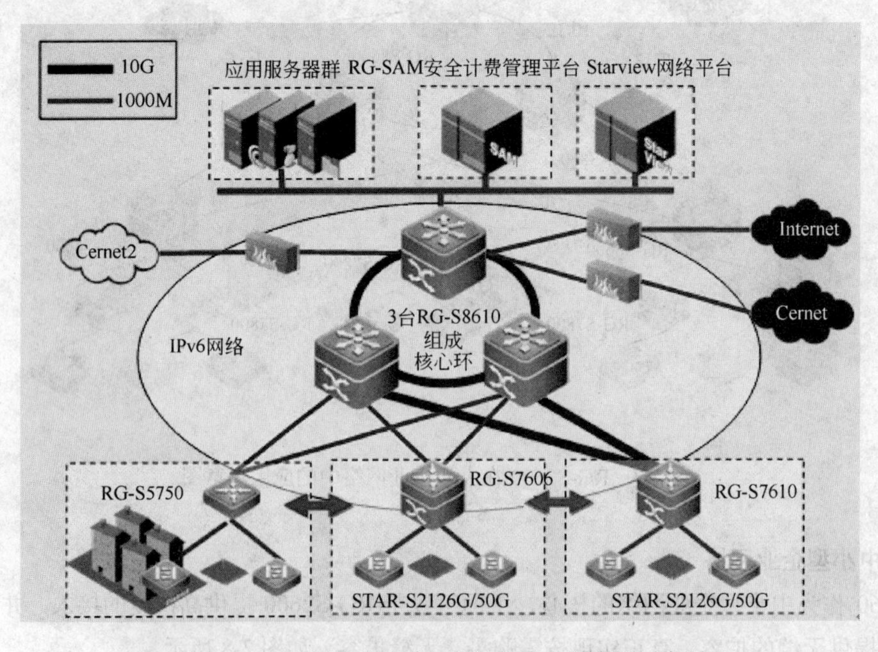

图 2-9　RG-S8600 在企业网络数据中心的应用示意图

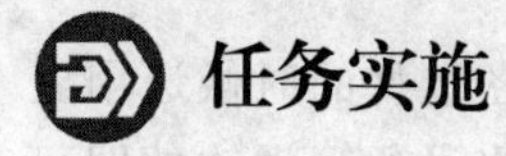

任务实施

步骤一、如何解决用户需求

在任务一中了解到京通集团提出了网络的建设目标，在这一节分析一下这些目标在实现的时候有没有制约性，以及现有网络的一些具体情况。

1. 如何满足带宽的需求

京通集团现有的用户是HUB或傻瓜式交换互连的网络，用户的实际带宽是平分HUB的带宽；如果要满足“专用 100M 到桌面，1000M 骨干”的需求；需要将原来的网络设备 HUB 更换为交换机；在交换机带宽方面：核心交换机要是全千兆交换机，而接入交换机必须是百兆下行、千兆上行的交换机。为了给服务器区提供高带宽，接入服务器区的交换机也应选择千兆交换机。

核心交换机只需要一台即可，服务器区交换机也只需一台即可；接入层交换机到底需要多少台，要看网络中的用户数量确定。

在了解用户的管理目标及需求使用后，分析京通集团网络系统情况是：京通集团目前有深圳、上海两个办事处，总部现有员工 80 人、深圳办事处现有员工 41 人、上海办事处现有员工 47 人，部门的分布及未来 3～5 年内员工情况见表 2-3。

表 2-3 京通集团部门及员工明细表

办事处	部门	现有员工数	未来员工数量
北京总部	人事行政部	10	15
	财务商务部	17	30
	产品研发部	30	50
	技术支持部	20	40
深圳办事处	—	41	60
上海办事处	—	47	70

从员工的人数来看，北京总部只需选用 2 台 48 口的接入交换机即可，深圳及上海办事处各只需选用 1 台 48 口的接入交换机即可。

2. 如何满足可靠性及可用性需求

可靠性只要是保障网络不会因为单点故障而影响全网，网络可靠了，也就具备了可用性，可靠性的保障主要依靠设备自身的可靠性（自身设计、关键部件冗余等）、拓扑的可靠性（冗余链路）、设备之间的备份（VRRP 协议）等来保障。

京通集团原有的网络是采用 HUB 加 SOHU 级路由器的组网，整个网络虽在物理上是星型拓扑机构，在逻辑上却为总线型结构；如果 HUB 故障也就相当于总线故障，整个网络就会瘫痪，可靠性极差。

但京通集团的网络规模较小，项目预算有限，所能采用的网络设备均为中低端设备，在关键部件方面无法冗余，核心设备也只能采用一台，冗余链路及设备之间的备用就无法实现，这样如何确保可靠性呢？

这就需要采用具有自身高可靠性的网络设备，主要是在采用制造工艺、采用的物理芯片方面考虑；当然针对服务器的连接可以采用双链路的方式。

3. **如何满足管理、升级、扩展的需求**

满足管理、升级、扩展的需求非常容易，满足管理需求要求在设备选型的时候选用支持 SNMP 管理的设备。并在网络中使用基于 SNMP 协议的图形化网络设备管理软件即可解决。

易于升级、扩展要求在规划的时候设备端口、IP 地址等方面要做适当的余留。比如总部的核心交换机按照实际需求只要提供 3 个千兆端口就可以了，考虑到以后网络的扩展，可以选择提供多个端口的交换机，比如 16 口、24 口等；IP 地址也是一样，也要考虑可扩展。

4. **如何满足安全性需求**

安全的要求一方面要保障内网的安全以及保障总部与办事处交互数据的安全，保障内网的安全可以在网络的出口部署网络安全设备，如防火墙；这样就可以有效的抵抗外部对内部的攻击，保护内网的安全，针对内网中出现的 ARP 现象，可以在内网设备上使用地址捆绑技术解决。

保障总部与办事处交互数据的安全，可以使用专线或者 VPN 将总部及分支机构连接起来，但到底使用哪种技术，可以通过表 2-4 进行对比。

表 2-4 专线与 VPN 对比

名称	价格	安全	维护
专线	价格高	物理隔离、绝对安全	简单，对人员要求低
VPN	价格低	公网传输、加密数据	复杂，对人员要求高

从上表可以看出，两种技术各有千秋。联系到京通集团的实际：目前京通集团是个研发企业，对数据的安全性要求较高，而维护人员又缺乏，从这个角度考虑只能使用专线技术来连接北京总部和分支机构。

5. **如何满足服务器管理、访问控制及 P2P 监控需求**

以前京通集团的服务器采用主机托管的方式放在运营商的 IDC 机房，管理和维护极为不便，网络升级之后，需要将服务器搬回公司管理；需要在网络内单独划分一个服务器区，为了保障服务器的高带宽，在服务器专门部署一台千兆交换机，采用双链路的方式直接连接核心交换机。提供给外部访问的服务器在出口设备上做 NAT Server。

访问控制可以通过 ACL 技术来实现，或者通过路由技术来解决。

P2P 监控可以通过出口的网络安全设备来实现，配合安全方面的需求，这就要求部署在总部出口的设备必须具备以下条件。

① NAT 及 NAT Server 功能；

② 攻击防范功能；

③ 网页及邮件过滤功能；

④ P2P 监控功能。

综观目前的网络设备，防火墙、IPS、UTM 等安全设备都具备这样的功能，而防火墙比较经济。也就是说在整个网络的出口应部署一台硬件防火墙。

6. **如何满足移动办公的需求**

满足移动办公的需求只需要在网络中部署无线 AP 即可，这样研发部门开会就可以通过无线访问部门内部服务器，但为了保障网络的安全，也需要在无线 AP 上设置接入密钥。通过对京通集团现有网络的了解和建设目标的分析，基本得出了解决的措施，下面进行实际实施的网络规划。

步骤二、网络规划设计

在京通集团网络规划中，将根据前面的建设目标及需求分析，按照网络规划的流程逐一进行规划设计。

（1）拓扑规划

根据现有网络拓扑结构，结合建设目标及实际需求，新规划的拓扑结构如图 2-10 所示。

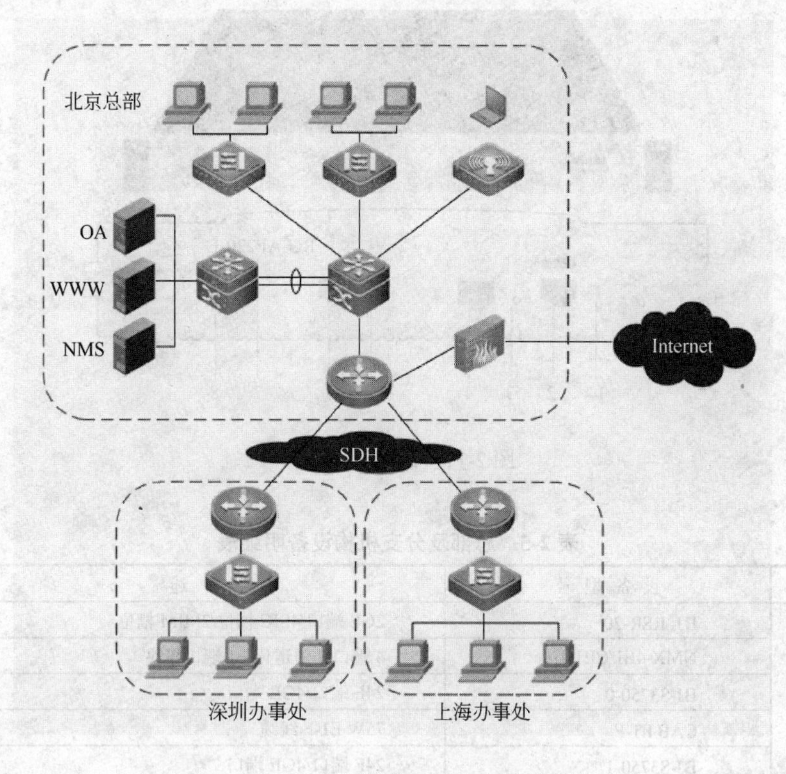

图 2-10 京通集团网络拓扑图

在以上拓扑结构中：总部的一台核心交换机连接两台接入层交换机、一台无线 AP 及一台服务器区交换机，构成了总部内部 LAN；总部一台路由器通过租用 ISP 的 SDH 线路将深圳、上海两个办事处连接起来；在总部的出口，通过一台防火墙连接到 Internet。在办事处的路由器下挂一台 48 口的交换机构成办事处的内部网络。

（2）设备选型

根据前期所做的需求分析，并结合上面的拓扑结构，所选择的设备型号如图 2-11 所示。

总部、深圳及上海办事处具体设备明细见表 2-5。

（3）板卡规划

总部路由器 RSR20 以及分支机构路由器 RSR20 都配置的有业务模块，本部分对业务模块的插槽做一规划。

总部的 RSR20 路由器配置了一块基于 MIM 插槽的 4E1-F 板卡，整个 RSR20 路由器提供两个 MIM 插槽，具体分布如图 2-12 所示。

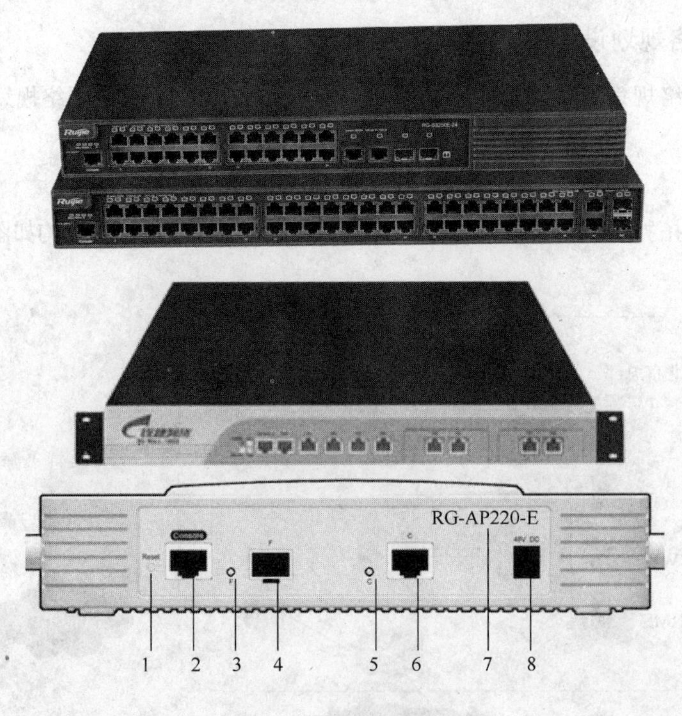

图 2-11　锐捷设备图片

表 2-5　总部及分支机构设备明细表

办事处	设 备 型 号	描　　述	数量
北京总部	BJ- RSR-20	2GE 端口/4SIC 槽位/2MIM 槽位	1
	NMX-4E1/CE1H:	4 端口非通道化 E1 端口模块	1
	BJ-S3750-0	24F 端口/4GE 端口	2
	CAB E1-F	75W E1-F 线缆	3
	BJ-S3750-1	24F 端口/4GE 端口	1
	BJ-S2126-24TP	24FE 端口/2GE 端口/2 SFP 端口	3
	BJ-AP220	802.11a/802.11g 两个无线模块	1
	BJ-WALL160	防火墙	1
深圳办事处	SZ-RSR20	2FE 端口/2SIC 槽位	1
	SIC-2E1-F	两口 E1-F 模块	1
	CAB E1-F	75W E1-F 线缆	1
	SZ-S2126G	24FE 端口/2GE 端口/2 SFP 端口	1
上海办事处	SH-RSR20	2FE 端口/2SIC 槽位	1
	SIC-2E1-F	两口 E1-F 模块	1
	CAB E1-F	75W E1-F 线缆	2
	SH-S2126G	24FE 端口/2GE 端口/2 SFP 端口	1

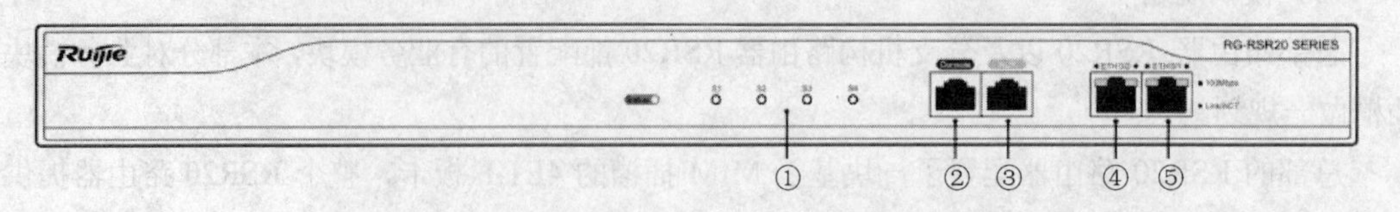

图 2-12　RSR20 路由器前面板接口/插槽分布图

深圳及上海的 RSR20 路由器配置了一块基于 SIC 插槽的 E1-F 卡，整个 RSR20 路由器提供 2 个 SIC 槽位，具体分布如图 2-13 所示。

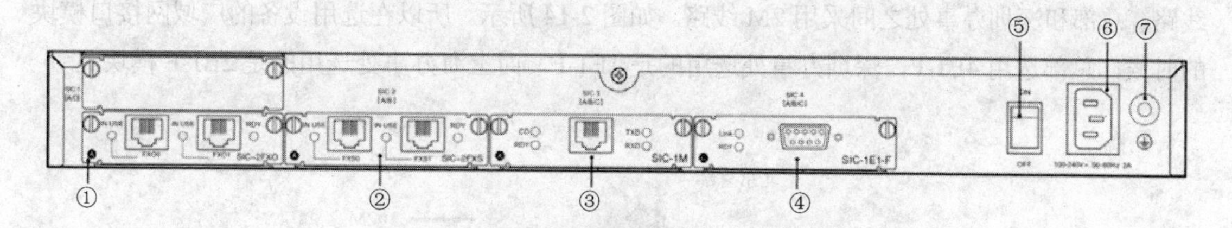

图 2-13　RSR20 路由器后面板接口/插槽分布图

根据设备的插槽分布，所有的另配业务模块均插入可用的第一个槽位，即 RSR20 插入第一个 MIM 插槽，RSR20 插入第一个 SIC 插槽。

（4）设备命名及端口描述

为了方便以后统一管理，需要对设备进行统一命名，本次项目设备命名采用如下格式：

AA-BB-CC

其中 AA 表示设备所处的地方，如北京简写为 BJ，上海简写为 SH；BB 表示设备的型号，如 RG-RSR20 表示为 RSR20，RG-S2126G 表示为 S2126G；CC 表示同型号设备的数量，如是第一台设备表示为 0，第二台设备表示为 1。

根据以上描述，总部的 RSR20 则表示为：BJ-RSR20-0，依此类推。所有设备的命名明细见表 2-6。

表 2-6　设备命名明细表

办事处	设备型号	设备名称
北京总部	RG-RSR20	BJ-RSR20-0
	RG-S3750-26C	BJ-S3750-0
	RG-S2126G	BJ-S2126G-0
	RG-WALL160	BJ-WALL160-0
	RG-WALL160	BJ-WALL160-0
	AP220-0	BJ-AP220-0
深圳办事处	RG-RSR20	SZ-RSR20-0
	RG-S2126G	SZ-S2126G-0
上海办事处	RG-RSR20	SH-RSR20-0
	RG-S2126G	SH-S2126G-0

为了方便在配置文件中，能很清晰的看明白设备的实际连线，需要对设备的连接端口添加描述，本次项目的端口描述格式如下：

Link-To-AAA-BBB

其中 AAA 表示为对端设备的名称，采用统一名称格式表示；BBB 表示为对端设备的端口，如 E1/0/1 口。

假如总部的接入交换机连接到核心交换机的 F0/1 口，其端口描述如下：

Link-To-BJS3750-0-F/0/1

（5）WAN 规划

根据前面的需求分析，在总部及分支机构之前使用专线连接，并选用中国电信公司提供的基于 SDH 传输网络的 E1 线路。

考虑到上海办事处的业务数据相对较多，对带宽需求较高；故总部和上海办事处之间采用 4M 线路，总部和深圳办事处之间采用 2M 线路。如图 2-14 所示。所以在选用设备的广域网接口模块的时候，总部选用 4E1-F，深圳办事处选用的是 1E1-F，而上海办事处选用的是 2E1-F 模块。

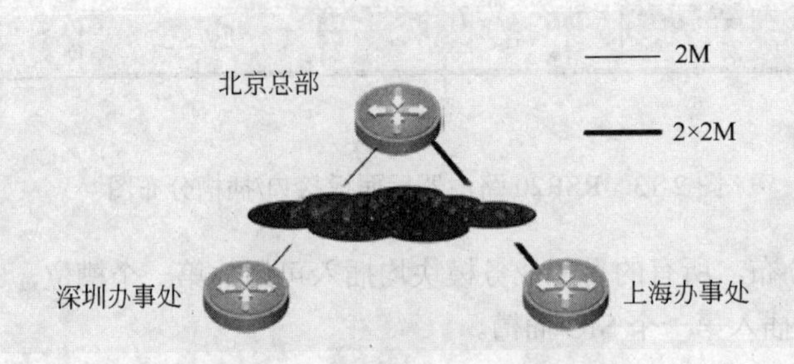

图 2-14 总部及分支机构互连图

可能会遇到一个问题，如果当办事处增多的时候，该如何解决，如果办事处增多，而目前或者扩展后的 E1 模块无法满足要求，可以将 E1 模块换为 CPOS 模块即可解决，一个 155M 的 CPOS 模块可以通过传输设备进行时隙划分为 63 个 2M E1 接口。

（6）LAN 规划

局域网规划包含 VLAN 规划、端口聚合规划以及端口隔离、地址捆绑规划等部分。

深圳及上海办事处因员工数量较少，不会出现广播风暴现象，不用再划分 VLAN 了，北京总部员工数量多，为了减少广播和提高网络使用效率，并且各部门之间有访问控制，所以需要进行 VLAN 划分。因人事行政部、财务商务部人数相对较少，而且业务比较密切，划分在 1 个 VLAN 内即可，而产品研发部和技术支持部在业务上相对对立，产品研发部还有访问控制要求，故将两个部门各自划分一个 VLAN。为了便于服务器区的管理，也将服务器区划分为一个 VLAN。研发部划分为一个 VLAN。这样部门、VLAN 号、交换机端口之间的关系见表 2-7。

表 2-7 VLAN 规划明细表

部门	VLAN 号	所在设备	端口明细
人事行政部	VLAN10	BJ-S2126G-0	F0/1-F0/10
财务商务部	VLAN10	BJ-S2126G-0	F0/11-F0/20
产品研发部	VLAN20	BJ-S2126G-1	F0/1-F0/10
		BJ-S2126G-1	F0/11-F0/20
技术支持部	VLAN30,40	BJ-S3152TP-2	F0/1-F0/20
服务器区	VLAN	BJ-S3750-0	G1/0/1-G1/0/7
互连 VLAN	VLAN50	BJ-RSR20-0 与 BJ-S3750-0 之间互连	
管理 VLAN	VLAN1	交换机的管理 VLAN，用于 Telnet 及 SNMP	

端口聚合及互连端口规划如图 2-15 所示。虚拟局域网规划如图 2-16 所示。

另外，在研发部的服务器区使用端口隔离技术，严格控制外部的访问，并针对内网中出现的 ARP 病毒现象，在核心交换机上进行端口捆绑。

为了便于 IP 地址分配和管理，在 IP 地址分配方面，采用 DHCP 方式，其中使用核心交换机

S3750-26C 作为 DHCP 服务器。

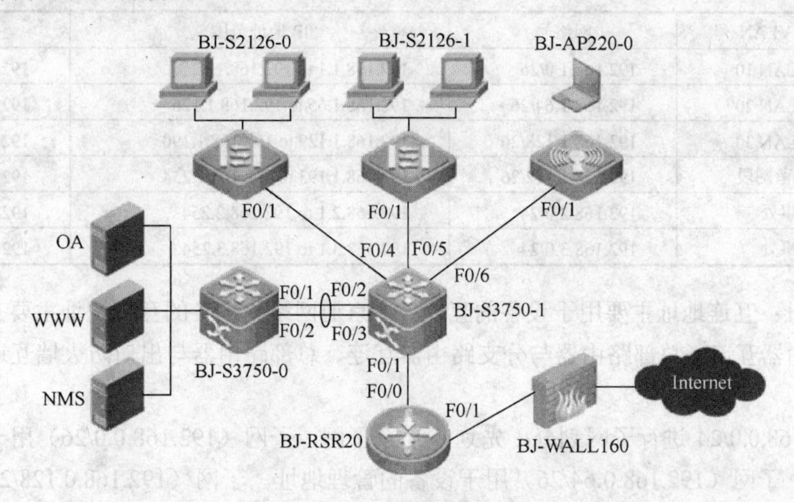

图 2-15 端口聚合及互连端口明细图

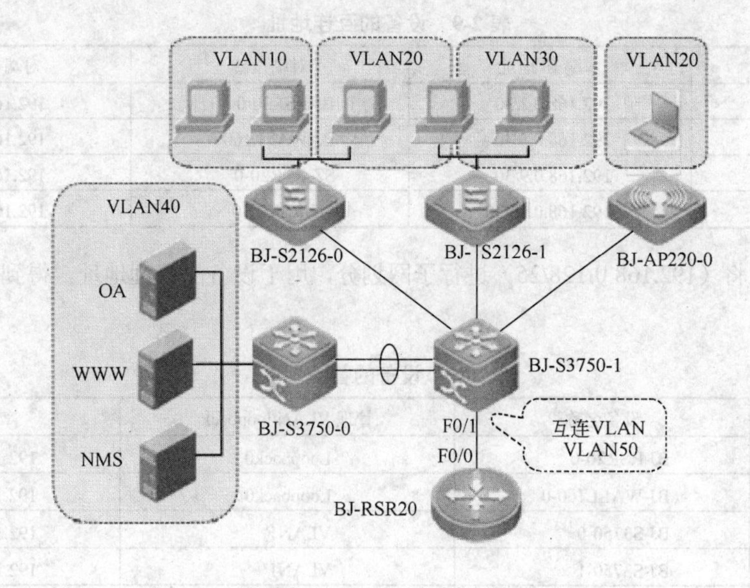

图 2-16 VLAN 划分图

（7）IP 地址规划

在京通集团的原有网络中，每个地方都使用的是 192.168.0.0/24 这样一个网段，在新的网络中需要对 IP 地址重新进行规划。在新的网络中需要三类 IP 地址：业务地址、设备互连地址和设备管理地址。根据因特网的相关规定，决定使用 C 类私有地址，在总部和办事处各使用一个 C 类，其中总部使用 192.168.1.0/24 网段，深圳办事处使用 192.168.2.0/24，上海办事处使用 192.168.3.0/24 网段。服务器区、互连地址及部分设备的管理地址用 192.168.0.0/24 网段。具体规划如下。

业务地址：根据实际需要，并结合未来的需求数量，将总部的 192.168.1.0/24 地址进行子网划分，得出分配表见表 2-8。

表 2-8 业务地址分配表

	VLAN 号	网络号	IP 地址范围	网关地址
北京总部	VLAN 10	192.168.1.0/26	192.168.1.1 to 192.168.1.62	192.168.1.1
	VLAN 20	192.168.1.64/26	192.168.1.65 to 192.168.1.126	192.168.1.65
	VLAN 30	192.168.1.128/26	192.168.1.129 to 192.168.1.190	192.168.1.129
	保留网段	192.168.1.192/26	192.168.1.193 to 192.168.1.254	192.168.1.193
深圳办事处		192.168.2.0/24	192.168.2.1 to 192.168.2.254	192.168.2.254
上海办事处		192.168.3.0/24	192.168.3.1 to 192.168.3.254	192.168.3.254

互连地址：互连地址主要用于设备的互连，在京通网络中设备的互连地址主要有：总部核心交换机与路由器互连，总部路由器与分支路由器互连、总部路由器与出口防火墙互连。共需要 4 对互连地址。

将 192.168.0.0/24 进行子网划分：先划分 4 个子网，子网（192.168.0.0/26）用于现在及今后的设备互连，子网（192.168.0.64/26）用于设备的管理地址。子网（192.168.0.128/26）用于服务器地址，子网（192.168.0.192/26）保留。

将（192.168.0.0/26）进行子网划分用户设备互连，得到的设备互连地址见表 2-9。

表 2-9 设备的互连地址

本端设备	本端 IP 地址	对端设备	对端 IP 地址
BJ-S3750-0	192.168.0.1/30	BJ-RSR20-0	192.168.0.2/30
BJ-RSR20-0	192.168.0.5/30	BJ-WALL160-0	192.168.0.6/30
BJ-RSR20-0	192.168.0.9/30	SZ-RSR20-0	192.168.0.10/30
BJ-RSR20-0	192.168.0.13/30	SH-RSR20-0	192.168.0.14/30

管理地址：将（192.168.0.128/25）进行子网划分，用于设备的管理地址，得到的设备管理地址见表 2-10。

表 2-10 设备的管理地址

办事处	设备名称	管理 VLAN/loopback	管理地址
北京总部	BJ-RSR20-0	Loopback0	192.168.0.73/32
	BJ-WALL160-0	Loopback0	192.168.0.74/32
	BJ-S3750-0	VLAN1	192.168.0.65/29
	BJ-S3750-1	VLAN1	192.168.0.66/29
	BJ-S2126G-0	VLAN1	192.168.0.67/29
	BJ-S2126G-1	VLAN1	192.168.0.68/29
	BJ-AP220-0	VLAN1	192.168.0.69/29
深圳办事处	SZ-RSR20-0	Loopback0	192.168.0.75/32
	SZ-S2126G-0	VLAN1	192.168.2.250/24
上海办事处	SH-RSR20-0	Loopback0	192.168.0.76/32
	SH-S2126G-0	VLAN1	192.168.3.250/24

服务器地址：服务器地址主要是给公司的各种服务器使用，使用 192.168.0.129 作为子网的网关，各服务器分得的地址见表 2-11。

（8）路由规划

京通集团的网络架构比较简单，目前只有一个总部和两个异地办事处，如果只考虑现状，在这样的网络里，只需要部署静态路由就可使全网互通。但京通集团的网络并不会止于现状，随着公司业务的发展，公司的规模也会逐渐壮大，发展更多的办事处。如果使用静态路由，当公司扩大到一定规模的时候，就必须要将静态路由更改为动态路由，需要对网络重新进行规划，不利于扩展。而如果采用动态路由协议，在网络规模扩展时就不会出现这种现象。所以从今后网络的扩展考虑，建议使用动态路由协议。

表 2-11 服务器地址

服务器	地址	服务器	地址
OA 服务器	192.168.0.130/26	WWW 服务器	192.168.0.132/26
NMS 服务器	192.168.0.131/26		

在动态路由协议里，用得最多的莫过于 OSPF 协议，在京通集团的网络里，就使用 OSPF 协议来使全网互通。考虑到以后网络的扩展而不必更改网络的规划，将 OSPF 作如下规划，如图 2-17 所示。

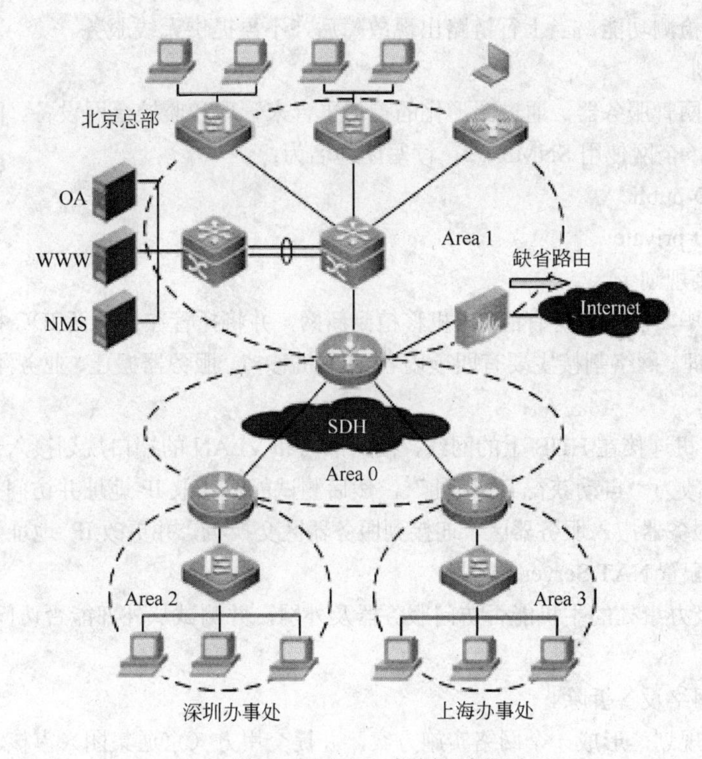

图 2-17 OSPF 规划示意图

将总部路由器的下行接口和分支路由器的上行接口规划为 area 0,总部的局域网规划为 area 1，深圳办事处规划为 area 2，上海办事处规划为 area 3；如果再有办事处增加的话，则可规划为 area 4、area 5 等，如果办事处的规模增加的话，同样对区域不用更改。

在网络的出口通过缺省路由的方式访问外网，下一跳为运营商的入口地址。

（9）安全规划

安全规划主要包含有访问控制、攻击防范和 P2P 监控内容过滤三部分内容；对于访问控制可以在路由器上通过 ACL 来做到。对于攻击防范，可以在出口的防火墙上启动攻击防范功能，这样就可以有效地阻止外部对内网的各种攻击。

P2P 可以通过启用防火墙上的 ASPF 功能来实时监控，发现问题及时阻止。

内容过滤包含网页过滤和邮件过滤两种，可以分别对网页的网址、域名、关键字、邮件主题、内容、附件等进行过滤；防止访问非法网站及通过邮件泄密。

（10）无线规划

京通集团的无线网络主要是满足研发人员的移动办公需求，所以无线 AP 隶属于 VLAN20；并要满足研发部的任意 2 台 PC 机不能直接通信的安全要求。根据以上要求，将京通集团的无线网络规划如下：

SSID：CDJT

验证：采用 WEP 验证，密码为 SXGY

安全：启用无线客户端二层隔离功能

为了满足现有笔记本的通信需要，采用 802.11g 技术，并采用 6 号信道，避免同其他无线的信道干扰。

启动上行链路检测功能，当上行链路出现故障后，不再提供无线服务。

（11）网管规划

在网络中部署网管服务器，通过图形化的管理平台来管理和监控全网设备。网管服务器的地址为 192.168.0.132，全网使用 SNMP V2，读写团体名为：

读团体名：CD-public

写团体名：CD-private

（12）网络割接规划

在全网部署完毕，需要将所有的 PC 机移植到新网，并将托管在运营商 IDC 机房的服务器搬回公司进行内部管理。网络割接主要有四项内容：PC 机移植、服务器搬迁、业务测试、旧网拆除。对这四项规划如下。

① 将原来 PC 机连接在 HUB 上的网线，按照部门和 VLAN 的端口规划接入新的交换机；将 IP 地址的获取方式改为“自动获得 IP 地址”，然后测试能否获取 IP 地址并访问外网。

② 将托管的服务器搬入服务器区，连接到服务器区交换机，并更改 IP 地址及网关，并在出口的防火墙上正确配置 NAT Server。

③ 测试总部及办事处的主机能否访问服务器及外网，并测试从外部能否访问内部的 WWW 服务器。

④ 将原有的网络设备拆除。

在本节将根据规划，形成一个网络实施方案，并提交甲方（京通集团）审核。

步骤三、京通集团网络工程实施方案

1. 工程概述

京通集团网络工程项目是京通集团信息化建设的重要组成部分，作为底层生产数据传输的平台，网络起着不可替代的作用。本方案结合京通集团现有网络情况，并参照工业和信息产业部关于中小企业信息化建设的一般标准，结合京通集团未来的发展战略进行规划部署，解决京通集团现有网络出现的种种问题。

本次网络工程涉及京通集团北京总部及深圳、上海两个异地办事处。

本次网络工程的建设目标是：

① 全面提高网络的整体带宽；
② 提高网络的可靠性、可用性；
③ 网络具备易管理、可升级扩展；
④ 内网及总部和办事处交互数据安全；
⑤ 能监管网络中的不良应用，限制部分网络的访问权限；
⑥ 提供移动办公条件。

2. 项目整网规划

（1）整网拓扑结构

京通集团整网的拓扑结构如图 2-18 所示。

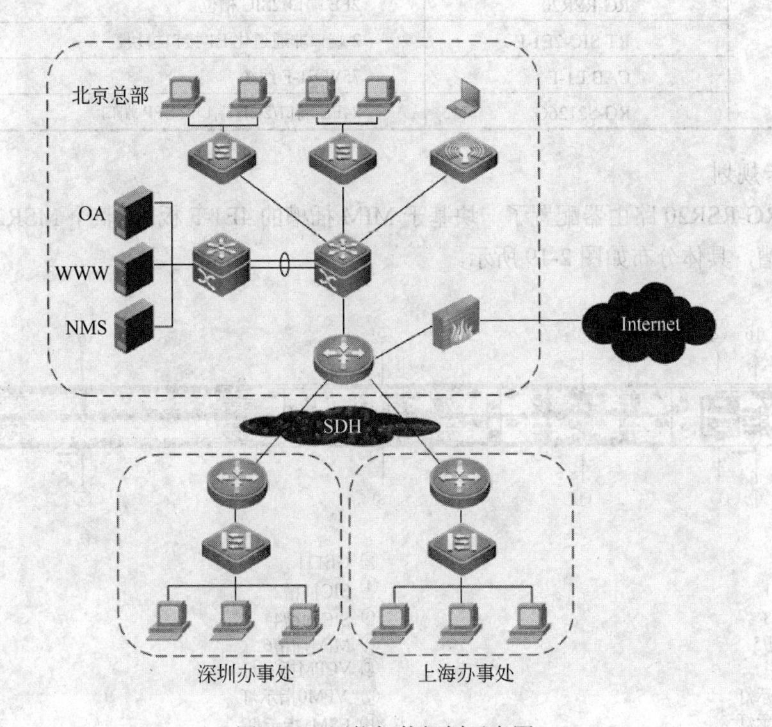

图 2-18　网络拓扑规划示意图

在以上拓扑结构中：总部的一台核心交换连接 2 台接入层交换机、一台无线 AP 及一台服务器区交换机，构成了总部内部 LAN；总部一台路由器通过租用 ISP 的 SDH 线路将深圳、上海 2 个办事处连接起来；在总部的出口，通过一台防火墙连接到 Internet。在办事处的路由器下挂一台 48 口的交换机构成办事处的内部网络。

（2）设备清单

总部、深圳及上海办事处具体设备明细见表 2-12。

表 2-12　设备板卡清单

办事处	设备型号	描述	数量
北京总部	RG-RSR20	2GE 端口/4SIC 槽位/2MIM 槽位	1
	RT-MIM-4E1-F	4 端口非通道化 E1 端口模块	1
	RG-S3750-0	24GE 端口/4GE 复用端口	1
	CAB E1-F	75W E1-F 线缆	3

续表

办事处	设备型号	描述	数量
北京总部	RG-S3750-1	16GE 端口/4GE 复用端口	1
	RG-S2126G	24FE 端口/2GE 端口/2 SFP 端口	3
	RG-WALL160	3FE/1MIM 槽位	1
	RG-AP220-0	提供 802.11a/802.11g 两个无线模块	1
深圳办事处	RG-RSR20	2FE 端口/2SIC 槽位	1
	RT-SIC-1E1-F	1 端口非通道化 E1 接口模块	1
	CAB E1-F	75W E1-F 线缆	1
	RG-S2126G	24FE 端口/2GE 端口/2 SFP 端口	1
上海办事处	RG-RSR20	2FE 端口/2SIC 槽位	1
	RT-SIC-2E1-F	2 端口非通道化 E1 接口模块	1
	CAB E1-F	75W E1-F 线缆	2
	RG-S2126G	24FE 端口/2GE 端口/2 SFP 端口	1

（3）板卡规划

总部的 RG-RSR20 路由器配置了一块基于 MIM 插槽的 4E1-F 板卡，整个 MSR20 路由器提供 2 个 MIM 插槽，具体分布如图 2-19 所示。

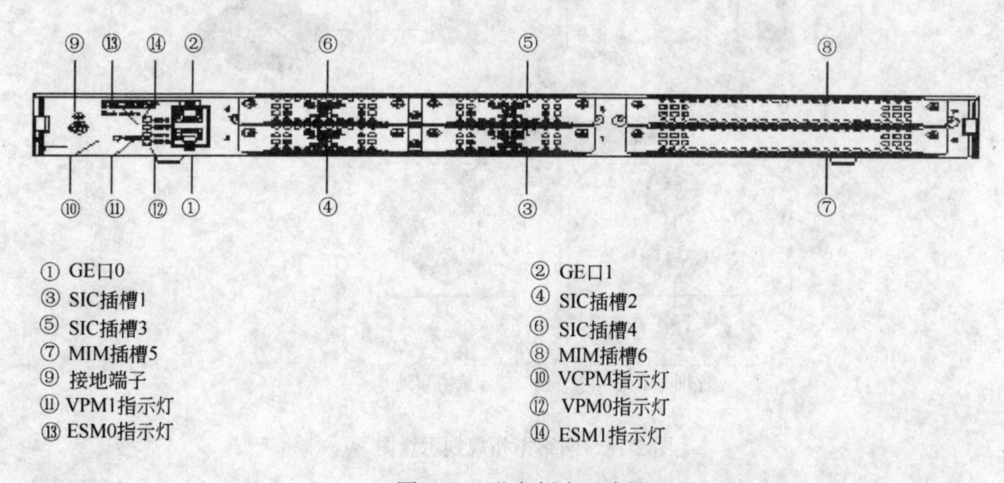

图 2-19 业务板卡示意图

深圳及上海的 RSR20 路由器配置了一块基于 SIC 插槽的 E1-F 卡，整个 MSR20 路由器提供 2 个 SIC 槽位，具体分布如图 2-20 所示。

根据设备的插槽分布，所有的另配业务模块均插入可用的第一个槽位，即：RSR20 插入第一个 MIM 插槽，RSR20-20 插入第一个 SIC 插槽。

（4）设备命名及端口描述

为了方便以后统一管理，需要对设备进行统一命名，本次项目设备命名采用如下格式：

AA-BB-CC

其中 AA 表示设备所处的地方，如北京简写为 BJ，上海简写为 SH；BB 表示设备的型号，如 RG-RSR-20 表示为 RSR20，RG-S2126G 表示为 S2126G；CC 表示同型号设备的数量，如是第一台设备表示为 0，第二台设备表示为 1。

根据以上描述，总部的 RSR20 则表示为：BJ-RSR20-0，依此类推。所有设备的命名明细见

表 2-13。

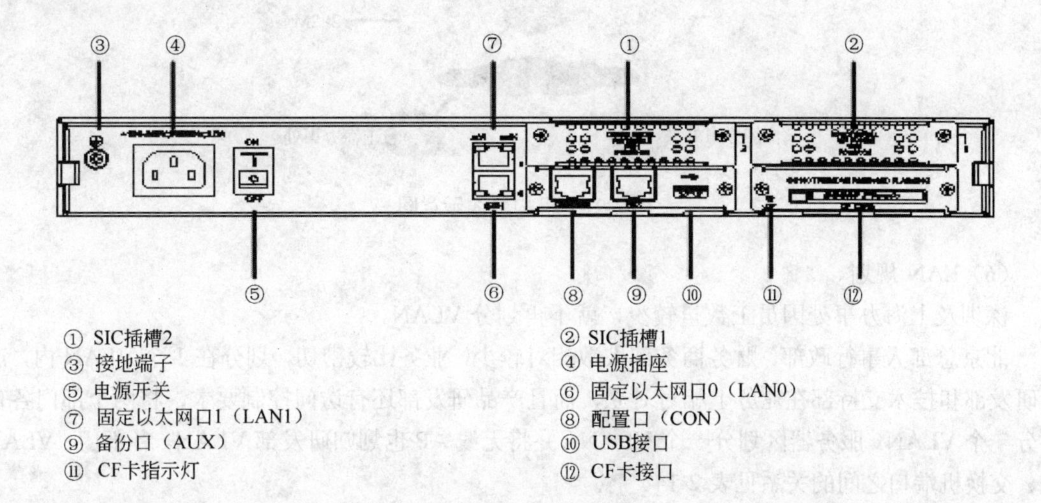

图 2-20　E1-F 卡示意图

表 2-13　设备明细表

办事处	设备型号	设备名称
北京总部	RG-RSR20	BJ-RSR20-0
	RG-S3750	BJ-S3750-0
	RG-S3750	BJ-S3750-1
	RG-S2126G	BJ-S2126G-0
	RG-S2126G	BJ-S2126G -1
	RG-WALL160	BJ-WALL160-0
	RG-AP220	BJ-AP220-0
深圳办事处	RG-RSR20	SZ-RSR20-0
	RG-S2126G	SZ-S2126G-0
上海办事处	RG-RSR20	SH-RSR20-0
	RG-S2126G	SH-S2126G-0

为了方便在配置文件中，能很清晰的看明白设备的实际连线，需要对设备的连接端口添加描述，本次项目的端口描述格式如下：

Link-To-AAA-BBB

其中 AAA 表示为对端设备的名称，采用统一名称格式表示；BBB 表示为对端设备的端口，如 E1/0/1 口；

假如总部的接入交换机连接到核心交换机的 G1/0/1 口，则端口描述如下：

Link-To-BJS3750-0-G1/0/1

（5）WAN 规划

在总部及分支机构之间使用专线连接，并选用中国电信公司提供的基于 SDH 传输网络的 E1 线路。总部和上海办事处之间采用 4M 线路，总部和深圳办事处之间采用 2M 线路。如图 2-21 所示。

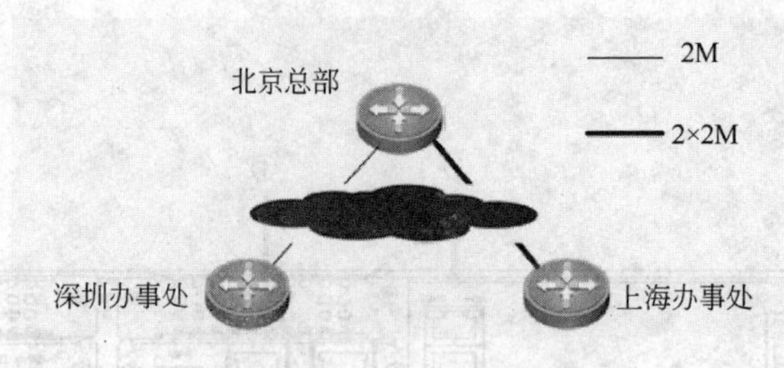

图 2-21 机构专线示意图

（6）LAN 规划

深圳及上海办事处因员工数量较少，就不再划分 VLAN。

北京总部人事行政部、财务商务部人数相对较少，业务比较密切，划分在 1 个 VLAN 内，产品研发部和技术支持部在业务上相对对立，而且产品研发部还有访问控制要求，将两个部门各自划分一个 VLAN。服务器区划分一个 VLAN。并将无线 AP 也划归研发部 VLAN。各部门、VLAN 号、交换机端口之间的关系见表 2-14。

表 2-14 VLAN 规划表

部门	VLAN 号	所在设备	端口明细
人事行政部	VLAN10	BJ-S2126G-0	F0/1-F0/10
财务商务部	VLAN10	BJ-S2126G-0	F0/11-F0/15
产品研发部	VLAN20	BJ-S2126G-0	F0/15-F0/20
		BJ-S2126G-1	F0/1-F0/10
技术支持部	VLAN30	BJ-S2126G-1	F0/11-F0/20
服务器区	VLAN40	BJ-S3750-0	G1/0/3-G1/0/16
互连 VLAN	VLAN50	BJ-RSR20-0 与 BJ-S3750-1 之间互连	
管理 VLAN	VLAN1	交换机的管理 VLAN，用于 Telnet 及 SNMP	

端口聚合及互连端口规划，如图 2-22 所示。

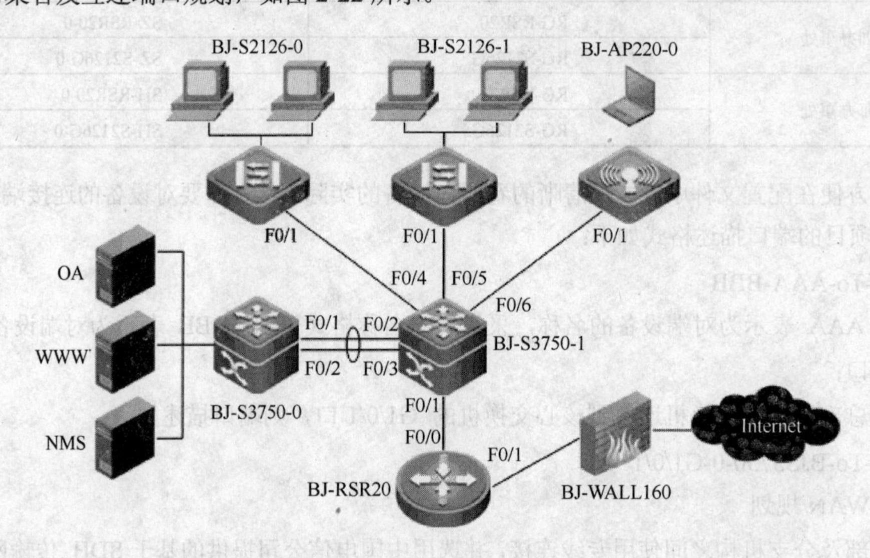

图 2-22 OSPF 规划示意图

另外在研发部的服务器区使用端口隔离技术，严格控制外部的访问，并针对内网中出现的

ARP 病毒现象，在核心交换机上进行端口捆绑。为了便于 IP 地址分配和管理，在 IP 地址分配方面，采用 DHCP 方式，其中使用核心交换机 S3750-1 作为 DHCP 服务器。

（7）IP 地址规划

在新的网络中需要如下三类 IP 地址：业务地址、设备互连地址和设备管理地址。在总部和办事处各使用一个 C 类，其中总部使用 192.168.1.0/24 网段，深圳办事处使用 192.168.2.0/24，上海办事处使用 192.168.3.0/24 网段。服务器区、互连地址及部分设备的管理地址用 192.168.0.0/24 网段。业务地址：根据实际需要，并结合未来的需求数量，将总部的 192.168.1.0/24 地址进行子网划分，得出见表 2-15。

表 2-15　IP 地址规划表

	VLAN 号	网络号	IP 地址范围	网关地址
北京总部	VLAN10	192.168.1.0/26	192.168.1.1 to192.168.1.62	192.168.1.1
	VLAN20	192.168.1.64/26	192.168.1.65 to192.168.1.126	192.168.1.65
	VLAN30	192.168.1.128/26	192.168.1.129 to192.168.1.190	192.168.1.129
	保留网段	192.168.1.192/26	192.168.1.193 to192.168.1.254	192.168.1.193
深圳办事处		192.168.2.0/24	192.168.2.1to192.168.2.254	192.168.2.254
上海办事处		192.168.3.0/24	192.168.3.1 to192.168.3.254	192.168.3.254

互连地址：互连地址主要用于设备的互连，在京通网络中设备的互连地址主要有：总部核心交换机与路由器互连，总部路由器与分支路由器互连、总部路由器与出口防火墙互连。共需要 4 对互连地址。

将 192.168.0.0/24 进行子网划分：先划分 4 个子网，子网（192.168.0.0/26）用户现在及今后的设备互连，子网（192.168.0.64/26）用于设备的管理地址。子（192.168.0.128/26）用于服务器地址，子网（192.168.0.192/26）保留。

将（192.168.0.0/26）进行子网划分用户设备互连，得到的设备互连地址见表 2-16。

表 2-16　设备端口地址

本端设备	本端 IP 地址	对端设备	对端 IP 地址
BJ-S3750-1	192.168.0.1/30	BJ-RSR20-0	192.168.0.2/30
BJ-RSR20-0	192.168.0.5/30	BJ-WALL160-0	192.168.0.6/30
BJ-RSR20-0	192.168.0.9/30	SZ-RSR20-0	192.168.0.10/30
BJ-RSR20-0	192.168.0.13/30	SH-RSR20-0	192.168.0.14/30

管理地址：将（192.168.0.128/25）进行子网划分，用于设备的管理地址，得到的设备管理地址见表 2-17。

表 2-17　设备管理地址表

办事处	设备名称	管理 VLAN/loopback	管理地址
北京总部	BJ-RSR20-0	Loopback0	192.168.0.73/32
	BJ-WALL160-0	Loopback0	192.168.0.74/32
	BJ-S3750-1	VLAN1	192.168.0.65/29
	BJ-S3750-0	VLAN1	192.168.0.66/29
	BJ-S2126G-0	VLAN1	192.168.0.67/29
	BJ-S2126G-1	VLAN1	192.168.0.68/29
	BJ-AP220-0	VLAN1	192.168.0.69/29
深圳办事处	SZ-RSR20-0	Loopback0	192.168.0.75/32

续表

办事处	设备名称	管理 VLAN/loopback	管理地址
深圳办事处	SZ-S2126G-0	VLAN1	192.168.2.250/24
上海办事处	SH-RSR20-0	Loopback0	192.168.0.76/32
	SH-S2126G-0	VLAN1	192.168.3.250/24

服务器地址：服务器地址主要是给公司的各种服务器使用，使用子网（192.168.0.128/26），192.168.0.129 作为网关，各服务器分得的地址见表 2-18。

表 2-18 服务器地址

服务器	地址	服务器	地址
OA 服务器	192.168.0.130/26	WWW 服务器	192.168.0.131/26
服务器 NMS	192.168.0.132/26		

（8）路由规划

考虑到以后网络的扩展而不必更改网络的规划，在京通集团的网络里，使用 OSPF 协议作为 IGP 协议来使全网互通。将 OSPF 作如下规划，如图 2-23 所示。

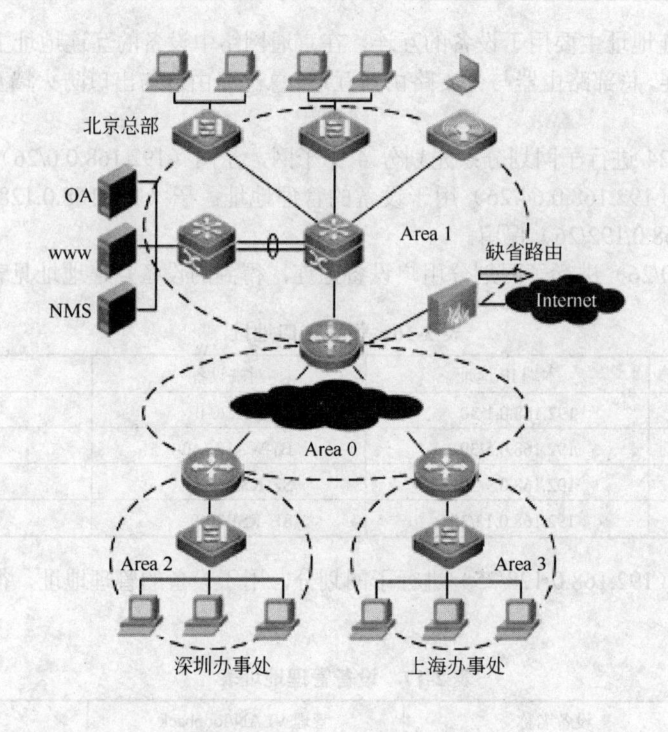

图 2-23 OSPF 规划示意图

将总部路由器的下行接口和分支路由器的上行接口规划为 area 0,总部的局域网规划为 area 1，深圳办事处规划为 area 2，上海办事处规划为 area 3；如果再有办事处增加的话，则可规划为 area 4….N，如果办事处的规模增加的话，同样对区域不用更改。在网络的出口通过缺省路由的方式访问外网，下一跳为运营商的接口地址。

（9）安全规划

安全规划主要包含有访问控制、攻击防范和 P2P 监控内容过滤三部分内容；对于访问控制可以在路由器上通过ACL来做到。对于攻击防范，可以在出口的防火墙上启动攻击防范功能，这样就可以有效地阻止外部对内网的各种攻击。

P2P可以通过启用防火墙上的ASPF功能来实时监控，发现问题及时阻止。内容过滤包含网页过滤和邮件过滤两种，可以分别对网页的网址、域名、关键字、邮件主题、内容、附件等进行过滤；防止访问非法网站及通过邮件泄密。

（10）无线规划

京通集团的无线网络主要是满足研发人员的移动办公需求，所以无线AP隶属于VLAN20；并要满足研发部的任意2台PC机不能直接通信的安全要求。

根据以上要求，将京通集团的无线网络规划如下：

SSID：CDJT

验证：采用WEP验证，密码为SXGY

安全：启用无线客户端二层隔离功能

为了满足现有笔记本的通信需要，采用 802.11g技术，并采用6号信道，避免同其他无线的信道干扰。启动上行链路检测功能，当上行链路出现故障后，不再提供无线服务。

（11）网管规划

在网络中部署网管服务器，通过图形化的管理平台来管理和监控全网设备。网管服务器的地址为192.168.0.132，全网使用SNMP V2，读写团体名为：

读团体名：CD-public

写团体名：CD-private

（12）网络割接规划

在全网部署完毕，需要将所有的PC机移植到新网，并将托管在运营商IDC机房的服务器搬回公司进行内部管理。网络割接主要有四项内容：PC机移植、服务器搬迁、业务测试、旧网拆除。对这四项规划如下。

① 将原来PC机连接在HUB上的网线，按照部门和VLAN的端口规划连接入新的交换机；将IP地址的获取方式改为“自动获得IP地址”，然后测试能否获取IP地址并访问外网。

② 将托管的服务器搬入服务器区，连接到服务器区交换机，并更改IP 地址及网管，在出口的防火墙上正确配置NAT Server。

③ 测试总部及办事处的主机能否访问服务器及外网，并测试从外部能否访问内部的 WWW服务器。

④ 将原有的网络设备拆除。

步骤四、工程进度设计

1. 工程实施包含的主要内容

（1）开箱验货

开箱验收时先检查包装外观和设备外观，发现外观有损坏的，停止开箱，按照《通信技术有限公司到货即损（DOA）问题处理方法》马上进行处理。先打开装箱单所在的箱子，取出装箱单（一式两份），按照装箱单中的数量核对。验货完毕后，根据验货情况双方在装箱单上签字，货物正式移交给用户，货物的保管责任为用户。

开箱验货发现的物料问题，务必在3天内按照《通信技术有限公司到货即损（DOA）问题处理方法》进行反馈处理。

（2）安装调试

参照各产品随机发货的设备安装手册中安装要求进行设备的硬件安装和软件调试，主要有以下几方面内容。

① 施工过程中，施工人员要遵守公司、用户相应的行为规范。

② 施工中发现无法解决的技术问题，及时向技术负责人汇报，寻求技术支持，使问题能得到快速定位解决。需要升级软件版本的按照相关指导书进行软件版本升级。

③ 设备安装调试过程中，对照公司《工程质量检查标准》进行工程质量自检。

④ 设备安装调试完成后进行相关的业务测试。并有测试记录和双方签字。

（3）割接入网

设备测试（或验收）通过后，进行设备割接入网。工程负责人根据需要配合用户一起制定详细的《割接方案》，要把业务从原来的网络切换到新的网络中。由于要求切换时中断业务的时间很短，《割接方案》要考虑周全，明确双方责任人、分工，同时考虑割接失败的补救措施，安排落实人员观察设备运行情况。设备割接后开通业务，不能随意更改数据。

（4）工程培训

工前和完工集中培训：在开工前或完工后，对用户方技术人员集中进行网络知识和产品培训，我司进行培训资料和授课老师确定。按照用户的要求进行培训。工程施工中的现场培训：工程施工中，设备安装时要对用户的技术人员进行培训，主要培训产品知识、安装特点、常见故障处理等内容。让用户掌握基本维护和设备日常使用知识。

（5）机房服务热线挂牌

对主要机房进行机房服务热线挂牌，让用户的维护人员能够了解维护和支持的途径。

（6）工程完工和文档移交

在整个工程的实施前、实施中、实施后必须向用户提交项目的全套文档，文档主要分为如下几类。

设备清单：包括全部设备（含软、硬件）型号、版本、规格、数量等详细清单；

工程信息表：含用户信息、局点信息、保修期、设备型号、软件版本、设备配置信息、遗留问题说明；

工程实施技术总结报告：在《工程实施技术方案》的基础上，在工程中经过修改，符合实际要求的工程技术总结；

设备维护建议书：用于用户日常维护参考；

实施计划：包括运输、交货、安装日期、测试、验收等；

系统配置计划：包括配置文件和配件清单；

安装手册类文档：各网络设备安装手册、命令手册；

网络验收测试类文档：系统验收、测试方案；

系统验收文档：收集各种验收数据，并对项目进行综合评估。

2. 工程进度安排

（1）工前准备

在完成货物运作、线路申请等工作后，进入各项目点的网络工程的具体实施阶段。由工程项目经理负责，进行工程前期准备，主要内容如下。

掌握合同信息，合同中的设备类型、数量、技术要求，软件版本要求，如果有新产品和新功能，是否有产品和软件版本能满足工程实施；

了解货物发货和计划到货信息；

与用户沟通，了解工期要求和用户准备情况；

根据工程情况准备制作《工程实施技术方案》，要求有组网图，模板参照附件《工程实施技术方案》。《工程实施技术方案》要经过技术负责人的审核。

（2）工前协调会

在工程开工前，工程项目经理及相关人员和用户相关部门一起召开开工协调会，其主要内容如下：

与用户协商并确定《工程实施技术方案》，作为工程实施中的技术文件；

与用户商定工程进度计划及配合事宜，按照进度要求用户完成安装环境准备；

确认用户是否对硬件安装等工艺方面有特殊要求。签订《工程备忘录》；

明确工程中用户的总负责人和接口人。建议用户派一至两名技术水平较高的工程师随工，建议为机房维护人员；

确定工程验收项目和验收方案，明确工程完工标志。

（3）工程实施进度计划

整个项目实施按以下进度进行：

设备安装	调试部署	网络割接	试运行	工程验收
0.5 天	1.5 天	0.5 天	1 天	0.5 天

步骤五、工程验收设计

1. 工程验收流程（见图 2-24）

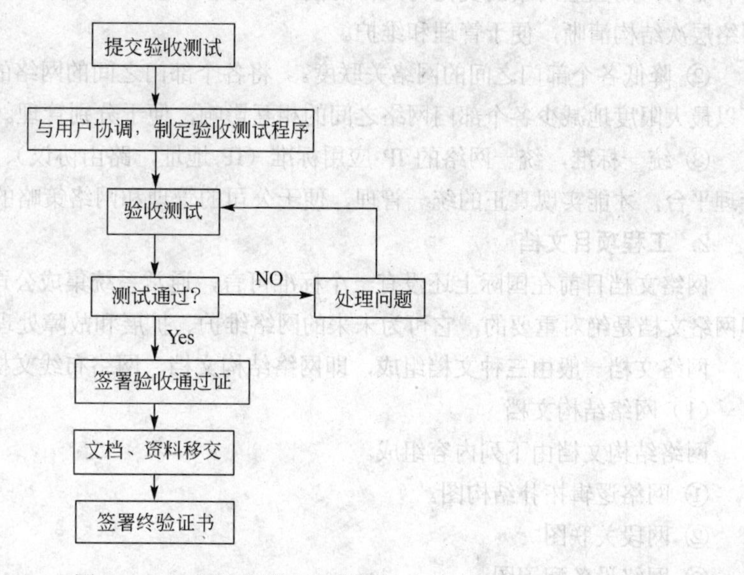

图 2-24 工程验收流程示意图

2. 验收测试项目

① 检查设备安装是否符合规范，比如：设备板卡、地线连接、网线布放、线缆标签是否符合工程规范。

② 设备的配置是否符合方案要求，比如：设备命名、端口描述、访问控制、IP 地址配置等。

③ 广域网线路带宽及线路误码率、丢包率以及网络安全配置是否符合方案中的规划。

④ OSPF协议运行状态是否符合要求，比如OSPF的Cost、邻居状态、路由学习等。

⑤网管服务器运行状态，能否发现全网拓扑结构，并能监控设备的运行状态，发现问题并告警。

总结与回顾

在组建企业网时，首先要做好网络的规划与设计。企业网络规划设计的主要内容包括工程概况、用户需求分析与建网目标、拓扑规划、冗余设计、逻辑设计、设备选型、系统软件、地址分配、工程实施步骤、验收设计等内容。

在本任务学习中，首先介绍了企业网络需求分析的思路，然后详细阐述了如何解决企业的各种应用需求，并根据网络需求进行企业网规划设计。通过本单元的设计可以使学生掌握企业组网设计的基本流程、方法。最终培养学生对企业应用需求分析的技能、网络规划设计技能以及网络实施方案的编写技能。

知识技能拓展

1. 网络设计策略

① 因特网接入和园区网分离。将因特网接入部分和园区网主体部分分离，每部分完成其自身的功能，可以 减少两者之间的相互影响。因特网接入的变化，只影响接入的变化，对园区网络没有影响；而园区网络的变化对因特网接入部分影响较小，这样可以增强网络的扩展能力。保持网络层次结构清晰，便于管理和维护。

② 降低各个部门之间的网络关联度。 将各个部门之间的网络的关联度降低到最低的策略，可以最大限度地减少各个部门网络之间的相互影响，便于分别管理。

③ 统一标准，统一网络的IP应用标准（IP地址，路由协议）、安全标准、接入标准和网络管理平台，才能实现真正的统一管理，便于公司的管理和网络策略的实施。

2. 工程项目文档

网络文档目前在国际上还没有一个标准可言，通常系统集成公司提供的文档内容也不一样。但网络文档是绝对重要的，它可为未来的网络维护、扩展和故障处理节省大量的时间。

网络文档一般由三种文档组成，即网络结构文档、网络布线文档和网络系统文档。

（1）网络结构文档

网络结构文档由下列内容组成。

① 网络逻辑拓扑结构图。

② 网段关联图。

③ 网络设备配置图。

④ VLAN及IP地址分配表。

（2）网络布线文档

网络布线文档由下列内容组成。

① 网络布线逻辑图。

② 机柜布线工程图（物理图）。

③ 测试报告（提供每一结点的接线图、长度、衰减、近端串扰和光纤测试数据）。

④ 配线架与信息插座对照表。

⑤ 配线架与集线器接口对照表。

⑥ 集线器与设备间的连接表。

⑦ 光纤配线表。

（3）网络系统文档

网络系统文档的主要内容如下。

① 服务器文档，包括服务器硬件文档和服务器软件文档。

② 网络设备文档，网络设备是指工作站、服务器、交换机、路由器、防火墙、网卡等。在做文档时，必须有设备名称、购买公司、制造公司、购买时间、用户、维护期、技术支持电话等。

③ 网络应用软件文档。

④ 用户使用权限表。

在验收、鉴定会结束后，应将乙方所交付的文档材料以及验收、鉴定会上所使用的材料一起交给甲方的有关部门存档。

技能训练

1．绘制本校校园网的网络拓扑结构图和网络设备清单。

2．列出本校校园网网络 VLAN 及 IP 地址表划分。

3．分析本校计算机网络是否适应目前用户的需求？

工作任务三　设 备 安 装

任务描述

组建网络主要设备有集线器、交换机、路由器等通信设备，以及连接这些通信设备的介质，如同轴电缆、双绞线、光纤等。如果要接入 Internet，可能还需要路由器等设备。用户只有对这些网络硬件设备的规格、性能和安装方法有了一定的了解，才能够更加方便地组建网络。

本任务主要介绍设备间机柜及主要设备的安装过程，机房电源系统的安装过程，为了保证数据机房能够为企业提供不间断的安全服务，电源系统的安装设计是企业网络构建的重要一环；电气防护是指机房网络系统应尽量不受电磁和静电干扰的影响。根据信息点的分布情况和建设方的要求完成所有机房设备的安装，提供完整的竣工图纸和文档；完成中心机房内设备安装。通过配线系统、机房电源系统的安装、电 气 防 护 防雷接地等具体任务，使学生掌握网络机房布置、设备安装及电器环境的构建。

任务目标

① 掌握配线系统的布线和施工过程；
② 机房电源系统的安装；
③ 了解网络设备选型及安装；
④ 掌握机房电气防护构建；
⑤ 掌握防雷接地及防火原理与过程；
⑥ 了解交换机、路由器安装环境，包括堆叠和级联；
⑦ 掌握交换机、路由器安装与初始化调试方法。

相关知识

按 EIA/TIA 布线标准，220V 电源线路会对计算机非屏蔽双绞线路造成影响，在设计和施工时，应严格遵守有关国际标准，保证计算机网络线路 100M 的最大传输速率。并充分考虑用电设备种类及考虑以后根据需要很方便地进行 UPS 的配置，保证各用电设备的要求。

电气防护是指机房网络系统应尽量不受电磁和静电干扰的影响。防雷和接地是为了保护系统中的设备电子线路不受电位差的影响。防火则是为了防止意外火灾对系统造成破坏。

1. 网络设备产品的工程参数

表 3-1、表 3-2 为工程安装中需要的主要数据，仅供参考，以相应的产品手册为准。

2. 设备安装环境

（1）机房建筑要求

机房包括交换机机房、控制室、辅助室等（无条件机房与控制室可合并）。

表 3-1 S6810E、NE80、NE40 系列、S6500 系列产品工程主要参数

项目		RG-S68010E		NE80	NE40 系列	S3750 系列
		B68-22 机柜	B68-18 机柜	B68-22 机柜	不含机柜	
外形尺寸/mm	高 H	2200	1800	2200	793.3	352～530
	宽 W	600	600	600	482	436
	深 D	800	800	800	420	480
满配置重量/kg		≤400		≤400	≤80	≤80
最大输出功率/W		4250（交流供电）3500（直流供电）			1200	1200
满负荷功耗/W		≤2000		≤1800	≤1000	550
输入电压		AC：100～240V，47～63Hz；DC：-60～-48V				
备注						

表 3-2 6810E/08/16 系列产品工程主要参数（不含机柜）

项目		RG-S6810E	NE08E	S3750
外形尺寸/mm	高 H	619.5	441.7	175
	宽 W	482.6	482.6	482.6
	深 D	420	420	420
满配置重量/kg		63.5	45	22
最大输出功率/W（单电源）		460	460	350
输入电压		AC：100～240V，47～63HzDC：-60～-48V		
整机输入功率		437	220	110

■ 机房及有关走廊等地段的土建工程已全部竣工，室内墙壁已充分干燥；

■ 机房地面负荷：每平方米不小于 450kg；

■ 机房净高：2.70～3.00 m；

■ 机房主要门的大小应满足设备的搬运需要，房门锁和钥匙齐全；

■ 具备通风设备；

■ 机房顶棚、墙、门、窗、地面应不脱落，不易起尘，不易积灰，并能防尘砂侵入。屋顶严格要求不漏水、不掉灰，装饰材料应用非燃烧材料或难燃烧材料；

■ 各种沟槽应采取防潮措施，其边角应平整，地面与盖板应缝隙严密，照明与电力管线应尽量采用暗铺设；

■ 机房颜色：地板一般不采用带花纹图案材料，墙、顶的颜色一般以明朗淡雅为宜，涂料应为无光漆或不含硅化物的油漆；

■ 机房地板：推荐铺防静电活动地板。单元活动地板系统电阻值应符合《计算机机房用活动地板技术条件》。地板板块铺设严密坚固，每平方米水平误差应不大于 2mm。没有活动地板时，应铺设导静电地面（体积电阻率应为 1.0×10^{7}～$1.0\times10^{10}\Omega$）。导静电地面或活动地板必须进行静电接地，可以经限流电阻及连接线与接地装置相连，限流电阻阻值 1MΩ。地板绝缘电阻要求如表 3-3。

表 3-3 绝缘电阻分类

阻值要求分挡	每挡绝缘电阻值	说明
最小绝缘电阻	$25\times10^{3}\ \Omega$	

续表

阻值要求分挡	每挡绝缘电阻值	说明
最大绝缘电阻	$1\times10^{6}\,\Omega$	对新地板要求
最大绝缘电阻	$1\times10^{10}\,\Omega$	地板寿命终了时

■ 机房地面平整光洁，预留暗管、地槽和孔洞的数量、位置、尺寸均应符合工艺设计的要求；

■ 机房的防震加固应符合下列规定:单独建设机房时，机房主楼应按当地基本设计强度提高一度；设备的安装(采用活动地板机房)应按当地基本设计烈度进行抗震加固；

■ 机房内要满足国家二级防火标准。

（2）空间要求

为了便于散热和设备维护，建议路由交换机机柜前后与墙面或其他设备的距离不应小于 1m，左右可以与其他设备并列，但与墙体之间的距离不能小于 0.8m。

（3）线缆及传输系统准备要求

■ 电缆一般应布放于沟槽中，并采取防潮、防鼠、防火等措施。

■ 信号电缆不应和电源电缆混在一起布放，以免受到干扰。

■ 局方在设备安装之前完成网线的布放。

■ 尾纤的布放。如果工程中配有光接口模块，用户在工程安装之前完成局点间光缆的布放，光纤配线架 ODF 或线盒 ODBF 的安装，并把光纤接到 ODF/ODB 上。如果两个设备是通过尾纤直接相连的，请把与路由交换机相连的设备的光口接头型号告知勘测工程师。

■ 网线的布放。用户在工程安装前完成网络交换机到局域网双绞网线的布放。

■ 传输系统的准备：用户在工程前安装好相应的传输设备，并调试好。

■ 标签：对所用到的电缆要贴上标签，标签要正确清晰。

3. 设备运行环境

（1）防电磁干扰要求

各种干扰源，无论是来自设备或应用系统外部，还是来自内部，都是以电容耦合、电感耦合、电磁波辐射、公共阻抗（包括接地系统）耦合和导线（电源线、信号线和输出线等）的传导方式对设备产生影响。

为此应注意：

■ 设备机房应具有抗外界电磁干扰的屏蔽效应。

■ 设备要有良好的接地，铺设防静电地板，或铺贴有半导电材料的地板革，要以铜箔在若干点处接地（水泥地与半导电地板之间压贴铜箔并与地线相连）。

■ 路由交换机设备本身受到的外界电磁波干扰应严格限制在 0.01～10000MHz 频率范围内，场强应小于 140dBV/m。

■ 网络设备的交流、直流电缆和信号电缆受到的外界电磁波干扰应满足表 3-4 要求。

表 3-4 电磁波干扰与感应电流关系

频率范围/MHz	最大线路感应电流/（dBmV/m）
0.01～0.8	–21.05lgf+67.9
0.8～100	70

■ 要对供电系统采取有效的防电网干扰措施；

■ 路由交换机工作地最好不要与电力设备的接地装置或防雷接地装置合用，并尽可能相距远一些；

■ 远离强功率无线电发射台、雷达发射台、高频大电流设备；

■ 与其他设备间的互连电缆（电源线除外）尽量采用屏蔽电缆；

■ 必要时采取电磁屏蔽的方法。

（2）防静电要求

尽管大多厂商网络产品在防静电方面作了大量的考虑，采取了多种措施，但当静电超过一定容限时，仍会对电路乃至整机产生巨大的破坏作用。

在与路由交换机连接的通信网中，静电感应主要来自两个方面：一是室外高压输电线、雷电等外界电场；一是室内环境、地板材料、整机结构等内部系统。因此为防止静电的破坏，应做到：

■ 设备及地板良好接地；

■ 室内防尘；

■ 保持适当的温湿度条件；

■ 当人体接触电路板时，应戴防静电手腕，穿防静电工作服。

（3）防尘要求

灰尘对网络产品运行安全是一大危害。室内灰尘落在机体上，可以造成静电吸附，使金属接件或金属接点接触不良。尤其是在室内相对湿度偏低的情况下，更易造成这种静电吸附，不但会影响设备寿命，而且容易造成通信故障。对机房内灰尘含量及粒径要求见表 3-5。

除灰尘外，路由交换机机房对空气中所含的盐、酸、硫化物也有严格的要求。这些有害气体会加速金属的腐蚀和某些部件的老化过程。机房内应防止有害气体，如 SO_2、H_2S、NO_2、NH_3，Cl_2 等的侵入，其具体限制值如表 3-6 所示。

表 3-5 机房灰尘含量要求

最大直径/μm	0.5	1	3	5
最大浓度（每立方米所含颗粒数）	1.4×10^7	7×10^5	2.4×10^5	1.3×10^5

表 3-6 机房有害气体限值

气 体	平均/（mg/m^3）	最大/（mg/m^3）
二氧化硫 SO_2	0.2	1.5
硫化氢 H_2S	0.006	0.03
二氧化氮 NO_2	0.04	0.15
氨 NH_3	0.05	0.15
氯气 Cl_2	0.01	0.3

■ 直径大于 5μm 灰尘的浓度小于 3×104 粒/m^3 。

■ 灰尘粒子为非导电、导磁性和非腐蚀性的。

■ 建议机房防尘的措施：门、窗均加密封。外窗加双层玻璃并密封，门加防尘密封条。理想的条件是天窗密封机房，加尘埃过滤装置。保持工作服及拖鞋清洁，经常更换。

√ 操作设备尽量设在外间，避免经常进出人员及经常开闭机房门。

√ 在允许的范围内使机房的相对湿度高一些，这样可以减少尘埃的静电吸附。

√ 机房的墙面及顶棚按规定必须是刷漆或贴壁纸。而以刷无光漆的效果为好。

（4）温湿度要求

为保证路由交换机正常工作和延长使用寿命，机房内需维持一定的温度和湿度。若机房内长期湿度过高，易造成绝缘材料绝缘不良甚至漏电，有时也易发生材料机械性能变化、金属部件锈蚀等现象；若相对湿度过低，绝缘垫片会干缩而引起紧固螺丝松动，同时在干燥的气候环境下，易产生静电，危害路由交换机上的CMOS电路；温度过高则危害更大，它会使路由交换机的可靠性大大降低，长期高温还会影响其寿命，过高的温度将加速绝缘材料的老化过程。网络产品对温湿度的要求如表3-7所示。

空调温度最佳范围为20～25℃。空调湿度最佳范围为50%～60%。

表3-7 温湿度要求

温度		相对湿度	
长期工作条件	短期工作条件	长期工作条件	短期工作条件
15～30℃	0～45℃	40%～65%	10%～40%

注：1. 设备正常工作环境下，温、湿度的测量点系指：在地板以上2m和设备前方0.4m外测量的数值（机架前后没有保护板时测量）。

2. 短期工作条件系指连续不超过48h和每年累计不超过15d。一般有条件单位就应考虑配置空调。

3. 极端恶劣工作环境，一般指机房空调系统出现故障时可能出现的环境温度和湿度值。每次不应超过 5h 能恢复正常工作范围。

（5）空调要求

设备发热量是选用空调机容量的依据，一般程控机房计算热量时采用下式：

$$Q=0.82V \cdot A\text{kcal/h} \quad (3\text{-}1)$$

式中，Q为设备的发热量；V为直流电源电压，V；A为平均耗电电流，A。

0.82为每瓦电能变为热能的系数0.86与电能在机房内变成热能系数0.95的乘积。网络产品设备对运行环境有严格的要求，其空调通风系统的设计应满足以下要求。

■ 机房温、湿度要求：机室在满足要求的前提下，还应考虑工作条件、空调设备造价以及维护费用等问题。

■ 空调通风系统容量的计算：在计算空调设备的容量时，不仅要按公式考虑网络产品设备运行时的发热量，而且还要考虑外部热源，例如阳光透过窗户和墙壁进入机房的热量，维护人员在机房内发热量及进出机房内带进的热量。

为保证空调通风系统的安全可靠运行，空调设备一般要求双备份，每套系统的容量至少大于总空调容量的一半。

■ 空调通风系统的新风量要求：送入的空调空气中新鲜空气的含量比率不得小于5%。

■ 送风、回风方式：网络产品的安装机房，宜采用活动地板，其集中式中央空调系统可采用下送上回的通风方式，进风口在活动地板下。采用下送上回方式，有利于机器散热，一般热空气气流向上，送风管不在上处安装，不会产生送风管结露现象。

（6）接地要求

接地的良好是设备稳定工作的基础，是接入网防止雷击、抵抗干扰的首要保证条件。请按设备接地规范的要求，认真检查安装现场的接地条件，并根据实际情况把接地工作做好。

网络产品对接地的要求如下：

① 接地端子的接触电阻要小于0.1Ω（通过12V/25A的试验）；

② 要求机房接地电阻阻值小于1Ω；

③ 接地线（PGND）应该是黄绿相间的导线，接地线截面积必须不小于 25mm^2，工程施工时连接线尽量短；

④ 应对接地端子采取必要的措施以防止腐蚀；

⑤ 保护接地端子应用防松组合螺钉加固。

（7）噪声要求

室内噪声≤69dB（机器可在大大超过这标准的环境下工作，噪声要求主要是人的要求）。

（8）照明要求

① 应避免阳光直射，以防止长期照射引起电路板等元件老化变形。

② 平均照度为 150～200Lux。

③ 经常停电单位，可安装一个事故照明灯（直流灯）。

④ 蓄电池室规定需装防爆灯，光线不用太强。不易阳光直射，外窗可贴纸或漆。

（9）气压要求

工作气压：1.08×105～5.1×104Pa(–500～+500mm)

储存气压：1.08105～1.2×104Pa(–500～1500mm)

（10）安全要求

■ 机房必须配备适用的消防器材，如有感烟感温等警告装置，性能应良好。

■ 机房内不同的电压插座，应有明显标志。

■ 机房内严禁存放易燃、易爆等危险品。

■ 楼板预留孔洞应配有安全盖板。

根据国家《建筑设计防火规范》中关于“民用建筑的防火间距”规定:通信建筑作为重点防火单位，其设计耐火等级为二级和一级（高层建筑），建筑物之间防火间距不小于 6m；而相邻单元建筑物为三，四级时，则其间距不小于 7m。

（11）其他要求

① 用户应及早准备好本次工程所需的配套设备，为如期顺利施工提供便利，具体有：落实光传输设备、申购光传输通道；申购帧中继、DDN 传输链路；根据设备参数核实电源容量，提供电源端子及配套设施；确定 IP 地址规划。

② 应避免将产品暴露在腐蚀性的气体中，例如硫化氢、二氧化硫和氨的氧化物，以及烟雾中，例如油类熔剂和烟尘；禁止在蓄电池的地方抽烟，并且最好在所有安置设备的范围内均加以禁止。

③ 机房应提供相应的长途电话线路，以便在安装期间以及维护期间，加强联系，用户也可以快捷及时的得到厂商的服务。

④ 桌子和椅子在机房主要是放置工作站和打印机用。传输机房或网管中心必须保证有一张桌子和椅子，供放置网管工作站和打印机，方便安装和维护用。桌子高度在 80cm 高左右，椅子高度在 40cm 左右。

4. 电源及接地系统

一般网络产品设备支持两种供电方式：–48V 直流电源供电、220V 交流电供电。采用何种供电方式要根据合同以及机房具体条件而定。

（1）供电要求

① 网络产品使用交流电源模块时

交流输入电压：　　　　AC 100～240V

功率：　　　　　　　　2500W

② 网络产品使用直流供电

直流输入电压：　　　　DC–72～–36V

功率：　　　　　　　　2500W

具体的功耗计算如下：

计算公式：　系统总功耗 = 各单板功耗总和 + 各风机盒功耗总和

每 PCS 主控板（CR01MPUB）功耗：60W

每 PCS 交换网板（CR01NETB）功耗：80W

每 PCS 线路板功耗：190W

每 PCS 风机盒（项目编码：02120086，给母板插框散热 ）功耗：68W

每 PCS 风机盒（项目编码：02120094，给 4875 电源散热）功耗：24W

（2）直流供电准备

① 直流电源由用户在开工前引入指定位置的直流配电箱，直流配电箱由用户提供。配电箱的输出端口数量及容量应根据实际交换机、服务器等设备的需求配置，同时准备相应的直流电源系统和配电箱容量。

② 建议用户准备两路–48V 直流电源。从 B68-22 机柜到直流配电柜/箱电源线的截面积为 $25mm^2$。从直流配电柜/箱到直流配电室电源电缆由用户准备，电源线截面积大小根据设备功耗来计算。

③ 机房直流电源线安装的路由、数量等应符合一般电信工程的规定，使用导线（铝、铜条或胶皮线）的规格、器材绝缘强度及熔丝的容量等均应符合设计要求。

④ 电源线应采用整段的线料，不得在中间接头。可能需要使用保护套管，则参照相应的邮电规范用户自行施工。

⑤ 直流电源线的连接应牢固可靠，线缆接头接触良好，并保证电压降指标及对地电位符合设计要求。

⑥ 直流配电箱汇流条及使用的电源线正负极性应有明显标志，正极，宜为黑色；负极，宜为蓝色。

⑦ 从配电箱到设备之间的电源线长度应有一定的余量，一般 2～3m 为宜。配电箱的位置应放置在路由交换机机机房里，以方便施工和操作。

（3）交流供电准备

如果用户不能提供交流配电柜/箱，用户需要在机柜 1m 附近准备接好电源插座。

① 用户需要从逆变器或 UPS 拉一插座到机柜底下，插座电源线径、保险丝、接头要求满足设备功耗要求。

② 通常厂商提供从机柜电源模块到插座的电源线，电源线长度为 3m，带交流电源插头。电源线为三芯，插座火线接机柜 L 极，插座零线接机柜 N 极，电源保护地悬空，另从机柜保护地接一地线到机房保护地排。

采用配电柜/箱接线时，用户需准备好交流配电柜或配电箱，并为设备留出接线端子。

③ 用户准备从逆变器或 UPS 到配电箱的电源线，并在机房准备好接地排。

④ 厂商提供从机柜电源模块到配电柜/箱的电源线，电源线长度以勘测为准。电源线为三根，一端接机柜的 L、N 极、PGND 保护地，另一端接配电柜/箱的火线和零线及机房保护地排。

交流电源应为不间断电源，要求电源输出谐波成分少，滤波效果好，输出端口应为：零线和火线（220V）这两根线。为了避免干扰，交流电缆在机房内或靠近信号电缆处均应加装屏蔽绝缘套管。

（4）接地系统

根据信工部<<数据中心电源系统总技术要求>>(2005 年 7 月发布)的要求，所在网络设备应采取各类通信设备的工作地、保护地及建筑防雷地接地共同合用一组接地体的集中接地方式，即为联合接地方式。

① 由联合接地体的垂直接地总汇集线上的水平接地分汇集线引入机房，路由交换机设备的各个机架的接地线就近引入水平接地分汇集线上。

② 路由交换机设备各机架的直流电源工作地应从接地汇集线上引入。

③ 各机架设备作工作接地，机壳和机架应作保护接地。

④ 配线架应从接地汇集线引入保护接地，同时配线架与机架间不得通过走线形成电气连通。

⑤ 机房内所有通信设备，除从分汇集线上就近引接地线外，不得通过安装加固螺栓与建筑钢筋相碰而形成电气接通。

接地线截面积：接地线（指各种需接地的机架、地线等设备与水平接地分汇集线之间的连线），其截面积应根据接地体应采用良导体（铜）导线，并且不准使用裸线布放。

接地电阻值：路由交换机所在通信局联合接地的接地电阻要求小于 1Ω。

任务实施

步骤一、环境确认

1. 安装场所要求

大多数厂商的网络设备必须在室内使用，为保证网络设备正常工作并延长使用寿命，使用场所应该满足下列要求。

（1）温度/湿度要求

为保证网络设备正常工作，并延长使用寿命，机房内需维持一定的温度和湿度。若机房内长期湿度过高，易造成绝缘材料绝缘不良甚至漏电，还可能发生材料机械性能变化、金属部件锈蚀等现象；若相对湿度过低，绝缘垫片会干缩而引起紧固螺丝松动，在干燥的气候环境下，还容易产生静电，危害网络设备上的 CMOS 电路；温度过高危害更大，因为高温会加速绝缘材料的老化过程，使网络设备的可靠性大大降低，严重影响其使用寿命。

常见网络设备对温度、湿度的要求见表 3-8。

表 3-8　机房温度/湿度要求

温度	相对湿度
0～40℃	5%～90%（非凝露）

（2）洁净度要求

灰尘也是一大危害，因为室内灰尘落在机体上会造成静电吸附，使金属接插件或金属接点接触不良，不但会影响设备寿命，而且容易造成通信故障。当室内相对湿度偏低时，更易产生这种静电吸附。常见网络设备对机房内的灰尘含量及粒径要求见表 3-9。

表 3-9 机房灰尘含量要求

最大直径/μm	0.5	1	3	5
最大浓度（每立方米所含颗粒数）	1.4×107	7×105	2.4×105	1.3×105

除灰尘外，网络设备机房对空气中所含的盐、酸、硫化物也有严格的要求，因为这些有害气体会加速金属的腐蚀和某些部件的老化过程。机房内对 SO_2、H_2S、NO_2、NH_3、Cl_2 等有害气体的具体限制值见表 3-10。

表 3-10 机房有害气体限值

气体	最大/（mg/m^3）
二氧化硫 SO_2	0.2
硫化氢 H_2S	0.006
氨 NH_3	0.05
氯气 Cl_2	0.01

（3）防静电要求

大多数厂商的网络设备在防静电方面作了大量的考虑，采取了多种措施，但当静电超过一定限度时，仍会对单板电路乃至网络设备整机产生巨大的破坏作用。

在网络设备连接的通信网中，静电感应主要来自两个方面：一是室外高压输电线、雷电等外界电场；二是室内环境、地板材料、整机结构等内部系统。因此为防止静电损伤，应做到：

① 设备及地板良好接地；

② 室内防尘；

③ 保持适当的温度、湿度条件；

④ 接触电路板时，应戴防静电手腕，穿防静电工作服；

⑤ 将拆卸下的电路板面朝上放置在抗静电的工作台上或放入防静电袋中；

⑥ 观察或转移已拆卸的电路板时，应用手接触电路板的外边缘，避免用手直接接触摸电路板上的元器件。

（4）电磁环境要求

网络设备使用中，干扰源无论是来自设备或应用系统外部，还是来自内部，都是以电容耦合、电感耦合、电磁波辐射、公共阻抗（包括接地系统）耦合的传导方式对设备产生影响，为抗干扰，应做到：

① 对供电系统采取有效的防电网干扰措施；

②网络设备工作地最好不要与电力设备的接地装置或防雷接地装置合用，并尽可能相距远一些；

③ 远离强功率无线电发射台、雷达发射台、高频大电流设备；

④ 必要时采取电磁屏蔽的措施。

（5）防雷击要求

尽管网络设备在防雷击方面作了大量的考虑，采取了必要措施，但雷击强度超过一定范围时，仍有可能对网络设备造成损害。为达到更好的防雷效果，建议用户：

① 保证机箱的保护地用保护地线与大地保持良好接触；

② 保证交流电源插座的接地点与大地良好接触；

③ 可以考虑在电源的输入前端加入电源避雷器，这样可大大增强电源的抗雷击能力；

④ 为了达到更好的防雷击效果，对于路由器系列网络设备接口模块连接到户外的信号线，如ISDN线、电话线、E1/T1线等，用户也可以考虑在信号线的输入端增加专门的避雷装置。

2. 检查安装台

网络设备进行安装前要保证以下条件：

① 确认网络设备的入风口及通风口处留有空间，以利于网络设备机箱的散热；

② 确认安装台自身有良好的通风散热系统；

③ 确认安装台足够牢固，能够支撑网络设备及其安装附件的重量；

④ 确认安装台良好接地。

3. 安全注意事项

基于网络设备的广泛应用，及其在数据通信网络中所起的重要作用，再次强调，阅读过程中请注意如下标志：

警告： 表明该项操作不正确，可能给网络设备或网络设备操作者的人身安全带来极大危险，操作者必须严格遵守正确的操作规程。

注意： 表示在安装、使用网络设备中需要注意的操作。该操作不正确，可能影响网络设备的正常使用。

在网络设备的安装和使用过程中，特提出如下安全建议：

① 请将网络设备放置在远离潮湿的地方并远离热源；

② 请确认网络设备的正确接地；

③ 请用户在安装维护过程中佩戴防静电手腕，并确保防静电手腕与皮肤良好接触；

④ 请不要带电插拔网络设备的接口模块及接口卡；

⑤ 请不要带电插拔电缆；

⑥ 请正确连接网络设备的接口电缆，尤其不要将电话线（包括ASDL线路）连接到串口；

⑦ 注意激光使用安全。不要用眼睛直视激光器的光发射口或与其相连的光纤连接器；

⑧ 建议用户使用UPS（Uninterrupted Power Supply，不间断电源）。

4. 安装工具、仪表和设备

（1）需要工具

十字螺丝刀

一字螺丝刀

防静电手腕

（2）连接用电缆

保护地线及电源线

配置口（Console）电缆

可选电缆

（3）设备及仪表

HUB或LAN Switch

配置终端（可以是普通的PC机）

与选配模块相关的设备

万用表

步骤二、设备安装

1. 设备机柜布线安装

（1）机柜（箱）内接线

① 按设计安装图进行机架、机柜安装，安装螺丝必须拧紧。

② 机架、机柜安装应与进线位置对准；安装时，应调整好水平、垂直度，偏差不应大于3mm。

③ 按供货商提供的安装图、设计布置图进行配线架安装。

④ 机架、机柜、配线架的金属基座都应做好接地连接。

⑤ 核对电缆编号无误。

⑥ 端接前，机柜内线缆应作好绑扎，绑扎要整齐美观。应留有1m左右的移动余量。

⑦ 剥除电缆护套时应采用专用剥线器，不得剥伤绝缘层，电缆中间不得产生断接现象。

⑧ 端接前须准备好配线架端接表，电缆端接依照端接表进行。

⑨ 来自现场进入机柜（箱）内的电缆首先要进行校验编号。

⑩ 来自现场进入机柜（箱）内的电缆要进行固定。

2. 设备安装

在本部分，以R1762系列路由器为例，讲解网络设备的安装。

（1）安装路由器到指定位置

在准备工作及确认工作完成后，开始安装路由器。根据安装位置的不同，路由器安装可分为两种情况：将路由器直接安放在工作台上；将路由器安装到机柜上。

（2）将路由器安装到工作台上

在用户没有19英寸标准机柜的情况下，常用到的方法就是将路由器放置在干净的工作台上。操作中需要注意以下事项：

① 保证工作台的平稳与良好接地；

② 路由器四周留出10cm的散热空间；

③ 不要在路由器上面放置重物。

（3）将路由器安装到机柜上

① 机柜的大小要根据设备的大小和多少来确定机柜的高度，通过标准设备高度单位 U（$1U$=44.45mm）来计算，并使机柜保持一定的冗余空间和扩展空间。

② 机柜、设备的排列布置、安装位置和设备朝向都应符合设计要求，安装的机柜要方便机柜门的开关，特别是前门开关。在确定机柜的摆放位置时要对开门和关门动作进行试验，观察打开和关闭机柜时柜门打开的角度。所有的门和侧板都应很容易打开，以便于安装和维护。

③ 机柜安装完工后，垂直偏差度均不应大于3mm。若厂家规定高于这个标准时，其水平度和垂直度都必须符合生产厂家的规定。

④ 机柜和设备上各种零件不应脱落或碰坏，表面漆面如有损坏或脱落，应予以补漆。各种标志应统一、完整、清晰、醒目。

⑤ 机柜和设备必须安装牢固可靠。在有抗震要求时，应根据设计规定或施工图中防震措施要求进行抗震加固。各种螺丝必须拧紧，无松动、缺少、损坏或锈蚀等缺陷，机柜更不应有摇晃

现象。

⑥ 设备摆放与线缆进入。必须合理安排机柜内网络设备和配线设备摆放位置，主要是要考虑网络设备的散热性和方便配线设备的线缆接入。由于机柜的风扇一般安装在顶部，机柜内一般采用上层网络设备下层配线设备的安装方式。也可以上层配线设备下层网络设备和网络设备与配线设备交错摆放。同时也要注意线缆的走线空间，线缆进入机柜有上部、下部和底部进入机柜等方式，进入机柜的线缆必须用扎带和专用固定环进行固定，确保机柜的整洁美观和管理方便。

⑦ 为便于施工和维护人员操作，机柜和设备前应预留 1500mm 的空间，其背面距离墙面应大于 800mm，以便人员施工、维护和通行。相邻机柜设备应靠近，同列机柜和设备的机面应排列平齐。

⑧ 机柜中电源的配置。当机柜中用电设备较少时，用机柜标准配置的电源即可，当机柜中用电设备越来越多时，可用电源插座条。如果机柜有冗余空间可配置 1*U* 支架模型的电源插座条，当机柜空间较小时，可将电源插座条安装在机柜内壁的任一角落，以给其他设备让出空间。

⑨ 柜、设备、金属钢管和线槽的接地装置应符合设计和施工及验收规范规定的要求的接地线。由于网络设备全部安装在机柜中，要保障网络安全健康地运行，必须有规范的接地系统，因此机柜底部必须焊有接地螺柱，机柜中的所有设备都需要与机柜金属框架有效连接，网络系统通过机柜经由接地线接地。

⑩ 筑群配线架或建筑物配线架如采用单面配线架的墙上安装方式时，要求墙壁必须坚固牢靠，能承受机柜重量，其机柜（柜）底距地面宜为 300～800mm，或视具体情况取定。其接线端子应按电缆用途划分连接区域，方便连接，并设置标志，以示区别。

⑪ 机柜结构如图 3-1 所示，安装机械后效果图如图 3-2、图 3-3 所示。

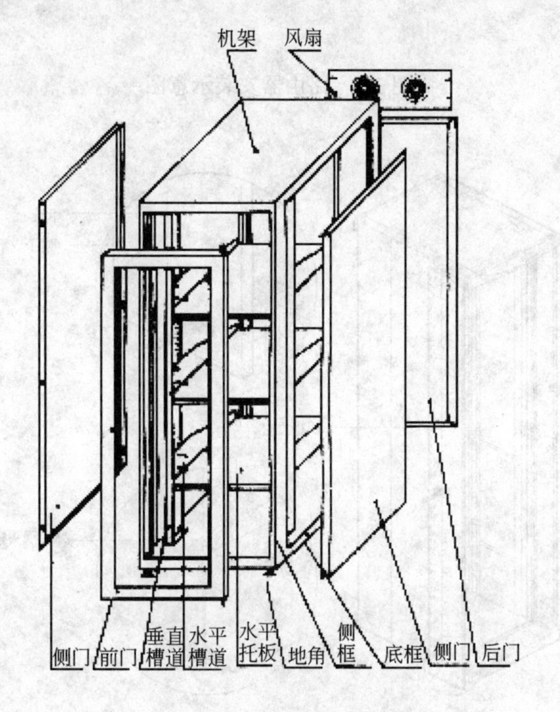

图 3-1　机柜安装示意图

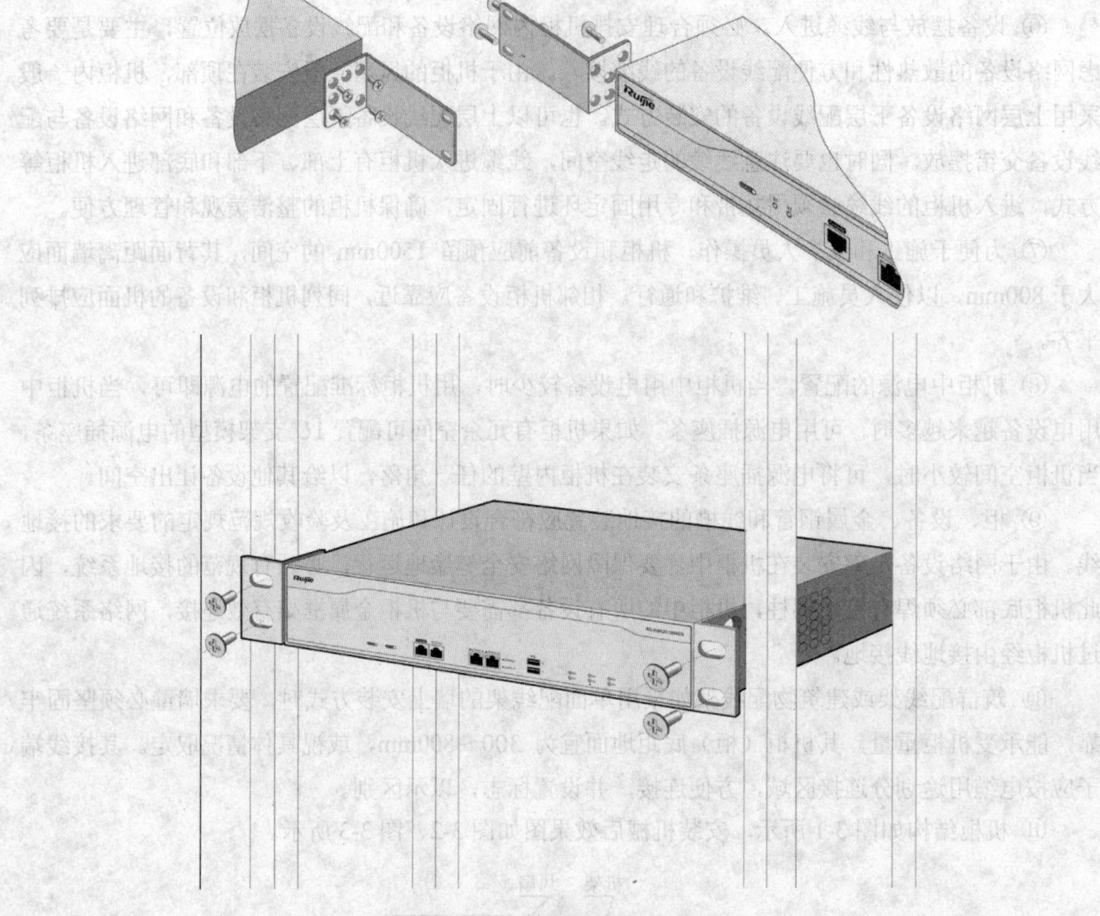

图 3-2　路由器安装示意图

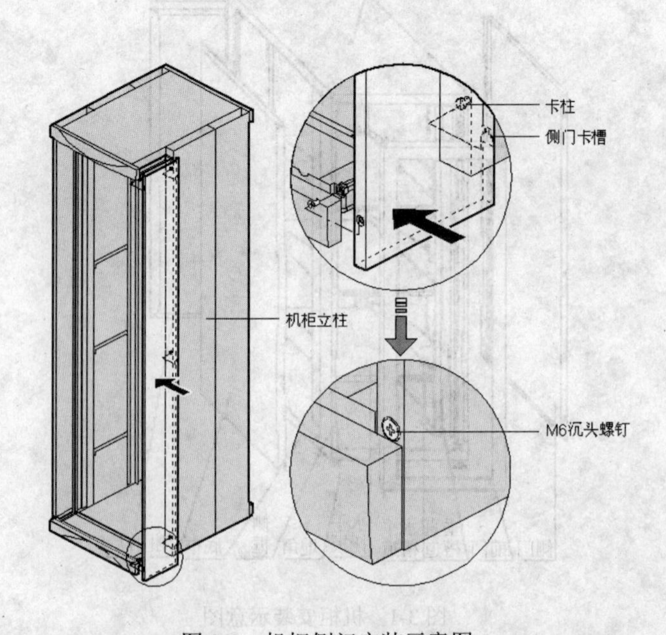

图 3-3　机柜侧门安装示意图

（4）安装通用模块

通用模块的安装包括内存条、ESM 卡及各种智能接口卡的安装，安装步骤请参见硬件维护手册；智能接口卡的安装请参见《R1762/30/50/20-1X 系列路由器接口卡及接口模块手册》。

（5）连接保护地线

警告：路由器保护地线的正常连接是路由器防雷、抗干扰的重要保障，所以用户在安装、使用路由器时，必须首先正确接好保护地线。

R1762 系列路由器电源的输入端，接有噪声滤波器，其中心地与机箱直接相连，称作保护地（即 PGND，也称机壳地），此保护地必须良好接地，以使感应电、泄漏电能够安全流入大地，并提高整机的抗电磁干扰的能力。对于由外部网络连线，如 E1/T1、ISDN/PSTN 等线路的串入而引起的雷击高压，也由此地线提供保护。

R1762 系列路由器的保护地端子位于机箱后面，在交流电源及开关附近，有接地标识，见图 3-4。

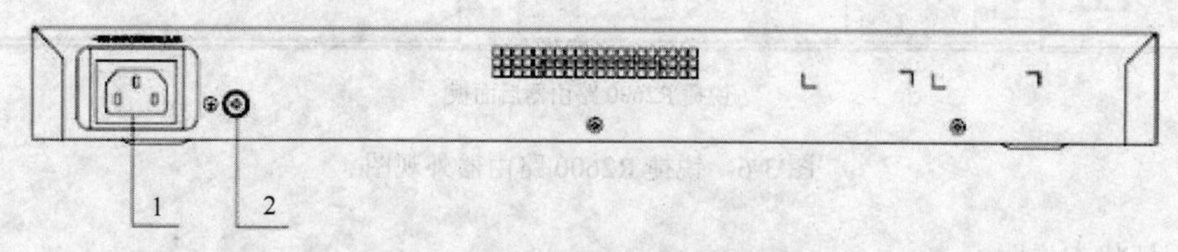

图 3-4 路由器保护地接地端子

1—交流电源插座；2—接地端子

请用一根保护地电缆（PGND Cable）将该点与大地连接起来，要求接地电阻不大于 5Ω。如果路由器是安装在 19in（1in=2.54m，下同）标准机柜上，则要求 19in 标准机柜接地。

警告：路由器工作时必须良好接地（保护地），否则路由器无法可靠防雷，可能造成路由器及对端设备的损坏！

（6）连接电源线

R1762-路由器均为交流供电机型。

交流电源输入范围：100～240V AC；50～60Hz 交流供电路由器的电源插座部分如图 3-5 所示：

建议使用有接地点接头的单相三线电源插座。电源的接地点要可靠接地，一般楼房在施工布线时，已将本楼供电系统的电源接地点埋地。连接路由器交流电源线前，用户需要确认本楼电源地是否已经接好。交流电源线的连接：

第一步：确认保护地已经正确连接至大地；

第二步：路由器电源开关置于 OFF 位置后，将路由器随机所带的电源线一端插到路由器的电源插座上，另一端插到交流电源插座上；

第三步：把路由器电源开关拨到 ON 位置；

第四步：检查路由器前面板电源灯 PWR 是否变亮，灯亮则表示电源连接正确。

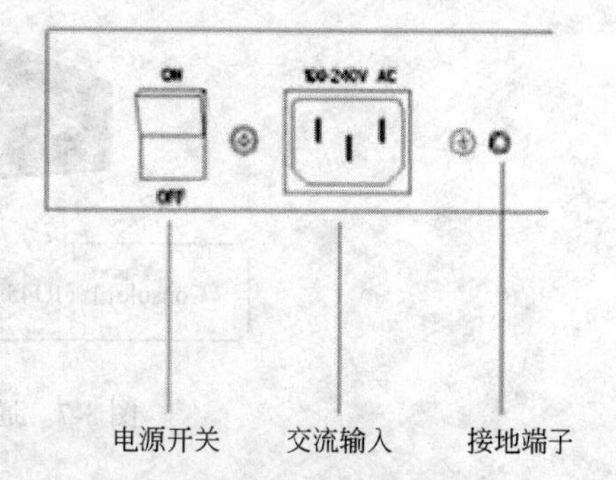

图 3-5 交流供电路由器电源插座部分外观

步骤三、加电测试

第一次安装使用路由器时，只能通过配置口（Console）进行配置。

1. **锐捷 R2600 路由器外观图（见图 3-6）与指示灯含义**

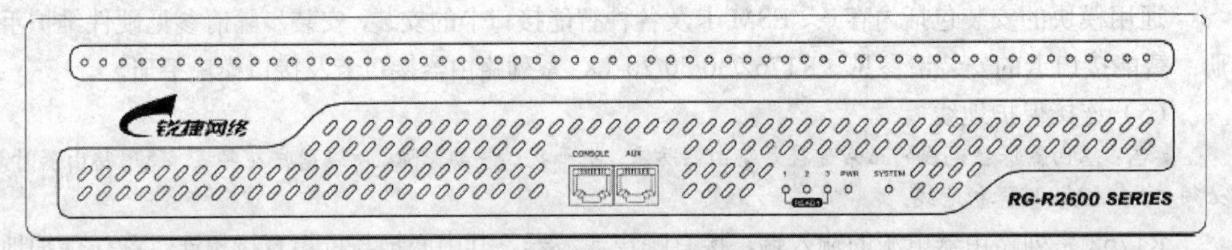

锐捷 R2600 路由器前面板

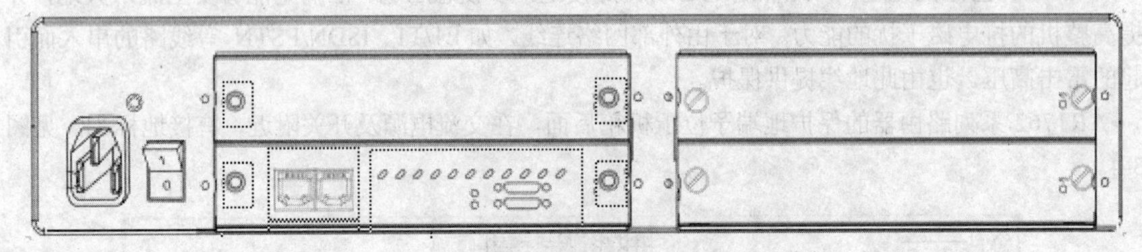

锐捷 R2600 路由器后面板

图 3-6　锐捷 R2600 路由器外观图

指示灯状态说明：

System 指示灯：当系统自检时该灯为绿色闪烁，正常工作时该灯为常绿色。当系统运行出现故障但还可以继续运行时，该灯为红色常亮；当系统致命故障需要重新启动路由器时，该灯为红色闪烁。

PWR 指示灯：当系统上电时，该灯常亮。

Ready 1～4 指示灯：四个线卡模块的状态指示灯（第 1 个指示灯表示固化模块，R2600 只有 1～3 指示灯），当某个线卡模块正常运行时相应的指示灯常绿，当某个线卡模块故障时相应的指示灯灭。

2. **搭建配置环境**

搭建本地配置环境，如图 3-7 所示，只需将配置口电缆的 RJ45 一端与路由器的配置口相连，DB9 一端与微机的串口相连。

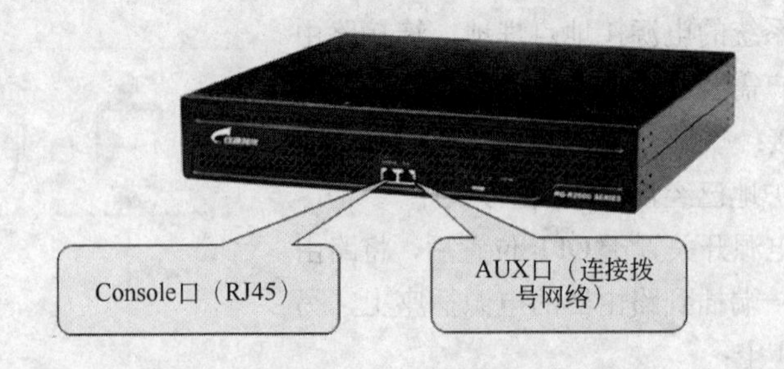

图 3-7　通过 Console 口进行本地配置

3. **设置配置终端的参数**

① 选择连接端口。在进行本地配置时，如图 3-8 所示，［连接时使用］一栏选择连接的串口（注意选择的串口应该与配置电缆实际连接的串口一致）。

② 设置串口参数。如图 3-9 所示，在串口的属性对话框中设置波特率为 9600，数据位为 8，

奇偶校验为无，停止位为 1，流量控制为无，按［确定］按钮，返回超级终端窗口。

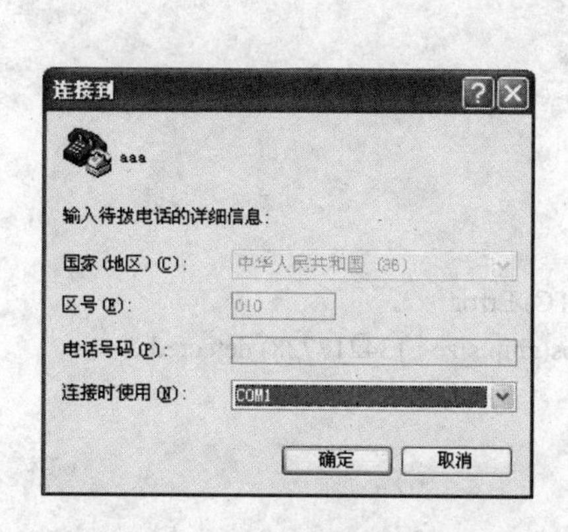

图 3-8 本地配置连接端口设置

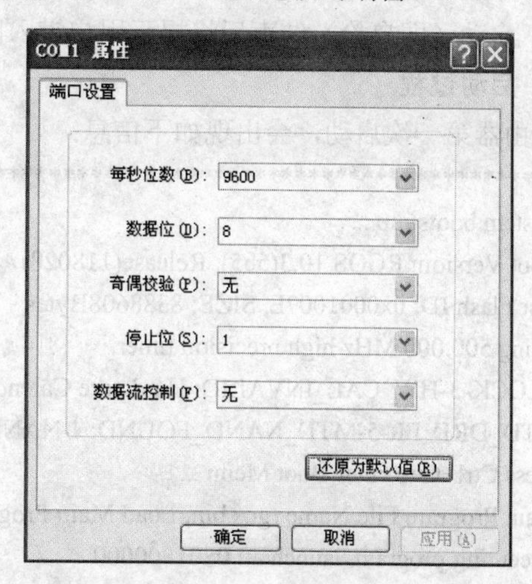

图 3-9 串口参数设置

③ 配置超级终端属性。在超级终端中选择［文件/属性/设置］一项，进入图 3-10 所示的属性设置窗口。选择终端仿真类型为 VT100 或自动检测，按［确定］按钮，返回超级终端窗口。

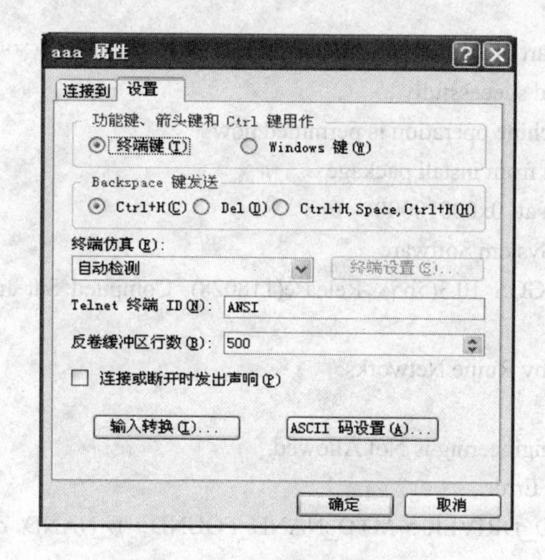

图 3-10 终端类型设置

4. 路由器上电

路由器上电之前应进行如下检查：

① 电源线和地线连接是否正确；

② 供电电压与路由器的要求是否一致；

③ 配置电缆连接是否正确，配置用微机或终端是否已经打开，并设置完毕；

④ 打开路由器电源开关。

警告：上电之前，要确认设备供电电源开关的位置，以便在发生事故时，能够及时切断供电电源。

路由器上电后，要检查：

① 路由器前面板上的指示灯显示是否正常；

② 配置终端显示是否正常。对于本地配置，上电后可在配置终端上直接看到启动界面；

③ 启动（即自检）结束后将提示用户键入回车，当出现命令行提示符时即可进行配置。

5. 启动过程

路由器第一次启动，会出现如下信息：

```
********************************************
System bootstrap ...
Boot Version: RGOS 10.3(5b5), Release(118028)
Nor Flash ID: 0x0001007E, SIZE: 8388608Bytes
Using 500.000 MHz high precision timer.
CLOCK-3-HW_CAL_INVALID: Hardware Calendar (RTC) Error.
MTD_DRIVER-5-MTD_NAND_FOUND: 1 NAND chips(chip size : 134217728) detected
Press Ctrl+C to enter Boot Menu .....
Main Program File Name rgos.bin, Load Main Program ...
Executing program, launch at: 0x01800000
Installer is initializing ...
Installer Version: RGOS 10.3(5b5), Release(118028)
MTD_DRIVER-5-MTD_NAND_FOUND: 1 NAND chips(chip size : 134217728) detected
Prepare installation data ...
Load install package file rgos.bin OK!
Installation is in process ...
ATTENTION: Do not restart your machine before finish !
Installation process finished successfully ...
ATTENTION: Restart machine operation is permitted now !
System load main program from install package ...
Executing program, launch at: 0x00010000
Ruijie General Operating System Software
Release Software (tm), RGOS 10.3(5b5), Release(118028), Compiled Sat Jun 11 17:23:15 CST 2011 by ngcf66
Copyright (c) 1998-2011s by Ruijie Networks.
All Rights Reserved.
Decompiling or Reverse Engineering is Not Allowed.
Hardware Calendar (RTC) Error.
*Jan 8 03:17:43: %MTD_DRIVER-5-MTD_NAND_FOUND: 1 NAND chips(chip size : 134217728) detected
*Jan 8 03:17:57: %DEVICE-5-CHANGED: Device RSR20-14F (1) changed state to up.
*Jan 8 03:18:12: %LINK-5-UPDOWN: Interface GigabitEthernet 0/0, changed state to up.
*Jan 8 03:18:12: %LINEPROTO-5-UPDOWN: Line protocol on Interface GigabitEthernet 0/0, changed state to up.
*Jan 8 03:18:13: %SYS-5-COLDSTART: System coldstart.
Ruijie>
```

（以上开机启动信息仅供参考，不同硬件配置或软件版本的路由器开机启动信息会有所不同。）这样您就可以对路由器进行配置了。

第一步：在 boot：提示符下输入“setup-reg”（该命令为隐含命令，不显示）回车，会出现如下所示的菜单。

```
Boot:setup-reg
```

Configuration summary

Enabled are：

Console baud： 9600

Do you wish to change the configuration ? Y/N [n]: Y

Enable “bypass the system configure file” ? Y/N [n]: Y

Enable “debug mode” ? Y/N [n]: N

Enable “user break/abort enabled” ? Y/N [n]: N

Change console speed ? Y/N [n]: N

Configuration summary

Enabled are：

Bypass the system configure file

Console baud：9600

继续交互询问是否还要修改参数，因已完成故回答 n

Do you wish to change the configuration ? Y/N [n]: N

Program flash location 0x2070d00

You must reset or power cycle for new config to take effect

Boot：

第二步：在 boot：提示符下输入“reset”，重启路由器。在这种情况下启动路由器，将忽略 NV 中的配置信息，不使用密码。路由器启动后回车，会进入如下的命令提示符。

at any point you may enter a question mark '？' for help.

use ctrl+C to abort configuration dialog at any prompt.

Default settings are in square brackets ''.

Would you like to enter the initial configuration dialog？ yes n

注意：由于忽略了配置，当系统提示是否要进入交互配置模式时，回答“n”

Press RETUTN to get started

Red-giant>en

Red-giant#

第三步：如果路由器中的配置无关紧要，那么可以直接在特权模式下输入“write”命令，然后再次重启路由器。若该配置还需要，则可以在特权模式下执行以下命令：

copy startup-configuation running-configuation

然后在特权模式下，输入“conf tem”进入全局配置模式下，再运行“enble secret 0 12345”，这里的 12345 是新的密码。最后退出全局模式，执行“write”命令，并重启路由器。

第四步：按第二步方法进入 ROM 监控模式，在 boot：提示符下输入“setup-reg”并回车。其配置如下所示。

键入<Enter>后，屏幕出现：

Ruijie>

该提示符表明路由器已经进入用户视图，可以对路由器进行配置了。

输入：Ruijie>enable

1）Ruijie#show running-config

查看设备当前的配置

2）Ruijie#show version

查看设备的软件版本信息

3）Ruijie#show log

查看设备的日志

4）Ruijie#show ip interface brief

查看设备的三层接口 ip 和掩码

5）Ruijie#show interface *FastEthernet* 0/1

查看 f0/1 接口的信息，包括 mac 地址、流量信息等。

安装后检查

① 检查路由器周围是否留有足够的散热空间，工作台是否稳固；

② 检查所接电源与路由器的要求是否一致；

③ 检查路由器的保护地线是否连接正确；

④ 检查路由器与配置终端等其他设备的连接关系是否正确。

总结与回顾

网络机房工程主要包括机柜、设备安装、配电、布线、消防，接地防雷、安防等部分。在本学习单元中，首先介绍了什么是网络设备安装规范和工艺流程，然后详细阐述了机房系统安装的环境要求、安装注意事项和安装工具、仪表、设备的准备等。此外通过以路由器设备的安装为例，详细介绍了设备安装的具体方法。通过本单元的学习，可以使学生了解网络设备安装的基本流程、原则，掌握部分网络设备的性能及调试，使学生对网络设备安装有了进一步的认识。

知识技能拓展

机柜导轨安装方法

H3C 9505 支持标准的机架式导轨安装到标准 19in 机柜上，使用户可以更合理利用空间，并方便用户的日常操作和维护，请按照以下方法进行导轨的安装。

安装前的准备工作：

首先请确保服务器与外部所有的接插线断开。

注意：电源开关并不能完全切断交流电源。要切断交流电源，必须从交流电插座中拔出与服务器相连的所有电源线的插头。

所需工具：十字头螺丝刀、铅笔等。

① 如机箱上有脚座垫，请先将四个脚座拆下。

② 将导轨固定在机柜中，注意有分左右，在导轨内轨上有标注，L 为左侧导轨，R 为右侧导轨。

③ 将内轨抽出。

④ 将机箱抬起（因服务器比较沉重，建议由四个人进行），与内轨平行，栓型螺钉位置对准上图红圈位置，然后放下，即可将服务器安装到导轨上。

注意：在服务器插入和拉出机柜的时候，该机柜上不能同时拉出多个插箱，以防止机柜翻倒，机柜最好能固定在稳固的基板上。

⑤ 自检表格（表 3-11～表 3-13）

表 3-11　机房环境验收

验收项目	方法和要求	指标	结果	备注
机房高度	梁下最小高度	3m		
承重	地板承重	大于 450kg/m^2		
墙面	贴壁纸或无光漆	不易粉化		
地板	半导体、不起尘埃	防静电地板		
温度	长期工作温度范围	15～30℃		
	短期工作温度范围	0～45℃		
湿度	长期工作湿度范围	40%～65%		
	短期工作湿度范围	10%～90%		
电磁干扰	电场	不超过 300mV/m		
	磁场	小于 11Gs		
防静电	防静电地板			
防尘	尘颗粒直径不大于 5μm	不大于 5μm		
	浓度	小于 3×104 粒/m^3		
防震	按当地基建设计强度	提高一度		
照明	避免阳光直射,电池室需防爆灯	平均照度 150~200lx		
空调	空调类型及功率			
消防	消防器材和标志	中国二级防火标准		

表 3-12　电源验收

项目	测试结果	指标	结果	备注
直流电压	一次电源和蓄电池互为热备份	范围–41～–57V		
蓄电池	应能自动切换充、放电状态	良好		
备用油机	建议配备	良好		
交流电压	220V±20V	良好		
UPS	UPS 工作良好，输出功率满足需要	良好		
逆变器	逆变器工作良好，输出功率满足需要	良好		
电源线	应提供–48V 电源线到指定位置	良好		
电源告警	停电及故障时应能告警	良好		

表 3-13　地线验收

项目名称	方法与要求	指标	结果	备注
接地电阻	联合接地	<1Ω		
地线	地线应引至指定位置	良好		

技能训练

以本校网络实训室设备为内容，实施以下安装与配置：

1．网络设备安装工具、资料准备。

2．网络设备安装上架步骤。

3．网络设备加电测试。

4．网络设备基本配置方式。

工作任务四　内 网 部 署

任务描述

随着企业应用业务的增加，可能单一的交换机不能满足网络计算机的需求，随着网络范围的进一步扩展，在网络中会增加更多的网络连接设备，这就涉及交换机之间的部署问题如何解决？它包括网络带宽、安全、管理、接入等。在本任务中，交换配置的综合运用是重点，如何做到灵活运用、融会贯通是难点。要求学生综合本课程所学的知识和技能，完成对一个京通企业内网的综合配置。

根据京通集团的内网部署绘制交换网络拓扑结构和企业交换网部署方案平面草图。并按照任务二中的网络规划在企业内网部署中正确的对内网平台进行部署、安装、配置、调试。

任务目标

① 掌握端口速率、接口类型、链路聚合工作原理；

② 掌握以太网端口技术（端口速率、链路聚合、LACP 协议、接入控制、数据过滤），并能够熟练配置；

③ 掌握地址绑定、ACL、portal 接入认证技术，并能够熟练配置；

④ 掌握 STP、RSTP、MSTP 技术，具有利用链路冗余提高网络可靠性的能力；

⑤ 掌握 VLAN、VRRP 等协议工作过程，具有双核心网络架构和维护能力。

相关知识

拜访客户，记录客户网络应用需求，了解网络拓扑结构：设备类型、设备所支持的堆叠技术、客户是否存在对复杂网络管理的问题，是需要通过软件技术对网络统一管理还是通过堆叠技术对交换网设备进行集中管理。

能够在以太网组网中使用线缆连接各种设备的物理接口，通过正确配置端口完成最终用户到接入层之间的连接，通过快速以太网提供从接入层到汇聚层之间的连接，通过配置多端口的汇聚解决线路的带宽问题，同时利用安全接入技术来限制用户的接入，从接入层来确保网络的安全。

任务结构

1．绘制网络拓扑图

2．交换配置

–在交换机上创建 VLAN；

–把端口加入到 VLAN 中；

–设置交换机管理 IP；

–配置级联端口或链路聚合；
–看是否需要把 IP 地址、MAC 地址和端口绑定；
–交换机上是否需要使用端口镜像功能。

3．接入层与汇聚层的连接

–在交换机上创建 VLAN，VLAN 编号和下一层接入层交换的编号一致；
–设置 TRUNK 端口；
–给 VLAN 添加 IP 地址、子网掩码，该 IP 地址作为 VLAN 中所有 PC 的网关。

4. 汇聚层和核心层路由实现

–全局下启动动态路由协议的进程开关；
–在协议配置模式下配置网段；
–将直连网段引入到路由协议的进程中；
–在 VLAN 接口模式下使用对应命令使协议 enable。

任务实施

一、内网部署认识

京通集团的内网部署主要包括北京总部及深圳、上海办事处的内部局域网部署，本小节主要讲解总部内网的部署，按照任务二的规划，总部内部网络的拓扑结构如图 4-1 所示。

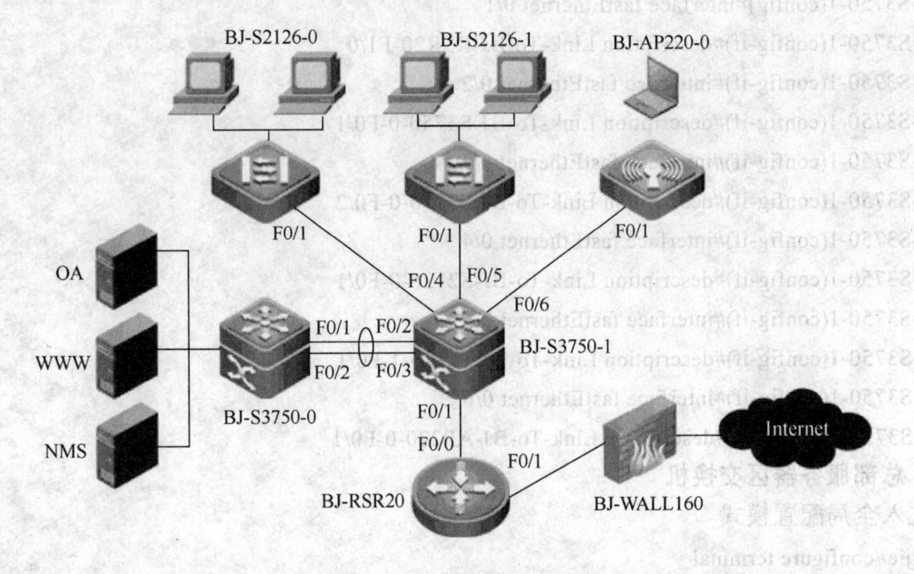

图 4-1　总部内网拓扑结构

在内部部署中主要涉及设备的命名、端口连接描述、核心交换机与服务器区交换机的链路聚合、VLAN 配置、VLAN 路由以及交换机管理地址的配置；以上内容在接下来的任务中会详细介绍。

步骤一：设备命名及端口描述

设备命名主要是给设备配置个名字，便于区分，而端口描述是为了增强配置文件的可读性，按照前期的网络规划，将总部内网的各设备命名，互连端口做端口描述；具体如下。

1. 总部 MSR 路由器

#进入全局配置模式

```
Ruijie#configure terminal
Enter configuration commands, one per line.   End with CNTL/Z.
```

#按照设计要求给设备命名

```
Ruijie(config)#hostname BJ-RSR20
```

#进入各互连端口，按照设计要求添加端口描述

```
BJ-RSR20(config)#interface fastEthernet 0/0
BJ-RSR20(config-if)#description Link-To-BJ-S3750-1-F0/1
BJ-RSR20(config-if)#interface fastEthernet 0/1
BJ-RSR20(config-if)#description Link-To-BJ-WALL160-F0/0
BJ-RSR20(config-if)#exit
```

2. 总部核心交换机

#进入全局配置模式

```
Ruijie#configure terminal
Enter configuration commands, one per line.   End with CNTL/Z.
```

#按照设计要求给设备命名

```
Ruijie(config)#hostname BJ-S3750-1
```

#进入各互连端口，按照设计要求添加端口描述

```
BJ-S3750-1(config)#interface fastEthernet 0/1
BJ-S3750-1(config-if)#description Link-To-BJ-RSR20-F1/0
BJ-S3750-1(config-if)#interface fastEthernet 0/2
BJ-S3750-1(config-if)#description Link-To-BJ-S3750-0-F0/1
BJ-S3750-1(config-if)#interface fastEthernet 0/3
BJ-S3750-1(config-if)#description Link-To-BJ-S3750-0-F0/2
BJ-S3750-1(config-if)#interface fastEthernet 0/4
BJ-S3750-1(config-if)#description Link-To-BJ-S2126-0-F0/1
BJ-S3750-1(config-if)#interface fastEthernet 0/5
BJ-S3750-1(config-if)#description Link-To-BJ-S2126-1-F0/1
BJ-S3750-1(config-if)#interface fastEthernet 0/6
BJ-S3750-1(config-if)#description Link-To-BJ-AP220-0-F0/1
```

3. 总部服务器区交换机

#进入全局配置模式

```
Ruijie#configure terminal
Enter configuration commands, one per line.   End with CNTL/Z.
```

#按照设计要求给设备命名

```
Ruijie(config)#hostname BJ-S3750-0
```

#进入各互连端口，按照设计要求添加端口描述

```
BJ-S3750-0(config)#interface fastEthernet 0/1
BJ-S3750-0(config-if)#description Link-To-BJ-S3750-1-F0/2
BJ-S3750-0(config-if)#interface fastEthernet 0/2
BJ-S3750-0(config-if)#description Link-To-BJ-S3750-1-F0/3
```

```
BJ-S3750-0(config-if)#interface fastEthernet 0/3
BJ-S3750-0(config-if)#description Link-To-OA-Server
BJ-S3750-0(config-if)#interface fastEthernet 0/4
BJ-S3750-0(config-if)#description Link-To-WWW-Server
BJ-S3750-0(config-if)#interface fastEthernet 0/5
BJ-S3750-0(config-if)#description Link-To-NMS-Server
```

4．总部接入交换机一

```
#进入全局配置模式
Switch#configure terminal
Enter configuration commands, one per line.   End with CNTL/Z.
#按照设计要求给设备命名
Switch(config)#hostname BJ-S2126-0
#进入各互连端口，按照设计要求添加端口描述
BJ-S2126-0(config)#interface fastEthernet 0/1
BJ-S2126-0(config-if)#description Link-To-BJ-S3750-1-F0/4
```

5．总部接入交换机二

```
#进入全局配置模式
Switch#configure terminal
Enter configuration commands, one per line.   End with CNTL/Z.
#按照设计要求给设备命名
Switch(config)#hostname BJ-S2126-1
#进入各互连端口，按照设计要求添加端口描述
BJ-S2126-1(config)#interface fastEthernet 0/1
BJ-S2126-1(config-if)#description Link-To-BJ-S3750-1-F0/5
```

6．总部无线 AP

```
#进入全局配置模式（使用 S2126 模拟）
Switch#configure terminal
Enter configuration commands, one per line.   End with CNTL/Z.
#按照设计要求给设备命名
Switch(config)#hostname BJ-AP220-0
#进入各互连端口，按照设计要求添加端口描述
BJ-S2126-1(config)#interface fastEthernet 0/1
BJ-S2126-1(config-if)#description Link-To-BJ-S3750-1-F0/6
```

7．总部出口防火墙

```
#进入全局配置模式（使用 RSR20 模拟）
Ruijie#configure terminal
Enter configuration commands, one per line.   End with CNTL/Z.
#按照设计要求给设备命名
Ruijie(config)#hostname BJ-WALL160
#进入各互连端口，按照设计要求添加端口描述
BJ-WALL160 (config)#interface fastEthernet 0/0
BJ-WALL160 (config-if)#description Link-To-BJ-RSR20-F0/1
```

BJ-WALL160 (config-if)#interface Ethernet 0/1

BJ-WALL160 (config-if)#description Link-To-Internet

步骤二：配置端口聚合

服务器区不但要提供高带宽，而且要具备高可靠性，通过将服务器区交换机与核心交换机通过双线缆互连来保证可靠性，但这样会引来广播风暴；为了避免广播风暴，将此互连的端口聚合起来使用，如图 4-2 所示。

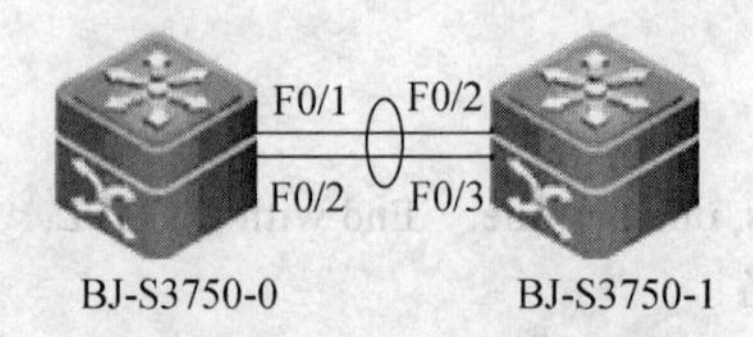

图 4-2 核心交换机与服务器交换机端口聚合示意图

端口汇聚是将多个以太网端口汇聚在一起形成一个逻辑上的汇聚组，使用汇聚服务的上层实体把同一汇聚组内的多条物理链路视为一条逻辑链路。端口汇聚可以实现出/入负荷在汇聚组中各个成员端口之间分担，以增加带宽。同时，同一汇聚组的各个成员端口之间彼此动态备份，提高了连接可靠性。这样既保证了服务器的高带宽，每条线路为 100M，两条即为 200M 带宽，远远高于单链路的带宽；另外也提高了网络的可靠性，任意一条线缆出现故障，都不会影响服务器同网络的连接；此外在逻辑上，聚合的两条线路被看作是一条线路，自然也就没有了广播风暴。具体配置如下。

1．BJ-S3750-1 交换机

#创建手工聚合组 1

BJ-S3750-1(config)#interface aggregateport 1

BJ-S3750-1(config-if)#exit

#将 F0/2 和 F0/3 加入聚合组 1

BJ-S3750-1(config)#interface range fastEthernet 0/2-3

BJ-S3750-1(config-if-range)#port-group 1

BJ-S3750-1(config-if-range)#exit

#查看端口聚合摘要信息

BJ-S3750-1(config)#show aggregatePort 1 summary

```
AggregatePort MaxPorts SwitchPort    Mode    Ports
------------- -------- ---------- ------ ----------------------
Ag1           8        Enabled     ACCESS  Fa0/2,Fa0/3
```

2．BJ-S3750-0 交换机

#创建手工聚合组 1

BJ-S3750-0(config)#interface aggregateport 1

BJ-S3750-0(config-if)#exit

#将 F0/1 和 F0/2 加入聚合组 1

BJ-S3750-0(config)#interface range fastEthernet 0/1-2

BJ-S3750-0(config-if-range)#port-group 1

```
BJ-S3750-0(config-if-range)#end
#查看端口聚合摘要信息
BJ-S3750-0#show aggregatePort 1 summary
AggregatePort MaxPorts SwitchPort     Mode    Ports
------------- -------- ---------- ---- ------------------------------
Ag1           8        Enabled    ACCESS  Fa0/1 ,Fa0/2
```

步骤三：配置 VLAN

通过划分 VLAN，可以将传统的广播型局域网划分为多个广播域，实现虚拟工作组灵活配置。基于端口的 VLAN 是最简单的一种 VLAN 划分方法，用户可以将设备上的端口划分到不同的 VLAN 中，此后从某个端口接收的报文将只能在相应的 VLAN 内进行传输，从而实现广播域的隔离和虚拟工作组的划分。在目前的组网中，主要拿它来做二层工作组的隔离，在京通集团的总部网络中，按照业务部门规划，共划分为 4 个业务 VLAN 和 1 个用于同路由器相连的互连 VLAN；各工作部门、VLAN 及交换机端口的关系见表 4-1。

表 4-1 部门、VLAN 及端口关系表

部门	VLAN 号	所在设备	端口明细
人事行政部	VLAN10	BJ-S2126-0	F0/2-F0/10
财务商务部	VLAN10	BJ-S2126-0	F0/11-F0/15
产品研发部	VLAN20	BJ-S2126-0	F0/16-F0/24
		BJ-S2126-1	F/0/2-F0/10
技术支持部	VLAN30	BJ-S2126-1	F0/11-F0/24
服务器区	VLAN40	BJ-S3750-0	F0/3-F0/10
互连 VLAN	VLAN50	BJ-RSR20-0 与 BJ-S3750-1 之间互连	
管理 VLAN	VLAN1	交换机的管理 VLAN，用于 Telnet 及 SNMP	

各 VLAN 分布如图 4-3 所示。

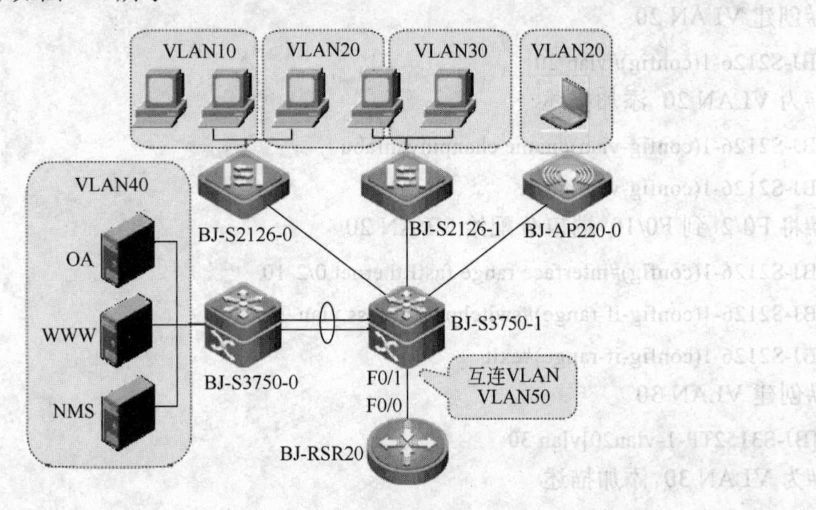

图 4-3 VLAN 分布图

在 VLAN 的配置时，建议大家采用自下而上的原则配置，即先配置接入层设备，再配置核心层设备；各交换上 VLAN 的配置如下。

1．BJ-S2126-0 交换机

#创建 VLAN 10

BJ-S2126-0(config)#vlan 10

#为 VLAN 10 添加描述

BJ-S2126-0(config-vlan)#name renshixingzhengbu-caiwushangwubu

BJ-S2126-0(config-vlan)#exit

#将 F0/2 到 F0/15 端口分配给 VLAN 10

BJ-S2126-0(config)#interface range fastEthernet 0/2-15

BJ-S2126-0(config-if-range)#switchport access vlan 10

BJ-S2126-0(config-if-range)#exit

#创建 VLAN 20

BJ-S2126-0(config)#vlan 20

#为 VLAN 20 添加描述

BJ-S2126-0(config-vlan)#name chanpinyanfabu

BJ-S2126-0(config-vlan)#exit

#将 F0/16 到 F0/24 端口分配给 VLAN 20

BJ-S2126-0(config)#interface range fastEthernet 0/16-24

BJ-S2126-0(config-if-range)#switchport access vlan 20

BJ-S2126-0(config-if-range)#exit

#进入上行端口 F0/1

BJ-S2126-0(config)#interface fastEthernet 0/1

#设置上行端口类型为 Trunk

BJ-S2126-0(config-if)#switchport mode trunk

2．BJ-S2126-1 交换机

#创建 VLAN 20

BJ-S2126-1(config)#vlan 20

#为 VLAN 20 添加描述

BJ-S2126-1(config-vlan)#name chanpinyanfabu

BJ-S2126-1(config-vlan)#exit

#将 F0/2 到 F0/10 端口分配给 VLAN 20

BJ-S2126-1(config)#interface range fastEthernet 0/2-10

BJ-S2126-1(config-if-range)#switchport access vlan 20

BJ-S2126-1(config-if-range)#exit

#创建 VLAN 30

[BJ-S3152TP-1-vlan20]vlan 30

#为 VLAN 30 添加描述

BJ-S2126-1(config-vlan)#name jishuzhichibu

BJ-S2126-1(config-vlan)#exit

#将 F0/11 到 F0/24 端口分配给 VLAN 30

BJ-S2126-1(config)#interface range fastEthernet 0/11-24

BJ-S2126-1(config-if-range)#switchport access vlan 30

BJ-S2126-1(config-if-range)#exit

#进入上行端口 F0/1

BJ-S2126-1(config)#interface fastEthernet 0/1

#设置上行端口类型为 Trunk

BJ-S2126-1(config-if)#switchport mode trunk

3．BJ-S3750-0 交换机

#创建 VLAN 40

BJ-S3750-0(config)#vlan 40

#为 VLAN 40 添加描述

BJ-S3750-0(config-vlan)#name fuwuqiqu

BJ-S3750-0(config-vlan)#exit

#将 F0/3 到 F0/10 端口分配给 VLAN 40

BJ-S3750-0(config)#interface range fastEthernet 0/3-10

BJ-S3750-0(config-if-range)#switchport access vlan 40

BJ-S3750-0(config-if-range)#exit

#将连接 BJ-S3750-1 的聚合接口设置为 Trunk，F0/1 端口与 F0/2 端口处于同一聚合组，配置会自动同步

BJ-S3750-0(config)#interface aggregateport 1

BJ-S3750-0(config-if)#switchport mode trunk

BJ-S3750-0(config-if)#exit

4．BJ-S3750-1 交换机

#创建 VLAN 10

BJ-S3750-1(config)#vlan 10

#为 VLAN 10 添加描述

BJ-S3750-1(config-vlan)#name renshi-caiwu-shangwubu

BJ-S3750-1(config-vlan)#exit

#创建 VLAN 20

BJ-S3750-1(config)#vlan 20

#为 VLAN 20 添加描述

BJ-S3750-1(config-vlan)#name chanpinyanfabu

BJ-S3750-1(config-vlan)#exit

#将连接 BJ-AP220-0 的接口划归 VLAN 20

BJ-S3750-1(config)#interface fastEthernet 0/6

BJ-S3750-1(config-if)#switchport access vlan 20

BJ-S3750-1(config-if)#exit

#创建 VLAN 30

BJ-S3750-1(config)#vlan 30

#为 VLAN 30 添加描述

BJ-S3750-1(config-vlan)#name jishuzhichibu

BJ-S3750-1(config-vlan)#exit

#创建 VLAN 40

BJ-S3750-1(config)#vlan 40

#为 VLAN 40 添加描述

BJ-S3750-1(config-vlan)#name fuwuqiqu

BJ-S3750-1(config-vlan)#exit

#创建 VLAN 50

BJ-S3750-1(config)#vlan 50

#为 VLAN 50 添加描述

BJ-S3750-1(config-vlan)#name hulianvlan

BJ-S3750-1(config-vlan)#exit

#将连接 BJ-RSR20 的接口划归 VLAN 50

BJ-S3750-1(config)#interface fastEthernet 0/1

BJ-S3750-1(config-if)#switchport access vlan 50

BJ-S3750-1(config-if)#exit

#将连接 BJ-S3750-0 的聚合接口设置为 Trunk，F0/2 端口与 F0/3 端口处于同一聚合组，配置会自动同步

BJ-S3750-1(config)#interface aggregateport 1

BJ-S3750-1(config-if)#switchport mode trunk

BJ-S3750-1(config-if)#exit

#将连接 BJ-S2126-0 和 BJ-S2126-1 的接口设置为 Trunk

BJ-S3750-1(config)#interface range fastEthernet 0/4-5

BJ-S3750-1(config-if-range)#switchport mode trunk

BJ-S3750-1(config-if-range)#exit

步骤四：配置 VLAN 间路由

在步骤三的配置中，按照前期的规划，将部门之间通过划分 VLAN 的方式做了两层的隔离，但划分 VLAN 目的是隔离广播域，防止广播风暴现象。实际上构建内部局域网的目的是让内部的各台 PC 机能够利用网络来协同办公，从而提高办公效率，也就是说网络最终还是要通的，这就要求，使用 VLAN 间路由技术将 VLAN 与 VLAN 间打通，让它们能在 3 层间通讯。具体网络拓扑及地址规划如图 4-4 所示。

具体 VLAN 间路由配置如下。

BJ-S3750-1 交换机

#进入 VLAN 10 的三层虚接口

BJ-S3750-1(config)#interface vlan 10

#为 VLAN 10 三层接口配置 IP 地址

BJ-S3750-1(config-if)#ip address 192.168.1.1 255.255.255.192

BJ-S3750-1(config-if)#exit

#进入 VLAN 20 的三层虚接口

BJ-S3750-1(config)#interface vlan 20

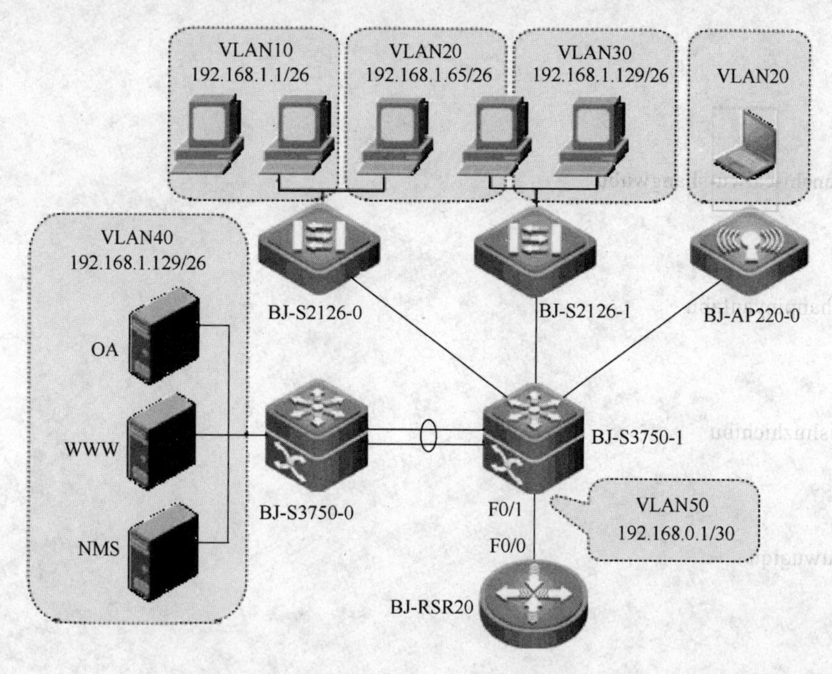

图 4-4　VLAN 间路由示意图

#为 VLAN 20 三层接口配置 IP 地址

BJ-S3750-1(config-if)#ip address 192.168.1.65 255.255.255.192

BJ-S3750-1(config-if)#exit

#进入 VLAN 30 的三层虚接口

BJ-S3750-1(config)#interface vlan 30

#为 VLAN 20 三层接口配置 IP 地址

BJ-S3750-1(config-if)#ip address 192.168.1.129 255.255.255.192

BJ-S3750-1(config-if)#exit

#进入 VLAN 40 的三层虚接口

BJ-S3750-1(config)#interface vlan 40

#为 VLAN 40 三层接口配置 IP 地址

BJ-S3750-1(config-if)#ip address 192.168.0.129 255.255.255.192

BJ-S3750-1(config-if)#exit

#进入 VLAN 50 的三层虚接口

BJ-S3750-1(config)#interface vlan 50

#为 VLAN 50 三层接口配置 IP 地址

BJ-S3750-1(config-if)#ip address 192.168.0.1 255.255.255.252

BJ-S3750-1(config-if)#exit

#验证 VLAN 间路由配置

BJ-S3750-1#show running-config

Building configuration...

Current configuration : 2027 bytes

!

```
vlan 1
!
vlan 10
 name renshi-caiwu-shangwubu
!
vlan 20
 name chanpinyanfabu
!
vlan 30
 name jishuzhichibu
!
vlan 40
 name fuwuqiqu
!
vlan 50
 name hulianvlan
!
hostname BJ-S3750-1
interface FastEthernet 0/1
 switchport access vlan 50
 description Link-To-BJ-RSR20-F1/0
!
interface FastEthernet 0/2
 port-group 1
!
interface FastEthernet 0/3
 port-group 1
!
interface FastEthernet 0/4
 description Link-To-BJ-S2126-0-F0/1
!
interface FastEthernet 0/5
 description Link-To-BJ-S2126-1-F0/1
!
interface FastEthernet 0/6
 switchport access vlan 20
 description Link-To-BJ-AP220-0-F0/1
!
interface FastEthernet 0/7
!......
```

```
interface AggregatePort 1
 switchport mode trunk
!
interface VLAN 10
 no ip proxy-arp
 ip address 192.168.1.1 255.255.255.192
!
interface VLAN 20
 no ip proxy-arp
 ip address 192.168.1.65 255.255.255.192
!
interface VLAN 30
 no ip proxy-arp
 ip address 192.168.1.129 255.255.255.192
!
interface VLAN 40
 no ip proxy-arp
 ip address 192.168.0.129 255.255.255.192
!
interface VLAN 50
 no ip proxy-arp
 ip address 192.168.0.1 255.255.255.252
!
end
……
BJ-S3750-1#show ip route
Codes:  C - connected, S - static, R - RIP, B - BGP
        O - OSPF, IA - OSPF inter area
        N1 - OSPF NSSA external type 1, N2 - OSPF NSSA external type 2
        E1 - OSPF external type 1, E2 - OSPF external type 2
        i - IS-IS, su - IS-IS summary, L1 - IS-IS level-1, L2 - IS-IS level-2
        ia - IS-IS inter area, * - candidate default
Gateway of last resort is no set
C       192.168.0.0/30 is directly connected, VLAN 50
C       192.168.0.1/32 is local host.
C       192.168.0.128/26 is directly connected, VLAN 40
C       192.168.0.129/32 is local host.
C       192.168.1.0/26 is directly connected, VLAN 10
C       192.168.1.1/32 is local host.
C       192.168.1.64/26 is directly connected, VLAN 20
```

C　192.168.1.65/32 is local host.

C　192.168.1.128/26 is directly connected, VLAN 30

C　192.168.1.129/32 is local host.

从上面的查看结果可以看出，在 BJ-S5626C-0 交换机上，已经成功的创建了 VLAN 10、VLAN20、VLAN 30、VLAN 40、VLAN 50，并且成功启动了 VLAN 间路由。

步骤五：配置 DHCP 协议

随着网络规模的不断扩大和网络复杂度的提高，计算机的数量经常超过可供分配的 IP 地址数量。同时随着便携机及无线网络的广泛使用，计算机的位置也经常变化，相应的 IP 地址也必须经常更新，从而导致网络配置越来越复杂。DHCP（Dynamic Host Configuration Protocol，动态主机配置协议）就是为解决这些问题而发展起来的。DHCP 采用客户端/服务器通信模式，由客户端向服务器提出配置 IP 申请，服务器返回为客户端分配的 IP 地址等相应的配置信息，以实现 IP 地址等信息的动态配置。在京通集团的网络中，由核心交换机 BJ-S5626C-0 充当 DHCP 服务器，各部门的 PC 机都采用自动分配的方式获取 IP 地址；DHCP 服务器为 VLAN 10、VLAN 20、VLAN 30 内的 PC 机动态分配地址；对于服务器的地址采用手工分配固定 IP 的方式，如图 4-5 所示。

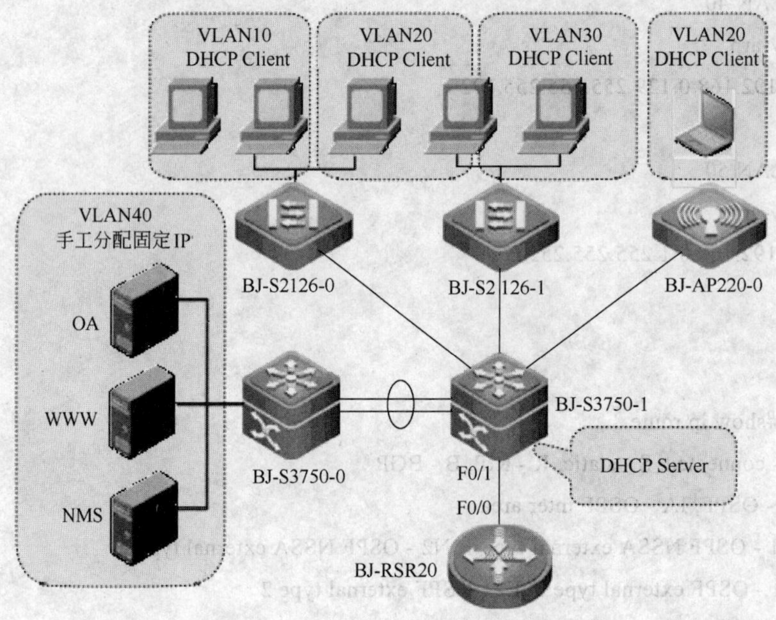

图 4-5　DHCP 示意图

具体 DHCP 配置如下。

BJ-S3750-1 交换机

#开启 DHCP 功能

BJ-S3750-1(config)#service dhcp

#创建 VLAN 10 对应的 DHCP 地址池

BJ-S3750-1(config)#ip dhcp pool vlan10

#配置 VLAN 10 地址池动态分配的地址范围

BJ-S3750-1(dhcp-config)#network 192.168.1.0 255.255.255.192
#指定为 VLAN 10 内客户端分配的网关地址
BJ-S3750-1(dhcp-config)#default-router 192.168.1.1
#指定为 VLAN 10 内客户端分配的 DNS 服务器地址
BJ-S3750-1(dhcp-config)#dns-server 202.102.99.68
BJ-S3750-1(dhcp-config)#exit
#创建 VLAN 20 对应的 DHCP 地址池
BJ-S3750-1(config)#ip dhcp pool vlan20
#配置 VLAN 20 地址池动态分配的地址范围
BJ-S3750-1(dhcp-config)#network 192.168.1.64 255.255.255.192
#指定为 VLAN 20 内客户端分配的 DNS 服务器地址
BJ-S3750-1(dhcp-config)#dns-server 202.102.99.68
#指定为 VLAN 20 内客户端分配的网关地址
BJ-S3750-1(dhcp-config)#default-router 192.168.1.65
BJ-S3750-1(dhcp-config)#exit
#创建 VLAN 30 对应的 DHCP 地址池
BJ-S3750-1(config)#ip dhcp pool vlan30
#配置 VLAN 30 地址池动态分配的地址范围
BJ-S3750-1(dhcp-config)#network 192.168.1.128 255.255.255.192
#指定为 VLAN 30 内客户端分配的网关地址
BJ-S3750-1(dhcp-config)#default-router 192.168.1.129
#指定为 VLAN 30 内客户端分配的 DNS 服务器地址
BJ-S3750-1(dhcp-config)#dns-server 202.102.99.68
BJ-S3750-1(dhcp-config)#exit
#配置 DHCP 地址池中不参与自动分配的 IP 地址（网关地址）
BJ-S3750-1(config)#ip dhcp excluded-address 192.168.1.1
BJ-S3750-1(config)#ip dhcp excluded-address 192.168.1.65
BJ-S3750-1(config)#ip dhcp excluded-address 192.168.1.129
#验证 DHCP 配置
BJ-S3750-1#show running-config

```
......
service dhcp
ip dhcp excluded-address 192.168.1.1
ip dhcp excluded-address 192.168.1.65
ip dhcp excluded-address 192.168.1.129
!
ip dhcp pool vlan10
 network 192.168.1.0 255.255.255.192
 dns-server 202.102.99.68
 default-router 192.168.1.1
```

```
!
ip dhcp pool vlan20
 network 192.168.1.64 255.255.255.192
 dns-server 202.102.99.68
 default-router 192.168.1.65
!
ip dhcp pool vlan30
 network 192.168.1.128 255.255.255.192
 dns-server 202.102.99.68
 default-router 192.168.1.129
!
end
```

从上面的查看结果可以看出，已经成功的在 BJ-S3750-1 交换机上部署了 DHCPServer，并且为 VLAN 10、VLAN 20、VLAN 30 内的 PC 机各自创建了一个地址池，在 DHCP 部署时提醒大家注意一点：一定要将网关、已经固定占用的地址配置成 DHCP 地址池中不参与自动分配的 IP 地址。

步骤六： 配置交换机的管理地址

在日常的网络管理维护中，不可能每次都拿着配置终端利用 console 口对设备进行管理，而是利用图形化的管理平台或者远程登录（Telnet）管理，这时需要为每个设备配置一个管理地址，对于三层交换机而言每一个三层虚接口的地址都可以作为管理地址，对于二层交换机而言，只能有一个管理地址，当然这个地址同样是分配给 VLAN 的，所以还要规划管理 VLAN。在京通集团的网络中，规定使用 VLAN 1 作为管理 VLAN，各交换机管理 VLAN、管理地址分配如图 4-6 所示。

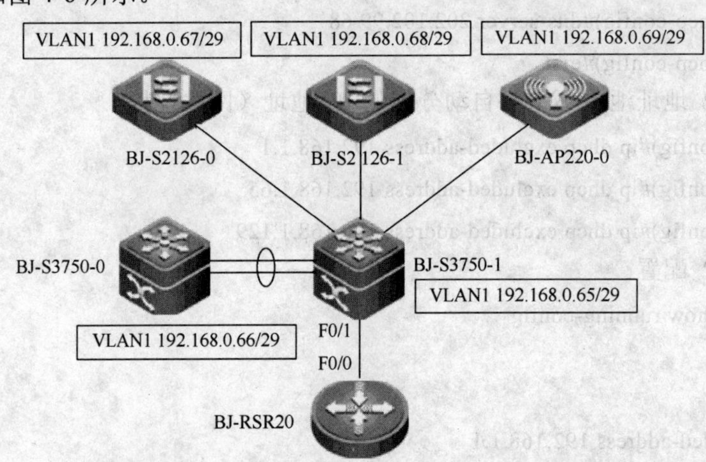

图 4-6 各交换机管理 VLAN、管理地址示意图

各交换机管理 VLAN 配置如下。

1．BJ-S3750-1 交换机

#进入 VLAN 1 的三层虚接口

BJ-S3750-1(config)#interface vlan 1

#为 VLAN 1 三层接口配置 IP 地址

BJ-S3750-1(config-if)#ip address 192.168.0.65 255.255.255.248

BJ-S3750-1(config-if)#exit

2．BJ-S3750-0 **交换机**

#进入 VLAN 1 的三层虚接口

BJ-S3750-0(config)#interface vlan 1

#为 VLAN 1 三层接口配置 IP 地址

BJ-S3750-0(config-if)#ip address 192.168.0.66 255.255.255.248

BJ-S3750-0(config-if)#exit

#配置到达上层交换机的路由，下一跳指向核心交换机

BJ-S3750-0(config)#ip route 0.0.0.0 0.0.0.0 192.168.0.65

BJ-S3750-0(config)#exit

#验证一下路由的可达性

BJ-S3750-0#ping 192.168.0.65

Sending 5, 100-byte ICMP Echoes to 192.168.0.65, timeout is 2 seconds:

< press Ctrl+C to break >

!!!!!

Success rate is 100 percent (5/5), round-trip min/avg/max = 1/2/10 ms

通过以上验证表明，在交换机 BJ-S2350-0 上配置的管理地址可以和上层交换机通信，具备路由可达性。

3．BJ-S2126-0 **交换机**

#进入 VLAN 1 的三层虚接口

BJ-S2126-0(config)#interface vlan 1

#为 VLAN 1 三层接口配置 IP 地址

BJ-S2126-0(config-if)#ip address 192.168.0.67 255.255.255.248

BJ-S2126-0(config-if)#exit

#配置到达上层交换机的路由，下一跳指向核心交换机

BJ-S2126-0(config)#ip default-gateway 192.168.0.65

BJ-S2126-0(config)#exit

#验证一下路由的可达性

BJ-S2126-0#ping 192.168.0.65

Sending 5, 100-byte ICMP Echos to 192.168.0.65,

timeout is 2000 milliseconds.

!!!!!

Success rate is 100 percent (5/5)

Minimum = 1ms Maximum = 3ms, Average = 1ms

通过以上验证表明，在交换机 BJ-S2126-0 上配置的管理地址可以和上层交换机通信，具备路由可达性。

4．BJ-S2126-1 **交换机**

#进入 VLAN 1 的三层虚接口

BJ-S2126-1(config)#interface vlan 1

#为 VLAN 1 三层接口配置 IP 地址

```
BJ-S2126-1(config-if)#ip address 192.168.0.68 255.255.255.248
BJ-S2126-1(config-if)#exit
#配置到达上层交换机的路由，下一跳指向核心交换机
BJ-S2126-1(config)#ip default-gateway 192.168.0.65
BJ-S2126-1(config)#exit
#验证一下路由的可达性
BJ-S2126-1#ping 192.168.0.65
Sending 5, 100-byte ICMP Echos to 192.168.0.65,
timeout is 2000 milliseconds.
!!!!!
Success rate is 100 percent (5/5)
Minimum = 1ms Maximum = 2ms, Average = 1ms
```

通过以上验证表明，在交换机 BJ-S2126-1 上配置的管理地址可以和上层交换机通信，具备路由可达性。

步骤七：内网测试

为了验证总部内网部署是否成功，需要对刚才部署的每一个功能进行逐个测试，以便及时发现并解决。测试 PC 在每个 VLAN 里能否正确获得 IP 地址，以及能否 ping 通网关，以及交换机的网管地址是否可达。测试方法为拿一台 PC 机逐一接入每个 VLAN。

1．VLAN 10 内测试

```
#将 PC 机接入 VLAN 10，并使用 ipcongfig/release 命令将以前获取的 IP 地址释放
C:\Documents and Settings\asus>ipconfig /release
Windows IP Configuration
Ethernet adapter 本地连接:
        Connection-specific DNS Suffix   . :
        IP Address. . . . . . . . . . . . : 0.0.0.0
        Subnet Mask . . . . . . . . . . . : 0.0.0.0
        Default Gateway . . . . . . . . . :
#再使用 ipconfig/renew 命令重新获得 IP 地址
C:\Documents and Settings\asus>ipconfig /renew
Windows IP Configuration
Ethernet adapter 本地连接:
        Connection-specific DNS Suffix   . :
        IP Address. . . . . . . . . . . . : 192.168.1.2
        Subnet Mask . . . . . . . . . . . : 255.255.255.192
        Default Gateway . . . . . . . . . : 192.168.1.1
#使用 ipconfig/all 命令查看本机 IP 地址的详细信息
C:\Documents and Settings\asus>ipconfig/all
Windows IP Configuration
Ethernet adapter 本地连接:
        Connection-specific DNS Suffix   . :
```

Description . . . . : Atheros AR8131 PCI-E Gigabit Ethernet Controller

Physical Address. . . . . : 00-19-21-C0-C5-6D

Dhcp Enabled. . . . . : Yes

Autoconfiguration Enabled . . . . : Yes

IP Address. . . . . : 192.168.1.2

Subnet Mask . . . . : 255.255.255.192

Default Gateway . . . . : 192.168.1.1

DHCP Server . . . . : 192.168.1.1

DNS Servers . . . . : 202.102.99.68

Lease Obtained. . . . . : 2012 年 7 月 5 日 17:02:31

Lease Expires . . . . : 2012 年 7 月 6 日 17:02:31

从以上的结果可以很明显的看出，PC 机使用的“自动获得 IP 地址”方式，并已经成功的从 DHCP Server 获得了 IP 地址，并且获得的 IP 地址与 VLAN 10 在同一网段。

#测试能否达到自己的网关

C:\Documents and Settings\asus>ping 192.168.1.1

Pinging 192.168.1.1 with 32 bytes of data:

Reply from 192.168.1.1: bytes=32 time=1ms TTL=64

Reply from 192.168.1.1: bytes=32 time<1ms TTL=64

Reply from 192.168.1.1: bytes=32 time<1ms TTL=64

Reply from 192.168.1.1: bytes=32 time<1ms TTL=64

Ping statistics for 192.168.1.1:

Packets: Sent = 4, Received = 4, Lost = 0 (0% loss),

Approximate round trip times in milli-seconds:

Minimum = 0ms, Maximum = 1ms, Average = 0ms

#测试能否和交换机的管理地址通信

C:\Documents and Settings\asus>ping 192.168.0.67

Pinging 192.168.0.67 with 32 bytes of data:

Reply from 192.168.0.67: bytes=32 time=1ms TTL=63

Reply from 192.168.0.67: bytes=32 time=1ms TTL=63

Reply from 192.168.0.67: bytes=32 time<1ms TTL=63

Reply from 192.168.0.67: bytes=32 time=1ms TTL=63

Ping statistics for 192.168.0.67:

Packets: Sent = 4, Received = 4, Lost = 0 (0% loss),

Approximate round trip times in milli-seconds:

Minimum = 0ms, Maximum = 1ms, Average = 0ms

2．VLAN 20 测试

#将 PC 机接入 VLAN 20，并使用 ipcongfig/release 命令将以前获取的 IP 地址释放

C:\Documents and Settings\asus>ipconfig /release

Windows IP Configuration

```
Ethernet adapter 本地连接:
        Connection-specific DNS Suffix . :
        IP Address. . . . . . . . . . . . : 0.0.0.0
        Subnet Mask . . . . . . . . . . . : 0.0.0.0
        Default Gateway . . . . . . . . . :
```

#再使用 ipconfig/renew 命令重新获得 IP 地址

```
C:\Documents and Settings\asus>ipconfig /renew
Windows IP Configuration
Ethernet adapter 本地连接:
        Connection-specific DNS Suffix . :
        IP Address. . . . . . . . . . . . : 192.168.1.66
        Subnet Mask . . . . . . . . . . . : 255.255.255.192
        Default Gateway . . . . . . . . . : 192.168.1.65
```

#使用 ipconfig/all 命令查看本机 IP 地址的详细信息

```
C:\Documents and Settings\asus>ipconfig/all
Windows IP Configuration
Ethernet adapter 本地连接:
        Connection-specific DNS Suffix . :
        Description . . . . . . . . . . . : Atheros AR8131 PCI-E Gigabit Ethernet Controller
        Physical Address. . . . . . . . . : 00-19-21-C0-C5-6D
        Dhcp Enabled. . . . . . . . . . . : Yes
        Autoconfiguration Enabled . . . . : Yes
        IP Address. . . . . . . . . . . . : 192.168.1.66
        Subnet Mask . . . . . . . . . . . : 255.255.255.192
        Default Gateway . . . . . . . . . : 192.168.1.65
        DHCP Server . . . . . . . . . . . : 192.168.1.65
        DNS Servers . . . . . . . . . . . : 202.102.99.68
        Lease Obtained. . . . . . . . . . : 2012 年 7 月 5 日 17:06:48
        Lease Expires . . . . . . . . . . : 2012 年 7 月 6 日 17:06:48
```

从以上的结果可以很明显的看出，PC 机使用的“自动获得 IP 地址”方式，并已经成功的从 DHCP Server 获得了 IP 地址，并且获得的 IP 地址与 VLAN 20 在同一网段。

#测试能否达到自己的网关

```
C:\Documents and Settings\asus>ping 192.168.1.65
Pinging 192.168.1.65 with 32 bytes of data:
Reply from 192.168.1.65: bytes=32 time=1ms TTL=64
Reply from 192.168.1.65: bytes=32 time<1ms TTL=64
Reply from 192.168.1.65: bytes=32 time<1ms TTL=64
Reply from 192.168.1.65: bytes=32 time=1ms TTL=64
Ping statistics for 192.168.1.65:
    Packets: Sent = 4, Received = 4, Lost = 0 (0% loss),
```

Approximate round trip times in milli-seconds:

Minimum = 0ms, Maximum = 1ms, Average = 0ms

#测试能否和交换机的管理地址通信

C:\Documents and Settings\asus>ping 192.168.0.68

Pinging 192.168.0.68 with 32 bytes of data:

Reply from 192.168.0.68: bytes=32 time=1ms TTL=63

Reply from 192.168.0.68: bytes=32 time<1ms TTL=63

Reply from 192.168.0.68: bytes=32 time=1ms TTL=63

Reply from 192.168.0.68: bytes=32 time=1ms TTL=63

Ping statistics for 192.168.0.68:

Packets: Sent = 4, Received = 4, Lost = 0 (0% loss),

Approximate round trip times in milli-seconds:

Minimum = 0ms, Maximum = 1ms, Average = 0ms

3．VLAN 30 测试

#将 PC 机接入 VLAN 30，并使用 ipcongfig/release 命令将以前获取的 IP 地址释放

C:\Documents and Settings\asus>ipconfig /release

Windows IP Configuration

Ethernet adapter 本地连接:

Connection-specific DNS Suffix . :

IP Address. . . . . : 0.0.0.0

Subnet Mask . . . . : 0.0.0.0

Default Gateway . . . . :

#再使用 ipconfig/renew 命令重新获得 IP 地址

C:\Documents and Settings\asus>ipconfig /renew

Windows IP Configuration

Ethernet adapter 本地连接:

Connection-specific DNS Suffix . :

IP Address. . . . . : 192.168.1.130

Subnet Mask . . . . : 255.255.255.192

Default Gateway . . . . : 192.168.1.129

#使用 ipconfig/all 命令查看本机 IP 地址的详细信息

C:\Documents and Settings\asus>ipconfig/all

Windows IP Configuration

Ethernet adapter 本地连接:

Connection-specific DNS Suffix . :

Description . . . . : Atheros AR8131 PCI-E Gigabit Ethernet Controller

Physical Address. . . . . : 00-19-21-C0-C5-6D

Dhcp Enabled. . . . . : Yes

Autoconfiguration Enabled . . . . : Yes

IP Address. . . . . : 192.168.1.130

Subnet Mask . . . . : 255.255.255.192

Default Gateway . . . . : 192.168.1.129

DHCP Server . . . . : 192.168.1.129

DNS Servers . . . . : 202.102.99.68

Lease Obtained. . . . . : 2012 年 7 月 5 日 17:12:20

Lease Expires . . . . : 2012 年 7 月 6 日 17:12:20

从以上的结果可以很明显的看出，PC 机使用的“自动获得 IP 地址”方式，并已经成功的从 DHCP Server 获得了 IP 地址，并且获得的 IP 地址与 VLAN30 在同一网段。

#测试能否达到自己的网关

C:\Documents and Settings\asus>ping 192.168.1.129

Pinging 192.168.1.129 with 32 bytes of data:

Reply from 192.168.1.129: bytes=32 time=1ms TTL=64

Reply from 192.168.1.129: bytes=32 time<1ms TTL=64

Reply from 192.168.1.129: bytes=32 time<1ms TTL=64

Reply from 192.168.1.129: bytes=32 time<1ms TTL=64

Ping statistics for 192.168.0.129:

Packets: Sent = 4, Received = 4, Lost = 0 (0% loss),

Approximate round trip times in milli-seconds:

Minimum = 0ms, Maximum = 1ms, Average = 0ms

#测试能否和交换机的管理地址通信

C:\Documents and Settings\asus>ping 192.168.0.68

Pinging 192.168.0.68 with 32 bytes of data:

Reply from 192.168.0.68: bytes=32 time<1ms TTL=63

Reply from 192.168.0.68: bytes=32 time=1ms TTL=63

Reply from 192.168.0.68: bytes=32 time=1ms TTL=63

Reply from 192.168.0.68: bytes=32 time<1ms TTL=63

Ping statistics for 192.168.0.68:

Packets: Sent = 4, Received = 4, Lost = 0 (0% loss),

Approximate round trip times in milli-seconds:

Minimum = 0ms, Maximum = 1ms, Average = 0ms

4．VLAN 40 测试

VLAN40 采用的是手工分配 IP 地址的方式，在这里将 PC 机的 IP 地址手工配置成一台服务器的地址，测试到网关及管理地址的可达性。

#手工设置后，使用 ipconfig 命令查看 IP 地址

C:\Documents and Settings\asus>ipconfig

Windows IP Configuration

Ethernet adapter 本地连接:

Connection-specific DNS Suffix . :

IP Address. . . . . : 192.168.0.132

Subnet Mask . . . . : 255.255.255.192

Default Gateway . . . . : 192.168.0.129

#使用 ping 命令测试能否达到自己的网关

```
C:\Documents and Settings\asus>ping 192.168.0.129
Pinging 192.168.0.129 with 32 bytes of data:
Reply from 192.168.0.129: bytes=32 time=1ms TTL=64
Reply from 192.168.0.129: bytes=32 time<1ms TTL=64
Reply from 192.168.0.129: bytes=32 time<1ms TTL=64
Reply from 192.168.0.129: bytes=32 time=1ms TTL=64
Ping statistics for 192.168.0.129:
    Packets: Sent = 4, Received = 4, Lost = 0 (0% loss),
Approximate round trip times in milli-seconds:
    Minimum = 0ms, Maximum = 1ms, Average = 0ms
#测试能否和交换机的管理地址通信
C:\Documents and Settings\asus>ping 192.168.0.66
Pinging 192.168.0.66 with 32 bytes of data:
Reply from 192.168.0.66: bytes=32 time<1ms TTL=63
Reply from 192.168.0.66: bytes=32 time=1ms TTL=63
Reply from 192.168.0.66: bytes=32 time<1ms TTL=63
Reply from 192.168.0.66: bytes=32 time<1ms TTL=63
Ping statistics for 192.168.0.66:
    Packets: Sent = 4, Received = 4, Lost = 0 (0% loss),
Approximate round trip times in milli-seconds:
    Minimum = 0ms, Maximum = 1ms, Average = 0ms
```

步骤八：分支机构内网部署

1．深圳办事处内网部署

深圳办事处内网部署主要涉及设备命名、端口描述、地址配置及 DHCP 配置等，按照前期的规划，深圳办事处内网架构如图 4-7 所示。

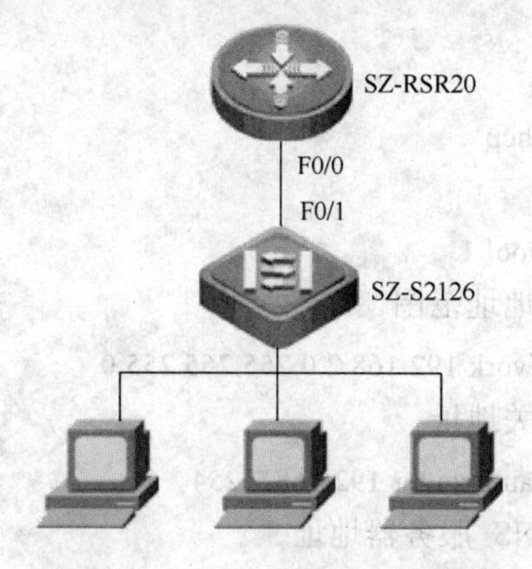

图 4-7　深圳办事处内网架构

深圳办事处内网部署如下。

（1）设备命名及描述

深圳 RSR20 路由器：

#进入全局配置模式

Ruijie#configure terminal

Enter configuration commands, one per line. End with CNTL/Z.

#按照设计要求给设备命名

Ruijie(config)#hostname SZ-RSR20

#进入各互连端口，按照设计要求添加端口描述

SZ-RSR20(config)#interface fastEthernet 0/0

SZ-RSR20(config-if)#description Link-To-SZ-S2126-F0/1

深圳 S2126 交换机：

#进入全局配置模式

Switch#configure

Enter configuration commands, one per line. End with CNTL/Z.

#按照设计要求给设备命名

Switch(config)#hostname SZ-S2126

#进入各互连端口，按照设计要求添加端口描述

SZ-S2126(config)#interface fastEthernet 0/1

SZ-S2126(config-if)#description Link-To-SZ-RSR20-F0/0

SZ-S2126(config-if)#exit

（2）DHCP 配置

在深圳办事处，也使用 DHCP 方式为接入 PC 机分配 IP 地址，DHCP 服务器为 RSR20 路由器，具体 DHCP 的配置如下。

#为 F0/0 接口配置 IP 地址，此地址为内网所有 PC 机的网关

SZ-RSR20(config-if)#ip address 192.168.2.254 255.255.255.0

SZ-RSR20(config-if)#no shutdown

SZ-RSR20(config-if)#exit

#开启 DHCP 功能

SZ-RSR20(config)#service dhcp

#创建 DHCP 地址池 1

SZ-RSR20(config)#ip dhcp pool 1

#配置地址池动态分配的地址范围

SZ-RSR20(dhcp-config)#network 192.168.2.0 255.255.255.0

#指定为客户端分配的网关地址

SZ-RSR20(dhcp-config)#default-router 192.168.2.254

#指定为客户端分配的 DNS 服务器地址

SZ-RSR20(dhcp-config)#dns-server 202.102.99.68

SZ-RSR20(dhcp-config)#exit

#配置 DHCP 地址池中不参与自动分配的 IP 地址

SZ-RSR20(config)#ip dhcp excluded-address 192.168.2.254

SZ-RSR20(config)#ip dhcp excluded-address 192.168.2.250

（3）交换机管理地址配置

#进入 VLAN 1 的三层虚接口

SZ-S2126(config)#interface vlan 1

#为 VLAN 1 三层接口配置 IP 地址

SZ-S2126(config-if)#ip address 192.168.2.250 255.255.255.0

SZ-S2126(config-if)#exit

#配置到达上层路由器的路由，下一跳指向路由器接口地址

SZ-S2126(config)#ip default-gateway 192.168.2.254

#验证一下路由的可达性

SZ-S2126#ping 192.168.2.254

Sending 5, 100-byte ICMP Echos to 192.168.2.254,

timeout is 2000 milliseconds.

!!!!!

Success rate is 100 percent (5/5)

Minimum = 1ms Maximum = 3ms, Average = 1ms

通过以上验证表明，在交换机 SZ-S2126 上配置的管理地址可以和上层路由器通信，具备路由可达性。

（4）内网测试

为了验证深圳办事处内网部署的是否成功，需要对以上部署的每一项功能进行测试，确保本部分部署顺利，将 PC 机接入深圳办事处的内网，看能否从 DHCP Server 获得 IP 地址，以及能否和网关、交换机管理地址通信。

#将 PC 机接入深圳办事处内网，并使用 ipconfig/release 命令释放以前的 IP 地址

C:\Documents and Settings\Administrator>ipconfig /release

Windows IP Configuration

Ethernet adapter 本地连接:

Connection-specific DNS Suffix . :

IP Address. . . . . : 0.0.0.0

Subnet Mask . . . . : 0.0.0.0

Default Gateway . . . . :

#再使用 ipconfig/renew 命令重新获取新的 IP 地址

C:\Documents and Settings\Administrator>ipconfig /renew

Windows IP Configuration

Ethernet adapter 本地连接:

Connection-specific DNS Suffix . :

IP Address. . . . . : 192.168.2.1

Subnet Mask . . . . : 255.255.255.0

Default Gateway . . . . : 192.168.2.254

从以上的结果可以看出已经成功获得了新的 IP 地址 192.168.2.1，下面测试一下获得的 IP 地址能否和网关及管理地址通信。

#使用 Ping 命令测试是否可以和自己的网关 192.168.2.254 通信

C:\Documents and Settings\asus>ping 192.168.2.254

Pinging 192.168.2.254 with 32 bytes of data:

Reply from 192.168.2.254: bytes=32 time<1ms TTL=64

Reply from 192.168.2.254: bytes=32 time<1ms TTL=64

Reply from 192.168.2.254: bytes=32 time<1ms TTL=64

Reply from 192.168.2.254: bytes=32 time<1ms TTL=64

Ping statistics for 192.168.2.254:

Packets: Sent = 4, Received = 4, Lost = 0 (0% loss),

Approximate round trip times in milli-seconds:

Minimum = 0ms, Maximum = 0ms, Average = 0ms

#使用 Ping 命令测试是否可以和交换机的管理地址 192.168.2.250 通信

C:\Documents and Settings\Administrator>ping 192.168.2.250

Pinging 192.168.2.250 with 32 bytes of data:

Reply from 192.168.2.250: bytes=32 time=1ms TTL=64

Reply from 192.168.2.250: bytes=32 time<1ms TTL=64

Reply from 192.168.2.250: bytes=32 time<1ms TTL=64

Reply from 192.168.2.250: bytes=32 time<1ms TTL=64

Ping statistics for 192.168.2.250:

Packets: Sent = 4, Received = 4, Lost = 0 (0% loss),

Approximate round trip times in milli-seconds:

Minimum = 0ms, Maximum = 1ms, Average = 0ms

2. 上海办事处内网部署

上海办事处内网部署主要涉及设备命名、端口描述、地址配置及 DHCP 配置等，按照前期的规划，深圳办事处内网架构如图 4-8 所示。

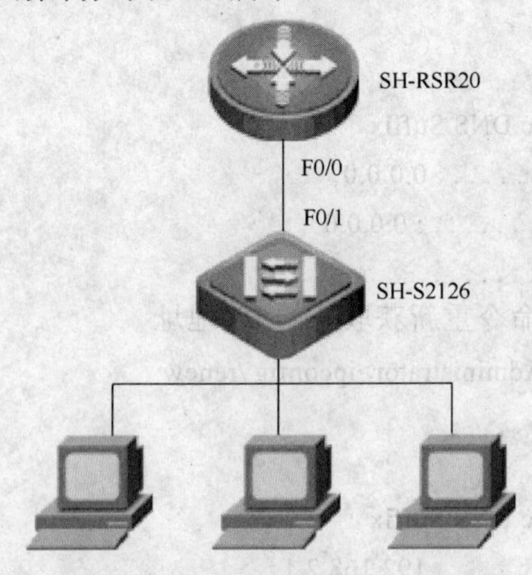

图 4-8 上海办事处内网架构

（1）上海办事处内网部署。

上海 RSR20 路由器：

#进入全局配置模式

Ruijie#configure terminal

Enter configuration commands, one per line.　End with CNTL/Z.

#按照设计要求给设备命名

Ruijie(config)#hostname SH-RSR20

#进入各互连端口，按照设计要求添加端口描述

SH-RSR20(config)#interface fastEthernet 0/0

SH-RSR20(config-if)#description Link-To-SH-S2126-F0/1

上海接入交换机

#进入全局配置模式

Switch#configure

Enter configuration commands, one per line.　End with CNTL/Z.

#按照设计要求给设备命名

Switch(config)#hostname SH-S2126

#进入各互连端口，按照设计要求添加端口描述

SH-S2126(config)#interface fastEthernet 0/1

SH-S2126(config-if)#description Link-To-SH-RSR20-F0/0

SH-S2126(config-if)#exit

（2）DHCP 配置

在上海办事处，也使用 DHCP 方式为接入 PC 机分配 IP 地址，DHCP 服务器为 RSR20 路由器，具体 DHCP 的配置如下。

#为 F0/0 接口配置 IP 地址，此地址为内网所有 PC 机的网关

SH-RSR20(config-if)#ip address 192.168.3.254 255.255.255.0

SH-RSR20(config-if)#no shutdown

SH-RSR20(config-if)#exit

#开启 DHCP 功能

SH-RSR20(config)#service dhcp

#创建 DHCP 地址池 1

SH-RSR20(config)#ip dhcp pool 1

#配置地址池动态分配的地址范围

SH-RSR20(dhcp-config)#network 192.168.3.0 255.255.255.0

#指定为客户端分配的网关地址

SH-RSR20(dhcp-config)#default-router 192.168.3.254

#指定为客户端分配的 DNS 服务器地址

SH-RSR20(dhcp-config)#dns-server 202.102.99.68

SH-RSR20(dhcp-config)#exit

#配置 DHCP 地址池中不参与自动分配的 IP 地址

SH-RSR20(config)#ip dhcp excluded-address 192.168.3.254

SH-RSR20(config)#ip dhcp excluded-address 192.168.3.250

（3）交换机管理地址配置

#进入 VLAN 1 的三层虚接口

```
SH-S2126(config)#interface vlan 1
#为 VLAN 1 三层接口配置 IP 地址
SH-S2126(config-if)#ip address 192.168.3.250 255.255.255.0
SH-S2126(config-if)#exit
#配置到达上层路由器的路由，下一跳指向路由器接口地址
SH-S2126(config)#ip default-gateway 192.168.3.254
#验证一下路由的可达性
SH-S2126#ping 192.168.3.254
Sending 5, 100-byte ICMP Echos to 192.168.3.254,
timeout is 2000 milliseconds.
!!!!!
Success rate is 100 percent (5/5)
Minimum = 1ms Maximum = 3ms, Average = 1ms
```

通过以上验证表明，在交换机 SH-S2126 上配置的管理地址可以和上层路由器通信，具备路由可达性。

（4）内网测试

为了验证上海办事处内网部署的是否成功，需要对以上部署的每一项功能进行测试，确保本部分部署顺利，将 PC 机接入上海办事处的内网，看能否从 DHCP Server 获得 IP 地址，以及能否和网关、交换机管理地址通信。

```
#将 PC 机接入上海办事处内网，并使用 ipconfig/release 命令释放以前的 IP 地址
C:\Documents and Settings\Administrator>ipconfig /release
Windows IP Configuration
Ethernet adapter 本地连接:
        Connection-specific DNS Suffix  . :
        IP Address. . . . . . . . . . . . : 0.0.0.0
        Subnet Mask . . . . . . . . . . . : 0.0.0.0
        Default Gateway . . . . . . . . . :
#再使用 ipconfig/renew 命令重新获取新的 IP 地址
Windows IP Configuration
Ethernet adapter 本地连接:
        Connection-specific DNS Suffix  . :
        IP Address. . . . . . . . . . . . : 192.168.3.1
        Subnet Mask . . . . . . . . . . . : 255.255.255.0
        Default Gateway . . . . . . . . . : 192.168.3.254
```

从以上的结果可以看出已经成功获得了新的 IP 地址 192.168.3.1，下面测试一下获得的 IP 地址能否和网关及管理地址通信。

```
#使用 Ping 命令测试是否可以和自己的网关 192.168.3.254 通信
C:\Documents and Settings\asus>ping 192.168.3.254
Pinging 192.168.3.254 with 32 bytes of data:
Reply from 192.168.3.254: bytes=32 time<1ms TTL=64
```

Reply from 192.168.3.254: bytes=32 time<1ms TTL=64

Reply from 192.168.3.254: bytes=32 time<1ms TTL=64

Reply from 192.168.3.254: bytes=32 time<1ms TTL=64

Ping statistics for 192.168.3.254:

Packets: Sent = 4, Received = 4, Lost = 0 (0% loss),

Approximate round trip times in milli-seconds:

Minimum = 0ms, Maximum = 0ms, Average = 0ms

#使用 Ping 命令测试是否可以和交换机的管理地址 192.168.3.250 通信

C:\Documents and Settings\Administrator>ping 192.168.3.250

Pinging 192.168.3.250 with 32 bytes of data:

Reply from 192.168.3.250: bytes=32 time=1ms TTL=64

Reply from 192.168.3.250: bytes=32 time<1ms TTL=64

Reply from 192.168.3.250: bytes=32 time<1ms TTL=64

Reply from 192.168.3.250: bytes=32 time<1ms TTL=64

Ping statistics for 192.168.3.250:

Packets: Sent = 4, Received = 4, Lost = 0 (0% loss),

Approximate round trip times in milli-seconds:

Minimum = 0ms, Maximum = 1ms, Average = 0ms

二、无线部署

步骤一：无线产品认识

RG-WS5302 无线控制器是锐捷网络推出的面向下一代高速无线网络的无线控制器产品，专为中小型无线网络设计，可突破三层网络保持与 AP 的通信，部署在任何 2 层或 3 层网络结构中，无需改动任何网络架构和硬件设备，从而提供无缝的安全无线网络控制。RG-WS5302 提供了 2 个千兆光电复用端口，为高效的数据转发提供了硬件支持。RG-WS5302 起始支持 16 个无线接入点的管理，通过 license 的升级，最大可支持 64 个无线接入点的管理。

在京通集团的网络中，选用了无线控制器为 RG-WS5302，而 AP 接入选用的是 RG-AP220E 大功率企业级双频 AP：提供 802.11b、802.11g 两个无线模块，其中 802.11g 模块具有高达 500mW 的发射功率，能提供不小于 600m 范围的覆盖；802.11a 模块利用干扰较少的 5.8GHz 频段，能提供性能优良的 WDS 功能。特别适合于 WDS 与接入点统一设备的室外全无线组网应用，节约设备成本。常见 RG-AP 接入产品如图 4-9 所示。

室内无线接入点

双路室内无线接入点

双路室外无线接入点

图 4-9　RG-无线产品系列 AP

步骤二：无线 AP 部署

按照前期的网络规划，无线主要是为用来移动办公用的，另外在移动的网络里必须要满足用户网络安全的要求，也就是部门内的任意 PC 机之间不能直接通信。前期将京通集团无线的 SSID 规划为 CDJT，并采用共享密钥的加密方式。密钥规定为“SXGY”。

另外为了让 BJ-AP220E-1 的上行链路 E1/0/1 接口在故障后，不再对外提供无线服务，而启用上行链路检测功能，在 AP 到达核心交换机的上行链路出现故障时，AP 自动关闭无线功能，不再对外提供无线服务。无线 AP 与核心交换机的连接如图 4-10 所示，此部分的配置分为两部分：核心交换机配置及无线 AP 配置。

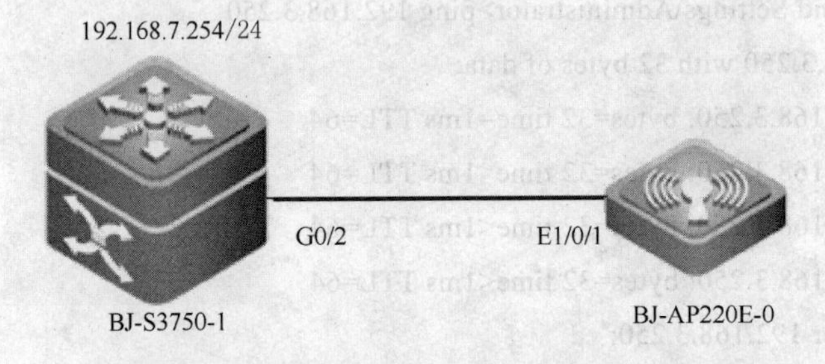

图 4-10　无线控制器 WS 与无线 AP 互连示意图

1. 无线控制器 WS 配置

（1）配置要点

① 连接好网络拓扑，保证 AP 能被供电，能正常开机。

② 保证有线端网络内部的连通性正常，配置无线 AP。

③ 完成 AP 基本配置后验证无线 SSID 能否被无线用户端正常搜索发现到。

④ 配置无线用户端的 IP 地址为静态 IP，并验证网络连通性。

⑤ AP 其他可选配置（DHCP 服务、无线的认证及加密方式）。

注意：第一次登陆 AP 配置时，需要切换 AP 为胖模式工作，切换命令：ruijie>ap-mode fat

（2）配置步骤

步骤 1 配置 AP Vlan 和 DHCP 服务器（给连接 PC 分配地址，如网络中已经存在 DHCP 服务器可跳过此配置）

```
Ruijie>enable
Ruijie#configure terminal
#按照规划为 AP 命名
Ruijie (config)#sysname BJ-AP5302-0
#创建 VLAN 20
AP(config)# vlan 1
AP(config)#vlan 70
Ruijie(config)#service dhcp
#开启 DHCP 服务
Ruijie(config)#ip dhcp excluded-address 192.168.7.1 192.168.7.250
#下发地址段
```

Ruijie(config)#ip dhcp pool test
#配置 DHCP 地址池，名称是 “test”
Ruijie(dhcp-config)#network 192.168.7.0 255.255.255.0
#下发 192.168.7.0 地址段
Ruijie(dhcp-config)#dns-server 218.85.157.99
#下发 DNS 地址
Ruijie(dhcp-config)#default-router 192.168.7.254
#下发网关
Ruijie(dhcp-config)#exit

步骤 2 给千兆口划分 vlan 与交换机连接

Ruijie(config)#interface GigabitEthernet 0/1
Ruijie(config-if)#encapsulation dot1Q 1
Ruijie(config-if)#exit

步骤 3 配置 wlan，并广播 SSID

Ruijie(config)#dot11 wlan 70
Ruijie(dot11-wlan-config)#vlan 70
#关联 vlan70
Ruijie(dot11-wlan-config)#broadcast-ssid
#广播 SSID
Ruijie(dot11-wlan-config)#ssid JTCD
#SSID 名称为 JTCD
Ruijie(dot11-wlan-config)#exit

步骤 4 配置射频口属性，Radio1 属于 802.11b 信道为 1 。

（注意：有 6 根天线的 AP 还有一个无线接口，Dot11radio 2/0）

Ruijie(config)#interface Dot11radio 1/0
Ruijie(config-if-Dot11radio 1/0)#encapsulation dot1Q 1
Ruijie(config-if-Dot11radio 1/0)#radio-type 802.11b
#使用 802.11b
Ruijie(config-if-Dot11radio 1/0)#mac-mode fat
Ruijie(config-if-Dot11radio 1/0)#channel 1
#信道为 channel 1
Ruijie(config-if-Dot11radio 1/0)#wlan-id 1
#关联 wlan 1
Ruijie(config-if-Dot11radio 1/0)#exit

步骤 5 配置 interface vlan 地址和静态路由。

Ruijie(config)#interface BVI 1
#配置管理地址接口
Ruijie(config-if)#ip address 192.168.0.170 255.255.255.0

Ruijie(config)#ip route 0.0.0.0 0.0.0.0 192.168.7.254

#配置到核心交换机的缺省路由，使管理地址路由可达

Ruijie(config)#end

Ruijie#write

#确认配置正确，保存配置

（3）配置验证

用户能通过无线获取到 IP，并能正常上网。

步骤三：无线网络测试

通过上面的配置之后，无线 AP 的部署基本完毕，接下来验证一下上面的配置能否满足要求。找一台带有无线网卡的笔记本电脑，右键单击无线网卡，选择“查看可用的无线网络”，如图 4-11 所示。

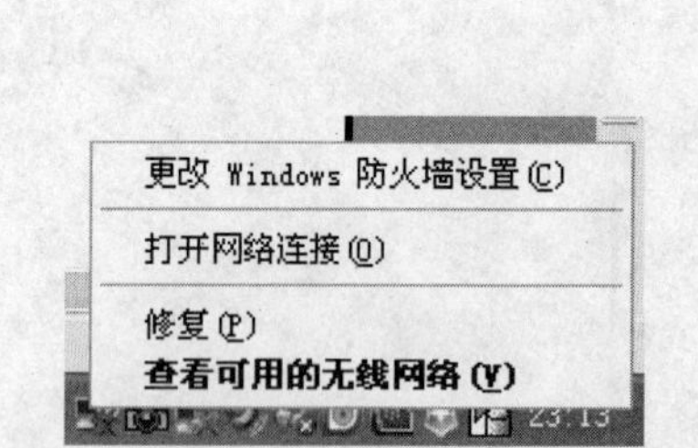

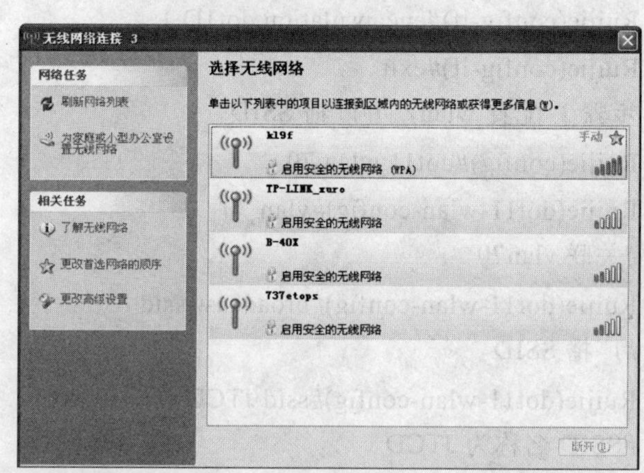

图 4-11 查看可用的无线网络界面

在弹出来的“无线网络选择”的界面中，没有发现“CDJT”的无线网络，这时点击“网络任务”栏中的“刷新网络列表”来重新搜索一下无线网络，搜索界面及搜索结果如图 4-12 所示。

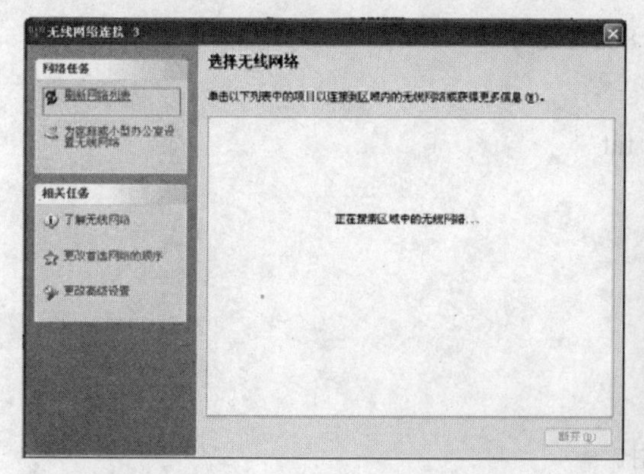

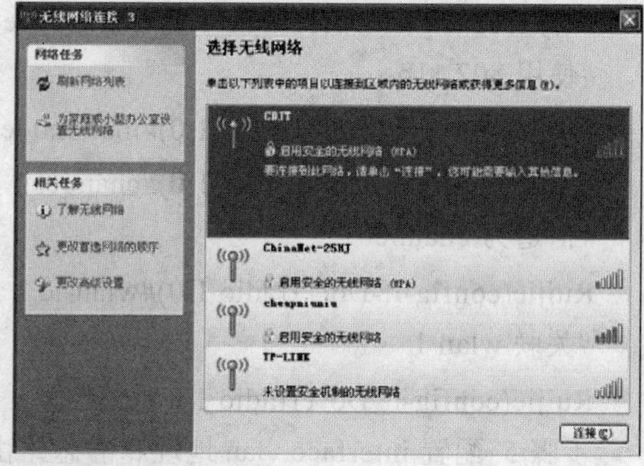

图 4-12 无线网络搜索界面及搜索结果

从上面的结果可以看出，已经找到了“CDJT”的无线网络，选择“CDJT”无线网络，并点击右下方的“连接”按钮，弹出如图 4-13 所示的密码输入界面。

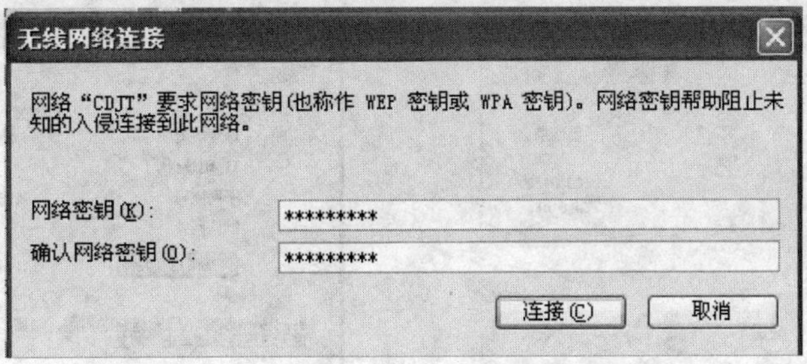

图 4-13　无线网络连接密码输入界面

在以上密码输入框内输入密码“yanfa”，并点击“连接”按钮，即进入无线连接阶段，会出现如图 4-14 所示的界面，提示“正在获取网络地址”。

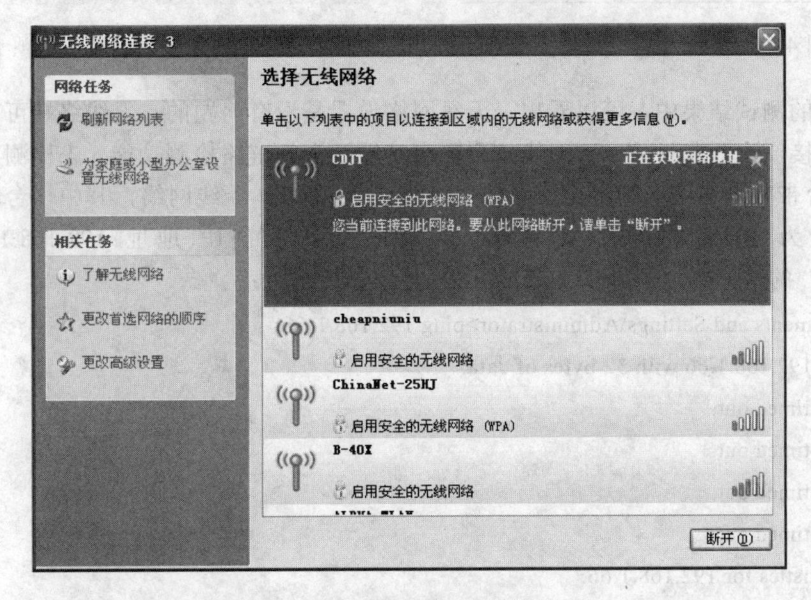

图 4-14　正在获取网络地址界面

当网络地址获取完毕，会显示“已连接上”，界面如图 4-15 所示。

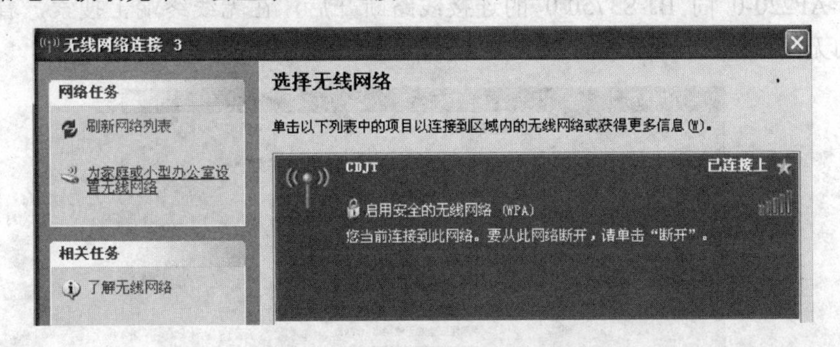

图 4-15　无线网络已连接界面

此时可以查看一下本地网络连接情况，方法为：双击“无线网络连接”，即会弹出如图 4-16 所示的界面，在此界面里会发现无线终端已经和“CDJT”无线网络连接上了，选择“支持”按钮会出现如图 4-17 所示的界面，显示了本机获得的 IP 地址情况。

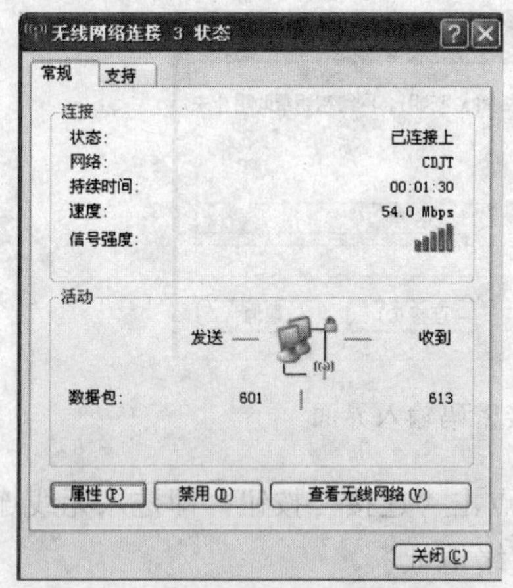

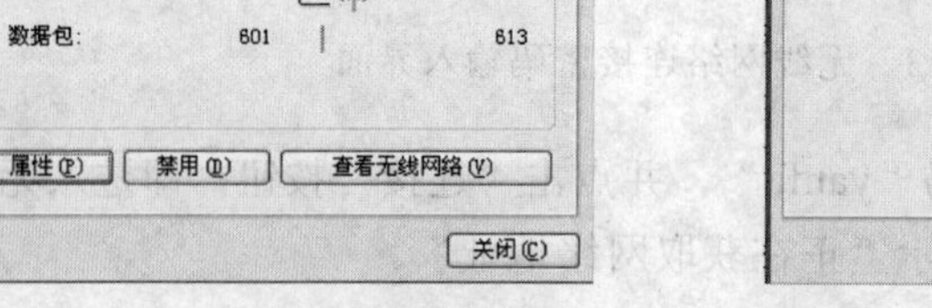

图 4-16 无线连接“常规”选项卡

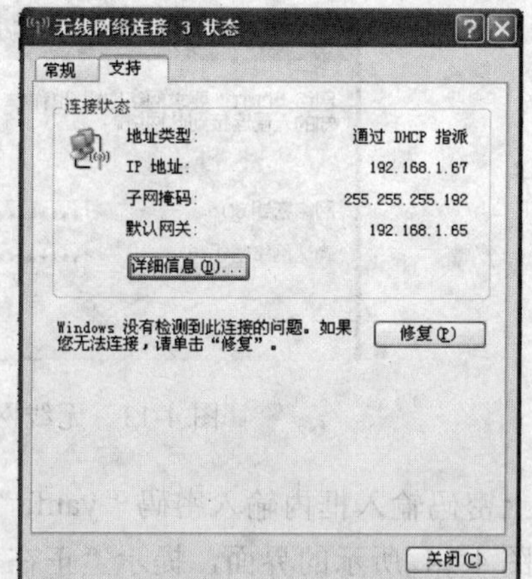

图 4-17 无线连接“支持”选项卡

从以上的测试结果中，可以看出，无线网络设置是没有问题的，无线终端可以正常地和无线网络连接，接下来测试一下无线二层隔离功能及上行链路检测功能。先检测二层隔离功能，找 2 台带有无线网卡的笔记本，同时连接到“CDJT”无线网络，其中一台笔记本获得的 IP 地址为 192.168.1.66/26，另外一台笔记本获得的 IP 地址 192.168.1.67/26；在 192.168.1.67 的笔记本上 ping 192.168.1.66，得出如下结果：

```
C:\Documents and Settings\Administrator>ping 192.168.1.66
Pinging 192.168.1.66 with 32 bytes of data:
Request timed out.
Request timed out.
Request timed out.
Request timed out.
Ping statistics for 192.168.1.66:
Packets: Sent = 4, Received = 0, Lost = 4 (100% loss),
```

通过以上结果表明，无线网络中的二层隔离功能是正常的，接下来测试上行链路检测功能，将 BJ-AP220-0 同 BJ-S3750-0 的连接线路断开后，在无线终端上搜索，看能否发现“CDJT”的无线网络，搜索的结果如图 4-18 所示。

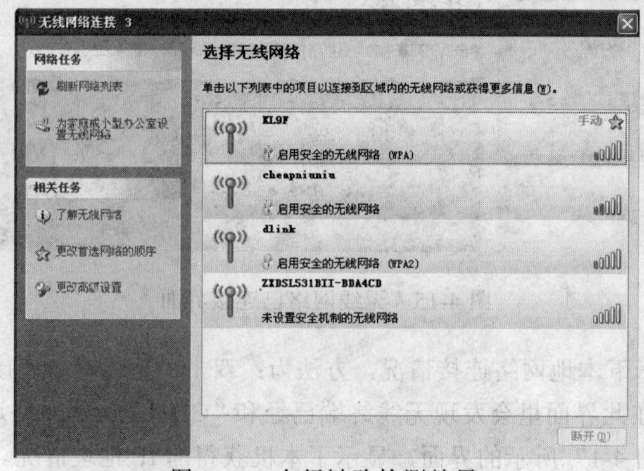

图 4-18 上行链路检测结果

在以上结果中，没有发现“CDJT”的无线网络，也就是说当上行链路出现故障的时候，无线 AP 不再提供无线服务。再次接上上行链路，重新搜索又发现了“CDJT”的无线网络，通过以上测试，证明无线网络上行链路检测功能是正常的。

三、网络割接

步骤一：PC 机迁移

第一步：将原来 PC 机连接在 HUB 上的网线，按部门依据前期的 VLAN 规划、部署连接到交换机的端口上。

第二步：将每台 PC 机的 IP 地址改为“自动获得 IP 地址”及“自动获得 DNS 服务器地址”，如图 4-19 所示。

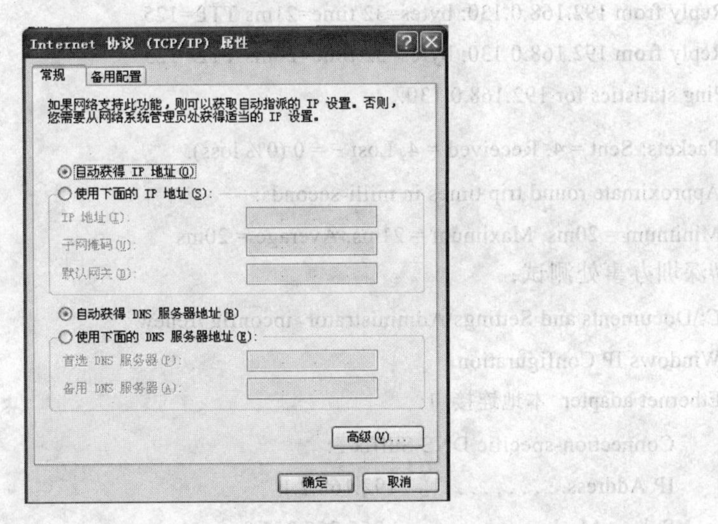

图 4-19　TCP/IP 属性界面

第三步：在 PC 机上使用 ipconfig/all 命令，查看是否获得了 IP 地址，以及所获得的 IP 地址、网关、DNS 地址是否正确。

第四步：在 PC 上使用 ping 测试能否到达自己的网关。

步骤二：　服务器迁移

第一步：将托管在 IDC 的 OA、WWW 服务器搬回，安装到网络机房。

第二步：根据前期的规划、部署将服务器接入 BJ-S5116P-0 交换机，并设置服务器的 IP 地址、网关、DNS 地址等。

第三步：使用 Ping 命令测试能否和服务器区的网关通信。

第四步：在外网测试 OA、WWW 服务器能否正常工作。

步骤三：　业务测试

在网络切割完毕之后，网络进入试运行阶段，在此阶段要进行详细的业务测试，确保新的网络能够满足业务的要求。业务测试主要有以下几个方面。

1. 内网及办事处能否访问总部服务器

#上海办事处测试：

C:\Documents and Settings\Administrator>ipconfig

```
Windows IP Configuration
Ethernet adapter 本地连接:
        Connection-specific DNS Suffix  . :
        IP Address. . . . . . . . . . . . : 192.168.3.1
        Subnet Mask . . . . . . . . . . . : 255.255.255.0
        Default Gateway . . . . . . . . . : 192.168.3.254
C:\Documents and Settings\Administrator>ping 192.168.0.130
Pinging 192.168.0.130 with 32 bytes of data:
Reply from 192.168.0.130: bytes=32 time=21ms TTL=125
Reply from 192.168.0.130: bytes=32 time=20ms TTL=125
Reply from 192.168.0.130: bytes=32 time=21ms TTL=125
Reply from 192.168.0.130: bytes=32 time=20ms TTL=125
Ping statistics for 192.168.0.130:
 Packets: Sent = 4, Received = 4, Lost - = 0 (0% loss),
 Approximate round trip times in milli-seconds:
 Minimum = 20ms, Maximum = 21ms, Average = 20ms
```

#深圳办事处测试：

```
C:\Documents and Settings\Administrator>ipconfig /renew
Windows IP Configuration
Ethernet adapter 本地连接 1:
     Connection-specific DNS Suffix . :
     IP Address. . . . . . . . . . . . : 192.168.2.1
     Subnet Mask . . . . . . . . . . . : 255.255.255.0
     Default Gateway . . . . . . . . . : 192.168.2.254
C:\Documents and Settings\Administrator>ping 192.168.0.130
Pinging 192.168.0.130 with 32 bytes of data:
Reply from 192.168.0.130: bytes=32 time=21ms TTL=125
Reply from 192.168.0.130: bytes=32 time=20ms TTL=125
Reply from 192.168.0.130: bytes=32 time=20ms TTL=125
Reply from 192.168.0.130: bytes=32 time=20ms TTL=125
Ping statistics for 192.168.0.130:
Packets: Sent = 4, Received = 4, Lost = 0 (0% loss),
Approximate round trip times in milli-seconds:
Minimum = 20ms, Maximum = 21ms, Average = 20ms
```

#VLAN10 业务测试：

```
C:\Documents and Settings\Administrator>ipconfig /renew
Windows IP Configuration
Ethernet adapter 本地连接 1:
Connection-specific DNS Suffix . :
IP Address. . . . . . . . . . . . : 192.168.1.2
```

Subnet Mask . . . . : 255.255.255.192

Default Gateway . . . . : 192.168.1.1

C:\Documents and Settings\Administrator>ping 192.168.0.130

Pinging 192.168.0.130 with 32 bytes of data:

Reply from 192.168.0.130: bytes=32 time<1ms TTL=127

Reply from 192.168.0.130: bytes=32 time<1ms TTL=127

Reply from 192.168.0.130: bytes=32 time<1ms TTL=127

Reply from 192.168.0.130: bytes=32 time<1ms TTL=127

Ping statistics for 192.168.0.130:

Packets: Sent = 4, Received = 4, Lost = 0 (0% loss),

Approximate round trip times in milli-seconds:

Minimum = 0ms, Maximum = 0ms, Average = 0ms

#VLAN 20 业务测试：

C:\Documents and Settings\Administrator>ipconfig /renew

Windows IP Configuration

Ethernet adapter 本地连接 3:

Connection-specific DNS Suffix . :

IP Address. . . . . : 192.168.1.66

Subnet Mask . . . . : 255.255.255.192

Default Gateway . . . . : 192.168.1.65

C:\Documents and Settings\Administrator>ping 192.168.0.130

Pinging 192.168.0.130 with 32 bytes of data:

Reply from 192.168.0.130: bytes=32 time=2ms TTL=127

Reply from 192.168.0.130: bytes=32 time<1ms TTL=127

Reply from 192.168.0.130: bytes=32 time<1ms TTL=127

Reply from 192.168.0.130: bytes=32 time<1ms TTL=127

Ping statistics for 192.168.0.130:

Packets: Sent = 4, Received = 4, Lost = 0 (0% loss),

Approximate round trip times in milli-seconds:

Minimum = 0ms, Maximum = 2ms, Average = 0ms

#VLAN 30 业务测试：

C:\Documents and Settings\Administrator>ipconfig /renew

Windows IP Configuration

Ethernet adapter 本地连接 1:

Connection-specific DNS Suffix . :

IP Address. . . . . : 192.168.1.130

Subnet Mask . . . . : 255.255.255.192

Default Gateway . . . . : 192.168.1.129

C:\Documents and Settings\Administrator>ping 192.168.0.130

Pinging 192.168.0.130 with 32 bytes of data:

Reply from 192.168.0.130: bytes=32 time=2ms TTL=127

Reply from 192.168.0.130: bytes=32 time<1ms TTL=127

Reply from 192.168.0.130: bytes=32 time<1ms TTL=127

Reply from 192.168.0.130: bytes=32 time<1ms TTL=127

Ping statistics for 192.168.0.130:

Packets: Sent = 4, Received = 4, Lost = 0 (0% loss),

Approximate round trip times in milli-seconds:

Minimum = 0ms, Maximum = 2ms, Average = 0ms

通过以上测试说明总部各部门以及深圳、上海两地办事处都能访问总部的服务器。

2．总部的 OA、WWW 服务器能否被外部访问

测试方法：连接到外网，打开 IE 浏览器，看能否打开公司的网页及访问 OA 服务器。

测试结果：可以打开公司网页，并能访问 OA 服务器。

3．研发部门是否和其他部门严格隔离

测试方法：深圳、上海办事处以及人事、财务、商务部门能不能 ping 通研发部内 PC 机；研发部内部的 PC 机之间能不能相互访问。

测试结果：均不能访问。

通过以上测试表明：① 深圳、上海两个异地办事处能够访问总部的服务器，总部的各部门也能访问总部的服务器；② 总部的 OA、WWW 服务器已经被成功的在外网发布，可以通过外网访问；③ 达到了访问控制的要求，即研发部同其他部门不能通信，研发部之间也不能通信。

也就是说通过以上部署，京通集团的新网络具备了设计要求，符合建设者的目标，具备了试运行的条件。

步骤四：旧网拆除

在网络试运行一段时间之后，网络的建设方和实施方便可对网络实施最终验收，旧网拆除作为最终验收的一部分，必须在最终验收前，试运行一段时间后进行。旧网拆除是指拆除原有的网络，对于京通集团来说，旧网拆除非常简单，只需将原来所使用的网络设备及线缆拆除，并整理好即可。

总结与回顾

在本节任务学习中，详细阐述了京通集团的总部和分支机构局域网调试部署的过程，内容包括总部和分支机构的 VLAN 部署、地址部署、安全部署、无线部署、网管部署、网络割接和网络试运行，使学生掌握企业局域网调试部署规范、流程以及设备配置原理，以训练学生的网络项目调试部署能力。在此基础上，应能根据用户需求对网络进行综合配置，并能验证其运行效果。

知识技能拓展

一、双核心冗余网络配置实例

1．项目背景

随着网络的日益普及，人们对网络的依赖性越来越强，恢复性和冗余性已成为当今局域网中的关键特性，企业为了提高自身网络的可靠性，路由冗余和负载均衡就需要认真考虑，采用 MSTP 协议与 VRRP 协议结合，同时做到链路备份与网关备份，极大地提高了网络的健壮性，为依赖缺省网关进行公网接入或访问其他局域网网域的终端系统提供了更快、更有效的冗余容错能力。

企业内网结构通常采用三层双核心冗余网络架构，本任务要求在多个用户工作组之间建立上行双冗余链路和双网关备份。

2．搭建实验环境

VRRP 协议应用于作为静态配置缺省网关上的第三层交换机和路由器上，MSTP 协议部署在所有局域网交换机设备上。

网络拓扑结构规划如图 4-20 所示。

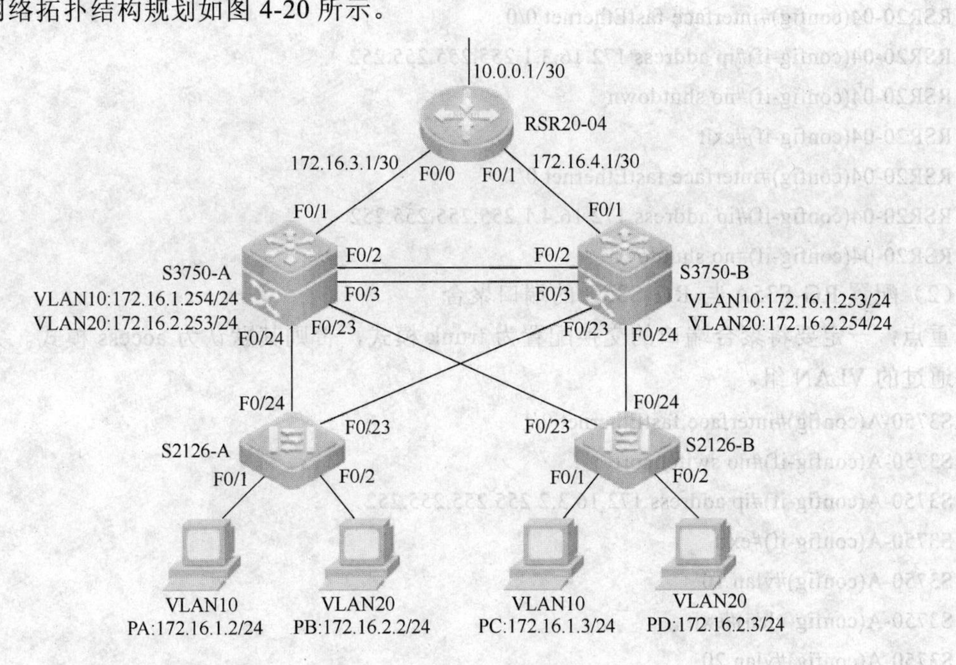

图 4-20 双核心冗余网络拓扑

3．IP 地址及 VLAN 规划（见表 4-2）

表 4-2 IP 地址及端口分配表

设备	设备名称	设备接口	IP 地址/设备名
路由器	RSR20-04	F0/0	172.16.3.1/30
		F0/1	172.16.4.1/30
		S1/0	10.0.0.1/30
三层交换机	S3750-A	F0/1	172.16.3.2/30
		虚接口-VLAN10	172.16.1.254/24
		虚接口-VLAN20	172.16.1.253/24
	S3750-B	F0/1	172.16.4.2/30
		虚接口-VLAN10	172.16.1.253/24
		虚接口-VLAN20	172.16.1.254/24
二层交换机	S2126-A	VLAN10	F0/1

续表

设备	设备名称	设备接口	IP 地址/设备名
二层交换器	S2126-A	VLAN20	F0/2
	S2126-B	VLAN10	F0/1
		VLAN20	F0/2

4. 实验配置

配置 VRRP+MSTP 的重要原则是：在进行 MSTP 和 VRRP 结合配置使用时，需要注意的就是保持各 VLAN 的根桥与各自的 VRRP Master 需要保持在同一台三层交换机上。

（1）给接口配置 IP 地址

```
RSR20-04(config)#interface fastEthernet 0/0
RSR20-04(config-if)#ip address 172.16.3.1 255.255.255.252
RSR20-04(config-if)#no shutdown
RSR20-04(config-if)#exit
RSR20-04(config)#interface fastEthernet 0/1
RSR20-04(config-if)#ip address 172.16.4.1 255.255.255.252
RSR20-04(config-if)#no shutdown
```

（2）配置 RG-S35A 与 RG-S35B 的端口聚合

重点：一定要将聚合端口的交换配置为 trunk 模式，否则其默认为 access 模式。并声明允许通过的 VLAN 组。

```
S3750-A(config)#interface fastEthernet 0/1
S3750-A(config-if)#no switchport
S3750-A(config-if)#ip address 172.16.3.2 255.255.255.252
S3750-A(config-if)#exit
S3750-A(config)#vlan 10
S3750-A(config-vlan)#exit
S3750-A(config)#vlan 20
S3750-A(config-vlan)#exit
S3750-A(config)#interface range fastEthernet 0/2-3
S3750-A(config-if-range)#port-group 1
S3750-A(config-if-range)#exit
S3750-A(config)#interface aggregateport 1
S3750-A(config-if)#switchport mode trunk
S3750-A(config-if)#switchport trunk allowed vlan add 10,20
```

（3）配置 MSTP

一个实例生成一个树，该树可以和其他实例生成的树的路径不一样，达到负载均衡的作用。

```
S3750-A(config)#interface range fastEthernet 0/23-24
S3750-A(config-if-range)#switchport mode trunk
S3750-A(config-if-range)#switchport trunk allowed vlan all
S3750-A(config-if-range)#exit
S3750-A(config)#spanning-tree
```

```
S3750-A(config)#spanning-tree mode mstp
S3750-A(config)#spanning-tree mst configuration
S3750-A(config-mst)#instance 1 vlan 10
S3750-A(config-mst)#instance 2 vlan 20
S3750-A(config-mst)#revision 1
S3750-A(config-mst)#name ruijie
S3750-A(config-mst)#exit
S3750-A(config)#spanning-tree mst 1 priority 0
S3750-A(config)#spanning-tree mst 2 priority 4096
```

（4）配置 VRRP

在实验拓扑图中，由于有多条链路产生环路，所以在实验初始时一定要将某些端口堵塞。否则产生环路后，会发现设备的 CPU 利用率达到 100%（使用命令 show cpu 查看）。

```
S3750-A(config)#interface vlan 10
S3750-A(config-if)#ip address 172.16.1.254 255.255.255.0
S3750-A(config-if)#vrrp 1 ip 172.16.1.1
S3750-A(config-if)#vrrp 1 preempt
S3750-A(config-if)#vrrp 1 priority 120
S3750-A(config-if)#vrrp 1 track fastEthernet 0/1 30
S3750-A(config-if)#exit
S3750-A(config)#interface vlan 20
S3750-A(config-if)#ip address 172.16.2.253 255.255.255.0
S3750-A(config-if)#vrrp 2 ip 172.16.2.1
S3750-A(config-if)#vrrp 2 preempt
S3750-A(config-if)#vrrp 2 priority 100
```

到了这里，VRRP 配置基本完成。这时，从接入层 S2126-A 和 S2126-B 向 S3750 的上层发送报文时，VLAN10 通过 S3750-A 上行，VLAN20 通过 S3750-B 上行。S3750-B 可参考 S3750-A 部署对称进行配置。

```
S2126-A(config)#vlan 10
S2126-A(config-vlan)#exit
S2126-A(config)#vlan 20
S2126-A(config-vlan)#exit
S2126-A(config)#interface range fastEthernet 0/23-24
S2126-A(config-if-range)#switchport mode trunk
S2126-A(config-if-range)#exit
S2126-A(config)#interface fastEthernet 0/1
S2126-A(config-if)#switchport access vlan 10
S2126-A(config-if)#exit
S2126-A(config)#interface fastEthernet 0/2
S2126-A(config-if)#switchport access vlan 20
S2126-A(config-if)#exit
```

```
S2126-A(config)#spanning-tree
S2126-A(config)#spanning-tree mode mstp
S2126-A(config)#spanning-tree mst configuration
S2126-A(config-mst)#instance 1 vlan 10
S2126-A(config-mst)#instance 2 vlan 20
S2126-A(config-mst)#revision 1
S2126-A(config-mst)#name ruijie
S2126-A(config-mst)#exit
S2126-A(config)#interface range fastEthernet 0/1-2
S2126-A(config-if-range)#spanning-tree portfast
S2126-A(config-if-range)#spanning-tree bpduguard enabled
```

S2126-B 可参考 S2126-A 部署对称进行配置。

5．**验证**

```
RSR20-04#show running-config
S3750-A#show running-config
S3750-A#show vlan
S3750-A#show spanning-tree mst configuration
S3750-A#show vrrp brief
S2126-A#show running-config
S2126-A#show vlan
```

确认配置状态无误后，那么这种 VRRP+MSTP 的协议组合将可以实现冗余备份和负载均衡的双重功能。

技能训练

1．练习交换机堆叠技术与接口安全实施配置。

2．规划企业网络结构进行 NAT、ACL、VRRP+MSTP 配置与应用。

3．自行设计企业网络方案，进行网络设备的综合配置，并验证效果。

工作任务五　外 网 部 署

任务描述

随着网络技术和通信技术的高速发展，企业的应用不再仅仅满足单位内部网络的信息共享，更需要和分支机构的相互连接，来满足业务不断增长的需要。如何将企业网接入因特网，如何与各分支结构进行互连互通是企业外网部署需要解决的问题。

针对用户广域网应用需求，根据现有网络拓扑结构和目前网络中路由器数量，通过京通集团在不同区域多台路由器的广域网端口连接，实现京通集团总部与多个分支机构网络的广域网互联互通。分别对各区域路由器端口分配 IP 地址，并配置各网关设备的动、静态路由。绘制广域网拓扑图，并正确的部署、配置、调试三层路由设备，保障网络畅通，实现总部和各分支机构之间的业务运营。

任务目标

① 掌握路由器设备的安装、配置、调试知识；

② 掌握 OSPF、BGP、RIP 路由协议的工作原理及配置；

③ 掌握路由协议网络的调优和排错能力；

④ 熟练掌握广域网点对点协议 PPP 的工作原理及配置；

⑤ 理解 IPSec、GRE 网络安全技术与隧道技术的工作原理与配置。

相关知识

一、广域网技术介绍

广域网简称 WAN（wide area network），是在一个广泛范围内建立的计算机通信网。广泛的范围是指地理范围而言，可以超越一个城市、一个国家，甚至于全球。因此对通信的要求高、复杂性也高。在实际应用中，广域网与局域网（LAN）互连，即局域网可以是广域网的一个终端系统。在企业网中，广域网主要用来将距离较远的局域网彼此连接起来，来实现局域网之间的通讯。

广域网是一种跨地区的数据通讯网络，使用电信运营商提供的设备作为信息传输平台。广域网的主要连接技术有两种。

1. 点到点连接

广域网连接的一种比较简单的形式是点到点的直接连接，就像打电话是直接拨叫对方的电话号码与对方电话机直接连接一样。这条连接被两个连接设备独占，中间不存在分叉或交叉点。这种连接的特点是比较稳定，但线路相对利用率较低。常见的点到点连接主要形式有：

拨号电话线路、ISDN 拨号线路、DDN 专线、E1 线路等。在这种点到点连接的线路上链路层封装的协议主要有两种：PPP 和 HDLC，PPP 协议是路由器上的缺省封装，也是用得最多的广域网技术。

2. **分组交换方式**

广域网连接的另外一种方式是多个网络设备在传输数据时共享一个点到点的连接，也就是说这条连接不是被某个设备独占，而是由多个设备共享使用。网络在进行数据传输时使用“虚电路 VC”来提供端到端的连接。通常这种连接要经过分组交换网，而这种网络一般都由电信运营商来提供。常见的广域网分组交换形式有 X.25、帧中继（Frame Relay）、ATM 等。分组交换设备将用户信息封装在分组或数据帧中进行传输，在分组头中包含用于路由选择、差错控制和流量控制的信息。基于这种连接技术的广域网协议越来越被淡出市场。

二、PPP 协议

PPP 协议作为一种提供在点到点链路上封装、传输网络层数据包的数据链路层协议，处于 OSI 参考模型的第二层，主要被设计用来在支持全双工的同异步链路上进行点到点之间的数据传输。PPP 由于能够提供验证，易扩充，支持同异步而获得较广泛的应用。本部分的 PPP 协议主要给大家演示 PPP 的 PAP 验证、CHAP 验证。

1. **PPP 不验证**

【拓扑结构】

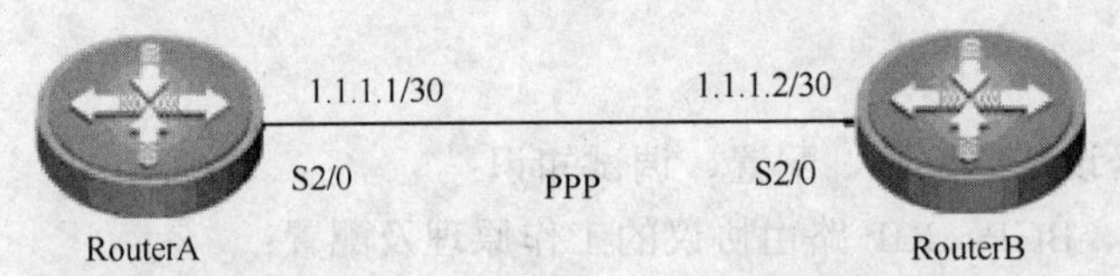

Router A 与 Router B 的 S2/0 口通过背靠背串口线缆连接起来，RouterA 的 S2/0 口的 IP 地址为 1.1.1.1/30，RouterB 的 S2/0 口的 IP 地址为 1.1.1.2/30，两台设备之间运行 PPP 协议，不做验证。

【实验目的】

本实验主要演示在锐捷 RSR-20 路由器上如何配置 PPP 协议的不验证。

【配置步骤】

#RouterA:

```
Ruijie#configure terminal
Ruijie(config)#hostname RouterA
RouterA(config)#interface serial 2/0
RouterA(config-if)#encapsulation ppp
RouterA(config-if)#ip address 1.1.1.1 255.255.255.252
```

#RouterB:

```
Ruijie#configure terminal
Ruijie(config)#hostname RouterB
RouterB(config)#interface serial 2/0
RouterB(config-if)#encapsulation ppp
RouterB(config-if)#ip address 1.1.1.2 255.255.255.252
```

【注意事项】

一般我们在实际项目中，用的都是 PPP 不验证，PPP 验证的时候基本使用的拨号场合，如 PPPOE 和 L2TP 协议等；另外设备终端类型要注意是 DTE、还是 DCE，DCE 要加时钟命令。

2. PAP **验证**

【拓扑结构】

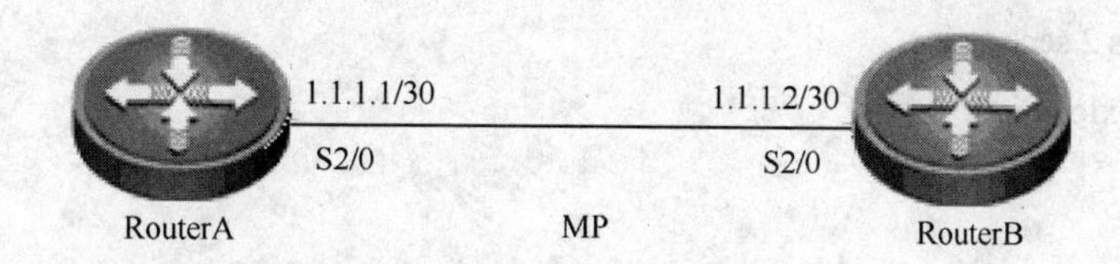

Router A 与 Router B 的 S2/0 口通过背靠背串口线缆连接起来，Router A 的 S2/0 口的 IP 地址为 1.1.1.1/30，RouterB 的 S2/0 口的 IP 地址为 1.1.1.2/30，两台设备之间运行 PPP 协议，并做 PAP 验证，其中 Router A 作被验证方，RouterB 作为主验证方。

【验证目的】

本实验主要演示在锐捷 RSR-20 路由器上如何配置 PPP 协议的 PAP 验证。

【配置步骤】

#Router A:

```
Ruijie#configure terminal
Ruijie(config)#hostname RouterA
RouterA(config)#interface serial 2/0
RouterA(config-if)#encapsulation ppp
RouterA(config-if)#ip address 1.1.1.1 255.255.255.252
RouterA(config-if)#ppp pap sent-username ruijie password 0 star
RouterA(config-if)#shutdown
RouterA(config-if)#no shutdown
```

#Router B:

```
Ruijie#configure terminal
Ruijie(config)#hostname RouterB
RouterB(config)#username ruijie password 0 star
RouterB(config)#interface serial 2/0
RouterB(config-if)#encapsulation ppp
RouterB(config-if)#ip address 1.1.1.2 255.255.255.252
RouterB(config-if)#ppp authentication pap
RouterB(config-if)#shutdown
RouterB(config-if)#no shutdown
```

查看一下两边接口情况

Router A:

```
RouterA#show interfaces serial 2/0
Index(dec):1 (hex):1
Serial 2/0 is UP   , line protocol is UP
```

```
Hardware is SIC-1HS HDLC CONTROLLER Serial
Interface address is: 1.1.1.1/30
  MTU 1500 bytes, BW 2000 Kbit
  Encapsulation protocol is PPP, loopback not set
  Keepalive interval is 10 sec , set
  Carrier delay is 2 sec
  RXload is 1 ,Txload is 1
  LCP Open
  Open: ipcp
  Queueing strategy: FIFO
    Output queue 0/40, 0 drops;
    Input queue 0/75, 0 drops
    5 carrier transitions
    V35 DCE cable
    DCD=up   DSR=up   DTR=up   RTS=up   CTS=up
  5 minutes input rate 25 bits/sec, 0 packets/sec
  5 minutes output rate 25 bits/sec, 0 packets/sec
    320 packets input, 5734 bytes, 0 no buffer, 0 dropped
    Received 30 broadcasts, 0 runts, 0 giants
    0 input errors, 0 CRC, 0 frame, 0 overrun, 0 abort
    327 packets output, 4970 bytes, 0 underruns , 1 dropped
    0 output errors, 0 collisions, 9 interface resets
```

Router B:

```
RouterB#show interfaces serial 2/0
Index(dec):1 (hex):1
Serial 2/0 is UP   , line protocol is UP
Hardware is SIC-1HS HDLC CONTROLLER Serial
Interface address is: 1.1.1.2/30
  MTU 1500 bytes, BW 2000 Kbit
  Encapsulation protocol is PPP, loopback not set
  Keepalive interval is 10 sec , set
  Carrier delay is 2 sec
  RXload is 1 ,Txload is 1
  LCP Open
  Open: ipcp
  Queueing strategy: FIFO
    Output queue 0/40, 0 drops;
    Input queue 0/75, 0 drops
    5 carrier transitions
    V35 DTE cable
```

```
  DCD=up   DSR=up   DTR=up   RTS=up   CTS=up
 5 minutes input rate 25 bits/sec, 0 packets/sec
 5 minutes output rate 25 bits/sec, 0 packets/sec
  343 packets input, 5220 bytes, 0 no buffer, 11 dropped
  Received 29 broadcasts, 0 runts, 0 giants
  4 input errors, 0 CRC, 4 frame, 0 overrun, 0 abort
  336 packets output, 5984 bytes, 0 underruns , 0 dropped
  0 output errors, 0 collisions, 26 interface resets
```

从上面的显示信息中可以看出两台路由器的接口状况都是正常的，可以项目测试一下：

```
RouterA#ping 1.1.1.2
Sending 5, 100-byte ICMP Echoes to 1.1.1.2, timeout is 2 seconds:
  < press Ctrl+C to break >
!!!!!
Success rate is 100 percent (5/5), round-trip min/avg/max = 30/30/30 ms
RouterB#ping 1.1.1.1
Sending 5, 100-byte ICMP Echoes to 1.1.1.1, timeout is 2 seconds:
  < press Ctrl+C to break >
!!!!!
Success rate is 100 percent (5/5), round-trip min/avg/max = 30/30/30 ms
```

测试结果两边是通的，表明配置没有问题，接下来将两边的配置更改一下，在 RouterA 路由器中将自己的用户名改为：

```
RouterA(config-if)#ppp pap sent-username RUIJIE password 0 star
```

然后将两边的接口关闭、重启一下，再查看一下接口的情况：

Router A:

```
RouterA#show interfaces serial 2/0
Index(dec):1 (hex):1
Serial 2/0 is UP   , line protocol is DOWN
Hardware is SIC-1HS HDLC CONTROLLER Serial
Interface address is: 1.1.1.1/30
 MTU 1500 bytes, BW 2000 Kbit
 Encapsulation protocol is PPP, loopback not set
 Keepalive interval is 10 sec , set
 Carrier delay is 2 sec
 RXload is 1 ,Txload is 1
 LCP Termsent
 Closed: ipcp
 Queueing strategy: FIFO
  Output queue 0/40, 0 drops;
  Input queue 0/75, 0 drops
  7 carrier transitions
```

```
V35 DCE cable
DCD=up   DSR=up   DTR=up   RTS=up   CTS=up
5 minutes input rate 53 bits/sec, 0 packets/sec
5 minutes output rate 49 bits/sec, 0 packets/sec
497 packets input, 9596 bytes, 0 no buffer, 0 dropped
Received 30 broadcasts, 0 runts, 0 giants
5 input errors, 0 CRC, 5 frame, 0 overrun, 0 abort
503 packets output, 8714 bytes, 0 underruns , 1 dropped
0 output errors, 0 collisions, 21 interface resets
```

Router B:

```
RouterB#show interfaces serial 2/0
Index(dec):1 (hex):1
Serial 2/0 is UP   , line protocol is DOWN
Hardware is SIC-1HS HDLC CONTROLLER Serial
Interface address is: 1.1.1.2/30
  MTU 1500 bytes, BW 2000 Kbit
  Encapsulation protocol is PPP, loopback not set
  Keepalive interval is 10 sec , set
  Carrier delay is 2 sec
  RXload is 1 ,Txload is 1
  LCP Listen
  Closed: ipcp
  Queueing strategy: FIFO
    Output queue 0/40, 0 drops;
    Input queue 0/75, 0 drops
    7 carrier transitions
    V35 DTE cable
    DCD=up   DSR=up   DTR=up   RTS=up   CTS=up
  5 minutes input rate 147 bits/sec, 0 packets/sec
  5 minutes output rate 164 bits/sec, 0 packets/sec
    750 packets input, 12908 bytes, 0 no buffer, 11 dropped
    Received 29 broadcasts, 0 runts, 0 giants
    15 input errors, 0 CRC, 15 frame, 0 overrun, 0 abort
    744 packets output, 14286 bytes, 0 underruns , 0 dropped
    0 output errors, 0 collisions, 102 interface resets
```

这时候发现接口的链路层是："line protocol is DOWN"，表明在广域网的配置中一定要注意接口参数的配置。

【注意事项】

在配置 PPP 协议 PAP 验证或者 CHAP 验证的时候一定要注意双方的用户名和口令，以及主验证方和被验证方的配置任务；对于 PAP 验证来说，配置任务为：

主验证方:选择验证方式，以及将被验证的用户名和口令存储在本地的用户列表。

被验证方:将自己的用户名和口令通过特定的接口传送给主验证方。

另外为了让设备迅速地进行验证，配置完毕后将设备的接口可以关闭重启一下。

3、CHAP 验证

【拓扑结构】

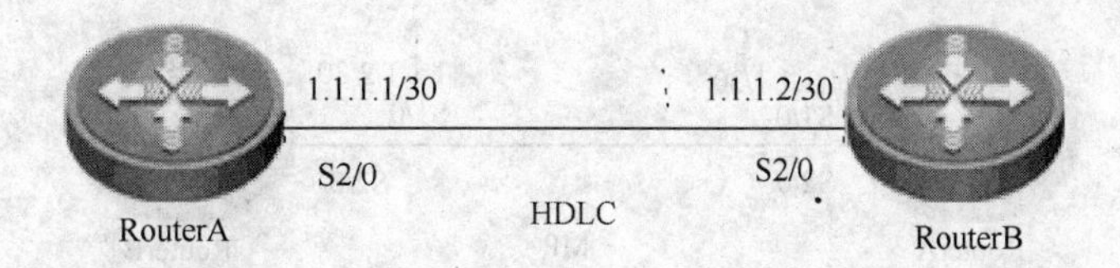

Router A 与 Router B 的 S2/0 口通过背靠背串口线缆连接起来，Router A 的 S2/0 口的 IP 地址为 1.1.1.1/30，RouterB 的 S2/0 口的 IP 地址为 1.1.1.2/30，两台设备之间运行 PPP 协议，并做 CHAP 验证，其中 Router 作被验证方，Router B 作为主验证方。

【验证目的】

本实验主要演示在锐捷 RSR-20 路由器上如何配置 PPP 协议的 CHAP 验证。

【配置步骤】

#Router A:

```
Ruijie#configure terminal
Ruijie(config)#hostname RouterA
RouterA(config)#interface serial 2/0
RouterA(config-if)#encapsulation ppp
RouterA(config-if)#ip address 1.1.1.1 255.255.255.252
RouterA(config-if)#ppp chap hostname ruijie
RouterA(config-if)#ppp chap password 0 star
RouterA(config-if)#shutdown
RouterA(config-if)#no shutdown
```

#Router B:

```
Ruijie#configure terminal
Ruijie(config)#hostname RouterB
RouterB(config)#username ruijie password 0 star
RouterB(config)#interface serial 2/0
RouterB(config-if)#encapsulation ppp
RouterB(config-if)#ip address 1.1.1.2 255.255.255.252
RouterB(config-if)#ppp authentication chap
RouterB(config-if)#shutdown
RouterB(config-if)#no shutdown
```

【注意事项】

在配置 PPP 协议 PAP 验证或者 CHAP 验证的时候一定要注意双方的用户名和口令，以及主验证方和被验证方的配置任务；对于 CHAP 验证来说，配置任务为:

主验证方：选择验证方式，以及将被验证的用户名和口令存储在本地的用户列表,并配置自己的用户名发送给被验证方；

被验证方：将主验证方的用户名和口令存储在本地的用户列表，并配置自己的用户名和口令发送给主验证方；

另外CHAP验证的安全性比PAP要好！

4、MP捆绑

【拓扑结构】

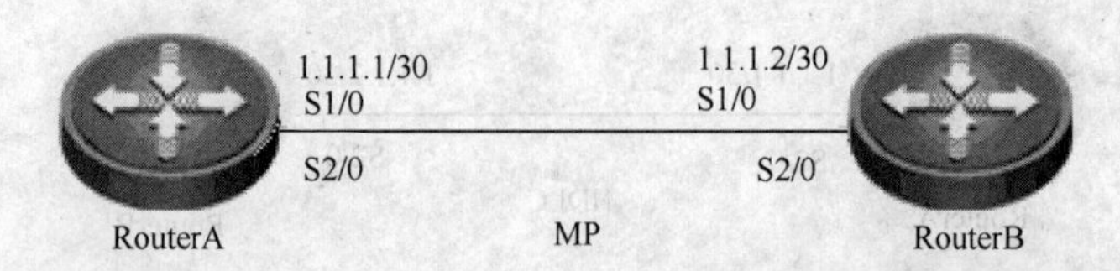

Router A与Router B的S1/0和S2/0接口通过两条背靠背串口线缆连接起来，Router A的MP口的IP地址为1.1.1.1/30，Router B的MP口的IP地址为1.1.1.2/30，两台设备之间运行MP协议。

【实验目的】

本实验主要演示在锐捷RSR-20路由器上如何配置PPP协议的MP捆绑。

【配置步骤】

#Router A:

```
Ruijie#configure terminal
Ruijie(config)#hostname RouterA
RouterA(config)#interface multilink 1
RouterA(config-if)#ip address 1.1.1.1 255.255.255.252
RouterA(config-if)#exit
RouterA(config)#interface serial 1/0
RouterA(config-if)#encapsulation ppp
RouterA(config-if)#ppp multilink
RouterA(config-if)#ppp multilink group 1
RouterA(config-if)#exit
RouterA(config)#interface serial 2/0
RouterA(config-if)#encapsulation ppp
RouterA(config-if)#ppp multilink
RouterA(config-if)#ppp multilink group 1
```

#Router B:

```
Ruijie#configure terminal
Ruijie(config)#hostname RouterB
RouterB(config)#interface multilink 1
RouterB(config-if)#ip address 1.1.1.1 255.255.255.252
RouterB(config-if)#exit
RouterB(config)#interface serial 1/0
RouterB(config-if)#encapsulation ppp
RouterB(config-if)#ppp multilink
```

RouterB(config-if)#ppp multilink group 1

RouterB(config-if)#exit

RouterB(config)#interface serial 2/0

RouterB(config-if)#encapsulation ppp

RouterB(config-if)#ppp multilink

RouterB(config-if)#ppp multilink group 1

【注意事项】

Muti-link ppp 是将几条 PPP 链路捆绑从而提高链路带宽的办法，这种做法在广域网中用的比较多，希望大家重视！

另外：MP 有三种用法：

①Dialer 接口配置；

②Virtual-Template 接口配置；

③将链路绑定到 Multilink 接口上：第三种最为简便，也不容易出错。

三、HDLC 及 FR 协议

1. HDLC 协议

【拓扑结构】

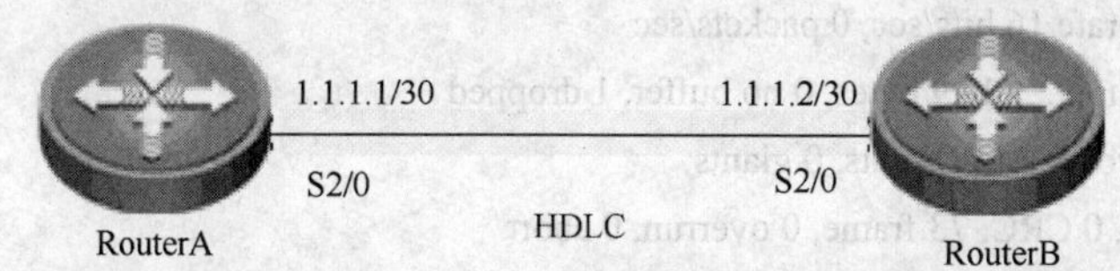

Router A 与 Router B 的 S2/0 和 S2/0 接口通过两条背靠背串口线缆连接起来，Router A 的 S2/0 口的 IP 地址为 1.1.1.1/30，Router B 的 S2/0 口的 IP 地址为 1.1.1.2/30，两台设备之间运行 HDLC 协议。

【实验目的】

本实验主要演示在锐捷 RSR-20 路由器上如何配置 HDLC。

【配置步骤】

#RouterA:

Ruijie#configure terminal

Ruijie(config)#hostname RouterA

RouterA(config)#interface serial 2/0

RouterA(config-if)# encapsulation hdlc

RouterA(config-if)#ip address 1.1.1.1 255.255.255.252

#RouterB:

Ruijie#configure terminal

Ruijie(config)#hostname RouterB

RouterB(config)#interface serial 2/0

RouterB(config-if)# encapsulation hdlc

RouterB(config-if)#ip address 1.1.1.2 255.255.255.252

查看一下两边接口情况：

#Router A:

```
RouterA(config-if)#show interfaces serial 2/0
Index(dec):1 (hex):1
Serial 2/0 is UP  , line protocol is UP
Hardware is SIC-1HS HDLC CONTROLLER Serial
Interface address is: 1.1.1.1/30
  MTU 1500 bytes, BW 2000 Kbit
  Encapsulation protocol is HDLC, loopback not set
  Keepalive interval is 10 sec , set
  Carrier delay is 2 sec
  RXload is 1 ,Txload is 1
  Queueing strategy: FIFO
    Output queue 0/40, 0 drops;
    Input queue 0/75, 0 drops
    7 carrier transitions
    V35 DCE cable
    DCD=up  DSR=up  DTR=up  RTS=up  CTS=up
  5 minutes input rate 16 bits/sec, 0 packets/sec
  5 minutes output rate 16 bits/sec, 0 packets/sec
    1614 packets input, 30829 bytes, 0 no buffer, 1 dropped
    Received 68 broadcasts, 0 runts, 0 giants
    73 input errors, 0 CRC, 73 frame, 0 overrun, 0 abort
    1609 packets output, 27672 bytes, 0 underruns , 1 dropped
    0 output errors, 0 collisions, 275 interface resets
```

#Router B:

```
RouterB(config-if)#show interfaces serial 2/0
Index(dec):1 (hex):1
Serial 2/0 is UP  , line protocol is UP
Hardware is SIC-1HS HDLC CONTROLLER Serial
Interface address is: 1.1.1.2/30
  MTU 1500 bytes, BW 2000 Kbit
  Encapsulation protocol is HDLC, loopback not set
  Keepalive interval is 10 sec , set
  Carrier delay is 2 sec
  RXload is 1 ,Txload is 1
  Queueing strategy: FIFO
    Output queue 0/40, 0 drops;
    Input queue 0/75, 0 drops
    7 carrier transitions
    V35 DTE cable
    DCD=up  DSR=up  DTR=up  RTS=up  CTS=up
  5 minutes input rate 17 bits/sec, 0 packets/sec
  5 minutes output rate 17 bits/sec, 0 packets/sec
```

```
1612 packets input, 27738 bytes, 0 no buffer, 11 dropped
 Received 71 broadcasts, 0 runts, 0 giants
 42 input errors, 0 CRC, 42 frame, 0 overrun, 0 abort
 1617 packets output, 30895 bytes, 0 underruns , 0 dropped
 0 output errors, 0 collisions, 293 interface resets
```

通过以上命令可以看出两台路由器的 S2/0 接口的当前工作状况，从而可以判定当前的配置问题，在上面的状态信息中可以看到："Serial 2/0 is UP"，表明路由器的物理接口是正常的，没有问题。如果这里显示的是"down"可以从这几方面去排查：

① 检查一下物理连接和线缆；

② 检查一下本端和对端设备有没有端口被关闭；

③ 将接口 Loopback 一下看能不能 UP。

"Line protocol current state :UP"表明接口的链路层是正常的，也就是两边的协议参数是没有问题的。如果这里显示的是"down"可以从这几方面去排查：

① 将两边接口反复 shutdown 和 undo shutdown 几下；

② B 看一下物理层的状况，保证物理层是 UP 的；

③ 确认两边的配置，看参数是否一致。

【注意事项】

锐捷设备广域网口默认封装的协议是 HDLC ，HDLC 协议是 Cisco 设备广域网口默认封装的协议，此协议来源于 OSI 参考模型，在 TCP/IP 协议栈没有国际标准，而 PPP 协议有相应的国际标准，所以建议大家以后在做项目的时候遇到和第三方设备对接的时候用有国际标准的协议。

另外 HDLC 协议还有一个参数：Time hold,这个参数缺省为 10S：建议大家不要改这个参数，如果改的话两边一定要一致，如果不一致在简单的网络结构中没有什么问题，在复杂拓扑结构中会有异常情况。

2. FR 协议

【拓扑结构】

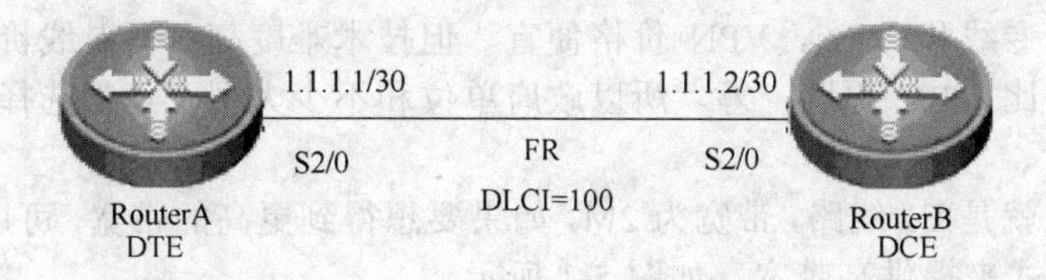

Router A 与 Router B 的 S2/0 和 S2/0 接口通过两条背靠背串口线缆连接起来，RouterA 的 S2/0 口的 IP 地址为 1.1.1.1/30，RouterB 的 S2/0 口的 IP 地址为 1.1.1.2/30，两台设备之间运行 FR 协议,DLCI 号为 100，其中 Router A 作为 DTE 设备，Router B 作为 DCE 设备。

【实验目的】

本实验主要演示在锐捷 RSR-20 路由器上如何配置 FR 协议。

【配置步骤】

#Router A:

```
Ruijie#configure terminal
Ruijie(config)#hostname RouterA
RouterA(config)#interface serial 2/0
RouterA(config-if)#encapsulation frame-relay
```

```
RouterA(config-if)#frame-relay lmi-type ansi
RouterA(config-if)#frame-relay intf-type dte
RouterA(config-if)#frame-relay map ip 1.1.1.2 100
RouterA(config-if)#ip address 1.1.1.1 255.255.255.252
RouterA(config-if)#shutdown
RouterA(config-if)#no shutdown
#Router B:
Ruijie#configure terminal
Ruijie(config)#hostname RouterB
RouterB(config)#frame-relay switching
RouterB(config)#interface serial 2/0
RouterB(config-if)#encapsulation frame-relay
RouterB(config-if)#frame-relay lmi-type ansi
RouterB(config-if)#frame-relay intf-type dce
RouterB(config-if)#frame-relay local-dlci 100
RouterB(config-if)#ip address 1.1.1.2 255.255.255.252
RouterB(config-if)#shutdown
RouterB(config-if)#no shutdown
```

【注意事项】

在做 FR 的时候注意三点：

①DTE 端和 DCE 端一定要配对；

②在做地址映射时映射的是对端的 IP 地址到本端 DLCI 号；

③DCE 端首先要开启 PVC 交换功能。

四、广域网协议应用

目前各行各业均在进行大规模的网络建设，有相当一部分企业都是总部+分支机构的架构；如何才能将总部和分支机构连接起来，而且还要保证连接起来后传输数据的安全、可靠；解决方案有两种：专线和 VPN，VPN 价格便宜，但技术难度高；而专线价格贵，但技术简单，而且安全上要比 VPN 更胜一筹。所以政府单位和不少大型企业都选择专线的方式来进行网络互连。

最常见的专线就是 E1 线路，带宽为 2M，如果要想得到更高的带宽，可以租用多条线路，采用 MP 捆绑的方式来提供高带宽，如图 5-1 所示。

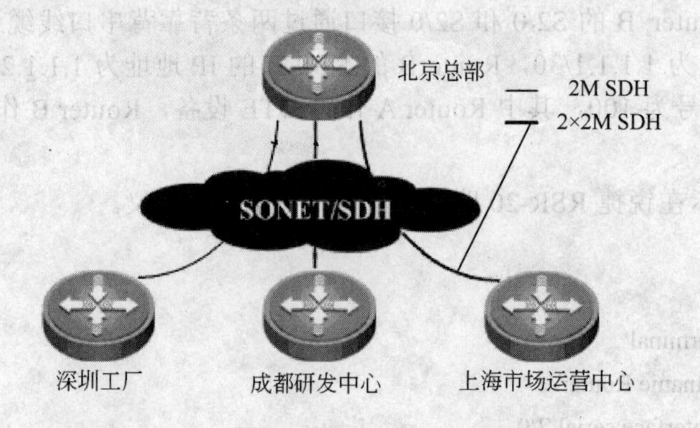

图 5-1 企业广域网拓扑示意图

京通企业的总部设在北京，生产工厂设在深圳，研发中心设在成都，市场运营中心设在上海；现在需要将总部和各种分支机构连接起来，因此企业是一家研发型企业，要求传输的数据绝对安全，所以就采用了中国电信的 SDH 线路进行互连；但每个机构对带宽的要求都不一样，深圳工厂要求 2M 的带宽，成都研发中心要求 2M 的带宽，而上海运营中心要求 4M 的带宽。

E1 线路带宽 2M，如果采用 E1 线路连接，深圳需要 1 条，成都和上海各需要 2 条；而总部则需要 5 条，每条线缆需要占用路由器 1 个接口；在分支机构的路由器上提供 1～2 个广域网接口（可以使用 2E1-F 模块）是件简单的事情。但在总部提供 5 个接口确是件困难的事情。如何解决呢？

可以在总部的路由器上使用 155MCPOS 接口，这种接口可以进行时隙划分，可以将 155M 的 CPOS 接口划分为 63 个 2M 的 E1 接口；这样一来问题就解决了。

任务实施

步骤一、广域网部署结构设计

为了保障总部与分支机构之间传输数据的安全，在总部与分支机构之间采用专线连接，因为专线是一种与其他网络物理隔离的网络，在数据传输上有很高的安全性；并且选用中国电信公司提供的基于 SDH 传输网络的 E1 线路。考虑到上海办事处生产数据量较大，故在上海办事处与总部之间采用 2 条 2M E1 线路；深圳与总部之间采用 1 条 2M E1 线路；如图 5-2 所示。

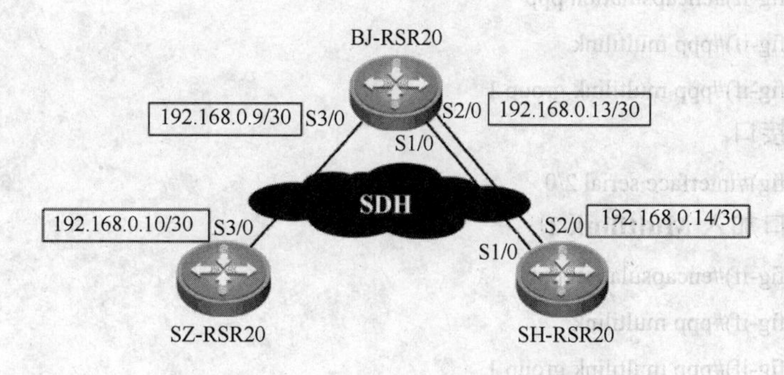

图 5-2　总部与办事处广域网连接示意图

在 SDH 线路上，采用点到点的 PPP 协议作为广域网协议；总部和上海办事处之间采用 MP-group 的方式将 2 条 E1 线路捆绑起来使用。

步骤二、配置广域网协议

各路由器 PPP 配置及 MP 配置如下。

1. BJ-RSR20 路由器

#进入 S3/0 接口

BJ-RSR20(config)#interface serial 3/0

#按照规划为 S3/0 接口添加描述

BJ-RSR20(config-if)#description Link-To-SZ-RSR20-S3/0

#配置 S3/0 接口封装 PPP

BJ-RSR20(config-if)#encapsulation ppp

#给 S3/0 接口配置 IP 地址

BJ-RSR20(config-if)#ip address 192.168.0.9 255.255.255.252

#进入 S1/0 接口

BJ-RSR20(config)#interface serial 1/0

#按照规划为 S1/0 接口添加描述

BJ-RSR20(config-if)#description Link-To-SH-RSR20-S1/0

#进入 S2/0 接口

BJ-RSR20(config)#interface serial 2/0

#按照规划为 S2/0 接口添加描述

BJ-RSR20(config-if)#description Link-To-SH-RSR20-S2/0

BJ-RSR20(config-if)#exit

#创建并进入 Multilink 1 接口

BJ-RSR20(config)#interface multilink 1

##给 Multilink 1 接口配置 IP 地址

BJ-RSR20(config-if)#ip address 192.168.0.13 255.255.255.252

#进入 S1/0 接口

BJ-RSR20(config)#interface serial 1/0

#将 S1/0 接口加入 Multilink 1

BJ-RSR20(config-if)#encapsulation ppp

BJ-RSR20(config-if)#ppp multilink

BJ-RSR20(config-if)#ppp multilink group 1

#进入 S2/0 接口

BJ-RSR20(config)#interface serial 2/0

#将 S2/0 接口加入 Multilink 1

BJ-RSR20(config-if)#encapsulation ppp

BJ-RSR20(config-if)#ppp multilink

BJ-RSR20(config-if)#ppp multilink group 1

2. SZ-RSR20 **路由器**

#进入 S3/0 接口

SZ-RSR20(config)#interface serial 3/0

#按照规划为 S3/0 接口添加描述

SZ-RSR20(config-if)#description Link-To-BJ-RSR20-S3/0

#配置 S3/0 接口封装 PPP

SZ-RSR20(config-if)#encapsulation ppp

#给 S3/0 接口配置 IP 地址

SZ-RSR20(config-if)#ip address 192.168.0.10 255.255.255.252

3. SH-RSR20 **路由器**

#进入 S1/0 接口

SH-RSR20(config)#interface serial 1/0

#按照规划为 S1/0 接口添加描述

SH-RSR20(config-if)#description Link-To-BJ-RSR20-S1/0

#进入 S2/0 接口

SH-RSR20(config)#interface serial 2/0

#按照规划为 S2/0 接口添加描述

SH-RSR20(config-if)#description Link-To-BJ-RSR20-S2/0

SH-RSR20(config-if)#exit

#创建并进入 Multilink 1 接口

SH-RSR20(config-if)#encapsulation ppp

SH-RSR20(config-if)#ppp multilink

SH-RSR20(config-if)#ppp multilink group 1

##给 Multilink 1 接口配置 IP 地址

SH-RSR20(config-if)#ip address 192.168.0.14 255.255.255.252

#进入 S1/0 接口

SH-RSR20(config)#interface serial 1/0

#将 S1/0 接口加入 Multilink 1

SH-RSR20(config-if)#encapsulation ppp

SH-RSR20(config-if)#ppp multilink

SH-RSR20(config-if)#ppp multilink group 1

#进入 S2/0 接口

SH-RSR20(config)#interface serial 2/0

#将 S2/0 接口加入 Multilink 1

SH-RSR20(config-if)#encapsulation ppp

SH-RSR20(config-if)#ppp multilink

SH-RSR20(config-if)#ppp multilink group 1

步骤三、广域网配置验证

在广域网部署中，对设备的配置相对来说比较简单，但要想真正地将广域网线路部署好，这需要运营商的配合，运营商必须要保证这条线路物理状态是 UP 的，也就是“Serial1/0current state :UP”。只有物理状态 UP，在协议层正确配置好 PPP 协议后，协议层才能 UP，也就是“Line protocol current state :UP”。实际上运行商提供线路的物理层 UP，并非易事，比如从北京到深圳办事处的专线，需要沿途各个传输节点的配合，而且两边的光端机都要到位，只有这样，物理层才有可能 UP。

实际项目当中，线路物理层经常出现 Down 的状况，如何解决呢？遇到这种现象可以采用打环测试的方式，先打环测试自己的 E1 线路及自己端设备有没有问题，如果这两种可能性排除了，那问题就出在运营商了，他们也需要逐段打环的方式测试，寻找问题所在。接下来实际查看一下各连接端口的状态，并测试连通性。

1. 总部—深圳线路测试

#使用 show interfaces serial 3/0 命令查看连接深圳办事处的接口状态

BJ-RSR20#show interfaces serial 3/0

Index(dec):2 (hex):2

```
Serial 3/0 is UP   , line protocol is UP
Hardware is SIC-1HS HDLC CONTROLLER Serial
Description: Link-To-SZ-RSR20-S3/0
Interface address is: 192.168.0.9/30
  MTU 1500 bytes, BW 2000 Kbit
  Encapsulation protocol is PPP, loopback not set
  Keepalive interval is 10 sec , set
  Carrier delay is 2 sec
  RXload is 1 ,Txload is 1
  LCP Open
  Open: ipcp
  Queueing strategy: FIFO
    Output queue 0/40, 0 drops;
    Input queue 0/75, 0 drops
    11 carrier transitions
    V35 DTE cable
    DCD=up   DSR=up   DTR=up   RTS=up   CTS=up
  5 minutes input rate 25 bits/sec, 0 packets/sec
  5 minutes output rate 29 bits/sec, 0 packets/sec
    348 packets input, 7416 bytes, 0 no buffer, 0 dropped
    Received 306 broadcasts, 0 runts, 0 giants
    0 input errors, 0 CRC, 0 frame, 0 overrun, 0 abort
    356 packets output, 7550 bytes, 0 underruns , 1 dropped
    0 output errors, 0 collisions, 7 interface resets
```

#使用 show interfaces serial 3/0 命令查看深圳办事处连接北京总部的接口状态

```
SZ-RSR20#show interfaces serial 3/0
Index(dec):1 (hex):1
Serial 3/0 is UP   , line protocol is UP
Hardware is SIC-1HS HDLC CONTROLLER Serial
Description: Link-To-BJ-RSR20-S3/0
Interface address is: 192.168.0.10/30
  MTU 1500 bytes, BW 2000 Kbit
  Encapsulation protocol is PPP, loopback not set
  Keepalive interval is 10 sec , set
  Carrier delay is 2 sec
  RXload is 1 ,Txload is 1
  LCP Open
  Open: ipcp
  Queueing strategy: FIFO
    Output queue 0/40, 0 drops;
```

```
    Input queue 0/75, 0 drops
    37 carrier transitions
    V35 DCE cable
    DCD=up  DSR=up  DTR=up  RTS=up  CTS=up
  5 minutes input rate 25 bits/sec, 0 packets/sec
  5 minutes output rate 25 bits/sec, 0 packets/sec
    372 packets input, 7794 bytes, 0 no buffer, 9 dropped
    Received 303 broadcasts, 0 runts, 0 giants
    0 input errors, 0 CRC, 0 frame, 0 overrun, 0 abort
    365 packets output, 7676 bytes, 0 underruns , 1 dropped
    0 output errors, 0 collisions, 14 interface resets
```

从上面查看的结果来看，线路两端设备互连接口的物理层状态是：Serial 3/0 is UP；协议层状态也是：line protocol is UP；另外：LCP 协议和 IPCP 协议也处于正常状态：LCP Open，Open: ipcp。以上信息说明北京总部至深圳办事处的广域网线路的运行状态是正常的，下面通过 ping 命令也实际测试一下能否通信，在深圳办事处的路由器上 ping 北京总部的路由器接口，获得的结果如下：

```
SZ-RSR20#ping 192.168.0.9
Sending 5, 100-byte ICMP Echoes to 192.168.0.9, timeout is 2 seconds:
  < press Ctrl+C to break >
!!!!!
Success rate is 100 percent (5/5), round-trip min/avg/max = 30/32/40 ms
```

测试表明深圳办事处与北京总部之间的广域网线路运行正常。

2. 总部—上海线路测试

因北京总部与上海办事处之间采用 2 条 E1 专线连接，所以在测试时不但要查看捆绑接口 MP-group 的接口状态，还要查看具体物理接口的工作状态。

#使用 show interfaces multilink 1 命令查看连接上海办事处的接口状态

```
BJ-RSR20#show interfaces multilink 1
Index(dec):6 (hex):6
multilink 1 is UP  , line protocol is UP
Hardware is  multilink
Interface address is: 192.168.0.13/30
  MTU 1500 bytes, BW 2000 Kbit
  Encapsulation protocol is PPP, loopback not set
  Keepalive interval is 10 sec , set
  Carrier delay is 0 sec
  RXload is 1 ,Txload is 1
  LCP Open, Multilink Open
  Open: ipcp
  Queueing strategy: FIFO
    Output queue 0/40, 0 drops;
```

```
    Input queue 0/75, 0 drops
  5 minutes input rate 0 bits/sec, 0 packets/sec
  5 minutes output rate 0 bits/sec, 0 packets/sec
    0 packets input, 0 bytes, 0 no buffer, 0 dropped
    Received 0 broadcasts, 0 runts, 0 giants
    0 input errors, 0 CRC, 0 frame, 0 overrun, 0 abort
    0 packets output, 0 bytes, 0 underruns , 0 dropped
    0 output errors, 0 collisions, 5 interface resets
```

#使用 show interfaces multilink 1 命令查看连接北京总部的接口状态

```
SH-RSR20#show interfaces multilink 1
Index(dec):4 (hex):4
multilink 1 is UP   , line protocol is UP
Hardware is   multilink
Interface address is: 192.168.0.14/30
  MTU 1500 bytes, BW 2000 Kbit
  Encapsulation protocol is PPP, loopback not set
  Keepalive interval is 10 sec , set
  Carrier delay is 0 sec
  RXload is 1 ,Txload is 1
  LCP Open, Multilink Open
  Open: ipcp
  Queueing strategy: FIFO
    Output queue 0/40, 0 drops;
    Input queue 0/75, 0 drops
  5 minutes input rate 0 bits/sec, 0 packets/sec
  5 minutes output rate 0 bits/sec, 0 packets/sec
    0 packets input, 0 bytes, 0 no buffer, 0 dropped
    Received 0 broadcasts, 0 runts, 0 giants
    0 input errors, 0 CRC, 0 frame, 0 overrun, 0 abort
    0 packets output, 0 bytes, 0 underruns , 0 dropped
    0 output errors, 0 collisions, 1 interface resets
```

从上面查看的结果来看，线路两端设备互连接口的物理层状态是：multilink 1 is UP；协议层状态也是：line protocol is UP；另外：LCP 协议和 IPCP 协议也处于正常状态：LCP Open, Open: ipcp。以上信息说明北京总部至上海办事处的广域网线路的运行状态是正常的，下面通过 ping 命令也实际测试一下能否通信，在上海办事处的路由器上 ping 北京总部的路由器接口，获得的结果如下：

```
SH-RSR20#ping 192.168.0.13
Sending 5, 100-byte ICMP Echoes to 192.168.0.13, timeout is 2 seconds:
  < press Ctrl+C to break >
!!!!!
```

Success rate is 100 percent (5/5), round-trip min/avg/max = 30/32/40 ms

测试表明上海办事处与北京总部之间的广域网线路运行正常，但并不表示是 2 条线路都完全正常，因为在捆绑的接口中，只要有一条线路正常，Multilink 接口就会处于 UP 状态，由于篇幅的限制在此就不列出每个接口的具体状态，在实际实施时要查看每个物理接口工作状态。

步骤四、路由部署设计

通过任务四京通集团总部的内网部署完毕，深圳办事处及上海办事处的网络也部署完毕，上步骤三广域网部署将北京总部及深圳、上海办事处的网络实现了互连，但并不能相互访问，因为他们之间没有路由。在下面着重介绍京通集团全网路由的部署。

考虑到京通集团未来的发展战略规划，在京通集团部署路由时，全网采用动态的 OSPF 协议，并规划每个办事处为一个 area，这样如果未来网络规模扩大，也不需要对整网重新规划，而只需增加 area 即可；为了方便对各办事处访问外网的控制，规划这个网络的公网出口设在总部，由总部统一出口访问外网，在总部防火墙和外网之间使用缺省路由。

具体网络规划如图 5-3 所示。

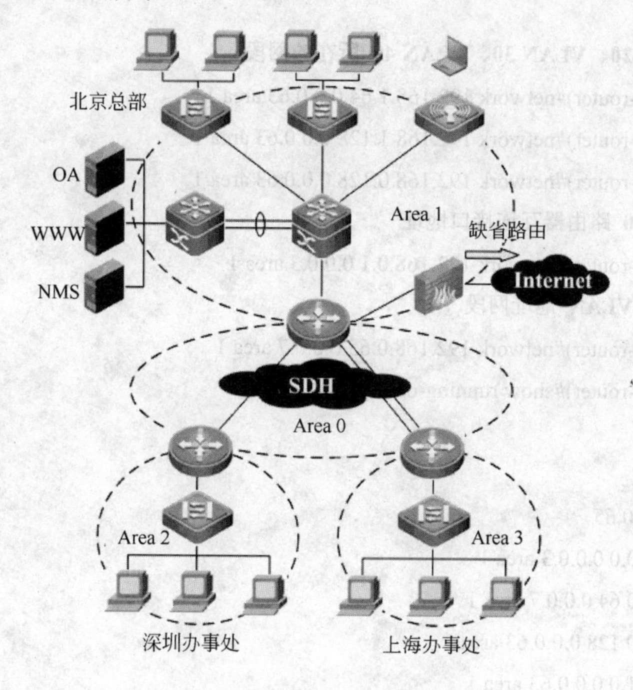

图 5-3　路由规划示意图

在以上路由规划示意图中，北京总部内网为 area 1，包括总部路由器的上行口及防火墙连接内网口；北京总部路由器下行接口与各办事处路由器上行接口为 area 0；深圳办事处内网为 area 2，上海办事处内网为 area 3；按照任务二中的规划，统一规划 router id（即 loopback 接口，核心交换机为 vlan 1）。

步骤五、配置全网 OSPF 路由

1. BJ-S3750-1 交换机路由配置

#开启 OSPF 协议

```
BJ-S3750-1(config)#router ospf 1
```

#手工指定 router id 为 VLAN 1 的接口地址

BJ-S3750-1(config-router)#router-id 192.168.0.65

Change router-id and update OSPF process! [yes/no]:y

#OSPF 中发布网段，后面跟的是反掩码，但有些地址很难口算出它的反掩码，RGNOS提供了这样一个特性：可以将掩码自动转化为反掩码；为此演示一下，发布网段时使用子网掩码，并验证是否能自动转换

BJ-S3750-1(config-router)#network 192.168.1.0 255.255.255.192 area 1

#验证是否能自动将掩码转换成反掩码

```
BJ-S3750-1#show run
!
router ospf 1
 router-id 192.168.0.65
 network 192.168.1.0 0.0.0.63 area 1
!
```

#继续发布 VLAN 20、VLAN 30、VLAN 40 所在的网段

BJ-S3750-1(config-router)#network 192.168.1.64 0.0.0.63 area 1

BJ-S3750-1(config-router)#network 192.168.1.128 0.0.0.63 area 1

BJ-S3750-1(config-router)#network 192.168.0.128 0.0.0.63 area 1

#发布同 BJ-RSR20 路由器互连接口地址

BJ-S3750-1(config-router)#network 192.168.0.1 0.0.0.3 area 1

#发布交换机管理 VLAN 地址网段

```
BJ-S3750-1(config-router)#network 192.168.0.65 0.0.0.7 area 1
BJ-S3750-1(config-router)#show running-config
!
router ospf 1
 router-id 192.168.0.65
 network 192.168.0.0 0.0.0.3 area 1
 network 192.168.0.64 0.0.0.7 area 1
 network 192.168.0.128 0.0.0.63 area 1
 network 192.168.1.0 0.0.0.63 area 1
 network 192.168.1.64 0.0.0.63 area 1
 network 192.168.1.128 0.0.0.63 area 1
!
end
```

2. BJ-WALL160 防火墙路由配置

#创建并进入 loopback 0 接口

BJ-WALL160(config)#interface loopback 0

#为 loopback 0 接口配置 IP 地址，注意掩码为 32 位

BJ-WALL160(config-if)#ip address 192.168.0.74 255.255.255.255

BJ-WALL160(config-if)#exit

#为 F0/0 和 F0/1 接口配置 IP 地址

```
BJ-WALL160(config)#interface fastEthernet 0/0
BJ-WALL160(config-if)#ip address 192.168.0.6 255.255.255.252
BJ-WALL160(config-if)#no shutdown
BJ-WALL160(config-if)#exit
BJ-WALL160(config)#interface fastEthernet 0/1
BJ-WALL160(config-if)#ip address 202.38.160.2 255.255.255.252
BJ-WALL160(config-if)#no shutdown
BJ-WALL160(config-if)#exit
```

#开启 OSPF 协议

```
BJ-WALL160(config)#router ospf 1
```

#手工指定 router id

```
BJ-WALL160(config-router)#router-id 192.168.0.74
Change router-id and update OSPF process! [yes/no]:y
```

#创建并进入 area 1

```
[BJ-F100M-0-ospf-1]area 1
```

#发布同 BJ-MSR3020-0 的互连网段

```
BJ-WALL160(config-router)#network 192.168.0.4 0.0.0.3 area 1
```

#为了便于管理，发布 loopback 接口地址（作为网管地址）

```
BJ-WALL160(config-router)#network 192.168.0.74 0.0.0.0 area 1
BJ-WALL160(config-router)#exit
```

#验证 OSPF 的配置

```
BJ-WALL160(config)#show running-config
!
router ospf 1
 router-id 192.168.0.74
 network 192.168.0.4 0.0.0.3 area 1
 network 192.168.0.74 0.0.0.0 area 1
!
end
```

3. BJ-RSR20 路由器路由配置

#创建并进入 loopback 0 接口

```
BJ-RSR20(config)#interface loopback 0
```

#为 loopback 0 接口配置 IP 地址，注意掩码为 32 位

```
BJ-RSR20(config-if)#ip address 192.168.0.73 255.255.255.255
BJ-RSR20(config-if)#exit
```

#为 F0/0 和 F0/1 接口配置 IP 地址

```
BJ-RSR20(config)#interface fastEthernet 0/0
BJ-RSR20(config-if)#ip address 192.168.0.2 255.255.255.252
BJ-RSR20(config-if)#no shutdown
BJ-RSR20(config-if)#exit
```

BJ-RSR20(config)#interface fastEthernet 0/1

BJ-RSR20(config-if)#ip address 192.168.0.5 255.255.255.252

BJ-RSR20(config-if)#no shutdown

BJ-RSR20(config-if)#exit

#开启 OSPF 协议

BJ-RSR20(config)#router ospf 1

#手工指定 router id

BJ-RSR20(config-router)#router-id 192.168.0.73

Change router-id and update OSPF process! [yes/no]:y

#发布同 BJ-S3750-1 及 BJ-WALL160 的互连网段

BJ-RSR20(config-router)#network 192.168.0.0 0.0.0.3 area 1

BJ-RSR20(config-router)#network 192.168.0.4 0.0.0.3 area 1

#为了便于管理，发布 loopback 接口地址（作为网管地址）

BJ-RSR20(config-router)#network 192.168.0.73 0.0.0.0 area 1

#发布同 SZ-MSR2020-0 及 SH-MSR2020-0 的互连网段

BJ-RSR20(config-router)#network 192.168.0.8 0.0.0.3 area 0

BJ-RSR20(config-router)#network 192.168.0.12 0.0.0.3 area 0

BJ-RSR20(config-router)#end

#验证 OSPF 的配置

BJ-RSR20#show running-config

!

router ospf 1

 router-id 192.168.0.73

 network 192.168.0.0 0.0.0.3 area 1

 network 192.168.0.4 0.0.0.3 area 1

 network 192.168.0.8 0.0.0.3 area 0

 network 192.168.0.12 0.0.0.3 area 0

 network 192.168.0.73 0.0.0.0 area 1

!

end

4. SZ-RSR20 路由器路由配置

#创建并进入 loopback 0 接口

SZ-RSR20(config)#interface loopback 0

#为 loopback 0 接口配置 IP 地址，注意掩码为 32 位

SZ-RSR20(config-if)#ip address 192.168.0.75 255.255.255.255

SZ-RSR20(config-if)#exit

#开启 OSPF 协议

SZ-RSR20(config)#router ospf 1

#手工指定 router id

SZ-RSR20(config-router)#router-id 192.168.0.75

Change router-id and update OSPF process! [yes/no]:y

#发布 area 0 同 BJ-MSR3020-0 的互连网段

SZ-RSR20(config-router)#network 192.168.0.8 0.0.0.3 area 0

#发布 area 2 深圳办事处内网网段地址

SZ-RSR20(config-router)#network 192.168.2.0 0.0.0.255 area 2

#发布 loopback 地址（作为网管地址）

SZ-RSR20(config-router)#network 192.168.0.75 0.0.0.0 area 2

SZ-RSR20(config-router)#end

#验证 OSPF 的配置

```
SZ-RSR20#show running-config
!
router ospf 1
 router-id 192.168.0.75
 network 192.168.0.8 0.0.0.3 area 0
 network 192.168.0.75 0.0.0.0 area 2
 network 192.168.2.0 0.0.0.255 area 2
!
end
```

5、SH-RSR20 路由器路由配置

#创建并进入 loopback 0 接口

SH-RSR20#configure

Enter configuration commands, one per line.   End with CNTL/Z.

SH-RSR20(config)#interface loopback 0

#为 loopback 0 接口配置 IP 地址，注意掩码为 32 位

SH-RSR20(config-if)#ip address 192.168.0.76 255.255.255.255

SH-RSR20(config-if)#exit

#开启 OSPF 协议

SH-RSR20(config)#router ospf 1

#手工指定 router id

SH-RSR20(config-router)#router-id 192.168.0.76

Change router-id and update OSPF process! [yes/no]:y

#发布 area 0 同 BJ-MSR3020-0 的互连网段

SH-RSR20(config-router)#network 192.168.0.12 0.0.0.3 area 0

#发布 area 3 深圳办事处内网网段地址

SH-RSR20(config-router)#network 192.168.3.0 0.0.0.255 area 3

#发布 loopback 地址（作为网管地址）

SH-RSR20(config-router)#network 192.168.0.76 0.0.0.0 area 3

SH-RSR20(config-router)#end

#验证 OSPF 的配置

SH-RSR20#show running-config

```
!
router ospf 1
 router-id 192.168.0.76
 network 192.168.0.12 0.0.0.3 area 0
 network 192.168.0.76 0.0.0.0 area 3
 network 192.168.3.0 0.0.0.255 area 3
!
end
```

步骤六、配置出口路由

经过上面的配置，全网已经成功地部署了 OSPF 协议，全网学习到路由之后，北京总部和深圳、上海 2 个办事处之间都可以通信了，但并不能访问外网，因为这时候还没有到外网的路由，此外还要做地址转换，这样才能访问外网；在本部分将来部署到达外网的路由，也就是出口路由；而地址转换则放到任务七中讲解。

防火墙 BJ-WALL160 一个接口连接 BJ-RSR20 路由器，另外一个接口连接 Internet，分的 IP 地址为 202.38.160.2/30，运营商的对端地址为 202.38.160.1/30；如图 5-4 所示。

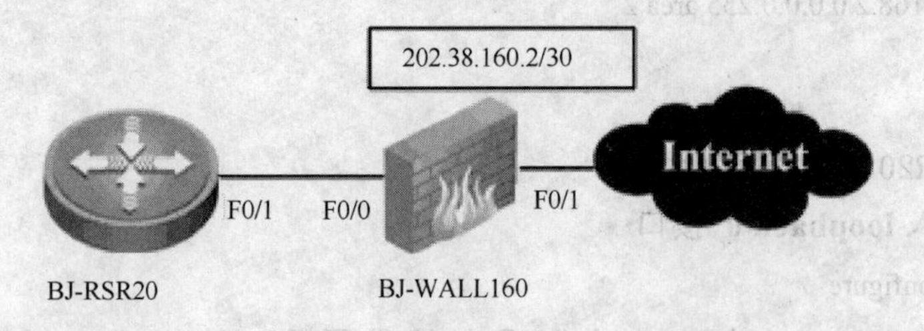

图 5-4 外网出口示意图

对出口路由而言，一般采用缺省路由，让找不到匹配路由条目时将数据包转发给运营商，这样即简单又可以减轻出口设备的路由表规模。在 BJ-WALL160 上这样配置

```
BJ-WALL160(config)#ip route 0.0.0.0 0.0.0.0 202.38.160.1
```

然后查看一下 BJ-WALL160 的路由表和 BJ-RSR20 的路由表，看是否都已经学习到了这条缺省路由。

```
BJ-WALL160(config)#show ip route
Codes:  C - connected, S - static, R - RIP, B - BGP
        O - OSPF, IA - OSPF inter area
        N1 - OSPF NSSA external type 1, N2 - OSPF NSSA external type 2
        E1 - OSPF external type 1, E2 - OSPF external type 2
        i - IS-IS, su - IS-IS summary, L1 - IS-IS level-1, L2 - IS-IS level-2
        ia - IS-IS inter area, * - candidate default
Gateway of last resort is 202.38.160.1 to network 0.0.0.0
S*     0.0.0.0/0 [1/0] via 202.38.160.1
O      192.168.0.0/30 [110/2] via 192.168.0.5, 00:22:06, FastEthernet 0/0
C      192.168.0.4/30 is directly connected, FastEthernet 0/0
```

```
C       192.168.0.6/32 is local host.
O IA 192.168.0.8/30 [110/51] via 192.168.0.5, 00:20:40, FastEthernet 0/0
O IA 192.168.0.12/30 [110/51] via 192.168.0.5, 00:20:37, FastEthernet 0/0
O       192.168.0.64/29 [110/3] via 192.168.0.5, 00:22:06, FastEthernet 0/0
O       192.168.0.73/32 [110/1] via 192.168.0.5, 00:21:44, FastEthernet 0/0
C       192.168.0.74/32 is local host.
O IA 192.168.0.75/32 [110/51] via 192.168.0.5, 00:11:32, FastEthernet 0/0
O IA 192.168.0.76/32 [110/51] via 192.168.0.5, 00:05:59, FastEthernet 0/0
O       192.168.0.128/26 [110/3] via 192.168.0.5, 00:22:06, FastEthernet 0/0
O       192.168.1.0/26 [110/3] via 192.168.0.5, 00:22:06, FastEthernet 0/0
O       192.168.1.64/26 [110/3] via 192.168.0.5, 00:22:06, FastEthernet 0/0
O       192.168.1.128/26 [110/3] via 192.168.0.5, 00:22:06, FastEthernet 0/0
O IA 192.168.2.0/24 [110/52] via 192.168.0.5, 00:01:23, FastEthernet 0/0
O IA 192.168.3.0/24 [110/52] via 192.168.0.5, 00:01:43, FastEthernet 0/0
C       202.38.160.0/30 is directly connected, FastEthernet 0/1
C       202.38.160.2/32 is local host.
```

从 BJ-WALL160 的路由表中，可以看出是存在一条去往外网的缺省路由。接下来看一下 BJ-RSR20 的路由表。

```
BJ-RSR20#show ip route
Codes:  C - connected, S - static, R - RIP, B - BGP
        O - OSPF, IA - OSPF inter area
        N1 - OSPF NSSA external type 1, N2 - OSPF NSSA external type 2
        E1 - OSPF external type 1, E2 - OSPF external type 2
        i - IS-IS, su - IS-IS summary, L1 - IS-IS level-1, L2 - IS-IS level-2
        ia - IS-IS inter area, * - candidate default
Gateway of last resort is no set
C       192.168.0.0/30 is directly connected, FastEthernet 0/0
C       192.168.0.2/32 is local host.
C       192.168.0.4/30 is directly connected, FastEthernet 0/1
C       192.168.0.5/32 is local host.
C       192.168.0.8/30 is directly connected, Serial 3/0
C       192.168.0.9/32 is local host.
C       192.168.0.10/32 is directly connected, Serial 3/0
C       192.168.0.12/30 is directly connected, multilink 1
C       192.168.0.13/32 is local host.
C       192.168.0.14/32 is directly connected, multilink 1
O       192.168.0.64/29 [110/2] via 192.168.0.1, 00:27:24, FastEthernet 0/0
C       192.168.0.73/32 is local host.
O       192.168.0.74/32 [110/1] via 192.168.0.6, 00:27:14, FastEthernet 0/1
O IA 192.168.0.75/32 [110/50] via 192.168.0.10, 00:16:55, Serial 3/0
```

O IA 192.168.0.76/32 [110/50] via 192.168.0.14, 00:11:21, multilink 1

O 192.168.0.128/26 [110/2] via 192.168.0.1, 00:27:24, FastEthernet 0/0

O 192.168.1.0/26 [110/2] via 192.168.0.1, 00:27:24, FastEthernet 0/0

O 192.168.1.64/26 [110/2] via 192.168.0.1, 00:27:24, FastEthernet 0/0

O 192.168.1.128/26 [110/2] via 192.168.0.1, 00:27:24, FastEthernet 0/0

O IA 192.168.2.0/24 [110/51] via 192.168.0.10, 00:00:33, Serial 3/0

O IA 192.168.3.0/24 [110/51] via 192.168.0.14, 00:00:54, multilink 1

在 BJ-RSR20 的路由表里，并没有看到去往外网的缺省路由，如果没有这条缺省路由，路由器收到去往外网的数据包，查找路由表找不到相应的路由条目，则丢弃这个数据包。如何才能让其他的网络设备学习到这条缺省路由呢？

这里可以使用路由重发布，但需要注意，在普通的 OSPF 区域（骨干区域和非骨干区域）中是没有缺省路由的，使用命令 default-information originate 可以在 OSPF 路由域中生成并发布缺省路由，使用这条命令时，需要了解以下几点：

① 在普通 OSPF 区域的 ASBR 上执行 **default-information originate** 命令，将生成一条 Type-5 LSA 向 OSPF 路由域内发布缺省路由；

②在 NSSA 区域的 ASBR 或 ABR 上执行此命令，将生成一条 Type-7 LSA 向 NSSA 区域内发布缺省路由；

③ 此命令对于 Stub 区域或完全 Stub 区域无效；

④ 缺省情况下（不带 always 参数），对于 ASBR，只有当路由表中已经存在一条缺省路由时，OSPF 才会生成相应的 Type-5 LSA 或 Type-7 LSA；

⑤ 发布缺省路由的 Type-5 LSA 或 Type-7 LSA 的扩散范围与普通的 Type-5 LSA 或 Type-7 LSA 相同。

接下来在 BJ-F100M-0 上使用 **default-information originate always** 命令来验证一下：

BJ-WALL160(config-router)#default-information originate always

再来查看一下 BJ-RSR20 的路由表，看现在是否有缺省路由。

```
BJ-RSR20#show ip route
Codes:  C - connected, S - static, R - RIP, B - BGP
        O - OSPF, IA - OSPF inter area
        N1 - OSPF NSSA external type 1, N2 - OSPF NSSA external type 2
        E1 - OSPF external type 1, E2 - OSPF external type 2
        i - IS-IS, su - IS-IS summary, L1 - IS-IS level-1, L2 - IS-IS level-2
        ia - IS-IS inter area, * - candidate default
Gateway of last resort is 192.168.0.6 to network 0.0.0.0
O*E2 0.0.0.0/0 [110/1] via 192.168.0.6, 00:05:26, FastEthernet 0/1
C       192.168.0.0/30 is directly connected, FastEthernet 0/0
C       192.168.0.2/32 is local host.
C       192.168.0.4/30 is directly connected, FastEthernet 0/1
C       192.168.0.5/32 is local host.
C       192.168.0.8/30 is directly connected, Serial 3/0
C       192.168.0.9/32 is local host.
```

C　192.168.0.10/32 is directly connected, Serial 3/0

C　192.168.0.12/30 is directly connected, multilink 1

C　192.168.0.13/32 is local host.

C　192.168.0.14/32 is directly connected, multilink 1

O　192.168.0.64/29 [110/2] via 192.168.0.1, 00:36:41, FastEthernet 0/0

C　192.168.0.73/32 is local host.

O　192.168.0.74/32 [110/1] via 192.168.0.6, 00:36:31, FastEthernet 0/1

O IA 192.168.0.75/32 [110/50] via 192.168.0.10, 00:26:13, Serial 3/0

O IA 192.168.0.76/32 [110/50] via 192.168.0.14, 00:20:39, multilink 1

O　192.168.0.128/26 [110/2] via 192.168.0.1, 00:36:41, FastEthernet 0/0

O　192.168.1.0/26 [110/2] via 192.168.0.1, 00:36:41, FastEthernet 0/0

O　192.168.1.64/26 [110/2] via 192.168.0.1, 00:36:41, FastEthernet 0/0

O　192.168.1.128/26 [110/2] via 192.168.0.1, 00:36:41, FastEthernet 0/0

O IA 192.168.2.0/24 [110/51] via 192.168.0.10, 00:09:51, Serial 3/0

O IA 192.168.3.0/24 [110/51] via 192.168.0.14, 00:10:11, multilink 1

从上面的路由表中，发现这时候的路由表已经有了一条缺省路由，而且下一条指向了BJ-WALL160 防火墙，说明发布缺省路由是成功的。至此，全网路由部署完毕，全网实现了互连互通。

步骤七、路由配置验证

在步骤六的验证中，已经发现 BJ-RSR20 已经成功的学习到了全网路由，由于篇幅有限，不再查看其他设备的路由表了，大家在做实验的时候可一一验证。在本部分来验证一下各路由器 OSPF 的邻居关系是否正常建立。

1. BJ-S3750-1 交换机

BJ-S3750-1#show ip ospf neighbor

OSPF process 1, 1 Neighbors, 1 is Full:

Neighbor ID	Pri	State	Dead Time	Address	Interface
192.168.0.73	1	Full/BDR	00:00:37	192.168.0.2	VLAN 50

从上面的信息可以看出，BJ-S3750-1 已经成功的同 BJ-RSR20 建立了邻居关系，而且邻居状态为：**State: Full**，说明 OSPF 状态完全正常。

2. BJ-RSR20 路由器

BJ-RSR20#show ip ospf neighbor

OSPF process 1, 4 Neighbors, 4 is Full:

Neighbor ID	Pri	State	Dead Time	Address	Interface
192.168.0.65	1	Full/DR	00:00:38	192.168.0.1	FastEthernet 0/0
192.168.0.74	1	Full/DR	00:00:35	192.168.0.6	FastEthernet 0/1
192.168.0.75	1	Full/ -	00:00:34	192.168.0.10	Serial 3/0
192.168.0.76	1	Full/ -	00:00:40	192.168.0.14	multilink 1

从上面的信息中可以看出：BJ-RSR20 路由器已经成功的同各相邻设备建立了邻接关系，在 Area 0 同 SZ-RSR20 及 SH-RSR20 建立了邻接关系，在 Area 1 同 BJ-S3750-1 及 BJ-WALL160 建

立了邻接关系；而且邻接关系状态都为：**State: Full**，说明 OSPF 状态完全正常。

3. BJ-WALL160 防火墙

BJ-WALL160#show ip ospf neighbor

OSPF process 1, 1 Neighbors, 1 is Full:

Neighbor ID	Pri	State	Dead Time	Address	Interface
192.168.0.73	1	Full/BDR	00:00:36	192.168.0.5	FastEthernet 0/0

从上面的信息可以看出，BJ-WALL160 已经成功的同 BJ-RSR20 建立了邻接关系，而且邻接状态为：**State: Full**，说明 OSPF 状态完全正常。

4. SZ- RSR20 路由器

SZ-RSR20#show ip ospf neighbor

OSPF process 1, 1 Neighbors, 1 is Full:

Neighbor ID	Pri	State	Dead Time	Address	Interface
192.168.0.73	1	Full/ -	00:00:39	192.168.0.9	Serial 3/0

从上面的信息可以看出，SZ- RSR20 已经成功的同 BJ-RSR20 建立了邻接关系，而且邻接状态为：**State: Full**，说明 OSPF 状态完全正常。

5. SH-RSR20 路由器

SH-RSR20#show ip ospf neighbor

OSPF process 1, 1 Neighbors, 1 is Full:

Neighbor ID	Pri	State	Dead Time	Address	Interface
192.168.0.73	1	Full/ -	00:00:35	192.168.0.13	multilink 1

从上面的信息可以看出，SH-RSR20 已经成功的同 BJ-RSR20 建立了邻居关系，而且邻居状态为：**State: Full**，说明 OSPF 状态完全正常。

总结与回顾

在本节的任务学习中，详细阐述了企业总部与分支机构连接结构和调试部署过程，内容包括总部和分支机构的网络出口结构、PPP 协议部署、OSPF 协议部署、内外网路由部署。使学生掌握企业外网部署流程及配置方法，以训练学生的广域网项目调试部署能力。在此基础上，并能根据技术发展需求对企业外网进行下一代 IPv6 协议的更新配置，并能验证其运行效果。

知识技能拓展

一、IPv6 过渡技术配置实例

随着互联网规模的不断扩大，网民数量的不断增加，互联网所使用的 IPv4 地址数量遇到了发展瓶颈；同时，由于互联网在人们生活中的日益普及，泛在网、物联网应用的兴起，可能使得我们身边的每一样东西都需要连入互联网，更加速其日益走向耗尽的边缘。

为应对这一危机，目前认为最有效的解决途径，便是在互联网中应用 IPv6 技术，在未来的发展中，企业网络必然要从 IPv4 协议过渡到 IPv6 协议的环境中，所有接入互联网的企业都不能回避这个现实，因此对 IPv6 技术的管理与配置是网管技术人员应该掌握的内容之一。

1. 组网需求和实验任务

两个 IPv6 网络要通过 RTA 和 RTB 之间的隧道相连。RTA 和 RTB 之间可以正常通讯，IPv4 报文路由可达。

在本实验任务中：

需要在路由器上配置自动隧道，使主机通过自动隧道获得 IPv6 地址。

需要在路由器上配置 6to4 隧道，使路由器通过 6to4 隧道互连。通过 IPv4 网云实现两个远程 IPv6 子网的通信。

2. 搭建实验环境

IPv6 实验拓扑图如图 5-5 所示。

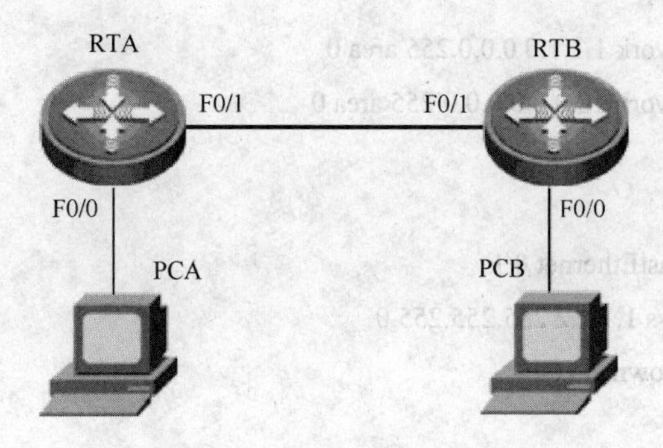

图 5-5 IPv6 实验拓扑图

3. 配置步骤

（1）建立物理连接

可能会用到以下命令：

```
RTA#show version
RTA#del config.text
RTA#reload
```

（2）IP 地址及相关路由配置

表 5-1 隧道实验 IP 地址列表

设备名称	接口	IP 地址	网关
PCA	--	10.0.0.2/24	10.0.0.1
PCB	--	3::2/64	3::1
RTA	F0/0	10.0.0.1/24	
	F0/1	1.1.1.1/24	
RTB	F0/0	3::1/64	--
	F0/1	1.1.1.2/24	--
	Tunnel1	1::5efe:101:102/64	--

按表 5-1 所示在 PC 及路由器上配置 IP 地址，并启用 OSPF 协议，使 PCA 与 RTB 间路由可达。

配置 RTA：

```
RTA(config)#interface fastEthernet 0/0
RTA(config-if)#ip address 10.0.0.1 255.255.255.0
RTA(config-if)#no shutdown
RTA(config-if)#exit
RTA(config)#interface fastEthernet 0/1
RTA(config-if)#ip address 1.1.1.1 255.255.255.0
RTA(config-if)#no shutdown
RTA(config-if)#exit
RTA(config)#router ospf 1
RTA(config-router)#network 1.1.1.0 0.0.0.255 area 0
RTA(config-router)#network 10.0.0.0 0.0.0.255 area 0
RTA(config-router)#end
```

配置 RTB：

```
RTB(config)#interface fastEthernet 0/1
RTB(config-if)#ip address 1.1.1.2 255.255.255.0
RTB(config-if)#no shutdown
RTB(config-if)#exit
RTB(config)#router ospf 1
RTB(config-router)#net
RTB(config-router)#network 1.1.1.0 0.0.0.255 area 0
RTB(config-router)#exit
RTB(config)#interface fastEthernet 0/0
RTB(config-if)#ipv6 enable
RTB(config-if)#ipv6 address 3::1/64
RTB(config-if)#exit
```

配置完成后，在 PCA 上用 Ping 命令来检查到 RTB 的可达性。如下所示：

```
C:\>ping 1.1.1.2
Pinging 1.1.1.2 with 32 bytes of data:
Reply from 1.1.1.2: bytes=32 time<1ms TTL=63
Reply from 1.1.1.2: bytes=32 time<1ms TTL=63
Reply from 1.1.1.2: bytes=32 time<1ms TTL=63
Reply from 1.1.1.2: bytes=32 time<1ms TTL=63
Ping statistics for 1.1.1.2:
    Packets: Sent = 4, Received = 4, Lost = 0 (0% loss),
Approximate round trip times in milli-seconds:
    Minimum = 0ms, Maximum = 0ms, Average = 0ms
```

（3）自动隧道配置

在路由器 RTB 上配置自动隧道。首先使能 tunnel 接口，然后设定 tunnel 接口的隧道类型为 ISATAP，并取消 ND 抑制功能。

填入配置 RTB 的命令：

```
RTB(config)#interface Tunnel 1
RTB(config-if)#tunnel mode ipv6ip isatap
RTB(config-if)#tunnel source fastEthernet 0/1
RTB(config-if)#ipv6 address 1::5efe:101:102/64
RTB(config-if)#no ipv6 nd suppress-ra
```

在 PCA 上配置 ISATAP 隧道终点为 1.1.1.2，如下所示：

```
C:\ >netsh interface ipv6 isatap set router 1.1.1.2
```

确定。

配置完成后，在 PCA 上查看是否通过隧道获得了 IPv6 地址。结果应该如下所示：

```
C:\>ipconfig
Windows IP Configuration
……
Tunnel adapter Automatic Tunneling Pseudo-Interface:
        Connection-specific DNS Suffix  . :
        IP Address. . . . . . . . . . . . : 1::5efe:10.0.0.2
        IP Address. . . . . . . . . . . . : fe80::5efe:10.0.0.2%2
        Default Gateway . . . . . . . . . : fe80::5efe:1.1.1.2%2
```

由上可知，PCA 从 RTB 获得了 1::的前缀。在 PCA 上测试到 PCB 的可达性，结果应该如下所示：

```
C:\>ping 3::2
Pinging 3::2 with 32 bytes of data:
Reply from 3::2: time<1ms
Reply from 3::2: time<1ms
Reply from 3::2: time<1ms
Reply from 3::2: time<1ms
Ping statistics for 3::2:
    Packets: Sent = 4, Received = 4, Lost = 0 (0% loss),
Approximate round trip times in milli-seconds:
    Minimum = 0ms, Maximum = 0ms, Average = 0ms
```

（4）配置 6to4 隧道 IP 地址及相关路由配置

表 5-2　6to4 隧道实验 IP 地址列表

设备名称	接　口	IP 地址	网　关
PCA	--	2002:101:101:2::2/64	2002:101:101:2::1
PCB	--	2002:101:102:2::2/64	2002:101:102:2::1

续表

设备名称	接　口	IP 地址	网　关
RTA	F0/0	2002:101:101:2::1/64	—
	F0/1	1.1.1.1/24	—
	Tunnel1	2002:101:101:1::1/64	
RTB	F0/0	2002:101:102:2::1/64	
	F0/1	1.1.1.2/24	—
	Tunnel1	2002:101:102:1::1/64	—

按表 5-2 所示在 PC 及路由器上配置 IP 地址。

配置 RTA：

```
RTA(config)#interface fastEthernet 0/1
RTA(config-if)#ip address 1.1.1.1 255.255.255.0
RTA(config-if)#exit
RTA(config)#interface fastEthernet 0/0
RTA(config-if)#ipv6 enable
RTA(config-if)#ipv6 address 2002:101:101:2::1/64
RTA(config-if)#exit
```

配置 RTB：

```
RTB(config)#interface fastEthernet 0/1
RTB(config-if)#ip address 1.1.1.2 255.255.255.0
RTB(config-if)#exit
RTB(config)#interface fastEthernet 0/0
RTB(config-if)#ipv6 enable
RTB(config-if)#ipv6 address 2002:101:102:2::1/64
RTB(config-if)#exit
```

6to4 隧道配置

在路由器上配置 6to4 隧道，以使 RTA 与 RTB 之间通过隧道建立连接。同时，在路由器上配置 IPv6 静态路由，使 PC 间可以互相到达。

填入配置 RTA 的命令：

```
RTA(config)#interface Tunnel 1
RTA(config-if)#ipv6 address 2002:101:101:1::1/64
RTA(config-if)#tunnel mode ipv6ip 6to4
RTA(config-if)#tunnel source fastEthernet 0/1
RTA(config-if)#exit
RTA(config)#ipv6 route 2002::/16 tunnel 1
```

填入配置 RTB 的命令：

```
RTB(config)#interface Tunnel 1
RTB(config-if)#ipv6 address 2002:101:102:1::1/64
RTB(config-if)#tunnel mode ipv6ip 6to4
RTB(config-if)#tunnel source fastEthernet 0/1
RTB(config-if)#exit
RTB(config)#ipv6 route 2002::/16 tunnel 1
```

在 PCA 上配置 IPv6 参数，如下所示：

```
C:\>netsh interface ipv6 set address "本地连接" 2002:101:101:2::2
```

确定。

C:\>netsh interface ipv6 set route ::/0 "本地连接" 2002:101:101:2::1

确定。

在 PCB 上配置 IPv6 参数，如下所示：

C:\>netsh interface ipv6 set address "本地连接" 2002:101:102:2::2

确定。

C:\>netsh interface ipv6 set route ::/0 "本地连接" 2002:101:102:2::1

确定。

配置完成后，在 PCA 上测试到 PCB 的可达性。其结果应该如下所示：

```
C:\>ping 2002:101:102:2::2
Pinging 2002:101:102:2::2 with 32 bytes of data:
Reply from 2002:101:102:2::2: time<1ms
Reply from 2002:101:102:2::2: time<1ms
Reply from 2002:101:102:2::2: time<1ms
Reply from 2002:101:102:2::2: time<1ms
Ping statistics for 2002:101:102:2::2:
    Packets: Sent = 4, Received = 4, Lost = 0 (0% loss),
Approximate round trip times in milli-seconds:
    Minimum = 0ms, Maximum = 0ms, Average = 0ms
```

4. 配置关键点

① 完成以上配置之后，可从其中一台路由器上可以 Ping 通对端 Tunnel 接口上的 IPv6 地址以验证配置结果。

② 在 Tunnel 接口下进行的功能特性配置，在删除 Tunnel 接口后，该接口上的所有配置也将被删除。

③ 如果隧道两端 Tunnel 接口的地址不在同一个网段，则必须配置通过隧道到达对端的转发路由，以便需要进行封装的报文能正常转发。用户可以配置静态路由，也可以配置动态路由。

④ 配置静态路由时，需要手动配置到达目的地址（不是隧道的终点 IPv4 地址，而是封装前报文的目的 IPv6 地址）的路由，并将下一跳配置为隧道本端的 Tunnel 接口号或者网络地址。在隧道的两端都要进行此项配置。

⑤ 配置动态路由时，需要在隧道两端的 Tunnel 接口使能动态路由协议。在隧道的两端都要进行此项配置。

技能训练

① 清空路由交换机的配置，拆除设备间的连接。自己设计网络拓扑图，并进行命名 ACL 的配置，也可以选择在锐捷、思科路由器上做，记录下网络拓扑图和各个设备的配置。

② 自行设计方案，练习 HDLC、PPP、OSPF、IPV6 的配置。

③ 用三台路由器构成一个有 6 个网段的网络，通过配置动、静态路由，在网络间互通的基础上，配置一个网络具有不同管理距离的多条路径，达到多条路径备份的作用。

工作任务六　资 源 部 署

任务描述

企业网络资源平台是企业网络应用的核心，它承担着80%的网络信息存储和管理工作，处理来自网络上工作站的信息访问请求。根据作用的不同，资源平台可以划分为文件服务、应用服务、打印服务等。随着网络应用的日益广泛，各企业需要架设多种不同应用的服务器，如WEB、DNS、DHCP、FTP等服务，以满足企业网络内部人员对各种信息服务的需求。

资源系统部署对企业网络的应用、性能有着至关重要的影响，选择一个合适的网络操作系统，既能实现建设企业网络的目标，又能省钱、省力，提高系统的效率。资源平台服务的选择要从网络应用出发，分析所设计的网络到底需要提供什么服务，然后分析各种操作系统提供这些服务的性能与特点，最后确定选择网络操作系统，并完成对各种不同应用服务器的配置与管理。

任务目标

① 掌握安装Windows 2008网络操作系统及资源配置；

② 掌握WWW服务器的配置；

③ 掌握FTP服务器的配置；

④ 掌握DNS服务器的配置；

⑤ 掌握DHCP服务器的配置；

⑥ 掌握账户、组的存储管理；

⑦ 掌握Linux网络操作系统及资源配置。

相关知识

一、典型的网络操作系统

网络操作系统是用于网络管理的核心软件，目前流行的各种网络操作系统都支持构架局域网、Intranet、Internet 网络服务运营商的网络。在市场上得到广泛应用的网络操作系统有Linux、Windows 2003 Server和Windows Server 2008等，下面分别介绍这些网络操作系统各自的特点与应用。

1. Linux

Linux是一种在PC上执行的、类似Unix的操作系统。1991年，芬兰赫尔辛基大学的一位年轻学生Linux B. Torvalds发表了第一个Linux，它是一个完全免费的操作系统，在遵守自由软件联盟协议下，用户可以自由地获取程序及其源代码，并能自由地使用它们，包括修改和复制等。Linux 提供了一个稳定、完整、多用户、多任务和多进程的运行环境。Linux 是网络时代的产物，在互联网络上经过了众多技术人员的测试和纠错，并不断被扩充。

Linux 具有如下特点。

① 完全遵循 POSLX 标准，并扩展支持所有 AT&T 和 BSD UNIX 特性的网络操作系统。由于继承了 UNIX 优秀的设计思想，且拥有干净、健壮、高效且稳定的内核，没有 AT&T 或伯克利的任何 UNIX 代码，所以 Linux 不是 UNIX，但与 UNIX 完全兼容；

② 真正的多任务、多用户系统，内置网络支持，能与 NetWare、Windows Server、OS/2.UNIX 等无缝连接，网络效能在各种 UNIX 测试评比中速度快，同时支持 FAT16.FAT32.NTFS、Ext2FS、ISO9600 等多种文件系统；

③ 可运行于多种硬件平台，包括 Alpha、Sun、Sparc、Power PC、MIPS 等处理器，对各种新型外围硬件，可以从分布于全球的众多程序员那里迅速得到支持；

④ 对硬件要求较低，可在较低档的机器上获得很好的性能，特别值得一提的是 Linux 出色的稳定性，其运行时间往往可以以“年”计算；

⑤ 有广泛的应用程序支持：已经有越来越多的应用程序移植到 Linux 上，包括一些大型厂商的关键应用程序；

⑥ 设备独立性：设备独立性是指操作系统把所有外围设备统一当做文件来看待，只要安装了这些设备的驱动程序，任何用户都可以像使用文件一样，操纵、使用这些设备，而不必知道它们的具体存在形式。Linux 是具有设备独立性的操作系统，由于用户可以免费得到 Linux 的内核源代码，因此，可以修改内核源代码，以适应新增加的外围设备；

⑦ 安全性：Linux 采取了许多安全技术措施，包括对读、写进行权限控制、带保护的子系统、审计跟踪、核心授权等，这为网络多用户环境中的用户提供了必要的安全保障；

⑧ 良好的可移植性：Linux 是一种可移植的操作系统，能够在微型计算机到大型计算机的任何环境和任何平台上运行；

⑨ 具有庞大且素质较高的用户群，其中不乏优秀的编程人员和发烧级的“Hacker”（黑客），也提供了图形界面的 X-Windows，同时在增加配置时很少停机等。

2. Windows Server

Windows 操作系统在中小型局域网配置中常见，但由于它对服务器的硬件要求较高，且稳定性能不是很高，所以一般只是用在中低档服务器中。高端服务器通常采用 UNIX、Linux 或 Solaris 等操作系统。在局域网中，微软的网络操作系统主要有：Windows NT4.0Server\Windows2003 Server 以及最新的 Windows Server 2008 等。

Windows Server 2008 发行了 9 个版本，以支持各种规模的企业对服务器不断变化的需求，有 3 个不支持 Windows Server Hyper-V 技术的版本。

① Windows Server 2008 Standard。是迄今最稳固的 Windows Server 操作系统，其内建的强化 Web 和虚拟化功能是专为增加服务器基础架构的可靠性和弹性而设计的，也可节省时间和降低成本。

② Windows Server 2008 Enterprise。可提供企业级的平台，部署具体业务关键性的应用程序。其所具备的丛集和热新增（Hot-Add）处理器功能可协助改善可用性，而整合的身份识别管理功能可协助改善安全性，利用虚拟化授权权限整合应用程序，则可减少基础架构的成本，因此 Windows Server 2008 Enterprise 能为高度动态、可扩充的 IT 基础架构提供良好的基础。

③ Windows Server 2008 Datacenter。提供的企业级平台，可在小型和大型服务器上部署具体业务关键性的应用程序及大规模的虚拟化。此版本也可支持 2~64 颗处理器，因此能够提供良好的基础，用以构建企业级虚拟化以及扩充解决方案。

④ Windows Web Server 2008。是特别为单一用途 Web 服务器而设计的系统，而且是建立在下一代 Windows Server 2008 中坚若磐石的 Web 基础架构功能的基础上，还整合了重新设计架构的 IIS7.0、ASP.NET 和 Microsoft.NET Framework，以便提供任何企业快速部署网页、网站、Web 应用程序和 Web 服务。

⑤ Windows Server 2008 for Itanium-Based Systems。针对大型数据库、各种企业和自定义应用程序进行最佳化，可提供高可用性和多达 64 颗处理器的可扩充性，能符合高要求且具关键性的解决方案的需求。

二、网络操作系统的选用原则

网络操作系统对于网络的应用、性能有着至关重要的影响，选择一个合适的网络操作系统，既能实现建设网络的目标，又能省钱、省力，提高系统的效率。

网络操作系统的选择要从网络应用出发，分析所设计的网络到底需要提供什么服务，然后分析各种操作系统提供这些服务的性能与特点，最后确定使用何种网络操作系统。网络操作系统的选择应遵守以下一些原则。

1. 标准化

网络操作系统的设计、提供的服务应符合国际标准，尽量减少使用企业专用标准，这有利于系统的升级和应用的迁移，最大限度、最长时间保护用户投资。采用符合国际标准开发的网络操作系统，并支持国际标准的网络服务，可以保证异构网络的兼容性，即在一个网络中存在多个操作系统时，能够充分实现资源的共享和服务的互容。

2. 可靠性

网络操作系统是保护网络核心设备——服务器正常运行，提供关键任务服务的软件系统，它应具有健壮性、可靠性、容错性等，可提供 365 天 24 小时全天服务。因此，选择技术先进、产品成熟、应用广泛的网络操作系统，可以保证其具有良好的可靠性。

3. 安全性

网络环境更加易于病毒的传播和黑客攻击，保证网络操作系统不易受到侵扰，应选择健壮的，并能提供各种级别的安全管理（如用户管理、文件权限管理、审核管理等）的网络操作系统。各个网络操作系统都自带安全服务，例如 UNIX，Linux 网络操作系统提供了用户账号、文件系统权限和系统日志文件，Netware 提供了四级的安全系统：登录安全、权限安全、属性安全、服务安全，Windows NT/2008Server 提供了用户账号、文件系统权限、Registry 保护、审核、性能监视等基本安全机制。

4. 网络应用服务的支持

网络操作系统应能提供全面的网络应用服务，例如 Web 服务、FTP 服务、DNS 服务等，并能良好地支持第三方应用系统，从而保证提供完整的网络应用。

5. 易用性

用户在选择网络操作系统时，应选择易管理、易操作的网络操作系统，提高管理效率。

总之，选用操作系统时要考虑自身的可靠性、易用性、安全性及网络应用的需要。

三、Windows Server 2008 安装前的准备

Windows Server 2008 是一种多任务的网络操作系统，可以按照网络需要，以集中或分布的方式担当各种服务器角色，如 Web 服务器、DHCP 服务器、FTP 服务器、流媒体服务器等。用户可以通过不同的方式来安装 Windows Server 2008，但是实施安装之前必须做好充分的准备工作。另外，Windows Server 2008 对计算机的硬件配置要求较高，表 6-1 列出了 Windows Server 2008 系统要求。

表 6-1　Windows Server 2008 系统的需求

相关信息	具 体 说 明
处理器	最低 1.0GHz x86 或 1.4GHz x64，推荐 2.0GHz 或更高，安腾版则需要 Itanium 2
内存	最低 512MB，推荐 2GB 或更多
内存最大支持	32 位标准版 4GB、企业版和数据中心版 64GB、64 位标准版 32GB、其他版本 2TB
硬盘	最少 10GB，推荐 40GB 或更多
	内存大于 16GB 的系统需要更多空间用于页面、休眠和转存储文件
备注	光驱要求 DVD-ROM，显示器要求至少 SVGA 800x600 分辨率或更高

注：Itanium 为 Intel 64 位处理器。

其他的硬件配置，如显示设备、网络配置器、光驱软驱、键盘鼠标等，均要保证与 Windows Server 2008 兼容。为了确保可以顺利安装 Windows Server 2008，开始安装之前必须做好如下准备工作。

① 切断非必要的硬件连接：如果当前计算机正在与打印机、扫描仪、UPS（管理连接）等非必要设备连接，则在运行安装程序之前请将其断开，因为安装程序将自动监测连接到计算机串行端口的所有设备。

② 查看硬件和软件兼容性：为升级启动安装程序时，执行的第一个过程是检查计算机硬件和软件的兼容性。安装程序在继续执行前将显示一个报告，使用该报告以及 Relnote.htm（位于安装光盘＼Dos 文件夹）中的信息来确定在升级前是否需要更新硬件、驱动程序或软件。可以通过访问网站“http//www.microsoft.com/windows/catalog/”,检查 WindowsCatalog 中的硬件和软件兼容性信息，判断是否兼容。

③ 检查系统日志错误：如果计算机中以前安装有 Windows2003/XP，建议使用“事件查看器”查看系统日志，寻找可能在升级过程中引发问题的最新错误或重复发生的错误。

④ 备份文件：如果从其他操作系统升级到 Windows Server 2008，建议在升级前备份当前的文件，包括含有配置信息（例如系统状态、系统分区和启动分区）的所有内容，以及所有的用户和相关数据。建议将文件备份到各种不同的媒体，例如，备份到磁盘驱动器或网络上其他计算机的硬盘，而尽量不要保存在本地计算机的其他非系统分区。

⑤ 重新格式化硬盘：虽然 Windows Server 2008 在安装过程中可以进行分区和格式化，但是，如果在安装前就完成这项工作，那么，在执行新的安装时，磁盘的效率有可能得到提高（与不执行重新格式化相比）。另外，重新分区和格式化时，还可以根据自己的需要调整磁盘分区的大小和数量，以便更好地满足要求。

四、DNS 服务

众所周知，在网络中唯一能够用来标识计算机身份和定位计算机位置的方式就是 IP 地址，但网络中往往存在许多服务器，如 E-mail 服务器、Web 服务器、FTP 服务器等，记忆这

些纯数字的 IP 地址不仅枯燥无味，而且容易出错。通过 DNS 服务器，将这些 IP 地址与形象易记的域名一一对应，用户在访问服务器或网站时使用简单易记的域名即可。

1. **域名空间与 Zone**

域名系统（DNS）是一种采用客户/服务器机制，实现名称与 IP 地址转换的系统，是由名字分布数据库组成的，它建立了叫做域名空间的逻辑树结构，是负责分配、改写、查询域名的综合性服务系统，该空间中的每个结点或域都有唯一的名字。

（1）DNS 的域名空间规划

要在 Internet 上使用自己的 DNS，将企业网络与 Internet 能够很好地整合在一起，实现局域网与 Internet 的相互通信，用户必须先向 DNS 域名注册颁发机构申请合法的域名，获得至少一个可在 Internet 上有效使用的 IP 地址，这项业务通常可由 ISP 代理。如果准备使用 Active Directory，则应从 Active Directory 设计着手，并用适当的 DNS 域名空间支持它。

若要实现其他网络服务（如 Web 服务、E-mail 服务等），那么 DNS 服务是必不可少的。没有 DNS 服务，就无法将域名解析为 IP 地址，客户端也就无法享受相应的网络服务。若欲实现服务器的 Internet 发布，就必须申请合法的 DNS 域名。

（2）DNS 服务器的规划

确定网络中需要的 DNS 服务器的数量及其各自的作用，根据通信负载、复制和容错问题，确定在网络上放置 DNS 服务器的位置。为了实现容错，至少应该对每个 DNS 区域使用两台服务器，一个是主服务器，另一个是备份或辅助服务器。在单个子网环境中的小型局域网上仅使用一台服务器时，可以配置该服务器扮演区域的主服务器和辅助服务器两种角色。

（3）DNS 域名空间

组成 DNS 系统的核心是 DNS 服务器，它的作用是回答域名服务查询，它允许为私有 TCP/IP 网络和连接公共 Internet 的用户，保存了包含主机名和相应 IP 地址的数据库。例如，如果提供了域名：www.sxgy.cn，DNS 服务器将返回网站的 IP 地址 218.26.3.6。

DNS 是一种看起来与磁盘文件系统的目录结构类似的命名方案，域名也通过使用句点“.”分隔每个分支来标识一个域在逻辑 DNS 层次中相对于其父域的位置。但是，当定位一个文件位置时，是从根目录到子目录再到文件名，如 c:\windows\win.exe；而当定位一个主机名时，是从最终位置到父域再到根域，如 microsoft.com。

图 6-1 显示了顶级域的名字空间及下一级子域之间的树形结构关系，每一个结点以及其下的所有结点叫做一个域，域可以有主机（计算机）和其他域（子域）。例如，在该图中，www.sanxia.net.cn 就是一个主机，而 sanxia.net.cn 则是一个子域。一般在子域中会含有多个主机，例如在图中的 sanxia.net.cn 子域下就含有 mail.sanxia.net.cn、www.sanxia.net.cn 以及 ftp.sanxia.net.cn 三台主机。

域名和主机名只能用字母“a”～“z”（在 Windows 服务器中大小写等效，而在 UNIX 中则不同）、数字“0”～“9”和连线“-”组成，其他公共字符，如连接符“&”、斜杠“/”、句点“.”和下划线“_”都不能用于表示域名和主机名。

① 根域：代表域名命名空间的根，这里为空。

② 顶级域：直接处于根域下面的域，代表一种类型的组织或一些国家。在 Internet 中，顶级域由 InterNIC（Internet Network Information Center）进行管理和维护。

③ 二级域：在顶级域下面，用来标明顶级域以内的一个特定的组织。在 Internet 中，二级域也是由 InterNIC 负责管理和维护。

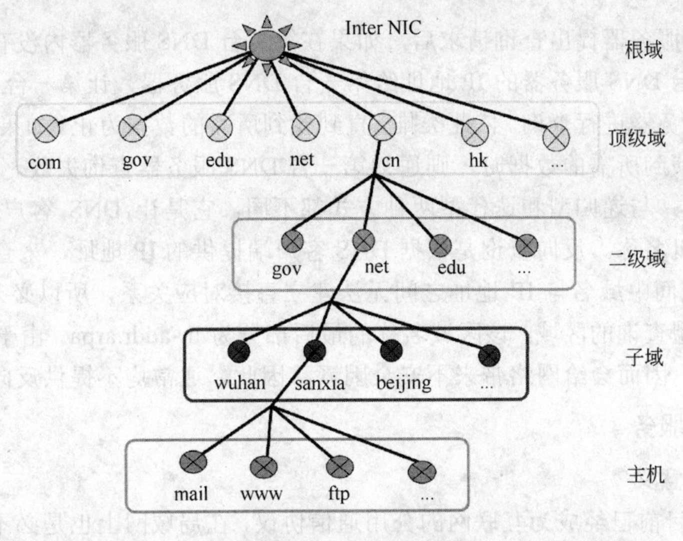

图 6-1 DNS 的组成

④ 子域：在二级域的下面所创建的域，它一般由各个组织根据自己的需求与要求，自行创建和维护。

⑤ 主机：是域名命名空间中的最下面一层，它被称之为完全合格的域名（Fully Qualified Domain Name，FQDN），在 Windows 2008 下运行“hostname”命令，便可以查看该主机的主机名，例如 www.sanxia.net.cn 就是一个完全合格的域名。

（4）Zone（区域）

区域（Zone）是一个用于存储单个 DNS 域名的数据库，它是域名称空间树状结构的一部分，它将域名空间分区为较小的区段，DNS 服务器是以 Zone 为单位来管理域名空间的，Zone 中的数据保存在管理它的 DNS 服务器中。

在现有的域中添加子域时，该子域既可以包含在现有的 Zone 中，也可以为它创建一个新 Zone 或包含在其他 Zone 中。一个 DNS 服务器可以管理一个或多个 Zone，一个 Zone 也可以由多个 DNS 服务器来管理。用户可以将一个域划分成多个区域分别进行管理，以减轻网络管理的负担。

启动区域传输和复制：用户可以通过多个 DNS 服务器，提高域名解析的可靠性和容错性，当一台 DNS 服务器发生问题时，用其他 DNS 服务器提供域名解析。这就需要利用区域复制和同步方法，保证管理区域的所有 DNS 服务器中域的记录相同。

2. DNS 的查询模式

当客户机需要访问 Internet 上某一主机时，首先向本地 DNS 服务器查询对方的 IP 地址，往往本地 DNS 服务器继续向另外一台 DNS 服务器查询，直到解析出需访问主机的 IP 地址，这一过程称为查询。

DNS 查询模式有三种，即递归查询、迭代查询和反向查询。

① 递归查询（Recursive Query）：递归查询，是指 DNS 客户端发出查询请求后，如果 DNS 服务器内没有所需的数据，则 DNS 服务器会代替客户端向其他的 DNS 服务器进行查询。在这种方式中，DNS 服务器必须向 DNS 客户端做出回答。一般由 DNS 客户端提出的查询请求，都是递归型的查询方式。目前通常采用递归查询方式。

② 迭代查询：多用于 DNS 服务器与 DNS 服务器之间的查询方式。当第一台 DNS 服务

器向第二台 DNS 服务器提出查询请求后，如果在第二台 DNS 服务器内没有所需要的数据，则它会提供第三台 DNS 服务器的 IP 地址给第一台 DNS 服务器，让第一台 DNS 服务器直接向第三台 DNS 服务器进行查询。依此类推，直到找到所需的数据为止。如果到最后一台 DNS 服务器中还没有找到所需的数据时，则通知第一台 DNS 服务器查询失败。

③ 反向查询：与递归型和迭代型两种方式都不同，它是让 DNS 客户端利用自己的 IP 地址查询它的主机名称。反向查询是依据 DNS 客户端提供的 IP 地址，来查询它的主机名。由于 DNS 名字空间中域名与 IP 地址之间无法建立直接对应关系，所以必须在 DNS 服务器内创建一个反向型查询的区域，该区域名称的最后部分为 in-addr.arpa。由于反向查询会占用大量的系统资源，因而会给网络带来不安全因素，因此，通常均不提供反向查询。

五、DHCP 服务

1. DHCP 的意义

TCP/IP 协议目前已经成为互联网的公用通信协议，在局域网上也是必不可少的协议。用 TCP/IP 协议进行通信时，每一台计算机（主机）都必须有一个 IP 地址用于在网络上标识自己。对于一个设立了因特网服务的组织机构，由于其主机对外开放了诸如 WWW、FTP、E-mail 等访问服务，通常要对外公布一个固定的 IP 地址，以方便用户访问。如果 IP 地址由系统管理员在每一台计算机上手动进行设置，把它设定为一个固定的 IP 地址时，就称为静态 IP 地址方案。当然，数字 IP 不便记忆和识别，人们更习惯于通过域名来访问主机，而域名实际上仍然需要被域名服务器（DNS）翻译为 IP 地址。

而对于大多数拨号上网的用户，由于其上网时间和空间的离散性，为每个用户分配一个固定的静态 IP 地址是不现实的，如果 ISP（Internet Service Provider,互联网服务供应商）有 10000 个用户，就需要 10000 个 IP 地址，这将造成 IP 地址资源的极大浪费。据统计，我国申请的 IP 地址和高速增长的网民极度不匹配，即将面临 IP 地址枯竭的问题。

在局域网中，对于网络规模较大的用户，系统管理员给每一台计算机分配 IP 地址的工作量就会很大，而且常常会因为用户不遵守规则而出现错误，例如导致 IP 地址的冲突等。同时在把大批计算机从一个网络移动到另一网络，或者改变部门计算机所属子网时，同样存在改变 IP 地址的工作量大的问题。

DHCP 就是因此应运而生的，采用 DHCP 的方法配置的计算机 IP 地址的方案称为动态 IP 地址方案。在动态 IP 地址方案中，每台计算机并不设置固定的 IP 地址，而是在计算机开机时才被分配一个 IP 地址，这样可以解决 IP 地址不够用的问题。

DHCP 是采用客户端/服务器（Client/Server）模式，有明确的客户端和服务器角色的划分。分配到 IP 地址的计算机被称为 DHCP 客户端（DHCP Client），负责给 DHCP 客户端分配 IP 地址的计算机称为 DHCP 服务器。

2. DHCP 动态主机配置协议

DHCP 是 BOOTP 的增强版本，此协议从两个方面对 BOOTP 进行有力的扩充：第一，DHCP 可使计算机通过一个消息获取它所需要的配置信息，例如：一个 DHCP 报文除了能获得 IP 地址，还能获得子网掩码、网关等；第二，DHCP 允许计算机快速动态获取 IP 地址，为了使用 DHCP 的动态地址分配机制，管理员必须配置 DHCP 服务器，使得它能够提供一组 IP 地址。任何时候一旦有新的计算机联网，新的计算机将与服务器联系并申请一个 IP 地址。服务器从管理员指定的 IP 地址中选择一个地址，并将它分配给该计算机。

DHCP 允许有三种类型的地址分配。

（1）自动分配方式

当 DHCP 客户端第一次成功的从 DHCP 服务器端租用到 IP 地址之后，就永远使用这个地址。

（2）动态分配方式

当 DHCP 第一次从 DHCP 服务器端租用到 IP 地址之后，并非永久地使用该地址，只要租约到期，客户端就得释放这个 IP 地址，以给其他工作站使用。当然，客户端可以比其他主机更优先地更新租约，或是租用其他的 IP 地址。

（3）由网络管理者以手动的方式来指定

若 DHCP 配合 WINS 服务器使用，则电脑名称与 IP 地址的映射关系可以由 WINS 服务器来自动处理。

3. DHCP 的工作过程

DHCP 客户端为了分配地址，和 DHCP 服务器进行报文交换的过程如下。

（1）发现阶段

发现阶段即 DHCP 客户端寻找 DHCP 服务器的阶段。DHCP 客户端以广播方式发送 DHCP DISCOVER 发现信息，用来寻找 DHCP 服务器（因为 DHCP 服务器的 IP 地址对于用户端来说是未知的），即向地址 255.255.255.255 发送特定的广播信息。网络上每一台安装了 TCP/IP 协议的主机都会接收到这种广播信息，但只有 DHCP 服务器才会做出响应。

（2）提供阶段

提供阶段即 DHCP 服务器提供 IP 地址的阶段。在网络中接收到 DHCP DISCOVER 发现信息的 DHCP 服务器都会做出响应，它从尚未出租的 IP 地址中挑选一个分配给 DHCP 客户端，向 DHCP 客户端发送一个包含出租的 IP 地址和其他设置的 DHCP OFFER 提供信息。

（3）选择阶段

选择阶段即 DHCP 客户端选择某台 DHCP 服务器提供的 IP 地址的阶段。如果有多台 DHCP 服务器向 DHCP 客户端发来的 DHCP OFFER 提供信息，则 DHCP 客户端只接受第一个收到的 DHCP OFFER 提供信息，然后就以广播方式回答一个 DHCP REQUEST 请求信息，该信息中包含向它所选定的 DHCP 服务器请求 IP 地址的内容。之所以要以广播方式回答，是为了通知所有的 DHCP 服务器，它将选择某台 DHCP 服务器所提供的 IP 地址。

（4）确认阶段

确认阶段即 DHCP 服务器确认所提供的 IP 地址的阶段。当 DHCP 服务器收到 DHCP 客户端回答的 DHCP REQUEST 请求信息之后，它便向 DHCP 客户端发送一个包含它所提供的 IP 地址和其他设置的 DHCP ACK 确认信息，告诉 DHCP 客户端可以使用它所提供的 IP 地址。DHCP 客户端便将其 TCP/IP 协议与网卡绑定，另外，除 DHCP 客户端选中的服务器外，其他的 DHCP 服务器都将收回曾提供的 IP 地址。

任务实施

步骤一、安装 Windows Server 2008

做好规划后就可以从 CD-ROM 启动开始全新安装阶段。安装过程分为如下几个阶段：

文本模式安装、图像模式安装和网络配置安装，本节以光盘安装方式为例介绍安装过程。在安装过程中，需要用户干预的地方不多，只需掌握几个关键点即可顺利完成安装。具体操作步骤如下。

① 从光盘引导计算机：如果计算机的CMOS设置为从光盘(CD-ROM)引导，将 Windows Server 2008 安装光盘置于光驱内并重新启动。如果硬盘内没有安装任何操作系统，计算机便会直接从光盘启动到安装界面；如果硬盘内安装有其他操作系统，计算机就会显示“Press any key to boot from CD……”的提示信息，此时在键盘上按任意键，才可从 CD-ROM 启动。

② 准备安装加载文件：从光盘启动后，计算机首先从光盘中读取必需的启动文件，这时会进入加载文件的界面，如图 6-2 所示。

③ 语言和其他首选项设置：进入语言、时间及键盘的首选界面，如图 6-3 所示，在此选择中文安装后单击“下一步”按钮。

图 6-2 加载文件

图 6-3 首选界面

④ 进入安装界面：在接下来的安装界面中，可以选择“现在安装”、“安装 Windows 须知”、“修复计算机”，在此选择“现在安装”，如图 6-4 所示。

⑤ 选择版本：稍后进入选择安装版本的界面，如图 6-5 所示，在此选择“Windows Server 2008 Standard（完全安装）”。

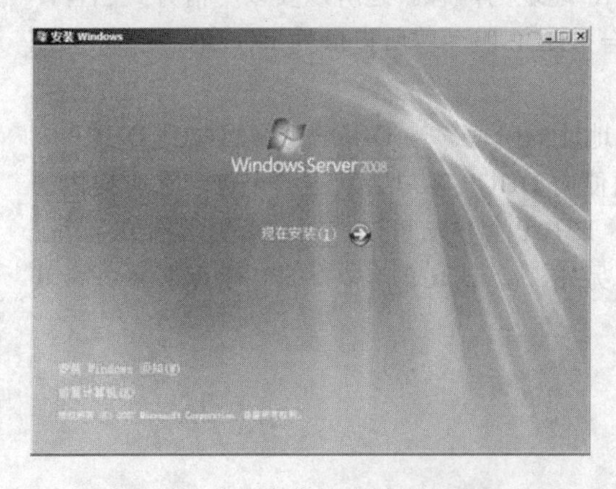

图 6-4 选择安装

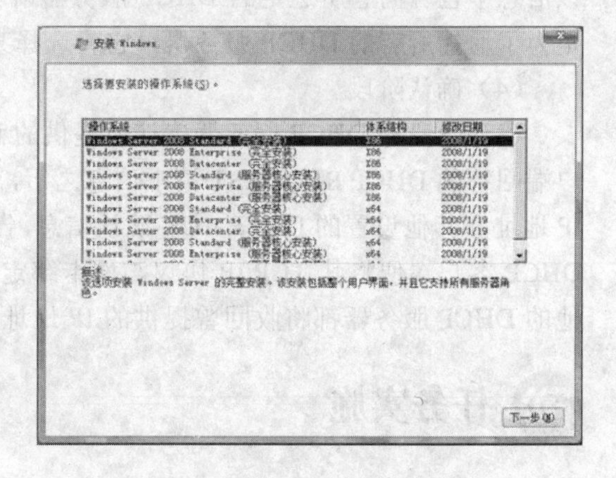

图 6-5 选择版本

⑥ 许可条款：接下来出现许可条款的界面，如图 6-6 所示，选中“我接受许可条款”

复选框，单击“下一步”按钮。

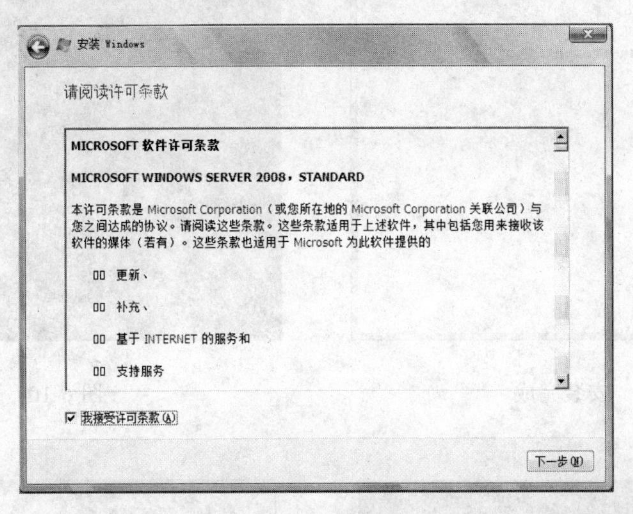

图 6-6　许可条款

⑦ 选择安装模式：进入选择安装模式的界面，如图 6-7 所示，由于是第一次安装，“升级”被禁用，选择“自定义（高级）”安装模式。

⑧ 磁盘分区：进入磁盘空间的界面，在这里要对磁盘进行分区，可以选择“驱动器选项（高级）”，然后选择“新建”，输入分区的大小后单击“应用”按钮，如图 6-8 所示。

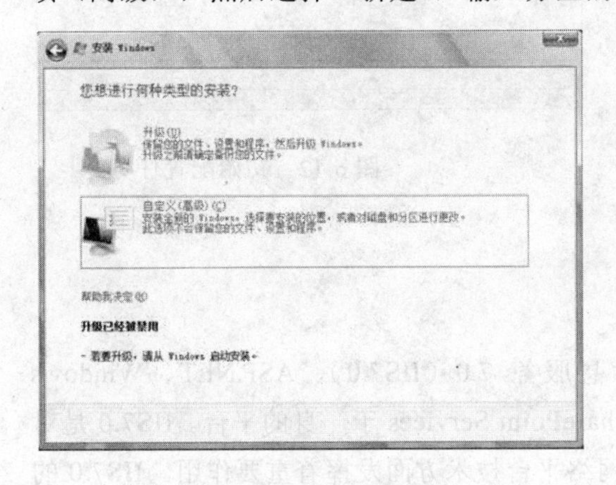

图 6-7　选择安装模式

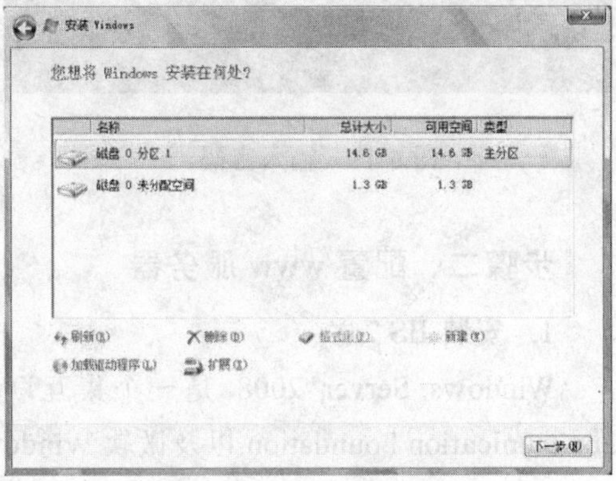

图 6-8　磁盘分区

⑨ 选择安装分区：选择要安装的分区，单击“下一步”按钮，系统就会自动进行复制文件、展开文件、安装功能、安装更新，重启几次后完成安装，如图 6-9 所示。

⑩ 更改密码：安装完成后计算机将重新启动，会出现提示更改密码的界面，如图 6-10 所示。

⑪ 单击确定按钮后，会出现设置密码的界面，如图 6-11 所示。

⑫ 设置完密码后将会准备桌面环境，然后将会看到如图 6-12 所示初始配置任务对话框。

注意：由于 Windows Server 2008 提高了系统的安全性，要求设置强类型密码，所以密码必须包含字母、数字和特殊字符，否则设置不能成功。

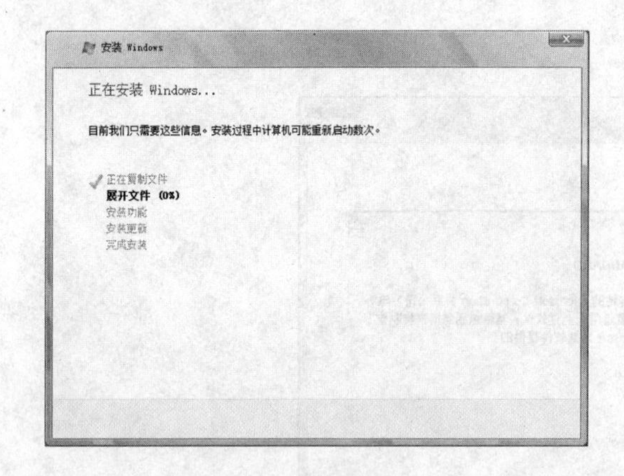

图 6-9 安装完成

图 6-10 更改密码提示

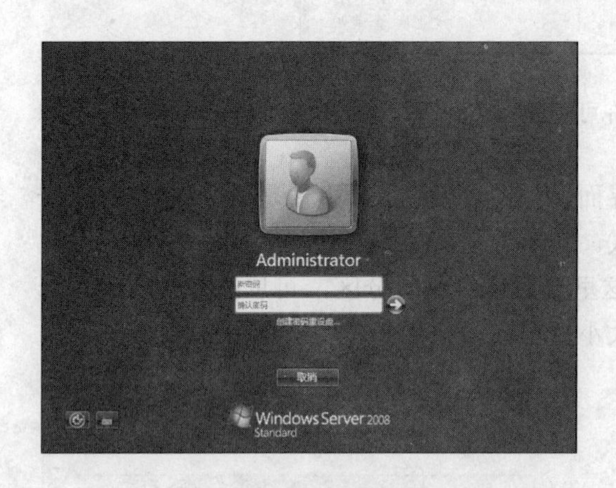

图 6-11 输入密码

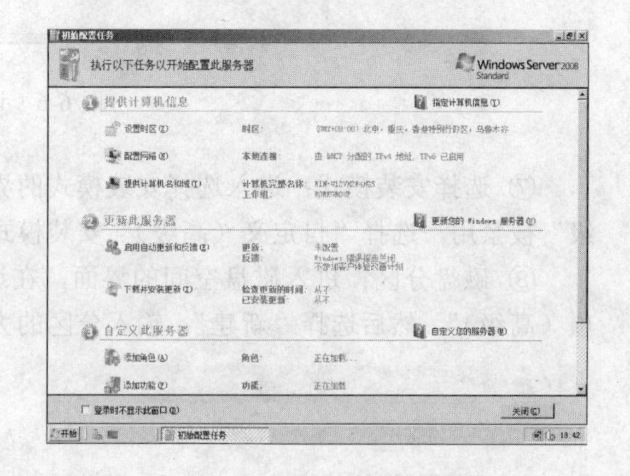

图 6-12 初始配置任务

步骤二、配置 www 服务器

1. 安装 IIS 7.0

Windows Server 2008 是一个集互联网信息服务 7.0（IIS7.0）、ASP.NET、Windows Communication Foundation 以及微软 Windows SharePoint Services 于一身的平台。IIS7.0 是对现有的 IIS Web 服务器的重大改进，并在集成网络平台技术方面发挥着重要作用。IIS7.0 的主要特征包括更加有效的管理工具、提高安全性能以及减少的支持费用。这些特征使集成式的平台能够为网络解决方案提供集中式的、连贯性的开发与管理模型。

在 Windows Server 2008 中 Web 服务器（IIS）的具体安装步骤如下：

① 单击“开始”→“程序”→“管理工具”→“服务器管理器”命令，打开 Windows Server 2008 的服务器管理器，如图 6-13 所示；

② 在“服务器管理器”的“角色摘要”中选择“添加角色”选项，将会出现“添加角色向导”，如图 6-14 所示；

③ 单击“下一步”按钮，将会出现服务器列表，如图 6-15 所示，选中“Web 服务器”复选框，再单击“下一步”按钮，将会出现添加角色的向导；

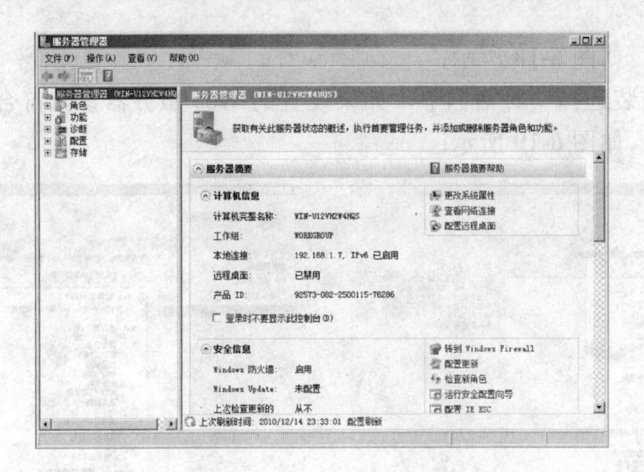

图 6-13　服务器管理器

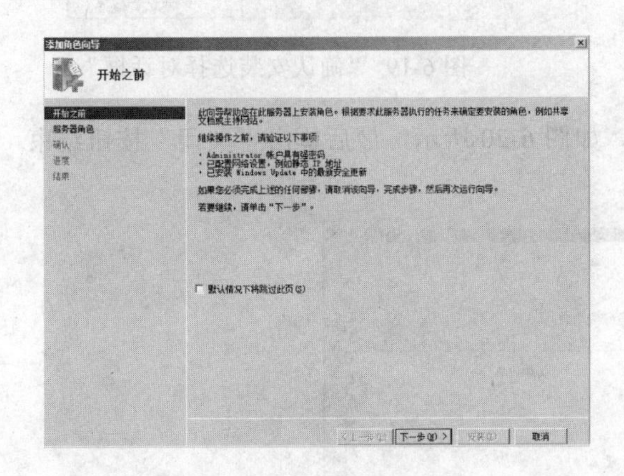

图 6-14　添加角色向导

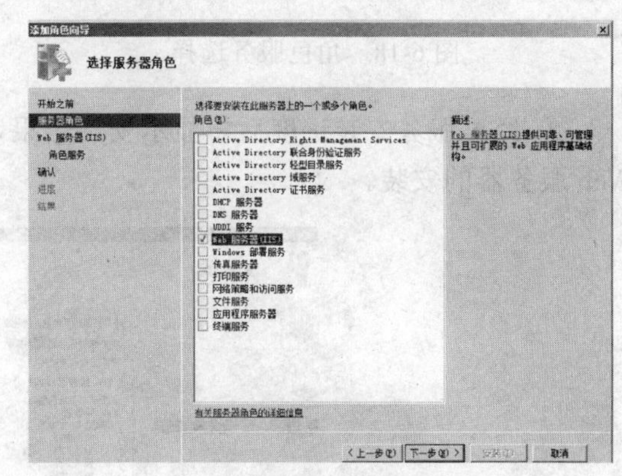

图 6-15　选择服务器角色

④ 在询问是否添加 IIS 所需功能的对话框中单击“添加必需的功能”按钮才能继续向导，如图 6-16 所示；

⑤ 出现 Web 服务器的介绍界面，如图 6-17 所示，阅读完毕后单击“下一步”按钮；

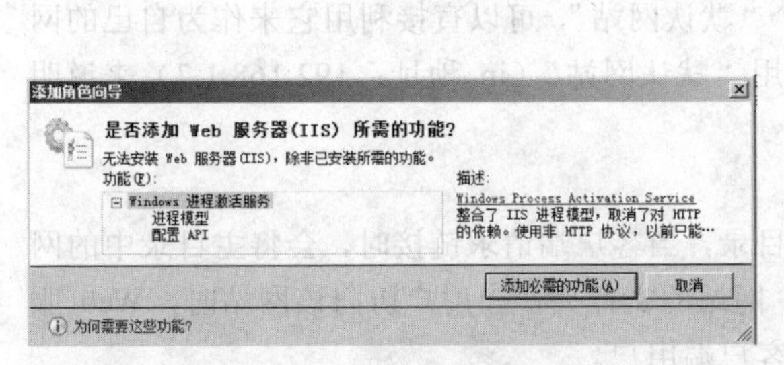

图 6-16　添加角色向导

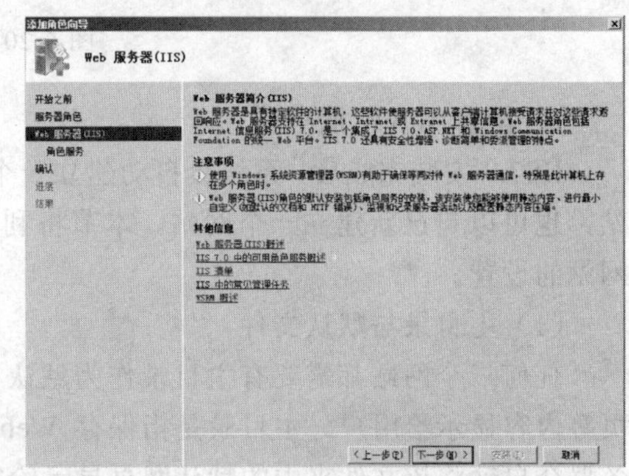

图 6-17　服务器简介

⑥ 在“角色服务”列表框中，可以根据网站所采用的技术选择其支持的功能，然后单

击“下一步”按钮，如图 6-18 所示；

⑦ 在“确认安装选择”对话框中，如果设置的 Web 服务器参数符合要求，则单击“安装”按钮正式安装，如图 6-19 所示；

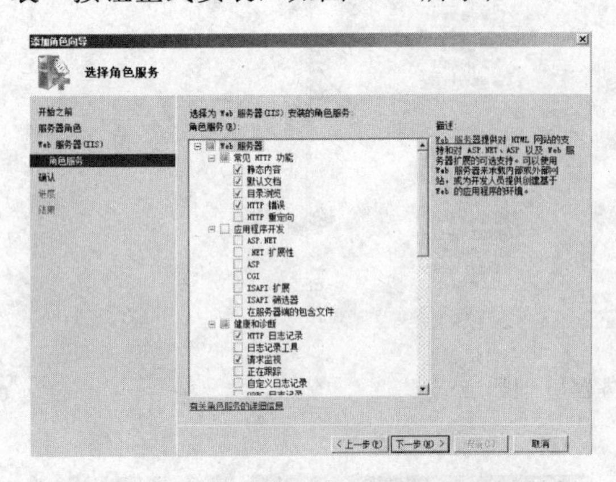

图 6-18　角色服务选择

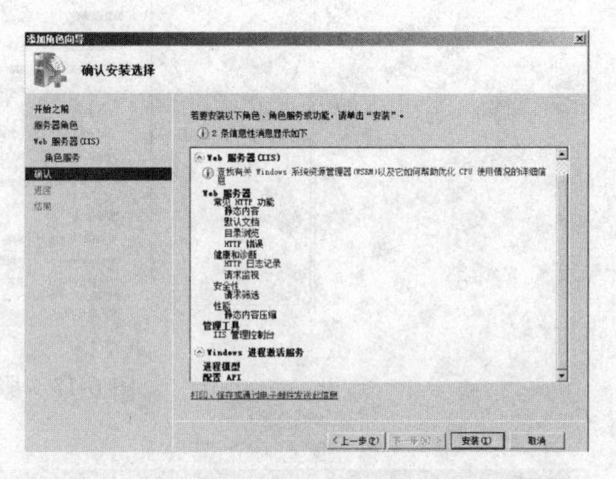

图 6-19 “确认安装选择对话框”

⑧ 经过服务安装进度后将显示安装结果，如图 6-20 所示，最后单击“关闭”按钮结束 Web 服务器的安装。

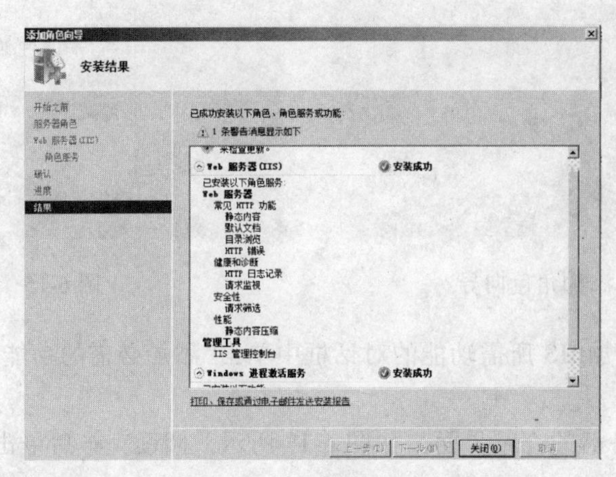

图 6-20　安装结果

2. 配置 WWW 服务器

IIS7.0 安装完成后，系统会自动建立一个“默认网站”，可以直接利用它来作为自己的网站，也可以自己新建立一个网站。本节将利用“默认网站”（ip 地址：192.168.1.7）来说明网站的设置。

（1）主目录与默认文件

任何一个网站都需要有主目录作为默认目录，当客户端请求链接时，会将主目录中的网页等内容显示给用户。主目录是指保存 Web 网站的文件夹，当用户访问该网站时，Web 服务器会自动将该文件夹中的默认网页显示给客户端用户。

默认的网站主目录是 LocalDrive:\Inetpub\wwwroot（LocalDrive 就是安装 Windows Server 2008 的磁盘驱动器），可以使用 IIS 管理器或通过直接编辑 MetaBase.xml 文件来更改网站的主目录。当用户访问默认网站时，WWW 服务器会自动将其主目录中的默认网页传送给用户的浏览器。但在实际应用中通常不采用该默认文件夹，因为将数据文件和操作系统放在同一磁盘分区中，会出现失去安全保障和系统安装、恢复不太方便等问题，并且当保存大量音视频文件时，可能造成磁盘或分区的空间不足。所以最好将作为数据文件的Web主目录保存在其他硬盘或非系统分区中。

（2）主目录的设置

设置主目录的具体操作步骤如下：

① 选择“Internet 信息服务管理器”→“网站”选择设置主目录的站点，在右侧窗格的“操作”选项卡中单击“基本设置”，显示如图 6-21 所示的“编辑网站”窗口，在“物理路径”文本框中显示的就是网站的主目录；

② 在物理路径文本框中输入Web站点的新主目录路径，或者单击浏览按钮选择，最后单击确定按钮保存即可。

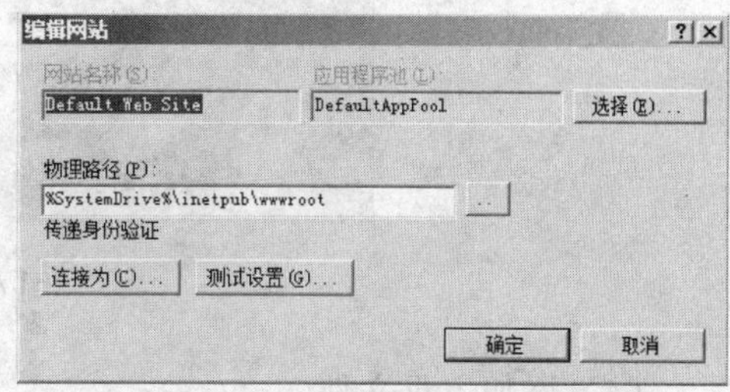

图 6-21 “编辑网站”窗口

（3）默认网页

通常情况下，Web 网站都需要有一个默认文档，当在IE浏览器中使用IP地址或域名访问时，Web服务器会将默认文档回应给浏览器，并显示内容。当用户浏览网页没有指定文档名时，例如输入的是 http://192.168.1.7，而不是 http://192.168.1.7/default.btm，IIS 服务器会把事先设定的默认文档返回给用户，这个文档就称为默认页面。

利用IIS 7.0搭建Web网站时，默认文档的文件名有五种，分别为：default.htm、default.asp、index.htm、index.html 和 iisstart.htm，如图 6-22 所示，这也是一般网站中最常用的主页名。当然也可以由用户自定义默认网页文件。在访问时，系统会自动按顺序由上到下依次查找与之相对应的文件名。当客户浏览 http://192.168.1.7 时，IIS 服务器会先读取主目录下的 default.htm（排列在列表中最上面的文件），若在主目录内没有该文件，则依次读取后面的文件（default.asp 等）；

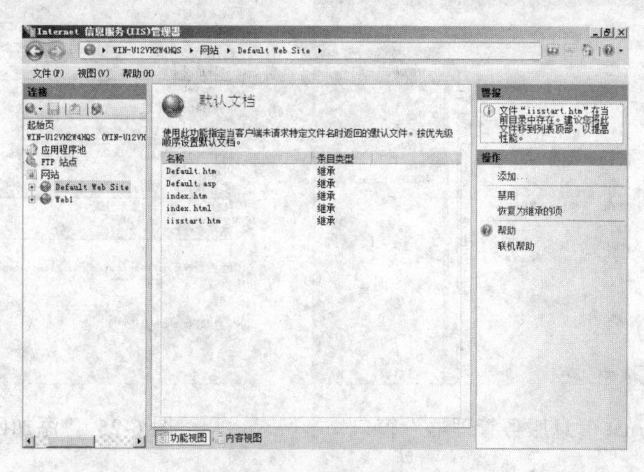

图 6-22 默认文档

由于这里系统默认的主目录 LocalDrive:\Inetpub\wwwroot 文件夹内，只有一个文件名为 iisstart.htm 的网页，因此客户浏览 http://192.168.1.7 时，IIS 服务器会将此网页传递给用户的浏览器，如图 6-23 所示。

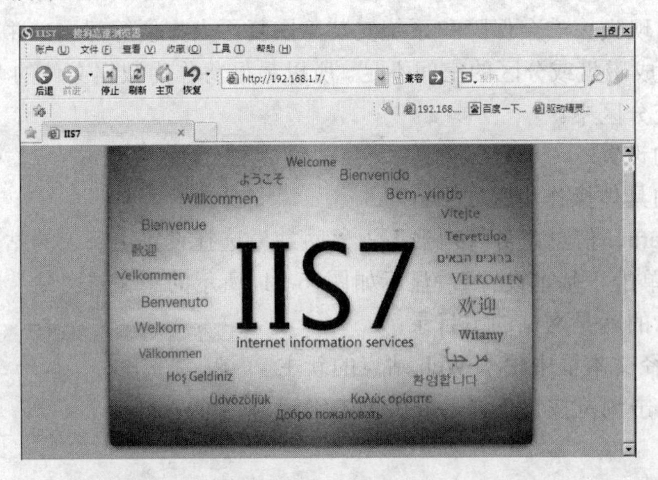

图 6-23 默认网页

（4）添加主页文件

IIS 7.0 采用默认的主目录，但是为了便于理解和方便学习，在 D 盘新建一个 Web 文件夹，存放了一个已经事先设计好的网站，主页文件名为 index.asp 的网页。添加主页文件的具体操作步骤如下。

① 单击“开始”→“程序”→“管理工具”→“Internet 信息服务（IIS）管理器”命令，打开“Internet 信息服务管理器”窗口，展开左侧窗格中的服务器目录树，如图 6-24 所示；

② 右击目录树中的服务器名，在弹出的快捷菜单中选择“添加网站”命令，打开“添加网站”对话框；

③ 在“网站名称（如 Web1）”和“物理路径（如 C:\myweb）”文本框中输入相应的内容，单击“确定”按钮，如图 6-25 所示；

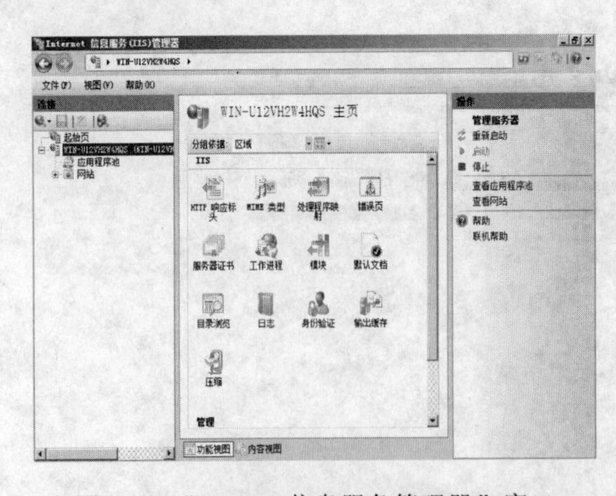

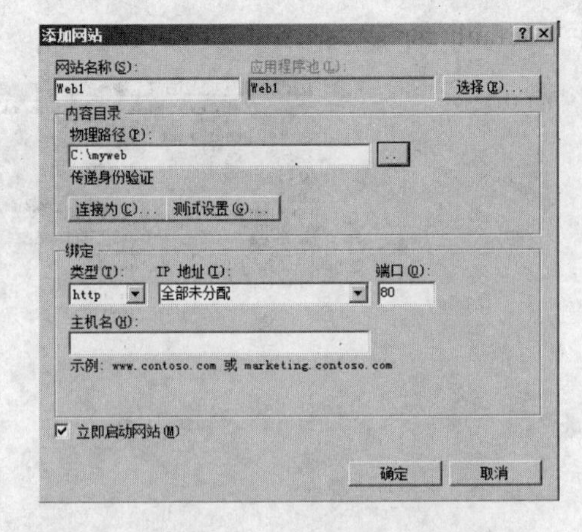

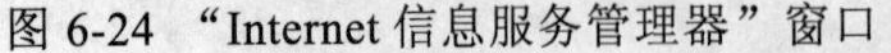
图 6-24 “Internet 信息服务管理器”窗口

图 6-25 “添加网站”对话框

④ 打开 Internet 信息服务管理器左侧窗格中的网站目录树，单击新建的网站名称，在中间窗格中显示新建网站的功能视图，如图 6-26 所示；

⑤ 双击视图功能窗格中的“默认文档”，在右侧操作窗格中单击“添加”，如图 6-27

所示；

⑥ 在弹出的“添加默认文档”对话框中输入网站主页的文件“名称”，单击“确定”按钮，在功能视图中将出现主页文件名；

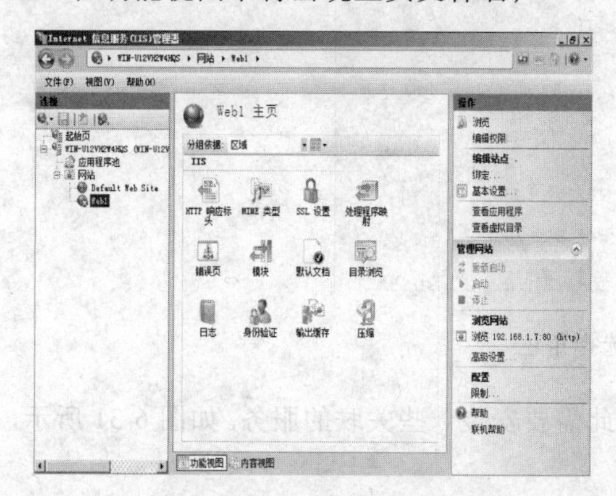

图 6-26 新建网站功能视图

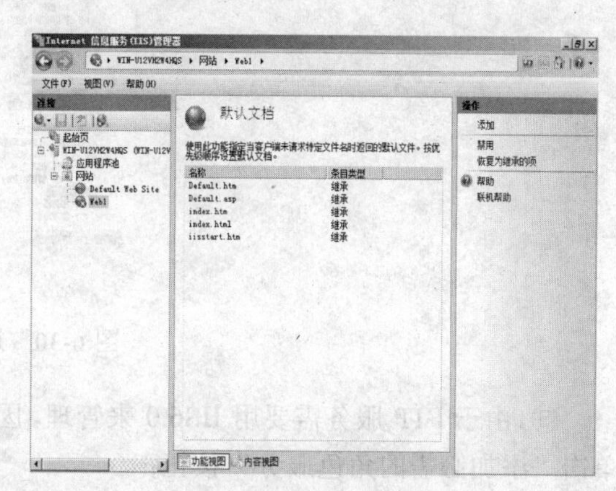

图 6-27 添加默认文档

⑦ 在浏览器地址栏中输入 URL，测试是否创建成功。

步骤三、配置 FTP 服务器

1. 安装与测试 FTP 站点

Windows Server 2008 中若要建立 FTP 站点，必须首先安装 FTP 服务和管理单元（默认 IIS7.0 安装不含 FTP 安装）。具体安装方法如下。

① 单击“开始”→“程序”→“管理工具”→“服务器管理器”命令，打开“服务器管理器”控制台窗口；

② 在“角色摘要”功能部分单击“Web 服务器（IIS）”，如图 6-28 所示；

③ 在“Web 服务器（IIS）”功能部分中单击“添加角色服务”，如图 6-29 所示；

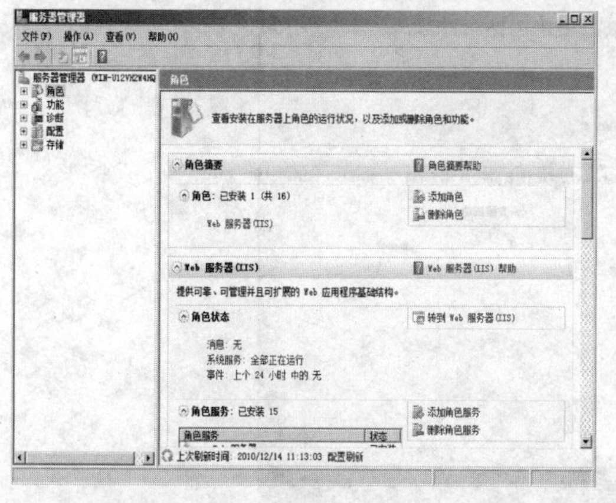

图 6-28 选择“Web 服务器（IIS）”

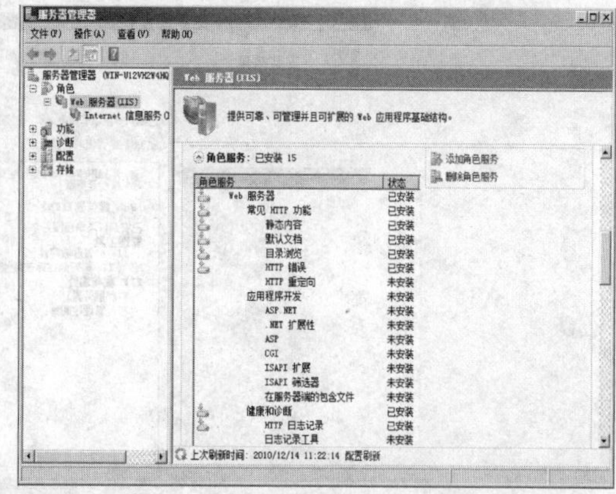

图 6-29 添加角色

④ 在“角色服务”下选中“FTP 发布服务”复选框，这将安装 FTP 服务和 FTP 管理控制台，如图 6-30 所示；

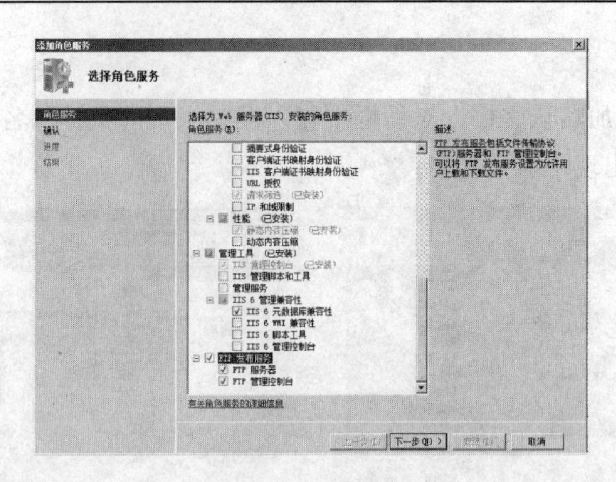

图 6-30 选择角色

⑤ 由于 FTP 服务需要用 IIS6.0 来管理，因此需要安装一些关联的服务。如图 6-31 所示，单击“添加必需的角色服务”按钮；

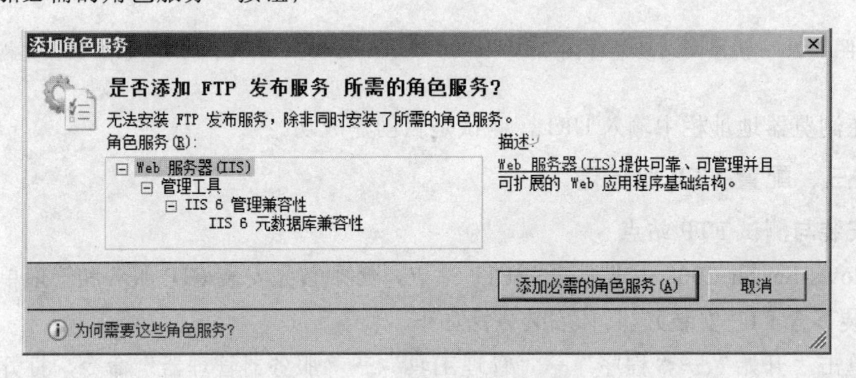

图 6-31 添加角色服务

⑥ 单击“下一步”按钮，在“确认安装选择”对话框中单击“安装”按钮。经过安装进度后，最后出现安装结果对话框，如图 6-32 单击“关闭”按钮完成安装。

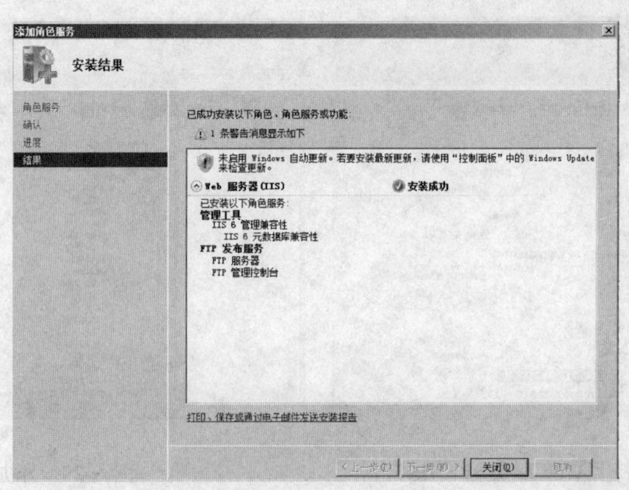

图 6-32 安装完成

安装完成后，可以通过 IIS 管理器来管理 FTP 站点。如图 6-33 所示，从图中可以看出已经有一个“默认 FTP 站点”。

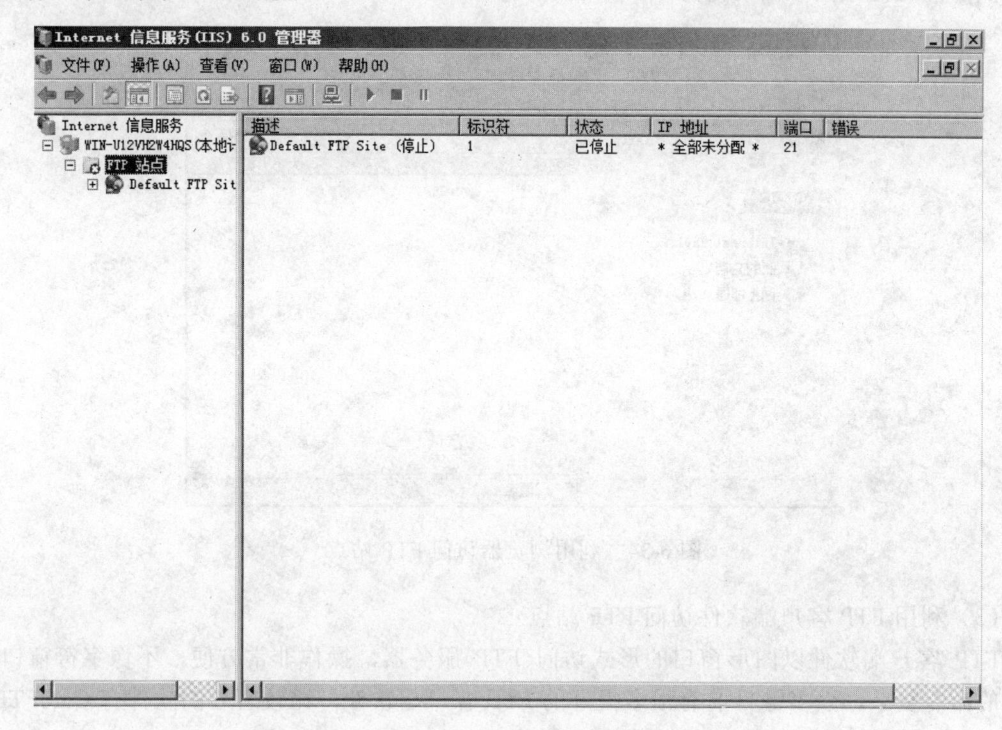

图 6-33　默认 FTP 站点

FTP 服务器安装成功后，可以测试默认 FTP 站点是否可以正常运行。以 ftp.cuteftp.com 站点为例，在其他计算机上采用以下三种方式来连接 FTP 站点。

（1）FTP 程序

操作如下：打开 DOS 命令提示符窗口，输入命令：ftp ftp.cuteftp.com，然后根据屏幕上的信息提示，在 User (ftp.cuteftp.com:(none))处输入匿名账户 anonymous，Password 处输入电子邮件账户或直接按回车键即可，也可以用“?”查看可供使用的命令。屏幕上的信息如下：

```
Microsoft Windows [版本 5.2.3790]
(C) 版权所有 1985-2003 Microsoft Corp.
C:\Documents and Settings\Administrator>cd\
C:\>ftp ftp.cuteftp.com
Connected to ftp.cuteftp.com.
220 GlobalSCAPE Secure FTP Server (DOWNLOADER 2)
User (ftp.cuteftp.com:(none)): anonymous
331 Password required for anonymous.
Password:
230 Login OK. Proceed.
ftp>
```

（2）利用浏览器访问 FTP 站点

Microsoft 的 Internet Explorer 和 Netscape 的 Navigator 也都将 FTP 功能集成到浏览器中，可以在浏览器地址栏输入一个 FTP 地址（如 ftp:// ftp.cuteftp.com）进行 FTP 匿名登录，如图

6-34 所示，这是最简单的访问方法。

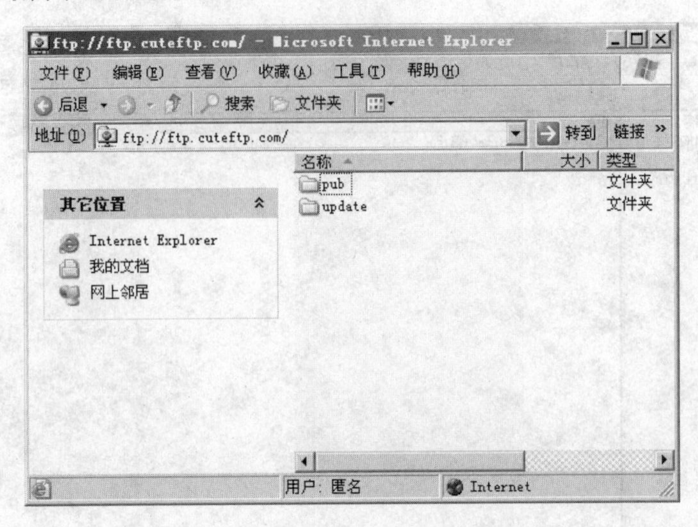

图 6-34 利用浏览器访问 FTP 站点

（3）利用 FTP 客户端软件访问 FTP 站点

FTP 客户端软件以图形窗口的形式访问 FTP 服务器，操作非常方便，不像字符窗口的 FTP 的命令复杂、繁多。目前有很多很好的 FTP 客户端软件，比较著名的软件有 CuteFTP、LeapFTP、FlashFXP 等。如图 6-35 所示，就是利用 CuteFTP 软件连接到 ftp.cuteftp.com 这个 FTP 站点，操作窗口与 windows 的资源管理器相似。

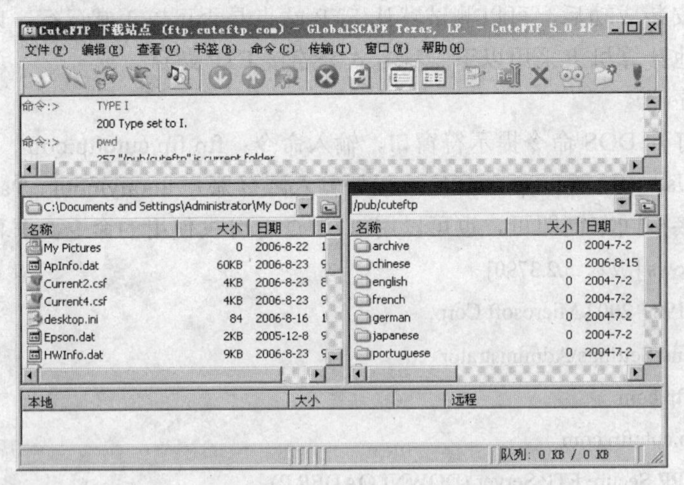

图 6-35 利用 FTP 客户端软件访问 FTP 站点

2. 配置 FTP 服务器

IIS 安装完成后，系统会自动建立一个“默认 FTP 站点”，可以直接利用它来作为自己的 FTP 站点，或者自己新建立一个 FTP 站点。本节将利用“默认 FTP 站点”（IP 地址：192.168.1.7）来说明 FTP 站点的配置。

（1）主目录与目录格式列表

计算机上每个 FTP 站点都必须有自己的主目录，可以设定 FTP 站点的主目录。选择“Internet 信息服务管理器”→“FTP 站点”→“默认 FTP 站点”选项，右击，选择“属性”

命令，弹出“默认 FTP 站点属性”对话框，选择“主目录”选项卡，如图 6-36 所示，有三个选项区域。

① “此资源的内容来源”选项区域：该选项卡有两个选项：

此计算机上的目录：系统默认 FTP 站点的默认主目录位于 LocalDrive:\inetpub\ftproot。

另一台计算机上的目录：将主目录指定到另外一台计算机的共享文件夹，同时需单击“连接为”按钮，来设置一个有权限存取此共享文件夹的用户名和密码，如图 6-37 所示。

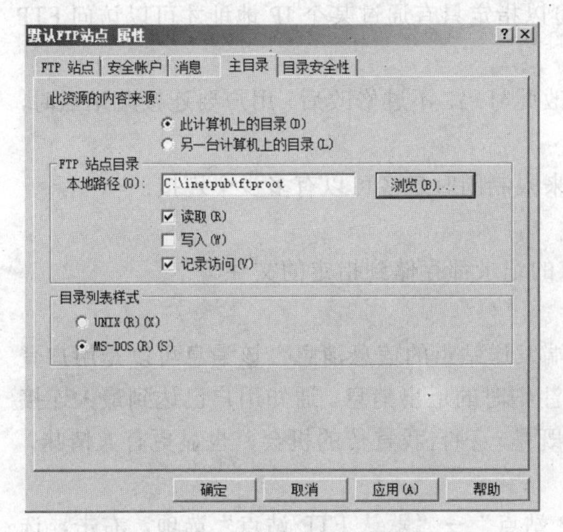

图 6-36 “主目录”选项卡

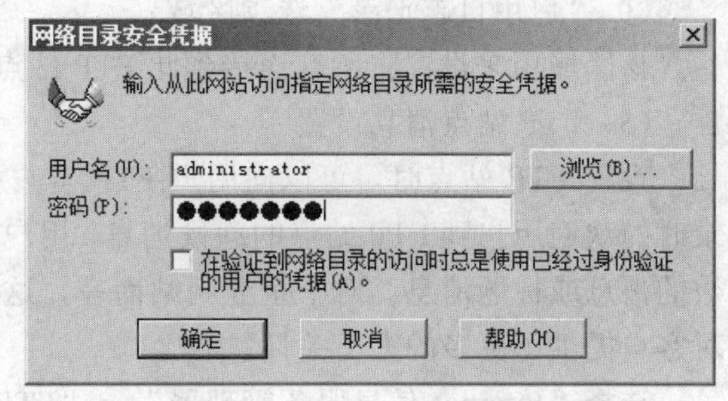

图 6-37 网络目录安全凭据

② “FTP 站点目录”选项区域:可以选择本地路径或者网络共享，同时可以设置用户的访问权限，共有三个复选框。

读取：用户可以读取主目录内的文件，例如可以下载文件。

写入：用户可以在主目录内添加、修改文件，例如可以上传文件。另外，创建虚拟目录或虚拟网站时，只对特权用户开放“写入”权限。

记录访问：启动日志，将连接到此 FTP 站点的行为记录到日志文件内。

③ “目录列表样式”选项区域:该区域用来设置如何将主目录内的文件显示在用户的屏幕上，有两种选择。

MS-DOS：这是默认选项，显示的格式如图 6-38 所示，以两位数字显示年份。

UNIX：显示的格式如图 6-39 所示，以四位数格式显示年份，如果文件日期与 FTP 服务器相同，则不会返回年份。

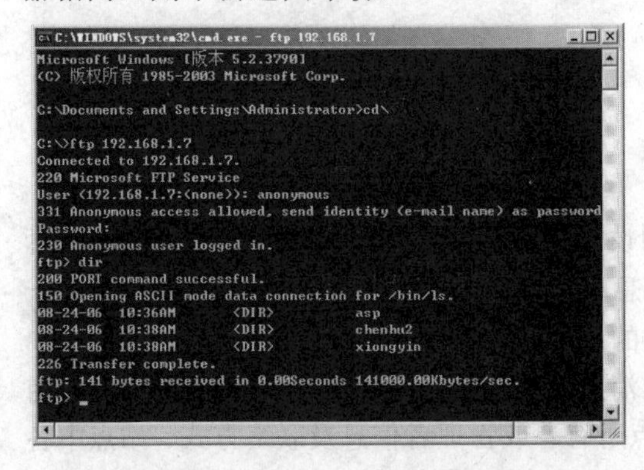

图 6-38 MS-DOS

```
C:\WINDOWS\system32\cmd.exe - ftp 192.168.1.7
Microsoft Windows [版本 5.2.3790]
(C) 版权所有 1985-2003 Microsoft Corp.

C:\Documents and Settings\Administrator>cd\

C:\>ftp 192.168.1.7
Connected to 192.168.1.7.
220 Microsoft FTP Service
User (192.168.1.7:(none)): anonymous
331 Anonymous access allowed, send identity (e-mail name) as password
Password:
230 Anonymous user logged in.
ftp> dir
200 PORT command successful.
150 Opening ASCII mode data connection for /bin/ls.
dr-xr-xr-x   1 owner    group               0 Aug 24 10:36 asp
dr-xr-xr-x   1 owner    group               0 Aug 24 10:38 chenhu2
dr-xr-xr-x   1 owner    group               0 Aug 24 10:38 xiongyin
226 Transfer complete.
ftp: 201 bytes received in 0.00Seconds 201000.00Kbytes/sec.
ftp>
```

图 6-39 目录列表是 UNIX

（2）FTP 站点标识、连接限制和日志记录

选择“Internet 信息服务管理器”→“FTP 站点”→“默认 FTP 站点”选项，右击，选择“属性”选项，弹出“默认 FTP 站点属性”对话框，选择“FTP 站点”选项卡，如图 6-40 所示，有三个选项区域。

① “FTP 站点标识”选项区域:该区域要为每一个站点设置不同的识别信息。

描述：可以在文本框中输入一些文字说明。

IP 地址：若此计算机内有多个 IP 地址，可以指定只有通过某个 IP 地址才可以访问 FTP 站点。

TCP 端口：FTP 默认的端口是 21，可以修改此号码，不过修改后，用户要连接此站点时，必须输入端口号码。

② “FTP 站点连接”选项区域:该区域用来限制同时最多可以有多少个连接；

③ “启用日志记录”选项区域。

该区域用来设置将所有连接到此 FTP 站点的记录都存储到指定的文件。

（3）FTP 站点消息设置

设置 FTP 站点时，可以向用户 FTP 客户端发送站点的信息消息。该消息可以是用户登录时的欢迎用户到 FTP 站点的问候消息、用户注销时的退出消息、通知用户已达到最大连接数的消息或标题消息。对于企业网站而言，这既是一种自我宣传的机会，也显更有人情味，对客户提供了更多的人文关怀。

选择“Internet 信息服务管理器”→“FTP 站点”→“默认 FTP 站点”选项，右击，选择“属性”命令；弹出“默认 FTP 站点属性”对话框，选择“消息”选项卡，如图 6-41 所示。

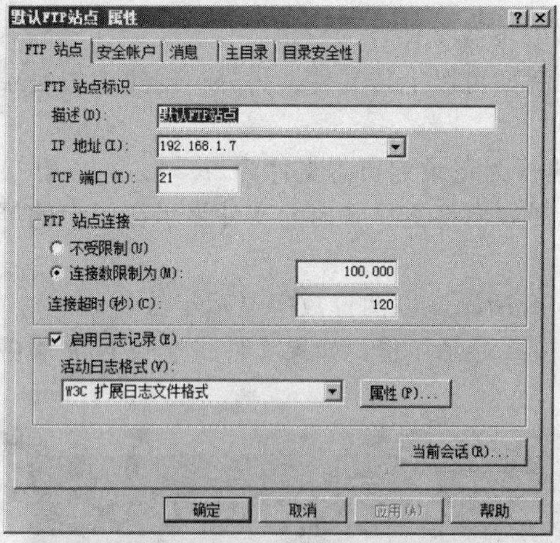

图 6-40 FTP 站点属性对话框

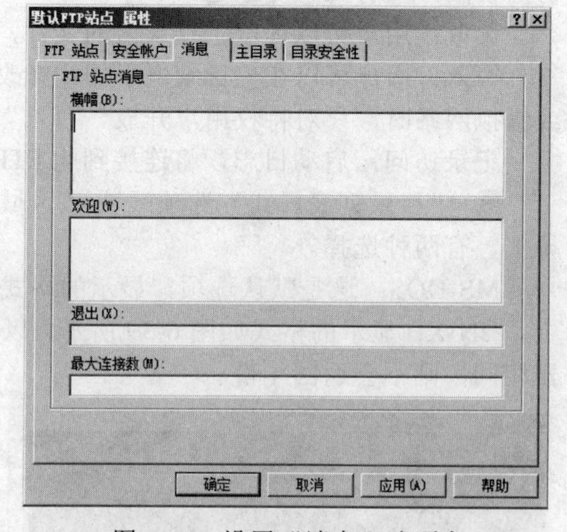

图 6-41 设置“消息”选项卡

横幅：当用户连接 FTP 站点时，首先会看到设置在“横幅”列表框中的文字。横幅消息在用户登录到站点前出现，当站点中含有敏感信息时，该消息非常有用。可以用横幅显示一些较为敏感的消息。默认情况下，这些消息是空的。

欢迎：当用户登录到 FTP 站点时，会看到此消息。欢迎信息通常包含下列信息如：向用户致意、使用该 FTP 站点时应当注意的问题、站点所有者或管理者信息及联络方式、站点中各文件夹的简要描述或索引页的文件名、镜像站点名字和位置、上传或下载文件的规则说明等。

退出：当用户注销时，会看到此消息。通常为表达欢迎用户再次光临，向用户表示感谢之类的内容。

最大连接数：如果 FTP 站点有连接数目的限制，而且目前连接的数目已经达到此数目，当再有用户连接到此 FTP 站点时，会看到此消息。

（4）验证用户的身份

根据自己的安全要求，可以选择一种 IIS 验证方法，对请求访问自己的 FTP 站点的用户进行验证。FTP 身份验证方法有两种：匿名 FTP 身份验证和基本 FTP 身份验证。

① 匿名 FTP 身份验证

可以配置 FTP 服务器，以允许对 FTP 资源进行匿名访问。如果为资源选择了匿名 FTP 身份验证，则接受对该资源的所有请求，并且不提示用户输入用户名或密码。因为 IIS 将自动创建名为 IUSR_computername 的 Windows 用户账户，其中 computername 是正在运行 IIS 的服务器的名称，这和基于 Web 的匿名身份验证非常相似。如果启用了匿名 FTP 身份验证，则 IIS 始终先使用该验证方法，即使已经启用了基本 FTP 身份验证也是如此。

② 基本 FTP 身份验证

要使用基本 FTP 身份验证与 FTP 服务器建立 FTP 连接，用户必须使用与有效 Windows 用户账户对应的用户名和密码进行登录。如果 FTP 服务器不能证实用户的身份，服务器就会返回一条错误消息。基本 FTP 身份验证只提供很低的安全性能，因为用户以不加密的形式在网络上传输用户名和密码。

选择“Internet 信息服务管理器”→“FTP 站点”→“默认 FTP 站点”选项，右击，选择“属性”命令，弹出“默认 FTP 站点属性”对话框，选择“安全账户”选项卡，如图 6-42 所示。

如果在图 6-42 中选中了“只允许匿名连接”复选框，则所有的用户都必须利用匿名账户来登录 FTP 站点，不可以利用正式的用户账户和密码。反过来说，如果取消选中“允许匿名连接”复选框，则所有的用户都必须输入正式的用户账户和密码，不可以利用匿名登录。

（5）通过 IP 地址来限制 FTP 连接

可以配置 FTP 站点以允许或拒绝特定计算机、计算机组或域访问 FTP 站点。具体的操作步骤为：选择“Internet 信息服务管理器”→“FTP 站点”→“默认 FTP 站点”选项，右击，选择“属性”命令，弹出“默认 FTP 站点属性”对话框，选择“目录安全性”选项卡如图 6-43 所示。其设置方法与网站类似，在前面的章节已经介绍过，这里不再赘述。

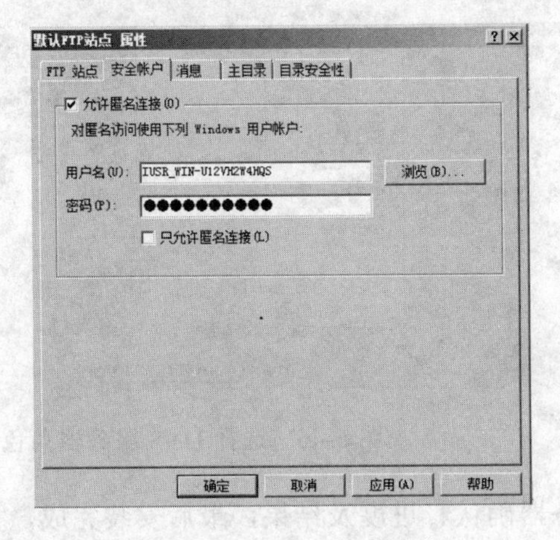

图 6-42 设置“安全账户”

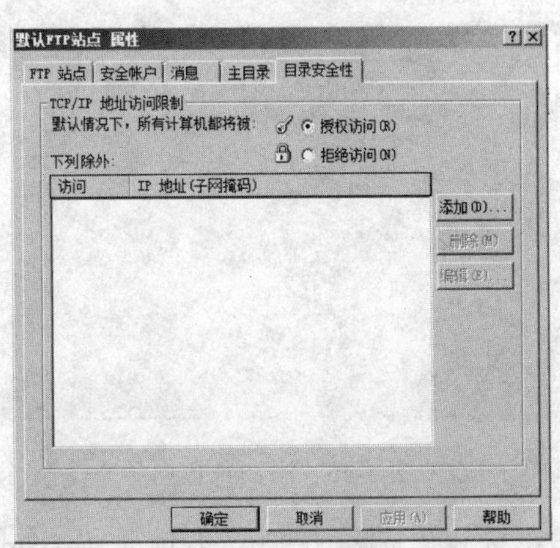

图 6-43 设置“目录安全性”选项卡

步骤四、配置 DNS 服务器

1. DNS 服务器的安装

要提供 DNS 服务，首先要安装 DNS 服务器，之后要配置并申请正式的域名，安装 DNS 服务器具体的操作步骤如下。

① 单击“开始”→“程序”→“管理工具”→“服务器管理器”命令，打开 Windows Server 2008 的“服务器管理器”窗口，如图 6-44 所示；

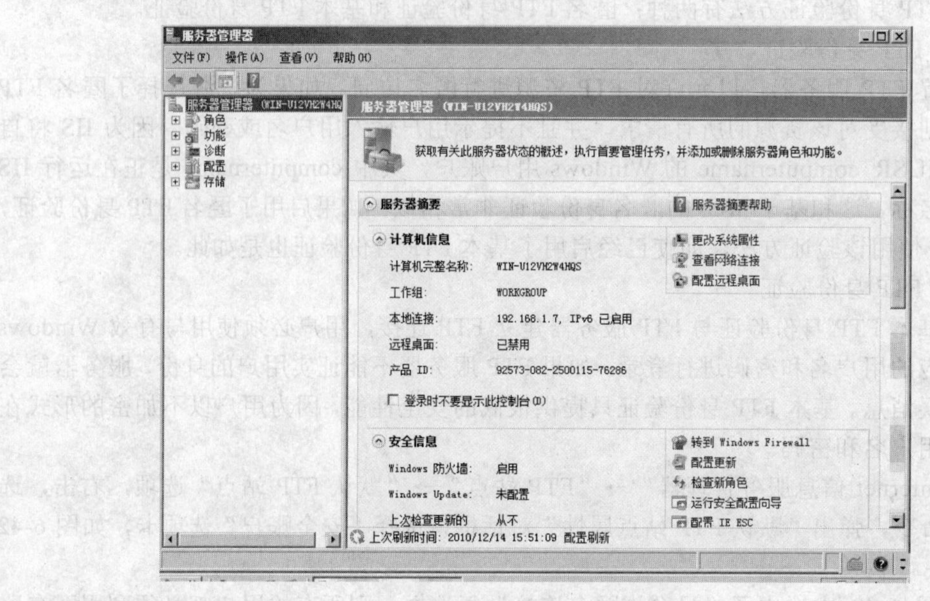

图 6-44 “服务器管理器”窗口

② 在“服务器管理器”的“角色摘要”中选择“添加角色”选项，将会出现“添加角色向导”，如图 6-45 所示；

③ 单击“下一步”按钮，将会出现服务器列表，如图 6-46 所示，选中“DNS 服务器”选项，再单击“下一步”按钮；

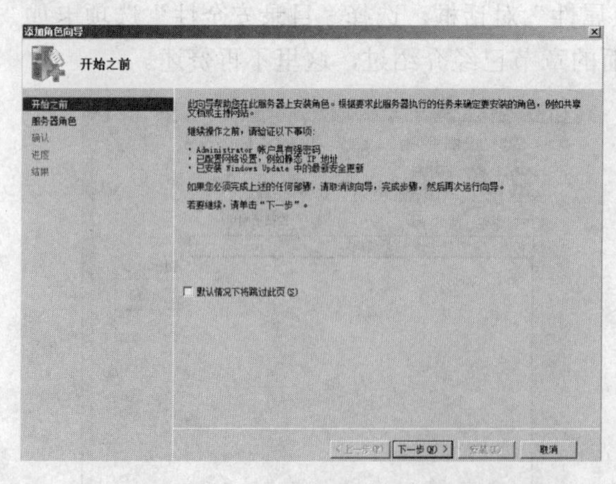

图 6-45 添加角色向导

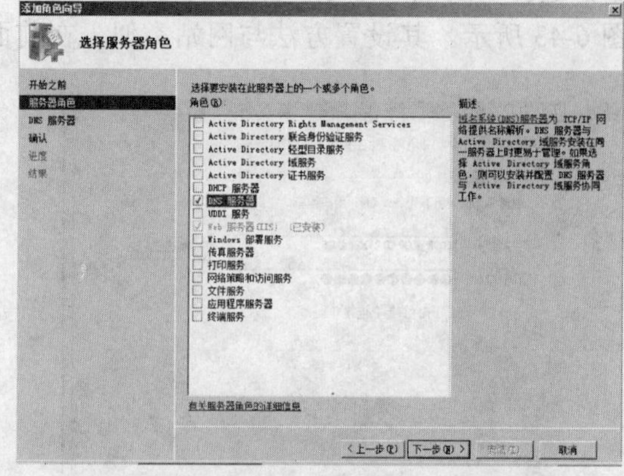

图 6-46 选择 DNS 服务器角色

④ 在接下来的向导中，分别经过 DNS 服务器确认、进度及结果，最后安装完成，如图 6-47 所示。

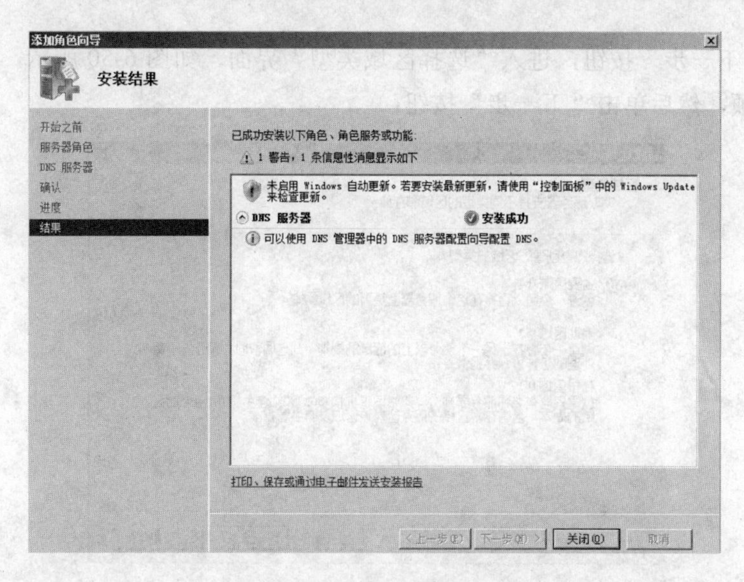

图 6-47　完成 DNS 安装

注意：

① 安装 DNS 服务器的用户必须是 Administrators、Domain Admins 组的成员，即先以上述组的成员账号登录。例如使用 Administrator 登录。

② 服务器 IP 地址应设为静态的 IP 地址。

2. 添加正向搜索区域

区域（zone）是指 DNS 树状结构的一部分，它可以将 DNS 的域名空间分为较小的区段，以方便管理。每个 DNS 区域都对应着一个区域文件，用于保存 DNS 区域内的资源记录。在 Windows Server 2008 中有 3 种类型的区域，主要区域、辅助区域和存根区域。

Windows Server 2008 DNS 服务器提供了两种支持多台 DNS 服务器部署于同一区域的方法：一个是通过主要区域和辅助区域实现，另一个是利用集成了 Active Directory 的区域实现。

在前面已经介绍了 Zone 的相关知识，在同一台 DNS 服务器中可以存在多个 DNS 区域。在一台 DNS 服务器上可以提供多个域名的 DNS 解析，因此可以创建多个 DNS 区域，具体的操作步骤如下。

① 在 DNS 管理器的窗口中（如图 6-48）中，右击“正向查找区域”选项，在弹出的快捷菜单中选择“新建区域”命令，将会出现新建区域向导，如图 6-49 所示；

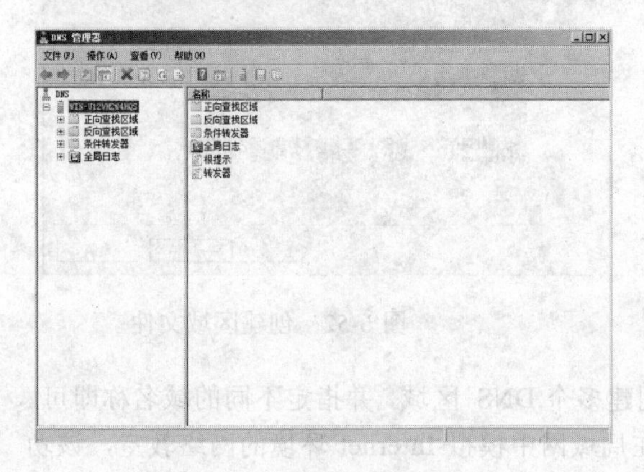

图 6-48 “DNS 管理器”窗口

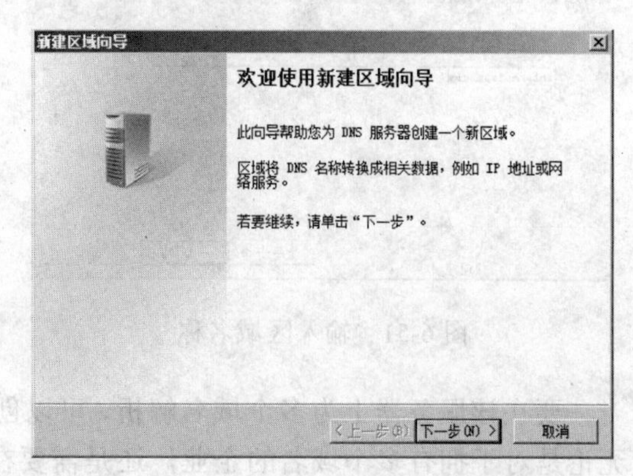

图 6-49　新建区域向导

② 单击“下一步”按钮，进入“选择区域类型”界面，如图 6-50 所示，在此选择“主要区域”单选项，然后单击“下一步”按钮；

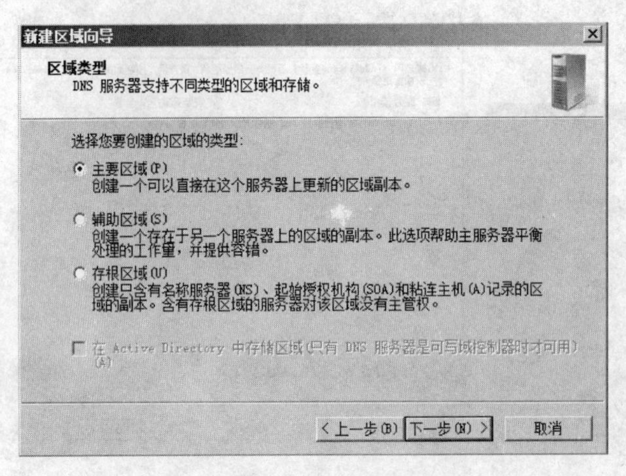

图 6-50 选择区域类型

注意：如果当前 DNS 服务器上安装了 Active Directory 服务，则“在 Active Directory 中存储区域”复选框将自动选中。

③ 进入“区域名称”界面，在“区域名称”文本框中输入本服务管理的一个区域名称（如 information.com），单击“下一步”按钮，如图 6-51 所示；

④ 进入“区域文件”界面，已经根据区域名称默认填入了一个文件名，该文件是一个 ASCII 文本文件，里面保存着该区域的信息。保持默认值不变，单击“下一步”按钮，如图 6-52 所示；

⑤ 进入“动态更新”界面，在其中指定该 DNS 区域能够接受的注册信息更新类型。允许动态更新可以让系统自动地在 DNS 中注册有关信息，但安全性较弱，因此在此选择“不允许动态更新”单选项，单击“下一步”按钮，如图 6-53 所示；

⑥ 单击“完成”按钮，如图 6-54 所示，结束正向查找区域的创建过程。

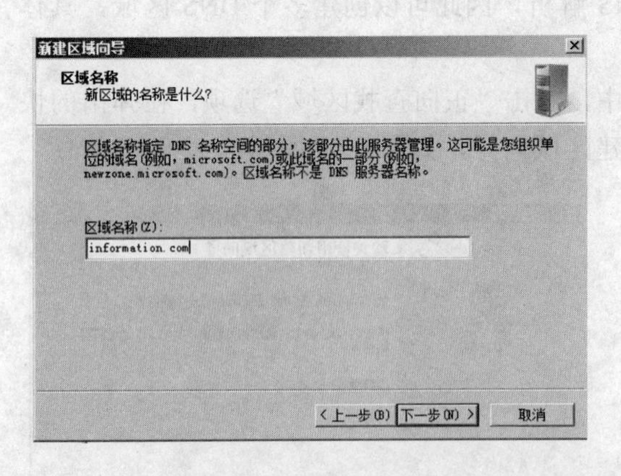

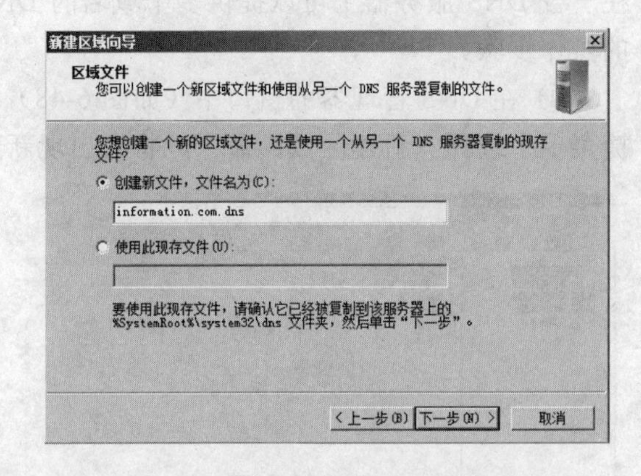

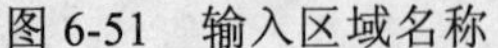
图 6-51 输入区域名称

图 6-52 创建区域文件

要在该服务器上为多个域名解析，可以创建多个 DNS 区域，并指定不同的域名称即可。无论是对于拥有多个域名的企业，还是需要在局域网中模拟 Internet 环境的网络教室，该功能都非常有用。

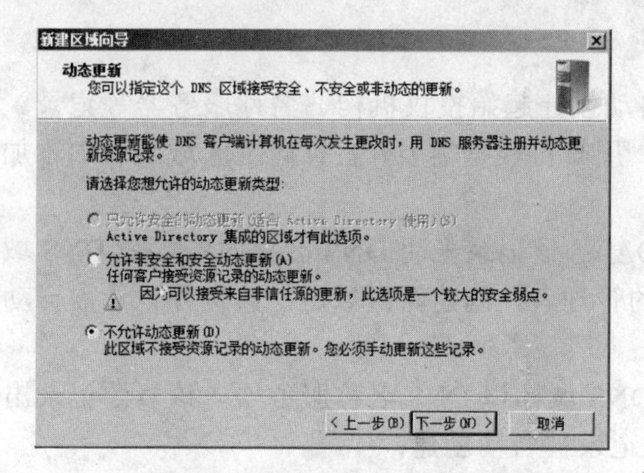

图 6-53 选择不允许动态更新

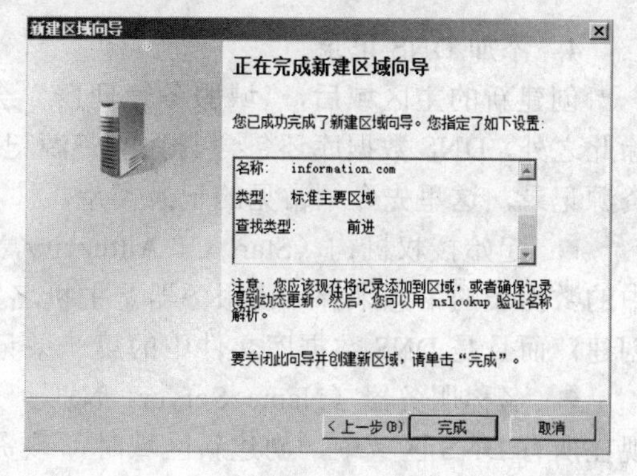

图 6-54 完成区域创建

3. 添加 DNS 域

DNS 区域（Zone）是 DNS 服务最基本的管理控制单元，同一台 DNS 服务器上可以创建多个区域。其实如果网络规模比较大，用户数量比较多时，还可以在 Zone 内划分多个子区域，Windows Server 2008 中为了与域名系统一致也将其称为域（Domain）。例如，在企业的网络管理中销售部拥有自己的服务器，但是为了方便管理，还可以为不同地区的销售分部设置单独的子域，在这个域下可添加主机记录以及其他资源记录（如别名记录等）。另外，大中型高校校园网络也是如此。

具体的操作方法为：首先右击要划分子域的 DNS 区域（如 information.com），并选择快捷菜单中的“新建域”选项，弹出如图 6-55 所示“新建 DNS 域”窗口，在其中输入域名（如 hb）并单击“确定”按钮即可完成操作。

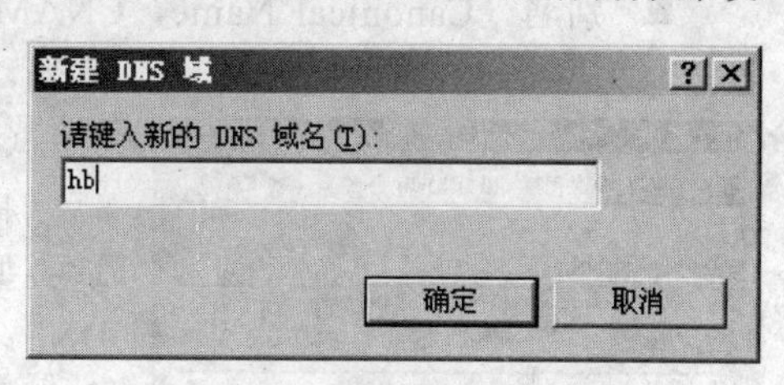

图 6-55 新创建的正向搜索区域

DNS 域创建完毕后，将自动显示在对应 DNS 区域的下方，如图 6-56 所示。需要注意的是，如果删除某个域，则其包含的下属子域也将同时被删除。

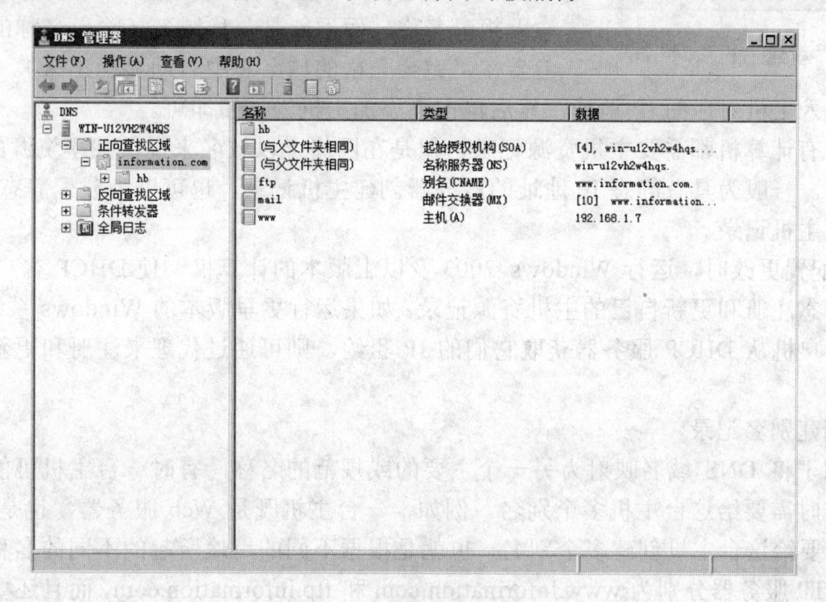

图 6-56 新创建的 DNS 区域

4. 添加 DNS 记录

创建新的主区域后，“域服务管理器”会自动创建起始授权机构、名称服务器等记录。除此之外，DNS 数据库还包含其他的资源记录，用户可根据需要，自行向主区域或域中添加资源记录，这里先介绍常见的记录类型。

■ 起始授权机构（Start Of Authority，SOA）：该记录表明 DNS 名称服务器是 DNS 域中的数据表的信息来源，该服务器是主机名字的管理者，创建新区域时，该资源记录被自动创建，而且是 DNS 数据库文件中的第一条记录；

■ 名称服务器（Name Server，NS）：为 DNS 域标识 DNS 名称服务器，该资源记录出现在所有 DNS 区域中，创建新区域时，该资源记录被自动创建；

■ 主机地址（Address，A）：该资源记录将主机名映射到 DNS 区域中的一个 IP 地址；

■ 指针（Point，PTR）：该资源记录与主机记录配对，可将 IP 地址映射到 DNS 反向区域中的主机名；

■ 邮件交换器资源记录（Mail Exchange，MX）：为 DNS 域名指定了邮件交换服务器，在网络存在 E-mail 服务器时，需要添加一条 MX 记录对应 E-mail 服务器，以便 DNS 能够解析 E-mail 服务器地址。若未设置此记录，E-mail 服务器无法接收邮件；

■ 别名（Canonical Name，CNAME）：仅仅是主机的另一个名字，如常见的 WWW 服务器，是给提供 Web 信息服务的主机起的别名。

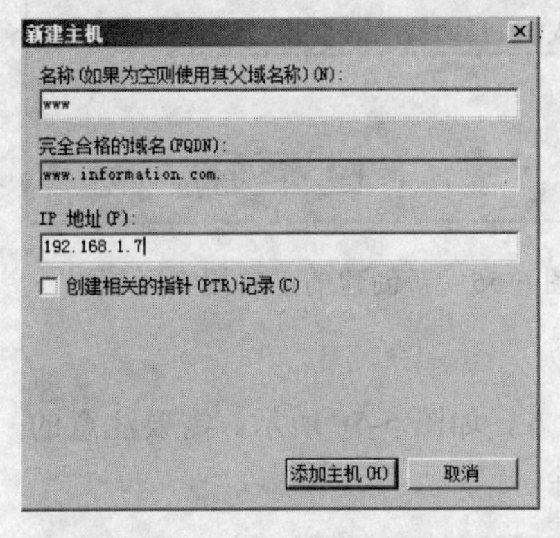

图 6-57 “新建主机”对话框

（1）创建主机记录

将主机的相关数据（主机名与 IP 地址，也就是资源记录类型为主机的数据）添加到 DNS 服务器内，就可以满足 DNS 客户机使用域名，而不是主机 IP 地址来访问服务器。主机记录提供主机的相关参数（主机名和对应的 IP 地址）。

在 DNS 控制台窗口中，选择要创建主机记录的区域（如 information.com），右击并选择快捷菜单中的“新建主机”选项，弹出如图 6-57 所示的“新建主机“对话框。

在“名称”文本框中输入主机名称“www”，这里应输入相对名称，而不能是全称域名（输入名称的同时，域名会在“完全合格的域名”中自动显示出来）。在“IP 地址”框中输入主机对应的 IP 地址，然后单击“添加主机”按钮即可。

并非所有计算机都需要主机资源记录，但是在网络上以域名来提供共享资源的计算机，需要该记录。一般为具有静态 IP 地址的服务器创建主机记录，也可以为分配静态 IP 地址的客户机创建主机记录。

当 IP 配置更改时，运行 Windows 2003 及以上版本的计算机，使 DHCP 客户机在 DNS 服务器上动态注册和更新自己的主机资源记录。如果运行更早版本的 Windows 系统，且启用 DHCP 的客户机从 DHCP 服务器获取它们的 IP 租约，则可通过代理来注册和更新其主机资源记录。

（2）创建别名记录

别名用于将 DNS 域名映射为另一个主要的或规范的名称。有时一台主机可能担当多个服务器，这时需要给这台主机多个别名。例如，一台主机既是 Web 服务器，也是 FTP 服务器，这时就要给这台主机创建多个别名，也就是根据不同的用途所起的不同的名称，如 Web 服务器和 FTP 服务器分别为 www.information.com 和 ftp.information.com，而且还要知道该别名是由哪台主机所指派的。

在 DNS 控制台窗口中右击已创建的主要区域（information.com），选择快捷菜单中的“新建别名”选项，显示“新建资源记录”窗口，如图 6-58 所示：

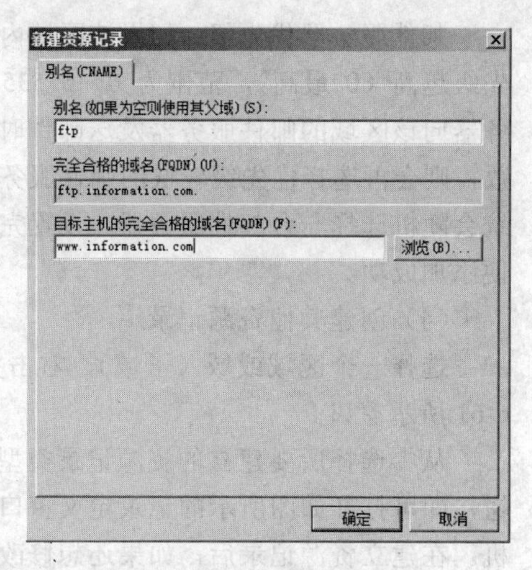

图 6-58　新建别名记录

输入主机别名（ftp）和指派该别名的主机名称，如（www.cninfo.com），或单击“浏览”按钮来选择。“别名”必须是主机名，而不能是全称域名 FQDN，而“目标主机的完全合格的名称”文本框中的名称，必须是全称域名 FQDN，不能是主机名。

如果当前 DNS 服务器同时也是域控制器（安装有 Active Directory 服务），则该对话框中还会显示“允许任何经过身份验证的用户用相同的名称来更新所有 DNS 记录。这个设置只适用于新名称的 DNS 记录”复选框，忽略即可。

（3）创建邮件交换器记录

邮件交换器（MX）资源记录为电子邮件服务专用，它根据收信人地址后缀来定位邮件服务器，使服务器知道该邮件将发往何处。也就是说，根据收信人邮件地址中的 DNS 域名，向 DNS 服务器查询邮件交换器资源记录，定位到要接收邮件的邮件服务器。例如，将邮件交换器记录所负责的域名设为 information.com，发送“admin@information.com”信箱时，系统对该邮件地址中的域名 information.com 进行 DNS 的 MX 记录解析。如果 MX 记录存在，系统就根据 MX 记录的优先级，将邮件转发到与该 MX 相应的邮件服务器上。

在 DNS 窗口中选取已创建的主要区域（information.com），右击并在快捷菜单中，选择“新建邮件交换器”选项，弹出如图 6-59 所示窗口。

主机或子域：邮件交换器（一般是指邮件服务器）记录的域名，也就是要发送邮件的域名，如 mail，但如果该域名与“父域”的名称相同，则可以不填。

邮件服务器的完全合格的域名：设置邮件服务器的全称域名 FQDN（如 www.information.com），也可单击“浏览”按钮，在如图 6-60 所示“浏览”窗口列表中选择。

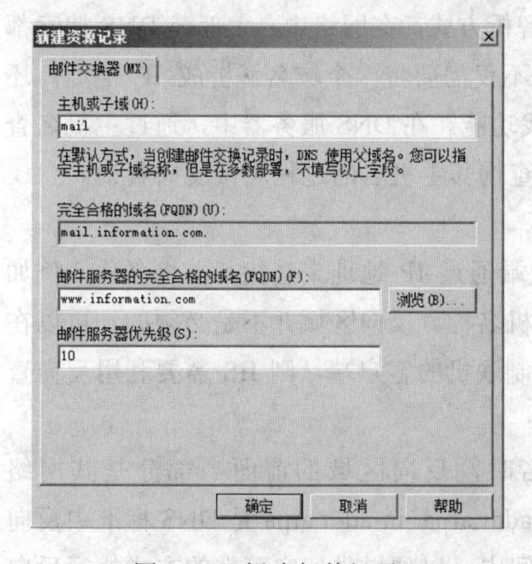

图 6-59　新建邮件记录

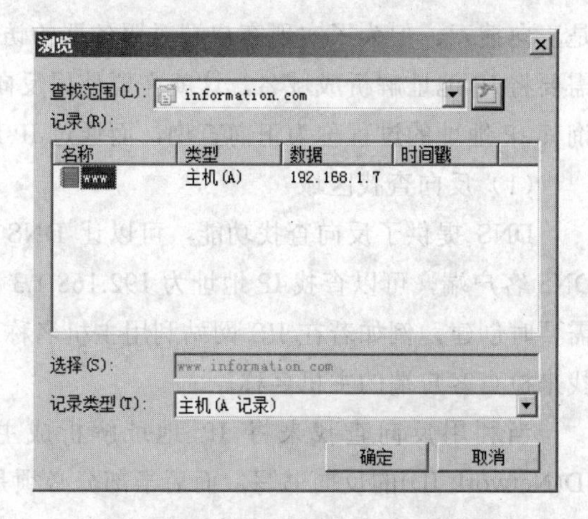

图 6-60　“浏览”窗口

邮件服务器优先级：如果该区域内有多个邮件服务器，可以设置其优先级，数值越低优先级越高（0 最高），范围为 0～65535。当一个区域中有多个邮件服务器时，其他的邮件服务器向该区域的邮件服务器发送邮件时，它会先选择优先级最高的邮件服务器。如果传送失败，则会再选择优先级较低的邮件服务器。如果有两台以上的邮件服务器的优先级相同，系统会随机选择一台邮件服务器。设置完成以后单击“确定“按钮，一个新的邮件交换器记录便添加成功。

（4）创建其他资源记录

选择一个区域或域（子域），右击并选择快捷菜单中的“其他新记录”选项，弹出如图 6-61 所示窗口。

从中选择所要建立的资源记录类型，例如：主机（A 或 AAAA），单击“创建记录”按钮，即可打开如图所示的记录定义窗口，如图 6-62 所示，同样需要指定主机名称和选择主机。在建立资源记录后，如果还想修改，可右击该记录，选择快捷菜单中的“属性”选项。

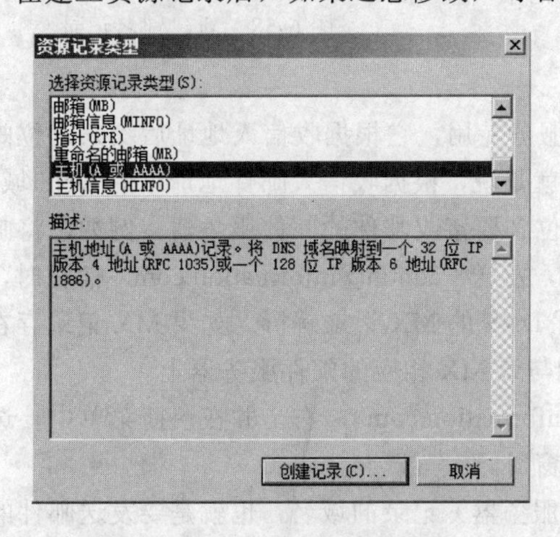

图 6-61 选择记录类型

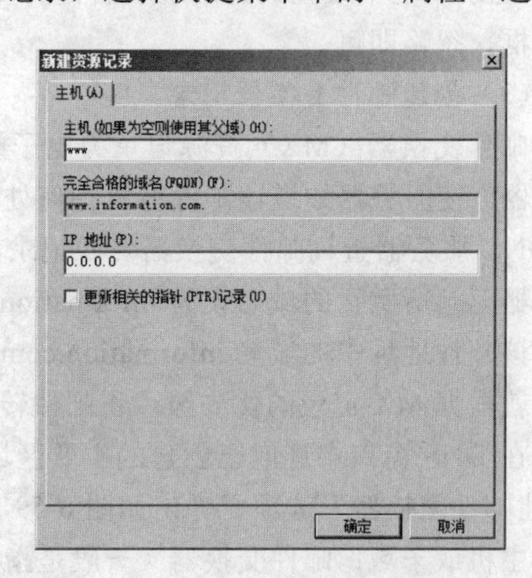

图 6-62 新建资源记录

5. 添加反向搜索区域

反向搜索就是和正向搜索相对应的一种 DNS 解析方式。在网络中，大部分 DNS 搜索都是正向搜索。但为了实现客户端对服务器的访问，不仅需要将一个域名解析成 IP 地址，还需要将 IP 地址解析成域名，这就需要使用反向查找功能。在 DNS 服务器中，通过主机名查询其 IP 地址的过程称为正向查询，而通过 IP 地址查询其主机名的过程叫做反向查询。

（1）反向查找区域

DNS 提供了反向查找功能，可以让 DNS 客户端通过 IP 地址来查找其主机名称，例如 DNS 客户端，可以查找 IP 地址为 192.168.1.3 的主机名称。反向区域并不是必须的，可以在需要时创建，例如若在 IIS 网站利用主机名称来限制联机的客户端，则 IIS 需要利用反向查找来检查客户端的主机名称。

当利用反向查找来将 IP 地址解析成主机名时，反向区域的前面半部分是其网络 ID(Network ID)的反向书写，而后半部分必须是 in-addr.arpa. in-addr.arpa 是 DNS 标准中反向查找定义的特殊域，并保留在 InternetDNS 名称空间中，以便提供切实可靠的方式执行反向查询。例如，如果要针对网络 ID 为 192.168.1 的 IP 地址来提供反向查找功能，则此反向区域的名称必须是 1.168.192. in-addr.arpa。

（2）创建反向查找区域

这里创建一个 IP 地址为 192.168.1 的反向查找区域，具体的操作步骤如下。

① 在“DNS 管理器”窗口中，右击“反向查找区域”选项，在弹出的快捷菜单中选择“新建区域”命令，将会出现新建区域向导，单击“下一步”按钮后，将与创建正向查找区域一样，需要选择“区域类型”，如图 6-63 所示，在此选择“主要区域”单选项；

② 单击“下一步”按钮，将出现选择 IP 地址版本的界面，如图 6-64 所示，在此选择“IPv4 反向查找区域”单选项，单击“下一步”按钮；

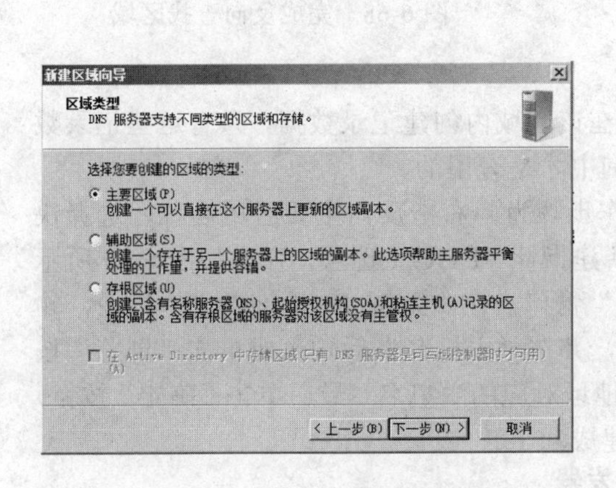

图 6-63　选择“区域类型”

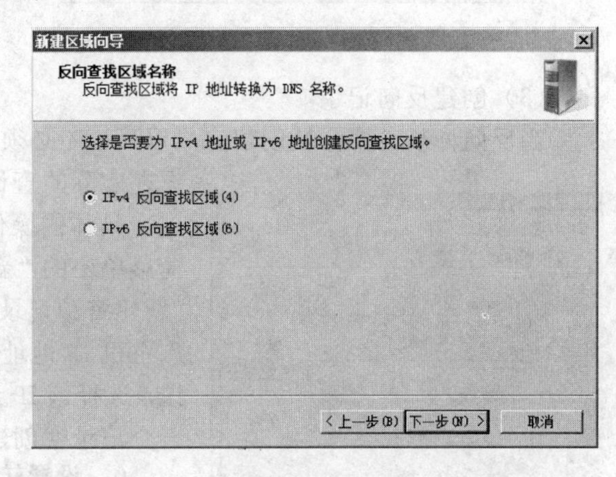

图 6-64　选择 IP 地址版本

③ 在接下来出现的标识反向查找区域界面中，可以选择输入“网络 ID”或“反向查找区域名称”，在此选择并输入“网络 ID”，如图 6-65 所示；

④ 单击“下一步”按钮，将出现确定“区域文件”的界面，在此选择“创建新文件，文件名为”单选项，文件名默认即可，然后单击“下一步”按钮，如图 6-66 所示；

⑤ 在接下来的界面中需要确定是否允许动态更新，在此选择“不允许动态更新”单选项，单击“下一步”按钮，如图 6-67 所示；

⑥ 在随后的界面中将提示完成反向查找区域的摘要，单击“完成”按钮关闭向导，最终结果如图 6-68 所示。

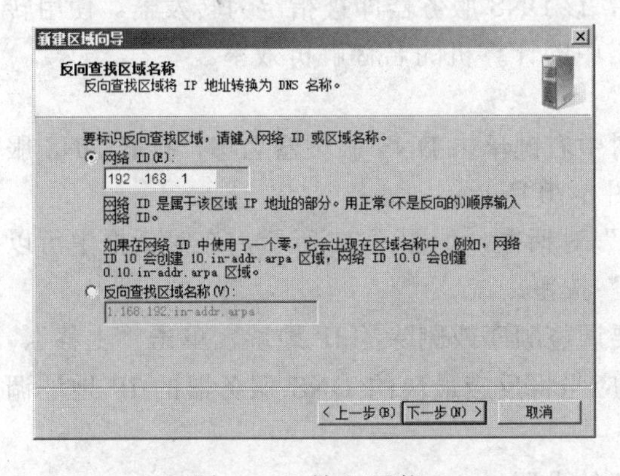

图 6-65　输入网络 ID

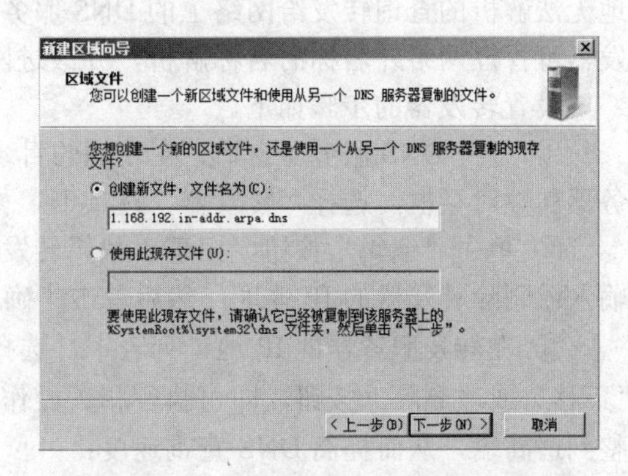

图 6-66　确定区域文件名

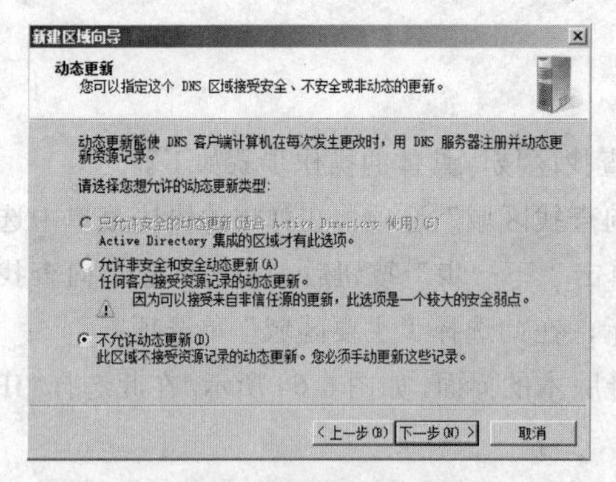

图 6-67 选择更新方式

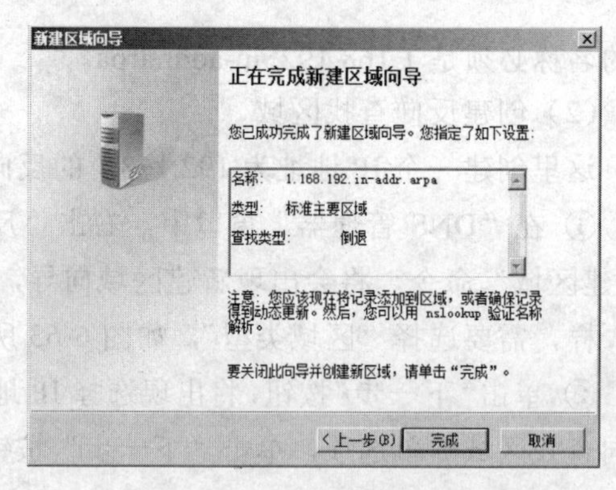

图 6-68 完成反向查找区域

（3）创建反向记录

当反向标准主要区域创建完成以后，还必须在该区域内创建记录数据，只有这些记录数据在实际的查询中才是有用的。

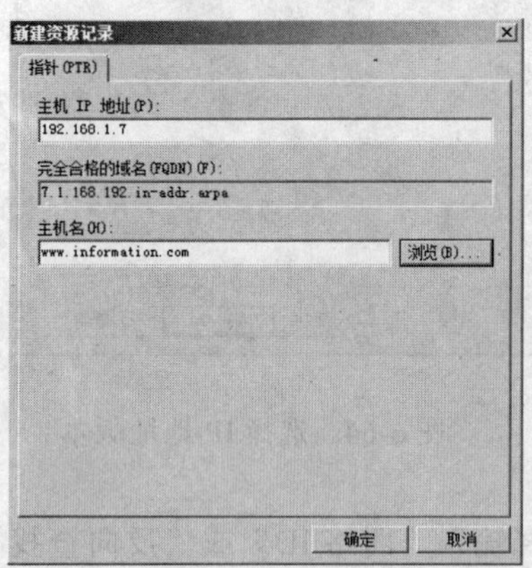

图 6-69 创建指针

具体的操作步骤为：右击反向主要区域名称，选择快捷菜单中的“新建指针（PTR）”选项，弹出如图 6-69 所示“新建资源记录”窗口，在“主机 IP 地址”文本框中，输入主机 IP 地址，并在“主机名”后输入或单击“浏览”按钮，选择该 IP 地址对应的主机名，最后单击“确定”按钮，一个记录就创建成功了。

6. 设置转发器

转发器就是转发 DNS 服务器，也叫缓存域名服务器。通常每个 DNS 服务器都维护了最近解析的域名的缓存，如果客户端请求解析某个域名，DNS 服务器总是首先会在自己的缓存中查找。在拥有多个单独 Internet 查询域名的 DNS 服务器的企业，很可能某个 DNS 服务器中的信息可以满足其他 DNS 服务器收到的查询要求，这种情况下就需要转发器。当本地 DNS 服务器收到的查询请求，既通过自己的缓存无法解析，本服务器的区域中又没有该查询的信息，则 DNS 服务器在自己解析这个查询前，可以先将查询发给转发器。

当然，也可用来将外部 DNS 名称的 DNS 查询转发给该网络外的 DNS 服务器，也可以使用“条件转发器”按照特定域名转发查询。通过让网络中的其他 DNS 服务器将它们在本地无法解析的查询转发给网络上的 DNS 服务器，该 DNS 服务器即被指定为转发器。使用转发器可管理网络外名称的名称解析，并改进网络中的计算机的名称解析效率。

设置转发器的步骤如下。

① 打开 DNS 服务器窗口，在左侧的目录树中右键单击 DNS 服务器名称，打开 DNS 服务器属性对话框，选择“转发器”选项卡，如图 6-70 所示；

② 单击“编辑”按钮，出现“编辑转发器”对话框，如图 6-71 所示，在对话框中可以输入或删除转发器的 IP 地址，然后单击“确定”按钮。

③ 在转发服务器的 IP 地址列表中，选择要调整顺序或删除的 IP 地址，单击“上移”、“下移”或“删除”按钮，即可执行相关操作，应当将反应最快的 DNS 服务器的 IP 地址调整到最高端，从而提高 DNS 查询速度；

④ 单击“确定”按钮，保存对 DNS 转发器的设置。

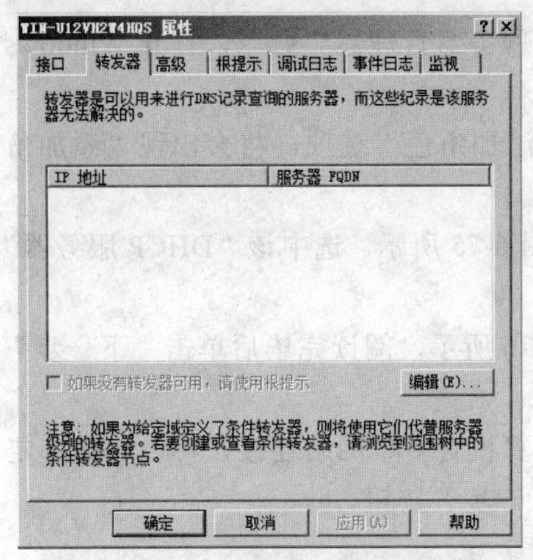

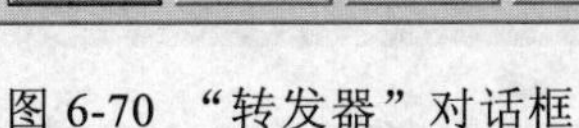

图 6-70 “转发器”对话框

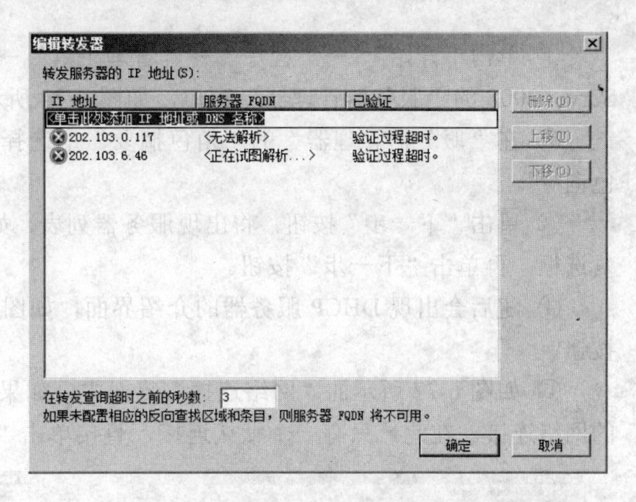

图 6-71 “编辑转发器”对话框

7. 配置 DNS 客户机

Windows 操作系统中 DNS 客户端的配置非常简单，只需在 IP 地址信息中，添加 DNS 服务器的 IP 地址即可，具体的操作步骤如下。

① 右击 Windows XP 桌面上的“网上邻居”，在弹出的快捷菜单中选择“属性”命令，打开“本地连接”窗口；

② 打开“本地连接属性”对话框，选中“Internet 协议（TCP/IP）”，如图 6-72 所示，单击“属性”按钮，打开“Internet 协议（TCP/IP）属性”对话框；

③ 在客户机“Internet 协议（TCP/IP）属性”对话框中的“首选 DNS 服务器”文本框中输入 DNS 服务器的 IP 地址，如图 6-73 所示，最后单击“确定”按钮。

步骤五、配置 DHCP 服务器

1. 配置安装 DHCP 服务

（1）安装 DHCP 服务器

在安装 DHCP 服务之前，应该首先保证计算机的 IP 地址为静态 IP 地址，而且服务器的地址与要分配的地址在同一网段中，然后再安装 DHCP。具体操作步骤如下。

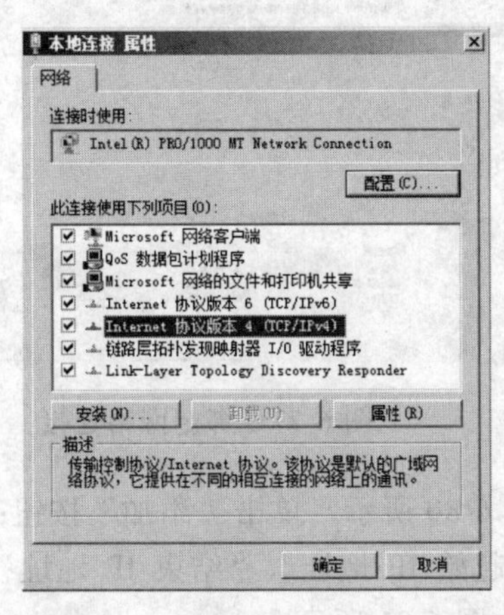

图 6-72 “本地连接”属性对话框

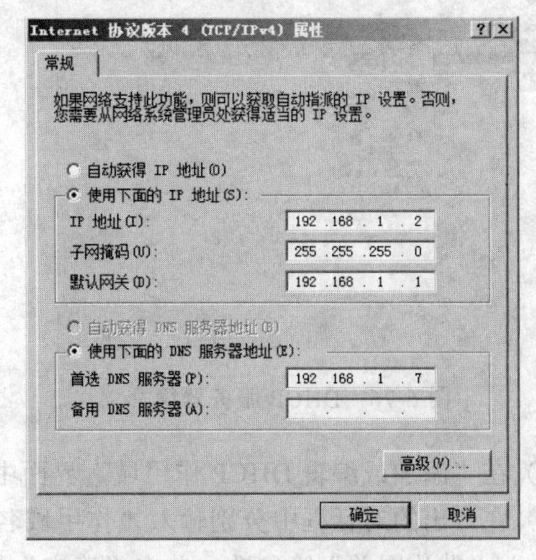

图 6-73 设置 DNS 服务器地址

① 单击“开始” →“程序”→“管理工具”→“服务器管理器”命令，打开 Windows Server 2008 的“服务器管理器”窗口，如图 6-74 所示。

② 在“服务器管理器”的“角色摘要”中选择“添加角色”选项，将会出现“添加角色向导”。

③ 单击“下一步”按钮，将出现服务器列表，如图 6-75 所示，选中该“DHCP 服务器”复选框，再单击“下一步”按钮。

④ 随后会出现 DHCP 服务器的介绍界面，如图 6-76 所示，阅读完毕后单击“下一步”按钮。

⑤ 如图 6-77 所示的“网络连接”界面中，如果计算机有多个网络连接，可以选择绑定的网络连接。在此，只有一个默认连接，直接单击“下一步”按钮。

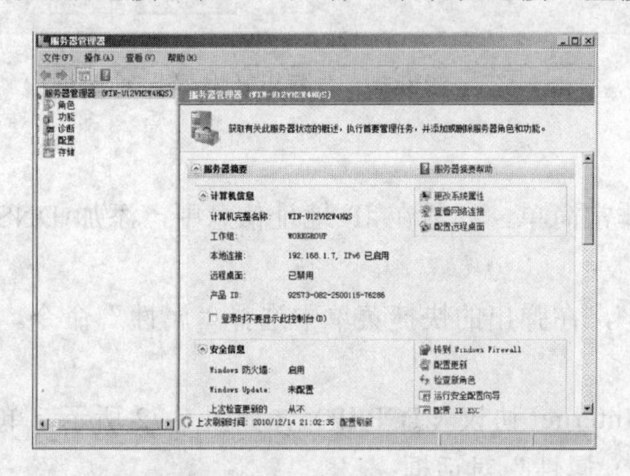

图 6-74 “服务器管理器”窗口

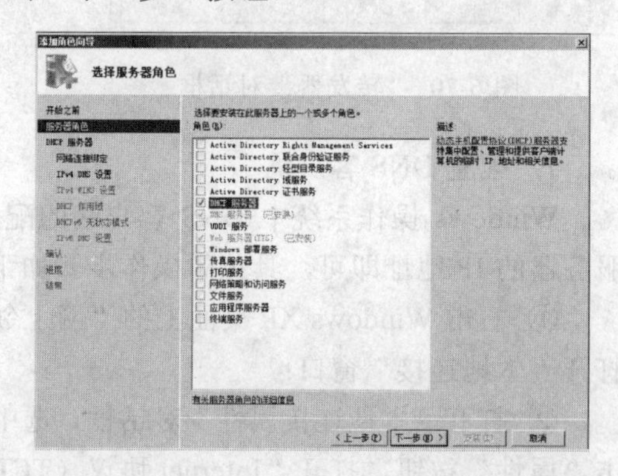

图 6-75 选择服务器角色

⑥ 在 IPv4 DNS 服务器设置界面中，分别输入“父域”和“首选 DNS 服务器 IPv4 地址”，单击“下一步”按钮，如图 6-78 所示；

⑦ 在“指定 IPv4 WINS 服务器设置”界面中，如果在网络中没有 WINS 服务器，选择“此网络上的应用程序不需要 WINS”；如果有 WINS 服务器，则选择“此网络上的应用程序需要 WINS”并输入 WINS 服务器的 IP 地址，然后单击“下一步”按钮，如图 6-79 所示；

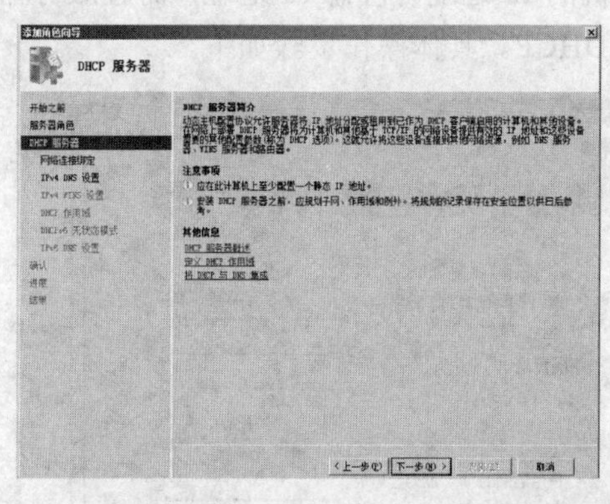

图 6-76 DHCP 服务器简介

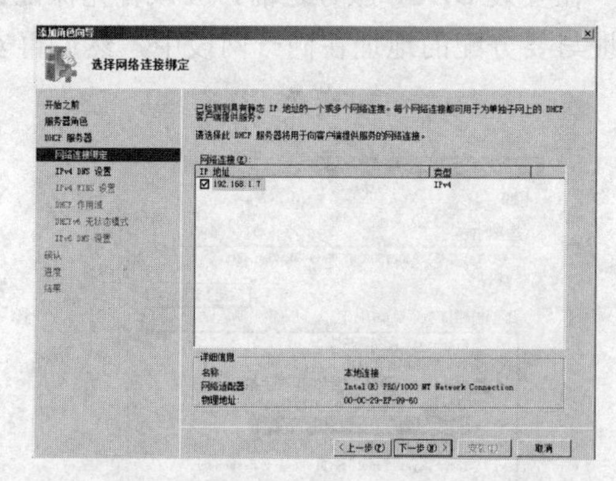

图 6-77 绑定网络连接

⑧ 在“添加或编辑 DHCP 作用域”界面中，如图 6-80 所示，单击“添加”按钮；

⑨ 在弹出的对话框中分别输入“作用域名称”、“起始 IP 地址”、“结束 IP 地址”、“子网掩码”、“默认网关”等参数，单击“确定”按钮，如图 6-81 所示；

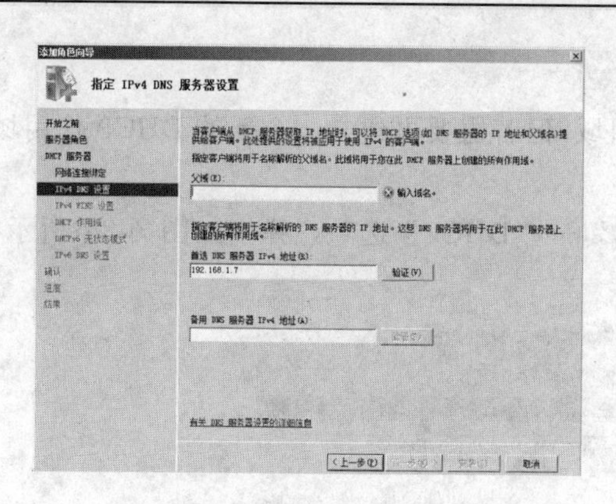

图 6-78　指定 IPv4 服务器设置

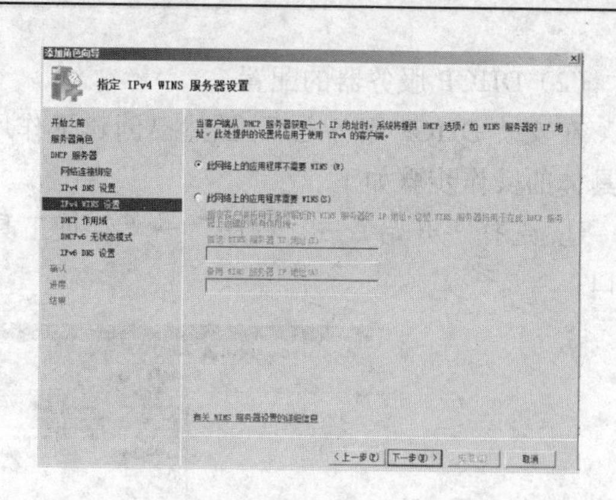

图 6-79　指定 IPv4 WINS 服务器设置

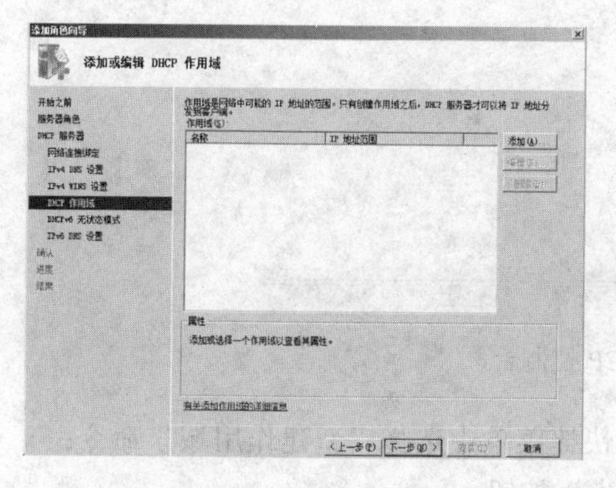

图 6-80　添加作用域

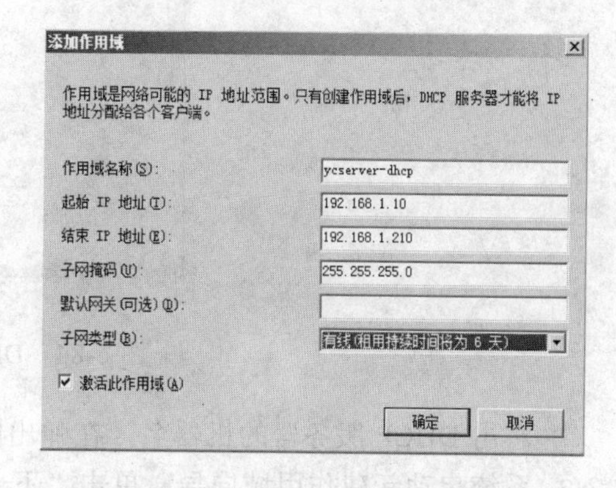

图 6-81　输入作用域参数

⑩ 确定作用域后，单击“下一步”按钮，进入 DHCPv6 的配置向导界面，如果不需要分配 IPv6 的地址，则选择“对此服务器禁用 DHCPv6 无状态模式”单选项，单击“下一步”按钮，如图 6-82 所示；

⑪ 在“确认安装选择”界面中，如果设置的 DHCP 服务参数符合要求，则单击“安装”按钮正式安装，如图 6-83 所示；

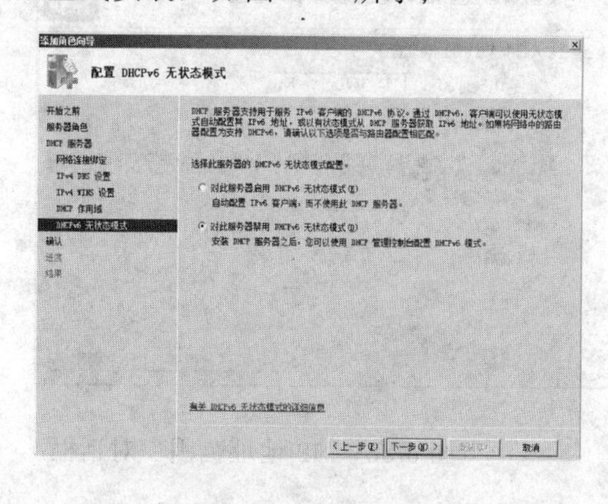

图 6-82　配置 DHCPv6

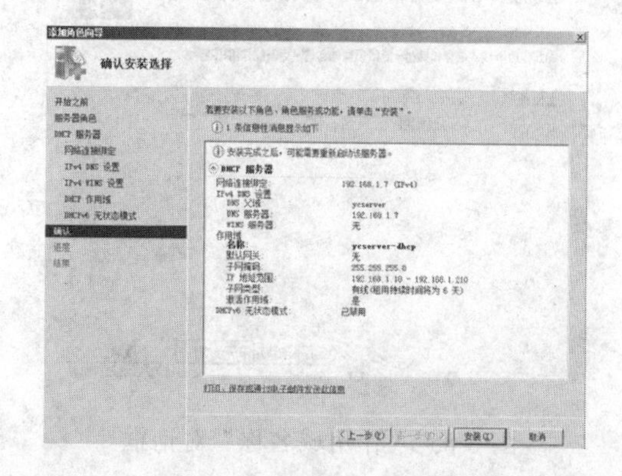

图 6-83　确认安装

⑫ 经过 DHCP 服务安装进度和安装结果显示后，单击“关闭”按钮结束 DHCP 服务的安装。

（2）DHCP 服务器的配置

在安装 DHCP 服务之后，虽然已创建了作用域，但若需要再建立一个新的 DHCP 作用域，则具体的操作步骤如下。

① 选择“开始”→“程序”→“管理工具”→“DHCP”选项，弹出如图 6-84 所示的窗口；

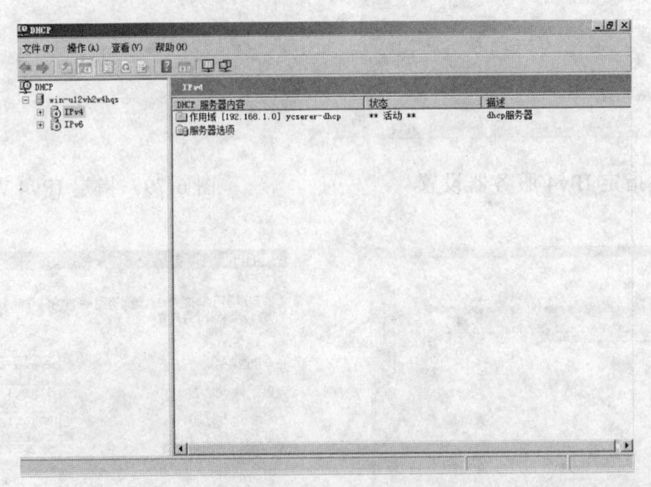

图 6-84 DHCP 控制台

② 右击 DHCP 服务器的机器名，在弹出的快捷菜单中选择“新建作用域”命令；

③ 系统启动新建作用域向导，单击“下一步”按钮；

④ 在“作用域名称”对话框中，在“名称”文本框中输入适当的作用域名称，单击“下一步”按钮，如图 6-85 所示；

⑤ 在“IP 地址范围”对话框中，输入“起始 IP 地址”和“结束 IP 地址”，单击“下一步”按钮，如图 6-86 所示；

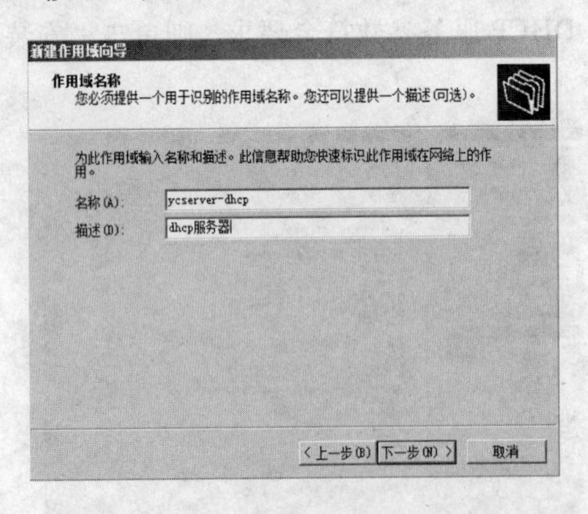

图 6-85 “作用域名称”对话框

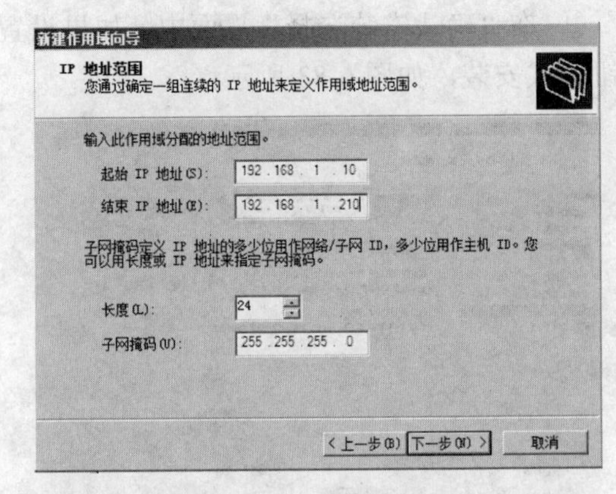

图 6-86 “IP 地址范围”对话框

⑥ 如果局域网中有一些专用的 IP 地址，如各类服务器，如 FTP、WWW 等服务器需要固定 IP 地址，这些 IP 地址要禁止提供给 DHCP 客户端使用。要禁止这些地址被自动分配，则应在 IP 地址范围内添加排除的地址。单击“下一步”按钮后，在“添加排除”对话框（如

图 6-87 所示）中，在“起始 IP 地址”和“结束 IP 地址”文本框中添加可排除的地址，可以是连续地址，也可以是多个单地址。

⑦ 单击“下一步”按钮，打开“租用期限”对话框，这里可以根据实际情况自行设定，一般可以使用默认租约为 8 天，如图 6-88 所示；

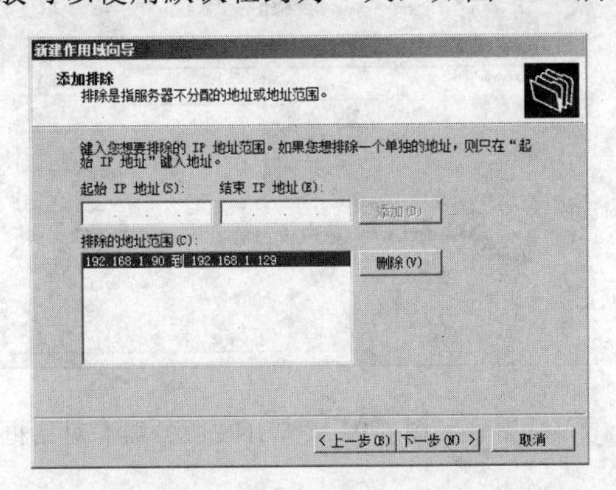

图 6-87 “添加排除”对话框

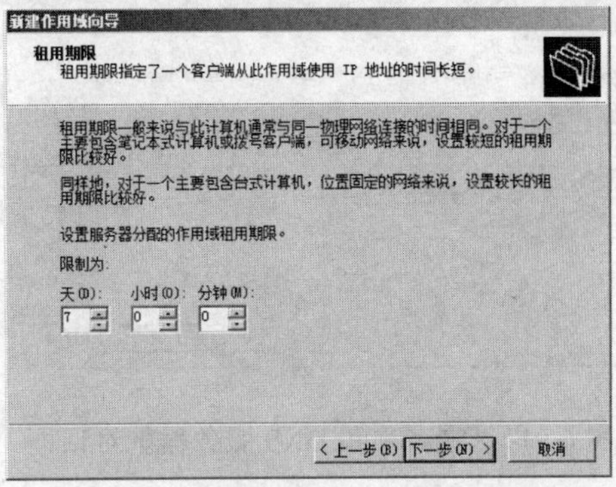

图 6-88 “租用期限”对话框

⑧ 单击“下一步”按钮，在“配置 DHCP 选项”对话框中选择“是，我想现在配置这些选项”单选项，如图 6-89 所示；

⑨ 单击“下一步”按钮，在“路由器（默认网关）”对话框中输入默认网关的“IP 地址”，如图 6-90 所示；

注意：默认网关的 IP 地址对于局域网用户而言十分重要，它将作为局域网内各主机访问 Internet 的一个出口。如果目前网络中没有路由器，则不必输入任何数据。

⑩ 单击“下一步”按钮，在“域名称和 DNS 服务器”对话框中输入 DNS 客户端的“父域”、DNS 服务器的“服务器名称”和“IP 地址”，或者输入 DNS 服务器的“服务器名称”，单击“解析”按钮让其自动查询这台 DNS 服务器的 IP 地址，或者直接输入这台服务器的“IP 地址”，如图 6-91 所示；

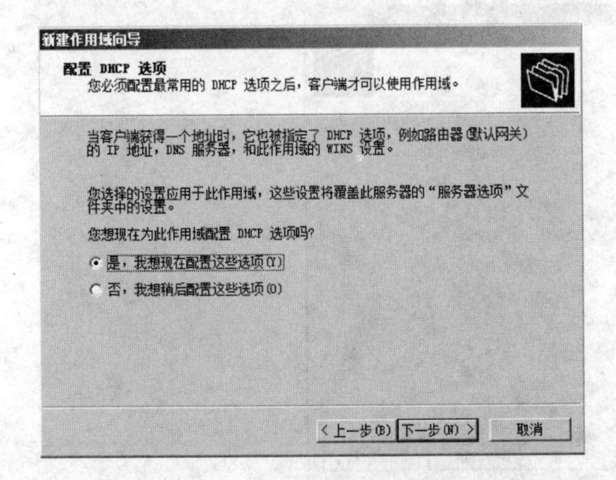

图 6-89 “配置 DHCP 选项”对话框

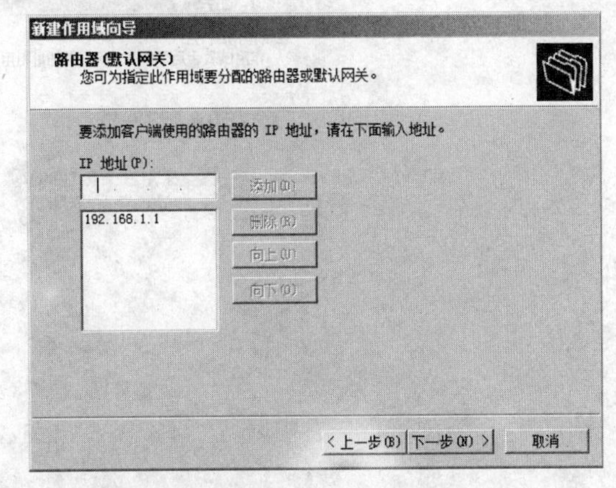

图 6-90 “路由器（默认网关）”对话框

⑪ 单击“下一步”按钮，在“WINS 服务器”对话框中输入 WINS 服务器的“服务器名

称”和“IP 地址”，如果没有可以不用输入，如图 6-92 所示；

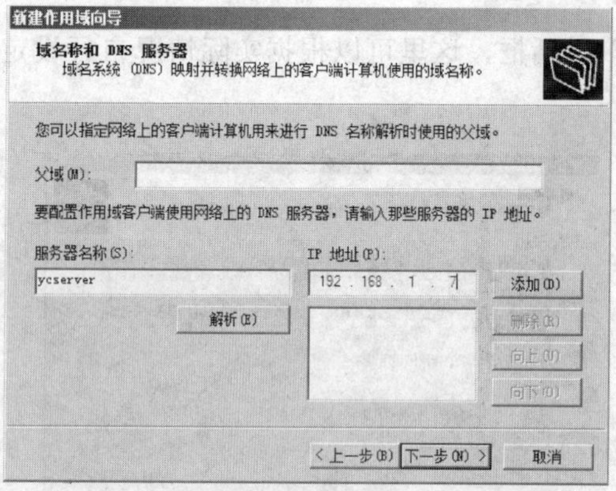

图 6-91 “域名称和 DNS 服务器”对话框

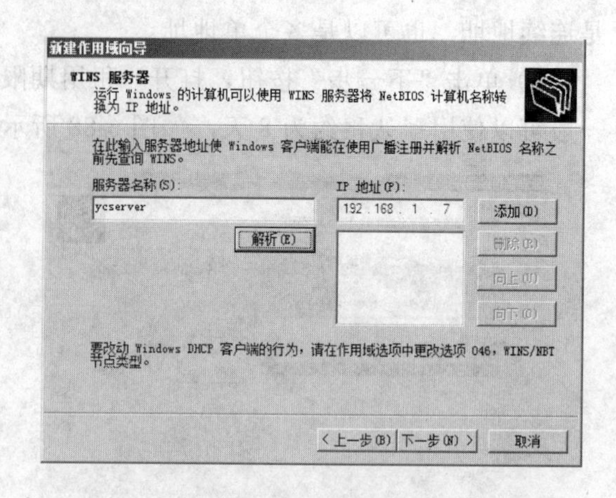

图 6-92 “WINS 服务器”对话框

⑫ 单击“下一步”按钮，在“激活作用域”对话框中选择“是，我想现在激活此作用域”单选项，如图 6-93 所示，单击“下一步”按钮，在“完成新建作用域向导”对话框中单击“完成”按钮。这时在 DHCP 控制台中出现新添加的作用域。

2. **管理 DHCP 服务器**

（1）DHCP 服务器的停止与启动

① 服务器的停止：在图 6-94 所示的快捷菜单中，选择“所有任务”→“停止”命令，将关闭 DHCP 服务器；

② 服务器的启动：在图 6-94 所示的快捷菜单中，选择“所有任务”→“启动”命令，将启动已经关闭的 DHCP 服务器；

③ 服务器的暂停：在图 6-94 所示的快捷菜单中，选择“所有任务”→“暂停”命令，将暂停 DHCP 服务器。暂停的 DHCP 服务器不接受新的域名解析请求；

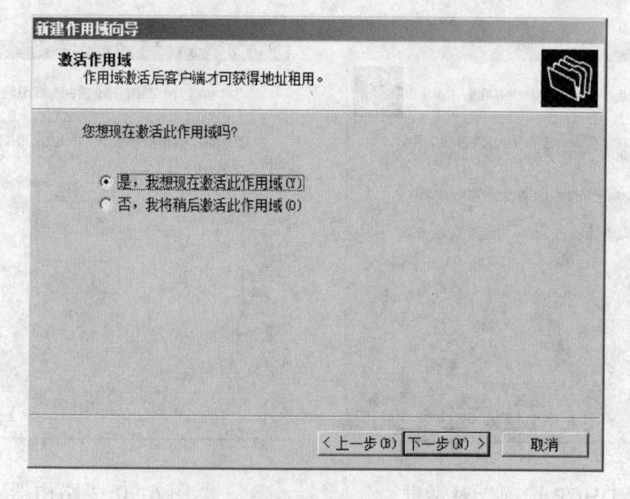

图 6-93 “激活作用域”对话框

④ 服务器的重启：在图 6-94 所示的快捷菜单中，选择“所有任务”→“重新启动”命

令，将在关闭 DHCP 服务器后重新启动服务器。

（2）作用域的配置

创建了作用域之后可以根据需要对其进行进一步的管理。

① “常规”选项卡的设置

如图 6-95 所示，有以下参数：

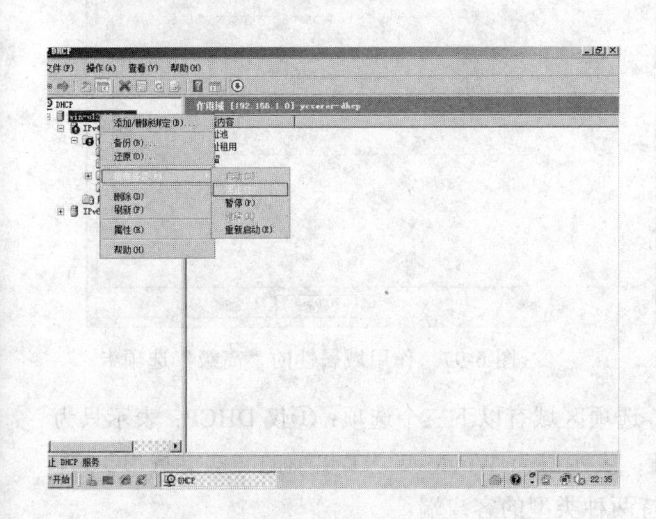

图 6-94 DHCP 服务器启动与停止

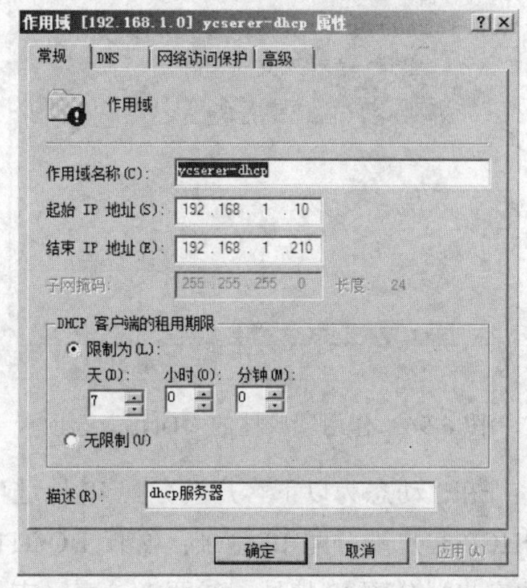

图 6-95 作用域属性的“常规”选项卡

■ 在“作用域名”文本框中可修改作用域名。

■ 在“起始 IP 地址”和“结束 IP 地址”文本框中可修改作用域可以分配的 IP 地址范围，“子网掩码”文本框不可编辑。

■ 在“DHCP 客户端的租约期限”选项区域有两个选项：选择“限制为”单选按钮后，可设置期限；选择“无限制”单选按钮，表示租约无期限限制。

■ 在“描述”文本框中可修改作用域的描述。

② DNS 选项卡的设置

图 6-96 是作用域属性的“DNS”选项卡，该选项卡下有以下参数。

■ 选中“根据下面的设置启用 DNS 动态更新”复选框，表示 DNS 服务器上该客户端的 DNS 设置参数如何变化，有两种方式：选择“只有在 DHCP 客户端请求时才动态更新 DNS A 和 PTR 记录”单选按钮，表示 DHCP 客户端主动请求时，DNS 服务器上的数据才进行更新；选择“总是动态更新 DNS A 和 PTR 记录”单选按钮，表示 DNS 客户端的参数发生变化后，DNS 服务器的参数就发生变化。

■ 选中“在租用被删除时丢弃 A 和 PTR 记录”复选框，表示 DHCP 客户端的租约失效后，其 DNS 参数也被丢弃。

■ 选中“为不请求更新的 DHCP 客户端（例如，运行 Windows NT 4.0 的客户端）动态更新 DNS A 和 PTR 记录”复选框，表示 DNS 服务器可以对非动态的 DHCP 客户端也能够执行更新。

③ “高级”选项卡的设置

如图 6-97 所示，为作用域属性“高级”选项卡，有以下参数。

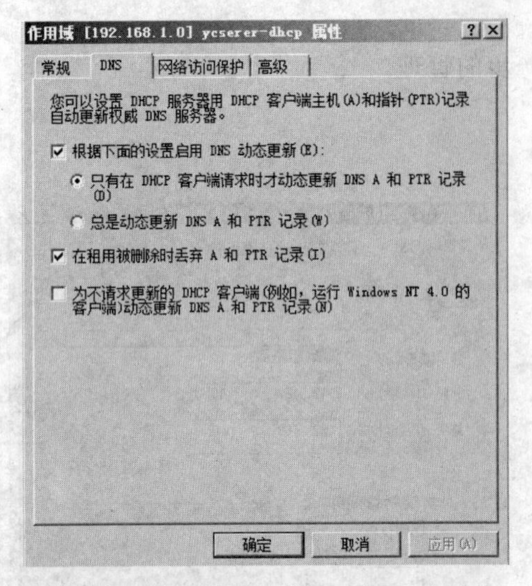

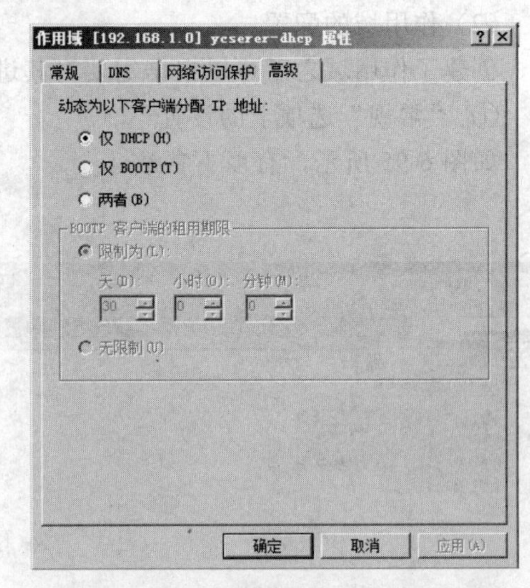

图 6-96　作用域属性的“DNS”选项卡　　　　图 6-97　作用域属性的“高级”选项卡

在“动态为以下客户端分配 IP 地址”选项区域有以下三个选项：①仅 DHCP：表示只为 DHCP 客户端分配 IP 地址；②仅 BOOTP：表示只为 Windows NT 以前的一些支持 BOOTP 的客户端分配 IP 地址；③两者：表示支持两种类型的客户端。

在“BOOTP 客户端的租用期限”选项区域：可设置 BOOTP 客户端的租约期限。

（3）修改作用域地址池

对于已经设立的作用域的地址池，可以修改其设置，具体的操作步骤如下。

① 在 DHCP 窗口中的左边，选择“DHCP”→“作用域[192.168.1.0] ycserver-dhcp”→“地址池”选项，右击，选择“新建排除范围”命令，如图 6-98 所示；

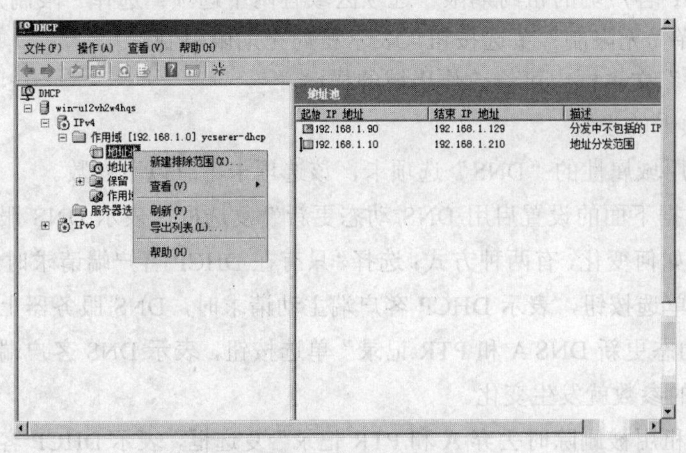

图 6-98　新建排除范围

② 弹出如图 6-99 所示的“添加排除”对话框，从中可以设置地址池中要排除的 IP 地址的范围。

（4）建立保留

如果主机作为服务器为其他用户提供网络服务（如 Web 服务、DNS 服务、FTP 服务），

IP 地址最好能够固定，这时可以把它们的 IP 地址设为静态 IP 而不用动态 IP。此外也可以让 DHCP 服务器为它分配固定的 IP 地址，具体的操作步骤如下。

① 在 DHCP 窗口中的左边，选择“DHCP”→“作用域[192.168.1.0] ycserver-dhcp”→“保留”选项，右击，选择“新建保留”命令，如图 6-100 所示；

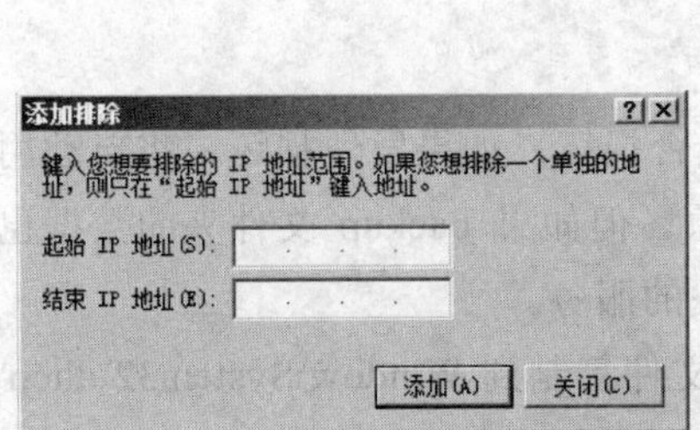

图 6-99 “添加排除”对话框　　图 6-100 “新建保留”命令

② 弹出如图 6-101 所示的“新建保留”对话框，在“保留名称”文本框中输入名称，在“IP 地址”文本框中输入保留的 IP 地址，在“MAC 地址”文本框中输入客户端的网卡的 MAC 地址，完成设置后单击“添加”按钮。

3. **DHCP 数据库的维护**

DHCP 服务器的维护主要是对 DHCP 数据库的维护。DHCP 数据库位于 %systemroot%\system32\DHCP 文件夹中，文件名为 dhcp.mdb，用户不要随意删除该文件。为了出现故障时，能够及时地恢复正确的配置信息，保障网络正常运转，在 Windows Server 2008 中提供了备份和还原 DHCP 服务器配置的功能。

（1）数据库的备份

在 Windows Server 2008 中，dhcp.mdb 文件对 DHCP 服务器的正常工作起着重要的作用，如图 6-102 所示；

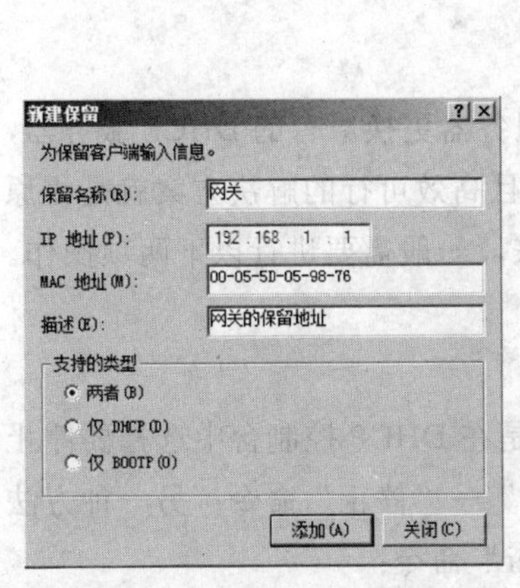

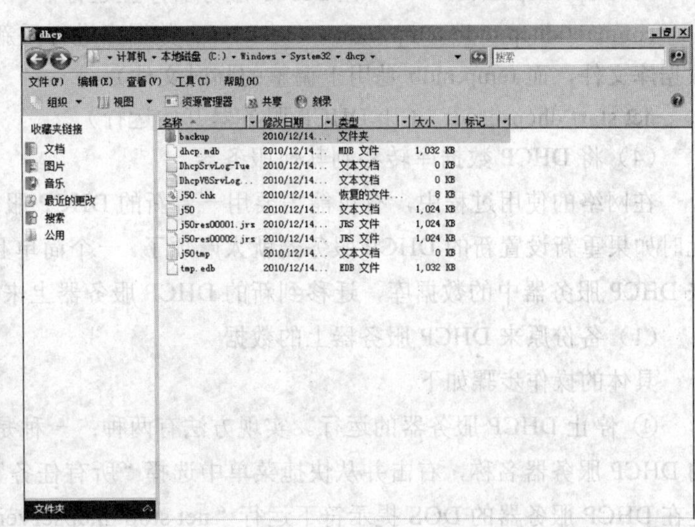

图 6-101 “新建保留”对话框　　图 6-102 DHCP 数据库

DHCP 服务器数据库是一个动态数据库，在向客户端提供租约或客户端释放租约时它会自动更新，从图 6-102 中还可以发现一个文件夹 backup，该文件夹中保存着 DHCP 数据库及注册表中相关参数，可供修复时使用。DHCP 服务默认情况下会每隔 60 分钟自动备份一次，如果要想修改这个时间间隔，可以通过修改 Backup Interval 这个注册表参数实现，它位于注册表项：HKEY_LOCAL_MACHINE\SYSTEMlCurrentControlSet\Services\DHCPserver\Parameters 中。

建议用户将\Windows\System32\dhcp\backup 文件夹内的所有内容进行备份。为了保证所备份数据的完整性，以及备份过程的安全性，在对\Windows\System32\dhcp\backup 文件夹内的数据进行备份时，必须先将 DHCP 服务器停止。

（2）数据库的还原

DHCP 服务器启动时，会自动检查 DHCP 数据库是否损坏，如果发现损坏，将自动用\Windows\System32\dhcp\backup 文件夹内的数据进行还原。但如果 backup 文件夹的数据也被损坏时，系统将无法自动完成还原工作，无法提供相关的服务。

当 backup 文件夹的数据被损坏时，先将原来备份的文件复制到\Window\System32\dhcp\backup 文件夹内，然后重新启动 DHCP 服务器，让 DHCP 服务器自动用新复制的数据进行还原。在对\Windows\System32\dhcp\backup 文件夹内的数据进行还原时，必须先停止 DHCP 服务器。

（3）数据库的重整

DHCP 数据库在使用过程中，相关的数据因为不断被更改(如重新设置 DHCP 服务器的选项，新增 DHCP 客户端或有 DHCP 客户端离开网络等)，所以其分布变得非常凌乱，会影响系统的运行效率。为此，当 DHCP 服务器使用一段时间后，一般建议用户利用系统提供的 jetpack.exe 程序对数据库中的数据进行重新调整，从而实现数据库的优化。

Jetpack.exe 程序是一个字符型的命令程序，必须手工进行操作，下面是一个优化示范，供读者参考。

cd\windows\system32\dhcp （进入 dhcp 目录）

net stop dhcpserver （让 DHCP 服务器停止运行）

compact dhcp.mdb temp.mdb （对 DHCP 数据库进行重新调整，其中 dhcp.mdb 是 DHCP 数据库文件，而 temp.mdb 是用于调整的临时文件）

net start dhcpserver （让 DHCP 服务器开始运行）

(4）将 DHCP 数据库转移到其他服务器

在网络的使用过程中，有可能需要用一台新的 DHCP 服务器更换原有的 DHCP 服务器，此时如果重新设置新的 DHCP 服务器就太麻烦了。一个简单且高效可行的解决方案就是将原来 DHCP 服务器中的数据库，迁移到新的 DHCP 服务器上来，一般需要进行以下两项操作。

（1）备份原来 DHCP 服务器上的数据

具体的操作步骤如下。

① 停止 DHCP 服务器的运行。实现方法有两种：一种是在 DHCP 控制台中选择要停止的 DHCP 服务器名称，右击并从快捷菜单中选择“所有任务”→“停止”命令；另一种方法是在 DHCP 服务器的 DOS 提示符下运行“net stop dhcpserver”命令；

② 将\windows\system32\dhcp 文件夹下的所有文件及子文件夹，全部备份到新 DHCP 服

务器的临时文件夹中；

③ 在 DHCP 服务器上运行注册表编辑器命令 regedit.exe，打开注册表编辑器窗口，展开注册表项“HKEY_LOCAL_MACHINE\SYSTEM\CurrentControlSet\ Services\DHCPServer”；

④ 在注册表编辑器窗口中，选择“文件”菜单下的“导出”选项，弹出如图 6-103 所示“导出注册表文件”窗口。选择保存位置，并输入该导出的注册表文件名称，在“导出范围”中选择“所选分支”选项，单击“保存”按钮，即可导出该分支的注册表内容。最后将该导出的注册表文件复制到新 DHCP 服务器的临时文件夹中；

⑤ 删除原来 DHCP 服务器中\windows\system32\dhcp 文件夹下的所有文件及子文件夹。如果该 DHCP 服务器还要在网络中另作他用（如作为 DHCP 客户端或其他类型的服务器），则需要删除 dhcp 下的所有内容。最后在原来的 DHCP 服务器卸载 DHCP 服务。

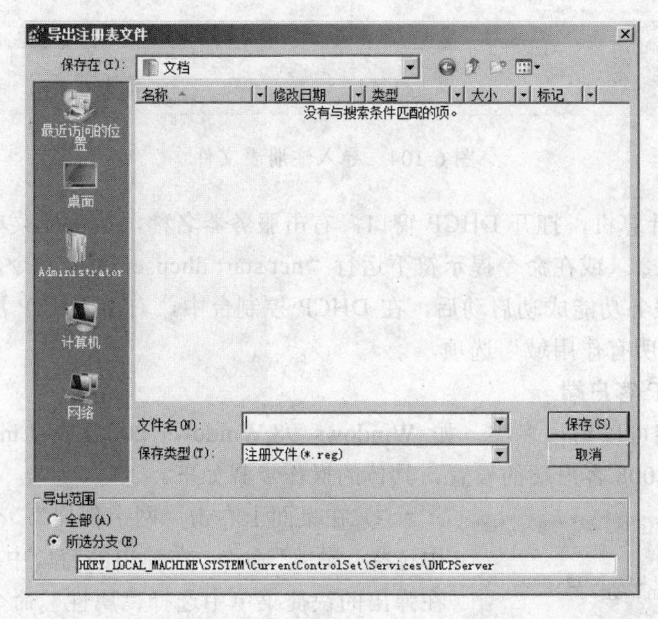

图 6-103 导出注册表文件

（2）将数据还原到新添加的 DHCP 服务器上

具体的操作步骤如下。

① 停止 DHCP 服务器。方法同前面停止原来 DHCP 服务器的操作；

② 将存储在临时文件夹内的所有文件和子文件夹（这些文件和文件夹全部从原来 DHCP 服务器的\windows\system32\dhcp 文件夹中备份而来）全部复制到新的 DHCP 服务器的 windows\system32\dhcp 文件夹内；

③ 在新的 DHCP 服务器上运行注册表编辑器命令 regedit.exe，在出现的“注册表编辑器”窗口中，展开“HKEY_LOCAL_MACHINE\SYSTEM\ CurrentControlSet\Services\ DHCPServer”；

④ 选择注册表编辑器窗口中“文件”菜单下的“导入”功能项，弹出如图 6-104 所示“导入注册表文件”对话框，选择从原来 DHCP 服务器上导出的注册表文件，选择“打开”按钮，即可导入到新 DHCP 服务器的注册表中；

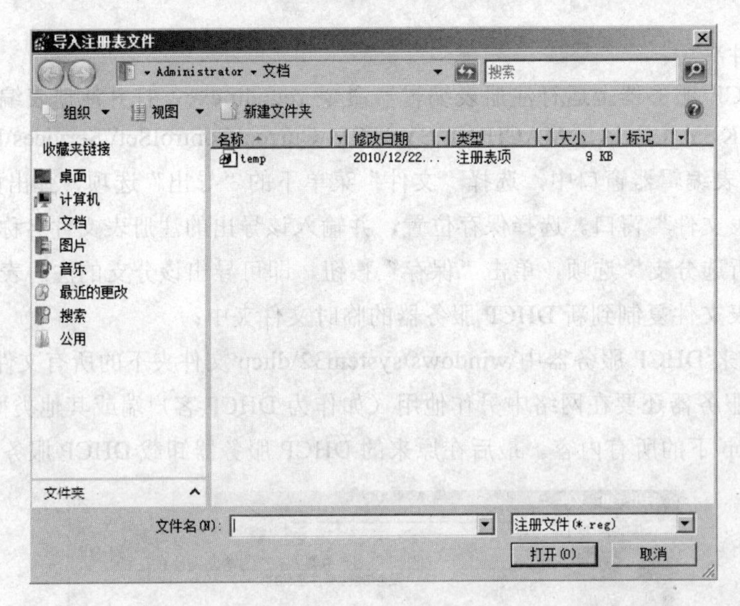

图 6-104 导入注册表文件

⑤ 重新启动计算机，打开 DHCP 窗口，右击服务器名称，从快捷菜单中选择“所有任务”→“开始”命令，或在命令提示符下运行“net start dhcpserver”命令，即可启动 DHCP 服务。当 DHCP 服务功能成功启动后，在 DHCP 控制台中，右击 DHCP 服务器名，选择快捷菜单中的“协调所有作用域”选项。

4. 配置 DHCP 客户端

DHCP 客户端可以用很多类，如 Windows 98.Windows 2000 或 Linux 等，重点了解 Windows 2003/xp/2008 客户端的设置，具体的操作步骤如下。

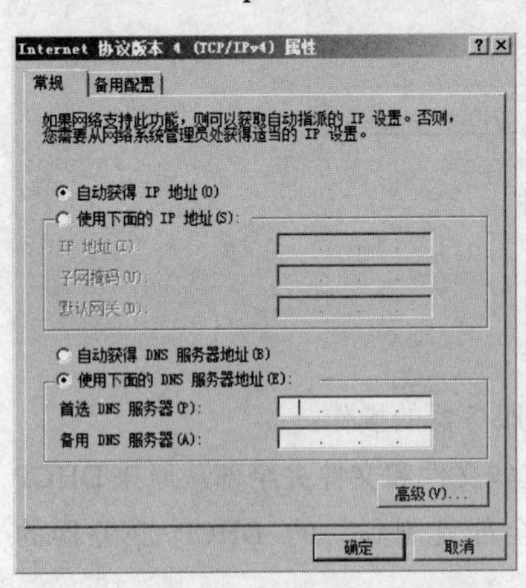

图 6-105 “Internet 协议属性”对话框

① 在桌面上右击“网上邻居”，在弹出的快捷菜单中选择“属性”命令，在弹出的窗口中右击“本地连接”，在弹出的快捷菜单中选择“属性”命令，打开“本地连接属性”对话框；

② 在“此连接使用下列项目”列表框中，选择“Internet 协议（TCP/IP）”，并单击“属性”按钮，弹出如图 6-105 所示“Internet 协议（TCP/IP）属性”窗口，选择“自动获得 IP 地址”选项；

③ 单击“确定”按钮，保存对设置的修改即可。

在局域网中的一台 DHCP 客户端上，进行 DOS 命令提示符，执行 c:\ipconfig/renew 可以更新 IP 地址，执行 c:\ipconfig/all 可以看到 IP 地址、WINS、DNS、域名是否正确。要释放地址使用 C:\ipconfig/release 命令，得到的结果如下：

C:\>ipconfig /renew

Windows IP Configuration

Ethernet adapter 本地连接:

```
    Connection-specific DNS Suffix  . :
    IP Address. . . . . . . . . . . . : 192.168.1.10
    Subnet Mask . . . . . . . . . . . : 255.255.255.0
    Default Gateway . . . . . . . . . : 192.168.1.1
```

C:\>ipconfig /all

```
Windows IP Configuration
    Host Name . . . . . . . . . . . . : ycserver-01
    Primary Dns Suffix  . . . . . . . : ycdata.com
    Node Type . . . . . . . . . . . . : Hybrid
    IP Routing Enabled. . . . . . . . : No
    WINS Proxy Enabled. . . . . . . . : No
    DNS Suffix Search List. . . . . . : ycdata.com
Ethernet adapter 本地连接:
    Connection-specific DNS Suffix  . :
    Description . . . . . . . . . . . : Realtek RTL8139 Family PCI Fast Ethern NIC
    Physical Address. . . . . . . . . : 00-E0-4C-00-08-30
    DHCP Enabled. . . . . . . . . . . : Yes
    Autoconfiguration Enabled . . . . : Yes
    IP Address. . . . . . . . . . . . : 192.168.1.10
    Subnet Mask . . . . . . . . . . . : 255.255.255.0
    Default Gateway . . . . . . . . . : 192.168.1.1
    DHCP Server . . . . . . . . . . . : 192.168.1.7
    Lease Obtained. . . . . . . . . . : 2010 年 10 月 1 日  8:05:58
    Lease Expires . . . . . . . . . . : 2010 年 10 月 1 日  8:05:58
```

C:\>ipconfig /release

```
Windows IP Configuration
Ethernet adapter 本地连接:
    Connection-specific DNS Suffix  . :
    IP Address. . . . . . . . . . . . : 0.0.0.0
    Subnet Mask . . . . . . . . . . . : 0.0.0.0
    Default Gateway . . . . .
```

步骤六、Apache HTTP 服务器的配置与管理

1. 启动服务

（1）准备工作

在 Linux 为 Web 站点创建一个目录，并在里面创建一个主页，在本例中，Web 站点的目录为“/wwwroot/web1”，主页文件名为“index.htm”。

（2）启动 http 服务器

① 打开“服务”窗口，点击“主菜单”→“系统设置”→“服务器设置”→“服务”，如图 6-106 所示。

② 启动“httpd”服务。在“服务配置”窗口左侧，选中“httpd”，点击“开始”按钮，HTTP 服务器启动后，点击“文件（F）”→“保存改变（S）”，如图 6-107 和图 6-108 所示。

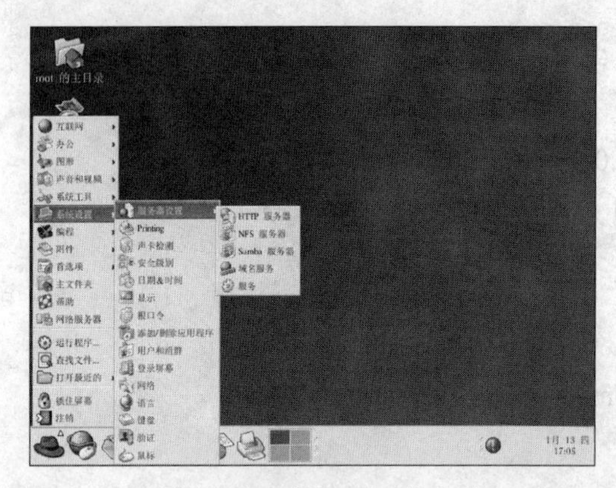
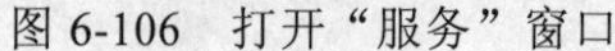

图 6-106 打开“服务”窗口

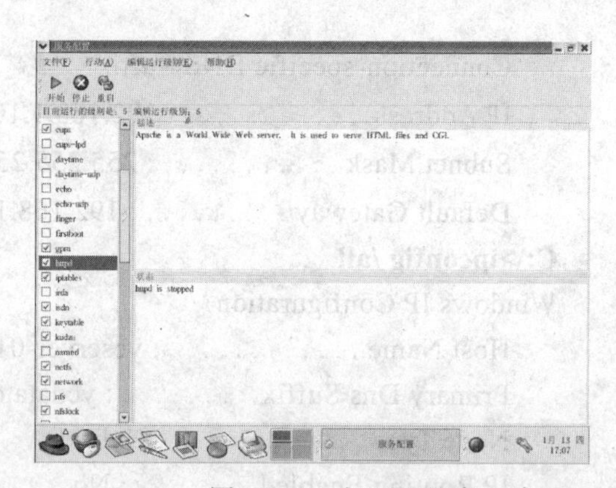

图 6-107 打开“服务”窗口

图 6-108 启动成功信息

2. 配置服务器

① 启动“HTTP 服务器”。点击“主菜单”→“系统设置”→“服务器设置”→“HTTP 服务器”，或者在终端输入“redhat-config-httpd”，如图 6-109 所示。

② 输入服务器的名称，即本计算机的名称，点击“编辑（E）”，如图 6-110 所示。

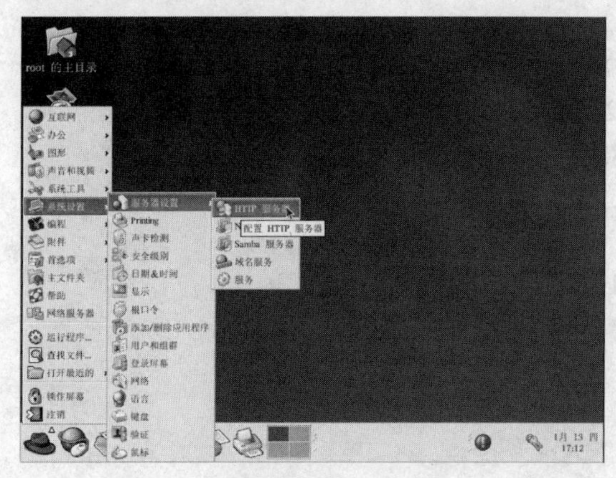

图 6-109 选择“HTTP”服务

图 6-110 进入编辑“主服务器”

③ 编辑“主服务器”的地址，即设定 Web 站点的监听地址和端口，如图 6-111 所示。

④ 选择“虚拟主机”选项卡，选中“Default Virtual Host”，点击“编辑（E）”，如图 6-112 所示。

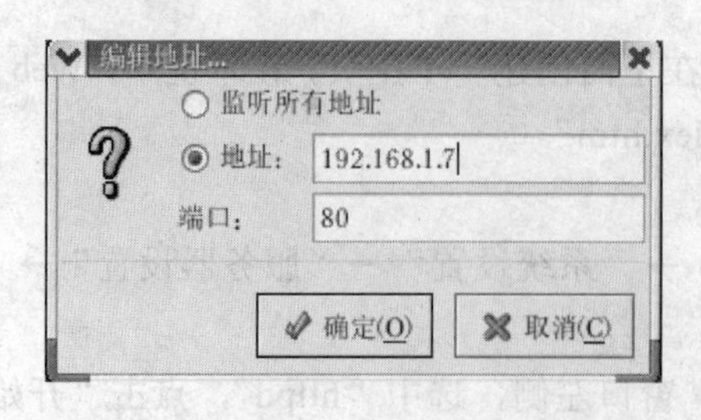

图 6-111 编辑地址

图 6-112 编辑虚拟主机

⑤ 在“虚拟主机的属性”窗口中，输入虚拟主机的名称，选择“基于 IP 的虚拟主机”，并输入虚拟主机的 IP 地址和主机名称，以及主服务器的名称，如图 6-113 与图 6-114 所示。

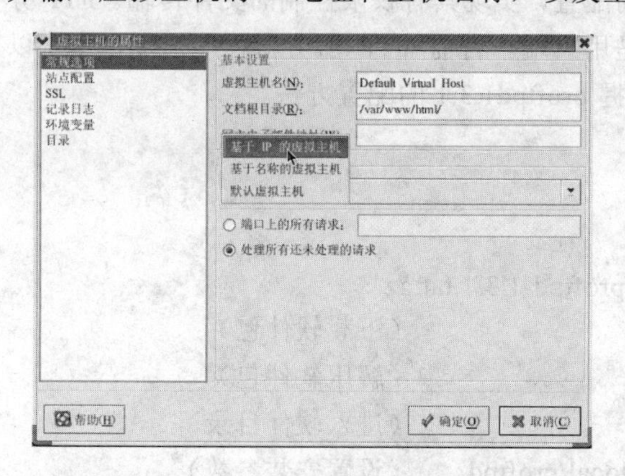

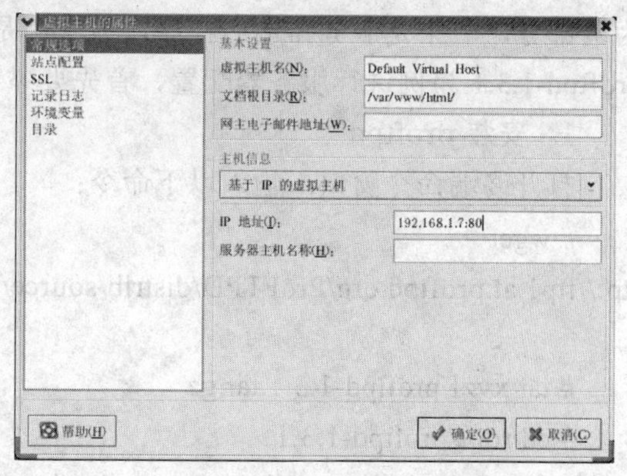

图 6-113　配置虚拟主机属性　　　　图 6-114　配置站点参数

⑥ 在“虚拟主机的属性”窗口中，点击“站点配置”，删除原有的主页文档，并点击“添加（A）”，添加新的文档，最后点击“确认（O）”，如图 6-115 所示。

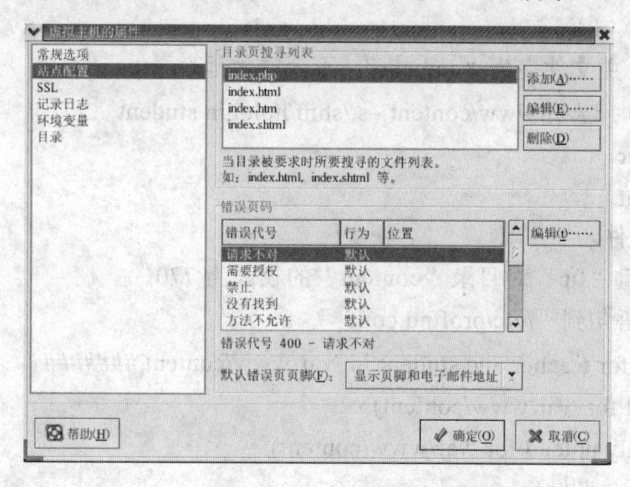

图 6-115　站点配置

⑦ 回到 Apache 配置窗口，点击“确定”，如图 6-116 和图 6-117 所示。

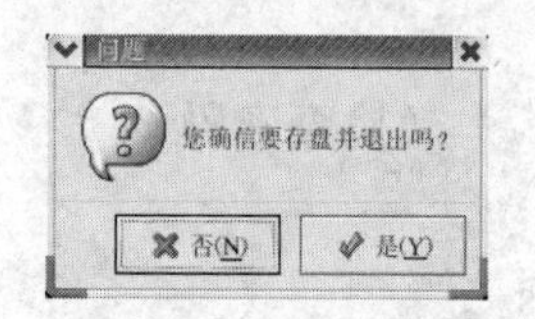

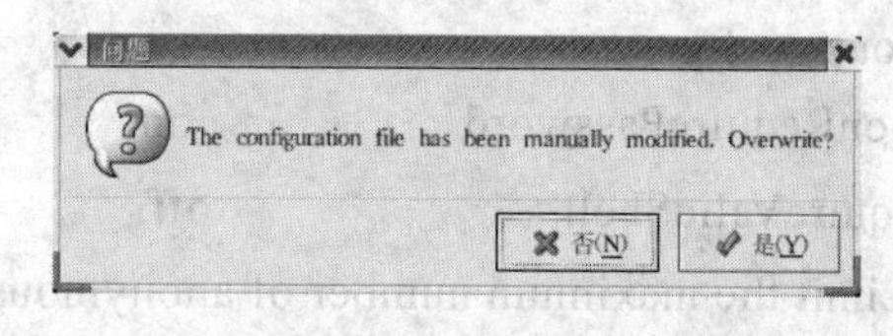

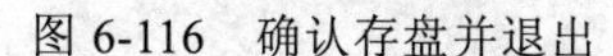

图 6-116　确认存盘并退出　　　　图 6-117　确认修改配置

⑧ 在终端输入“/etc/rc,d/init.d/httpd restart”命令，重新启动 Web 服务。

⑨ 如果想在一台服务器上架设多个 Web 站点，只需先添加监听端口，再添加相应的虚拟主机。其配置过程同上，此处不再赘述。

3. 测试

在客户端打开浏览器，在地址栏中输入虚拟主机的 IP 地址，按“Enter”键。

步骤七、配置 Linux FTP 服务器

在 Linux 操作系统下，完成 FTP 服务器的配置，实现具有权限控制的文件传输。FTP 分为两部分，一个是服务器端的程序，另一个是用户端。目前 FTP 服务器程序很多，本次以 proftpd-1.3.1 为例进行服务器配置，首先要掌握 proftpd1.3.1 的配置方法。

1. 安装 proftpd

打开终端命令窗口，输入以下命令：

wget
ftp://ftp1.at.proftpd.org/ProFTPD/distrib/source/proftpd-1.3.1.tar.gz
（下载软件包）

tar xvzf proftpd-1.3.1.tar.gz （解压软件包）

cd/root/proftpd-1.3.1 （进入软件目录）

#./configure –sysconfdir=/etc –prefix=/usr/local/proftpd （设置安装参数）

make （编译安装软件）

make install （安装软件）

2. 添加用户

useradd –g ftp –d /var/www/content –s /sbin/nologin teacher

（属于 FTP 组，主文件夹为“content”，不允许本地登录）

useradd –g ftp –d /var/www/content –s /sbin/nologin student

passwd teacher

passwd student

3. 修改配置文件

首先改变用户组“ftp”对目录“content”的权限为 770。

然后添加以下语句到“/etc/proftpd.conf ”

```
####### this is for teacher and student in /var/www/content #######
### teacher:(All for /var/www/content)
### student:(Only upload for /var/www/content)
#### First teacher:#####
<Anonymous /var/www/content>
    User    teacher                                  （可访问该目录的用户）
    Group   ftp
    AnonRequirePassword          on                  （检查密码）
    RequireValidShell            off
    # Limit the maximum number of anonymous logins
    MaxClients           100
    MaxClientsPerHost         3
    TransferRate     RETR      50000000
</Anonymous>
#### Second student: #####
<Anonymous /var/www/content>
```

```
    User     student
    Group     ftp
    AnonRequirePassword          on
    Require ValidShell           off
# Limit the maximum number of anonymous logins
    MaxClients        100
    MaxClientsPerHost       10
    TransferRate     RETR        50000000
    <Directory /var/www/content>
    AllowOverwrite off
    Umask 000
        <Limit CDUP CWD XCWD XCUP STOR STOU>
                                                    （允许的权限）
            Allowall
        </Limit>
<Limit READ RMD DELE RNFR RNTO SITE_CHMOD>
                                                    （拒绝的权限）
          DenyAll
    </Limit>
    </Directory>
</Anonymous>
```

4. 启动服务

若需要将 proftpd 设置为系统启动时自动启动，则通过如下命令复制启动文件。

```
# cp contrib/dist/rpm/proftpd.init.d/etc/rc.d/init.d/proftpd
# vi /etc/rc.d/init.d/proftpd
```

修改以下行：

PATH= “$PATH:/usr/local/proftpd/sbin:/etc/proftpd/bin”

（安装目录：/usr/local/proftpd）

执行以下命令：

```
# chmod +x /etc/rc.d/init.d/proftpd
# chkconfig –add proftpd
```

配置完成，可通过以下命令改变服务状态：

```
# service proftpd start
# service proftpd restart
# service proftpd stop
```

5. 测试

在客户机地址栏中输入 FTP 服务器的 IP 地址，格式为 ftp://172.16.105.89，输入用户名密码，验证权限。

 总结与回顾

在本节任务的学习中，首先介绍了主流网络操作系统的功能、特点和分类，然后详细阐述了资源系统 Windows 平台服务应用部署和 Linux 平台服务应用部署，使学生能根据企业信息系统平台要求和资源系统的应用现状，安装、管理、组建资源平台中常用的网络协议和服务，并能根据企业网络资源应用服务需求，对各种类型服务器进行详细配置和调试。

 知识技能拓展

一、Windows 服务器策略部署案例

目前企业大部分的应用服务器，在安装时忽略了一些安全策略，对这些问题的完善，部署具体如下。

1. 系统安装

（1）磁盘分区格式

① 一台要用来作为网络服务器的 Windows Server，硬盘的分区格式一定要是 NTFS，NTFS 的分区格式远比 FAT 分区格式来得安全得多，在 NTFS 格式下，用户可以对不同的文件夹设置不同的权限，增强服务器的安全性。

② 另一点要注意的是，对硬盘进行分区，最好是一次性进行，把分区都分成 NTFS 格式，可别先分成 FAT 格式，再进行转换，这样很容易导致系统出问题，甚至崩溃。

（2）操作系统安装

① 操作系统安装，一定要做到一台服务器只安装一个系统，尽量少安装与 Web 服务不相关的软件。

② 操作系统安装时，系统文件不要装在默认的目录，要选择安装一个新的目录进行安装；Web 目录和系统不要放在同一个分区，防止有人通过 Web 权限漏洞，访问系统文件、文件夹。

③ 安装完操作系统，一定要先更新系统必要的补丁，直到没有补丁可更新。

2. 系统设置

（1）账户设置

① 尽可能少的有效账户，没有用的一律不要，多一个账户就多一个安全隐患。

② 可以有两个管理账户，以防忘记密码，或者被人修改了密码，做后备用。

③ 要加强账户管理，不要轻易给特殊权限。

④ 给管理账户改名字，不要保留默认的名字，这个容易被猜到。其他非管理账户也尽量遵循这一原则。

⑤ 将 Guest 账户禁用，改成一个复杂的名称并加上密码，然后将它从 Guests 组删除。

⑥ 账户密码规则，所有账户（系统账号除外）密码最好是 8 位以上，密码最好是特殊符号、数字、大小写字母的搭配。避免使用单词。

⑦ 账户密码要定期进行更改，密码最好熟记在脑中，不要在其他地方做记录；另外，如果发现日志中有连续尝试登陆的账户，要立即更改其账户名及口令。

（2）网络设置

① 只保留 TCP/IP 协议，其他全部删除。

② NetBIOS 常常是网络黑客的扫描目标，这里要禁用它。

操作方法：网络连接->本地连接属性->高级->选项->禁用 Tcp/Ip 上的 NetBIOS->确定。

③ 只允许一些必要的端口

如：

21 FTP；25 SMTP；53 DNS；80 HTTP；1433 SQL SERVER；3389 TERMINAL SERVICES；5631 PCANYWHERE。

（3）删除没有必要的共享，提高安全性

操作方法：运行 Regedit，

① 在 HKEY_LOCAL_MACHINE\SYSTEM\Current\Services\LanmanServer\Parameters 下增加一值

Name：AutoShareServer Type：REG-DWORD Value：0

② 在 HKEY_LOCAL_MACHINE\SYSTEM\CurrentControlSet\Control\Lsa 下增加一值

Name：restrictanonymous Type：REG_DWORD Value：0

（4）修改权限

Windows 2008 Server 的 NTFS 分区默认权限都是 Everyone 完全控制权限，这样给服务器的安全带来了一定的安全隐患。我们建议，所有 NTFS 分区只给管理员和 SYSTEM 完全控制权限。有特殊权限需求的目录可单独设置。

（5）修改计算机某些特性

操作方法：控制面板->系统->高级->启动和故障恢复->取消显示操作系统列表->取消发送警报->取消写入调试信息->完成。

（6）禁止一些没有必要的服务。

具体操作位置：控制面版->管理工具->服务

需要停掉的服务，例如：Alerter、Computer Browser、Distributed File System、Intersite Messaging、Kerberos Key Distribution Center、Remote Registry Service、Routing and Remote Access 等。

（7）安全日志

Win2000 的默认安装是不开任何安全审核的！

那么请你到本地安全策略->审核策略中打开相应的审核，推荐的审核是：

账户管理 成功 失败

登录事件 成功 失败

对象访问 失败

策略更改 成功 失败

特权使用 失败

系统事件 成功 失败

目录服务访问 失败

账户登录事件 成功 失败

审核项目少的缺点是万一你想看发现没有记录那就一点都没辙；审核项目太多不仅会占用系统资源而且会导致你根本没空去看，这样就失去了审核的意义。与之相关的是：

在账户策略->密码策略中设定：

密码复杂性要求 启用

密码长度最小值 6 位

强制密码历史 5 次

最长存留期 30 天

在账户策略->账户锁定策略中设定：

账户锁定 3 次错误登录

锁定时间 20 分钟

复位锁定计数 20 分钟

同样，Terminal Service 的安全日志默认也是不开的，可以在 Terminal Service Configration（远程服务配置）->权限->高级中配置安全审核，一般来说只要记录登录、注销事件就可以了

（8）禁止建立空连接

默认情况下，任何用户可通过空连接连上服务器，枚举账号并猜测密码。可以通过以下两种方法禁止建立空连接。

① 修改注册表

Local_Machine\System\CurrentControlSet\Control\LSA-RestrictAnonymous 的值改成 1。

② 修改本地安全策略

设置“本地安全策略→本地策略→选项”中的 RestrictAnonymous（匿名连接的额外限制）为“不容许枚举 SAM 账号和共享”。

3. 系统的权限设置

将所有盘符的权限,全部改为只有 administrators 组全部权限 system 全部权限将 C 盘的所有子目录和子文件继承 C 盘的 administrator（组或用户）和 SYSTEM 所有权限的两个权限然后做如下修改 C:\Program Files\Common Files 开放 Everyone 默认的读取及运行 列出文件目录读取三个权限 C:\WINDOWS\开放 Everyone 默认的读取及运行列出文件目录 读取三个权限 C:\WINDOWS\Temp 开放 Everyone 修改,读取及运行,列出文件目录,读取,写入权限现在 WebShell 就无法在系统目录内写入文件了。

技能训练

1. Windows 服务器部署

① 安装 IIS 组件；

② 配置 DNS，域名为 teacher.com，新建主机 ftp；

③ 用 Active Directory 隔离用户新建 FTP 站点ftp.teacher.com；

④ 用隔离用户新建 FTP 站点ftp1.teacher.com；

⑤ 用不隔离用户新建 FTP 站点ftp2.teacher.com；

⑥ 修改网站的属性，包括目录安全性、配置各种消息；

⑦ 禁止 IP 地址为 192.168.100.1 的主机网络访问 FTP 站点。

2. Linux 服务器部署

① /boot 挂载到第一分区，分区大小 100M；swap 分区 500M；/挂载到第二分区，分区大小 5G，/var 挂载到分三分区，使用剩余空间；

② 配置 Samba 共享，共享文件夹为/home 下的 web1,web2,web3；建立用户 test1，test2，test3，分别对应上述文件夹，密码 123456　权限 rwx。所有用户属 test 组。从 WIN XP 系统下分别向每个文件夹拷贝 web1.html,web2.html,web3.html 文件。

③ 配置 DNS 正反向文件，域为 test.com，并添加所需指针记录。

④ 配置 WEB 服务，在同一个 IP 上发布 web1.test.com，web2.test.com，web3.test.com，内容分别对应“测试页 1”“测试页 2”“测试页 3”,并需分别通过用户 test1.test2.test3 验证才能访问。

⑤ 配置 Sendmail 服务，添加用户 linuser，能与虚拟机三ackuser@ack.com互通邮件。

⑥ 开启 telnet 服务，端口改 1234。

⑦ 配置 IPTABLES，除上述服务外，其他访问拒绝，启动运行级别设为 3。

工作任务七　安 全 部 署

任务描述

随着企业网络建设和应用的不断深入，网络安全问题正逐渐成为一个突出的管理问题。通过路由器或防火墙多种手段和配置可以控制和管理网络的流量，能够有效地实施各种防攻击策略。尤其在复杂的网络环境中，全面合理的配置能够大大提高网络的稳定性和可靠性。

由于企业上网人员数量多、构成复杂、流动性大，因此网络流量具有流量大、协议种类多、流量复杂等特点。一般企业局域网内均有一定程度主机感染病毒，同时也很容易被用来发起网络攻击，或者被他人攻击，这就对企业网络中的核心设备——网关（防火墙、路由器）等设备提出了较高的要求。

了解用户需求：网络中是否要对用户进行身份验证和计费？网络中是否有外地出差用户访问内部网络，企业分部用户是否要访问总部网络？网络中是否有重要的数据需要在传输过程当中进行数据加密？可行性方案的制订：确定企业网络结构，确定进行身份验证的用户名单，确定访问内部网络的分部用户或出差用户的部门信息及名单，确定重要数据的转发路径。

任务目标

① 了解计算机网络安全的基础知识和基本技能等；

② 掌握计算机网络系统的安全性问题、“黑客”攻击的手法以及相关技术；

③ 掌握网络病毒和 Internet/Intranet 安全性问题；

④ 理解网络安全策略的基本概念，具有部署、实施网络安全策略的能力；

⑤ 理解 VPN 工作原理，具有部署、实施 VPN 网络的能力；

⑥ 掌握 ACL 和 NAT 的工作原理和配置能力；

⑦ 掌握病毒防范技术、防火墙技术，具有部署和实施能力。

一、网络安全技术介绍

众所周知，网络为人们提供了极大的便利。但由于构成 Internet 的 TCP/IP 协议本身缺乏安全性，提供一种开放式的环境，网络安全成为一个在开放式环境中必要的技术，成为必须面对的一个实际问题。而由于目前网络应用的自由性、广泛性以及黑客的“流行”，网络面临着各种安全威胁，存在着各种类型的机密泄露和攻击方式，包括：窃听报文——攻击者使用报文获取设备，从传输的数据流中获取数据并进行分析，以获取用户名/口令或者是敏感的数据信息。通过 Internet 的数据传输，存在时间上的延迟，更存在地理位置上的跨越，要避免数据彻底不受窃听，基本是不可能的。

IP 地址欺骗——攻击者通过改变自己的 IP 地址来伪装成内部网用户或可信任的外部网络用户，发送特定的报文以扰乱正常的网络数据传输，或者是伪造一些可接受的路由报文（如发送 ICMP 的特定报文）来更改路由信息，以窃取信息。

源路由攻击——报文发送方通过在 IP 报文 Option 域中指定该报文的路由，使报文有可能被发往一些受保护的网络。

端口扫描——通过探测防火墙在侦听的端口，来发现系统的漏洞；或者事先知道路由器软件的某个版本存在漏洞，通过查询特定端口，判断是否存在该漏洞。然后利用这些漏洞对路由器进行攻击，使得路由器整个 DOWN 掉或无法正常运行。

拒绝服务攻击——攻击者的目的是阻止合法用户对资源的访问。比如通过发送大量报文使得网络带宽资源被消耗。Mellisa 宏病毒所达到的效果是拒绝服务攻击。最近拒绝服务攻击又有了新的发展，出现了分布式拒绝服务攻击（Distributed Denial Of Service，DDOS）。许多大型网站都曾被黑客用 DDOS 方式攻击造成很大的损失。

应用层攻击——有多种形式，包括探测应用软件的漏洞、“特洛依木马”等等。

另外，网络本身的可靠性与线路安全也是值得关注的问题。

随着网络应用的日益普及，尤其是在一些敏感场合（如电子商务、政府机关等）的应用，网络安全成为日益迫切的重要需求。网络安全包括两层内容：其一是网络资源的安全性，其二是数据交换的安全性。网络设备作为网络资源和数据通讯的关键设备，有必要提供充分的安全保护功能，锐捷系列交换机、路由器、防火墙、网管、业务平台等产品提供了多种网络安全机制，为网络资源和数据交换提供了有力的安全保护。本文将对其技术与实现作详细的介绍。

二、访问控制列表

随着越来越多的私有网络连入公有网，网络管理员们逐渐需要面对这样一个问题：如何在保证合法访问的同时，对非法访问进行控制。这就需要对路由器转发的数据包做出区分，即需要包过滤。路由器对需要转发的数据包，先获取包头信息，包括 IP 层所承载的上层协议的协议号，数据包的源地址、目的地址、源端口号和目的端口等，然后与设定的规则进行比较，根据比较的结果对数据包进行转发或者丢弃。

包过滤技术是在路由器上实现防火墙的一种主要方式，而实现包过滤技术最核心内容就是使用访问控制列表。

在企业网络中，通常有这样的需求，某两个部门之间不能直接访问，这时就可以通过 ACL 技术来解决；另外在网络的出口还要将网络中的常见漏洞端口（如 135、139、445、449 等）给封住，这时也要用到访问控制列表；下面通过实验的方式来演示在网络的设备上如何部署访问控制列表，如图 7-1 所示。

【拓扑结构】

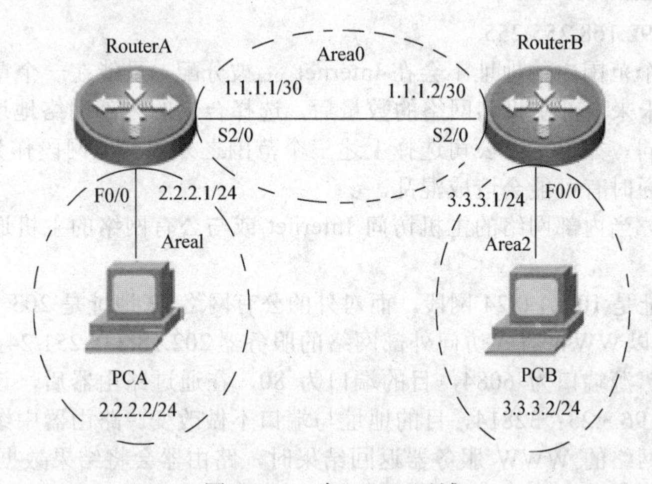

图 7-1　三个 OSPF 区域

实验拓扑结构如图 7-1 所示，本实验建立在 OSPF 的多区域实验基础之上，要求 PCA 不能 ping PCB；但 ping PCB 能 PCA。

【配置步骤】

在配置之前我们先分析一下，这个访问控制列表在哪台路由器上部署是最优的，按照数据流经的方向分析，PCA ping PCB 的数据包首先流经 Router A，如果在 RouterA 的进度接口上进行阻止，将是最优的，下面按照分析来配置。

```
#RouterA 上 ACL 的配置
RouterA(config)#access-list 100 deny icmp host 2.2.2.2 host 3.3.3.2 echo
RouterA(config)#access-list 100 permit ip any any
RouterA(config)#show access-lists
ip access-list extended 100
  10 deny icmp host 2.2.2.2 host 3.3.3.2 echo
  20 permit ip any anyReturn
RouterA(config)#interface fastEthernet 0/0
RouterA(config-if)#ip access-group 100 in
RouterA(config-if)#end
RouterA#show ip access-group
ip access-group 100 in
Applied On interface FastEthernet 0/0.
```

【注意事项】

1．在配置完 ACL 后，一定不要忘记将 ACL 应用到接口上，只有这样 ACL 才能生效；

2．在应用的时候，一定要分析一下应用在哪个接口上，以及接口的哪个方向上；

3．谨记：ACL 要应用在离源地址越近越好。

三、地址转换技术

网络地址转换 NAT 又称地址代理，它实现了私有网络访问公有网络的功能。在 Internet 的发展过程中，NAT 的提出是为了解决 IP 地址短缺所可能引起的问题。

私有网络地址是指内部网络或主机的 IP 地址，公有网络地址是指在 Internet 上全球唯一的 IP 地址。Internet 地址分配组织规定将下列的 IP 地址保留用作自有网络地址：

10.0.0.0～10.255.255.255

172.16.0.0～172.31.255.255

192.168.0.0～192.168.255.255

也就是说这三个范围内的地址不会在 Internet 上被分配，只能在一个单位或公司内部使用。各企业在预见未来内部主机和网络的数量后，选择合适的内部网络地址。不同企业的内部网络地址可以相同。如果一个公司选择上述三个范围之外的其他网段作为内部网络地址，那么与其他网络互通时有可能会造成混乱。

如图 7-2 所示，当内部网络的主机访问 Internet 或与公有网络的主机通信时，需要进行网络地址转换。

内部网络的地址是 10.1.1.0/24 网段，而对外的公有网络 IP 地址是 203.196.3.23/24，内部的主机 10.1.1.48/24 以 WWW 方式访问外部网络的服务器 202.18.245.251/24，主机 10.1.1.48/24 发出一个数据报文，源端口为 6084，目的端口为 80。在通过路由器后，该报文的源地址和端口可能改为 203.196.3.23：32814，目的地址与端口不做改变。路由器中维护着一张地址端口对应表。当外部网络的 WWW 服务器返回结果时，路由器会将结果数据报文中的目的 IP 地址及端口转化为 10.1.1.48：6084。这样，内部主机 10.1.1.48/24 就可以访问外部的服务器了。

如图 7-3 所示，PC1 与 PC2 可以使用内部网络地址，通过网络地址转换后访问 Internet

上的资源。

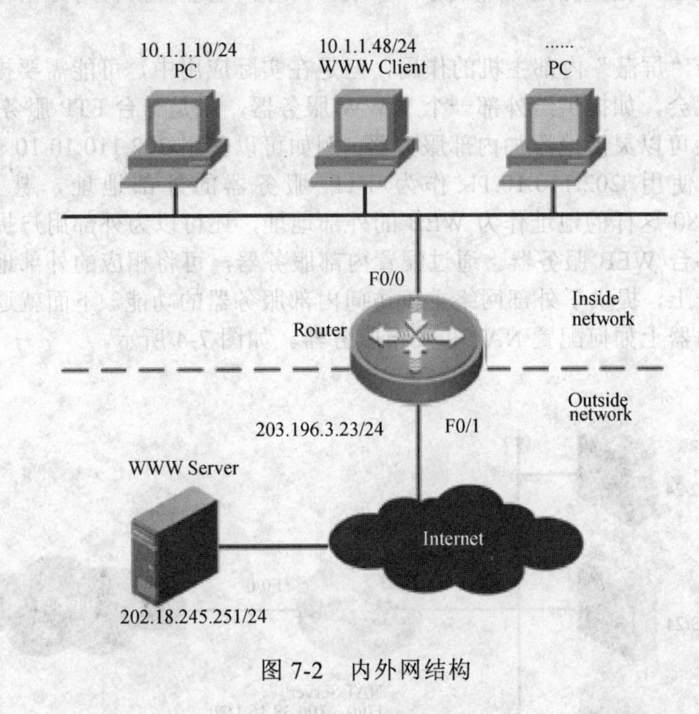

图 7-2　内外网结构

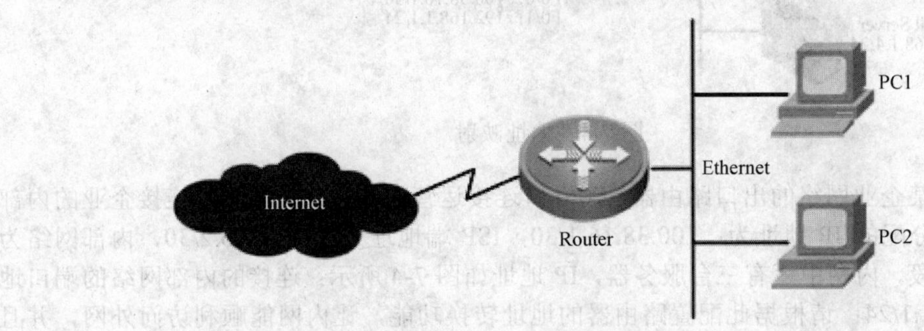

图 7-3　地址转换

地址转换的机制是将内部网络主机的 IP 地址和端口替换为路由器的外部网络地址和端口，以及从路由器的外部网络地址和端口转换为内部网络主机的 IP 地址和端口，也就是<私有地址+端口>与<公有地址+端口>之间的转换。

地址转换的优点如下：

■　内部网络的主机可以通过该功能访问外部网络资源；

■　为内部主机提供了“隐私”（Privacy）保护。

地址转换的缺点如下。

■　由于需要对数据报文进行 IP 地址的转换，涉及 IP 地址的数据包头不能被加密。在应用层协议中，如果报文中有地址或端口需要转换，则报文不能被加密。例如，不能使用加密的 FTP 连接，否则 FTP 的 port 命令不能被正确转换。

■　网络调试变得更加困难。比如，内部网络的某一台主机在攻击其他网络，网络安全人员很难指出究竟哪一台主机是恶意的，因为该主机的 IP 地址被屏蔽了。

在链路的带宽低于 10Mbit/s 时，地址转换对网络性能基本不构成影响，此时，网络传输的瓶颈在传输线路上；当链路的带宽高于 10Mbit/s 时，地址转换将对路由器性能产生一些影响。

地址转换具有“屏蔽”内部主机的作用，但是在实际应用中，可能需要提供给外部一个访问内部主机的机会，如提供给外部一个 WWW 服务器，或是一台 FTP 服务器。

使用地址转换可以灵活地添加内部服务器，例如可以使用 202.110.10.10 作为 WEB 服务器的外部地址，使用 202.110.10.11 作为 FTP 服务器的外部地址，甚至还可以使用 202.110.10.12：8080 这样的地址作为 WEB 的外部地址，还可以为外部用户提供多台同样的服务器，如提供多台 WEB 服务器。通过配置内部服务器，可将相应的外部地址、端口等映射到内部的服务器上，提供了外部网络主机访问内部服务器的功能。下面就通过实验的方式来演示一下在路由器上如何配置 NAT 和发布服务器。如图 7-4 所示。

【拓扑结构】

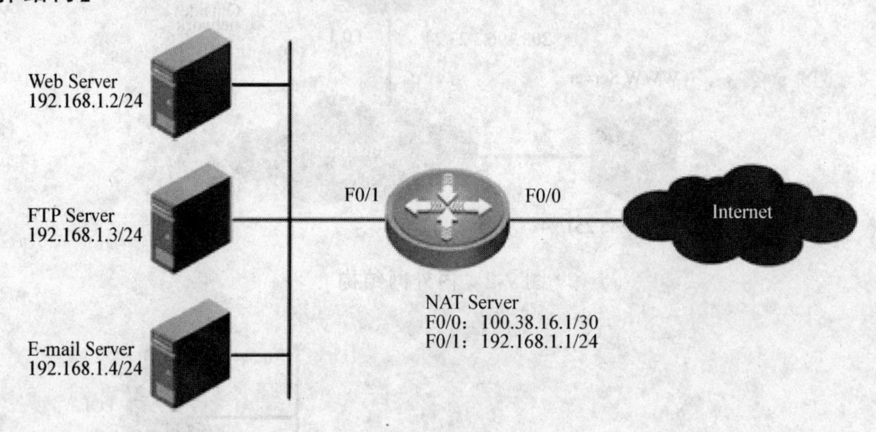

图 7-4 地址映射

路由器是某企业网络的出口路由器，F0/0 口连接运营商的网络，F0/1 口连接企业的内部网络，运营商分配的 IP 地址为：100.38.16.1/30，ISP 端地址为 100.38.16.2/30，内部网络为 192.168.1.0 网段，内网中还有三台服务器，IP 地址如图 7-4 所示；连接的内部网络的端口地址为 192.168.1.1/24；请根据此配置路由器的地址转换功能，让内网能顺利访问外网，并且外部用户能够访问内部服务器。

【配置步骤】

```
Ruijie#configure                                        /***进入全局配置模式***/
Ruijie(config)#interface fastEthernet 0/0               /***配置 F0/0 接口地址***/
Ruijie(config-if)#ip address 100.38.16.1 255.255.255.252
Ruijie(config-if)#exit
Ruijie(config)#interface fastEthernet 0/1               /***配置 F0/1 接口地址***/
Ruijie(config-if)#ip address 192.168.1.1 255.255.255.0
Ruijie(config-if)#exit
Ruijie(config)#ip access-list standard 20
                                    /***创建 ACL，规定那些可以进行地址转换***/
Ruijie(config-std-nacl)#permit 192.168.1.0 0.0.0.255    /***制定规则***/
Ruijie(config-std-nacl)#deny any                        /***制定规则***/
Ruijie(config-std-nacl)#exit
Ruijie(config)#interface fastEthernet 0/0               /***配置 F0/0 为外部接口***/
Ruijie(config-if)#ip nat outside
Ruijie(config-if)#exit
Ruijie(config)#interface fastEthernet 0/1               /***配置 F0/1 为内部接口***/
```

```
Ruijie(config-if)#ip nat inside
Ruijie(config-if)#exit
Ruijie(config)#ip nat inside source list 20 interface fastEthernet 0/0 overload
                                                        /***进行地址转换***/
Ruijie(config)#ip nat inside source static tcp 192.168.1.2 80 100.38.16.1 80
                                                   /***发布 WWW 服务器***/
Ruijie(config)#ip nat inside source static tcp 192.168.1.3 21 100.38.16.1 21
                                                     /***发布 FTP 服务器***/
Ruijie(config)#ip nat inside source static tcp 192.168.1.4 25 100.38.16.1 25
Ruijie(config)#ip nat inside source static tcp 192.168.1.4 110 100.38.16.1 110
                                                   /***发布 E-mail 服务器***/
Ruijie(config)#ip route 0.0.0.0 0.0.0.0 100.38.16.2      /***配置出口路由***/
```

【注意事项】

在发布内部服务器的时候，注意发布的服务器采用的是什么协议及端口号。

四、防火墙技术

在大厦构造中防火墙被设计用来防止火从大厦的一部分传播到另一部分。网络中的防火墙有类似的作用：防止因特网的危险传播到私有网络。在网络边界处，防火墙一方面阻止来自因特网对受保护网络的未授权或未验证的访问，另一方面允许内部网络的用户对因特网进行 WEB 访问或收发 E-mail 等。当外部网络的用户访问内部网络资源时，要经过防火墙；而内部网络的用户访问外部网络资源时也会经过防火墙。这样，防火墙就起到了一个“警卫”的作用，可以将需要禁止的数据包在这里丢掉。

防火墙不单用于私有网络对因特网的连接，也可以用来在组织网络内部保护大型机和重要的资源（如数据）。对受保护数据的访问都必须经过防火墙的过滤，即使网络内部用户要访问受保护的资源，也要经过防火墙。

防火墙还可以作为一个访问因特网的权限控制关口，如允许组织内特定的人访问因特网。现在的许多防火墙同时还具有其他一些功能，如进行身份认证、对信息进行安全（加密）处理等。下面的实验给大家演示一下如何部署和配置防火墙，如图 7-5 所示。

【拓扑结构】

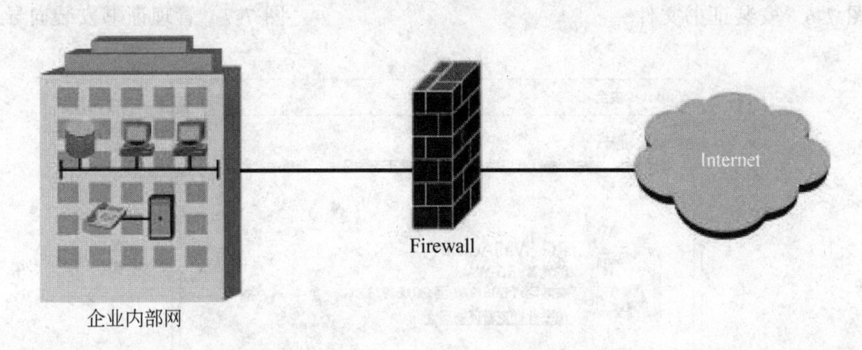

图 7-5　防火墙部署

在本实验中，通过防火墙将企业的内部网同外部网连接起来，在防火墙上部署防攻击功能来保证企业内部网络安全。

【配置步骤】

防火墙主要以两种方式接入网络：路由方式和混合方式。在路由方式下，配置完防火墙后您可能还需要把受保护区域内主机的网关指向防火墙；混合方式时，由防火墙自动判定具体报文应该通过路由方式还是透明桥方式转发，如果为透明桥方式，则不用修改已有网络配置。

RG-WALL 防火墙缺省支持两种管理方式：CONSOLE 口命令行方式和通过网口的 WEB（https）管理方式。CONSOLE 口命令行方式适用于对防火墙操作命令比较熟悉的用户。而 WEB 方式直观方便，为保证安全，连接之前需要对管理员身份进行认证。WEB 方式是日常管理监控防火墙时的主要选择。

① 连接管理主机与防火墙　利用随机附带的网线直接连接管理主机网口和防火墙 MGT 网口（初始配置，只能将管理主机连接在防火墙的第一个网口上），把管理主机 IP 设置为 192.168.10.200，掩码为 255.255.255.0。在管理主机运行 ping 192.168.10.100 验证是否真正连通，如不能连通，请检查管理主机的 IP（192.168.10.200）是否设置在与防火墙相连的网络接口上。

② 安装认证驱动程序（如图 7-6、图 7-7）　RG-WALL 防火墙证书有两种存放形式，独立证书文件和 USB 硬件电子钥匙。这里选择安装管理证书的方法，单击设备光盘中附带的文件名为“admin.p12”的文件，证书默认密码 123456。

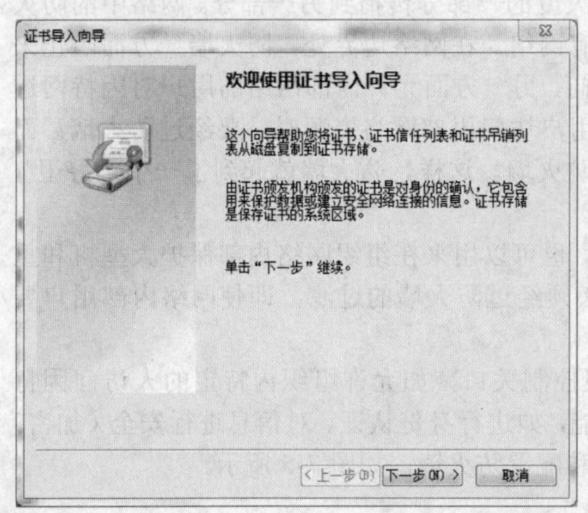

图 7-6　安装证书文件

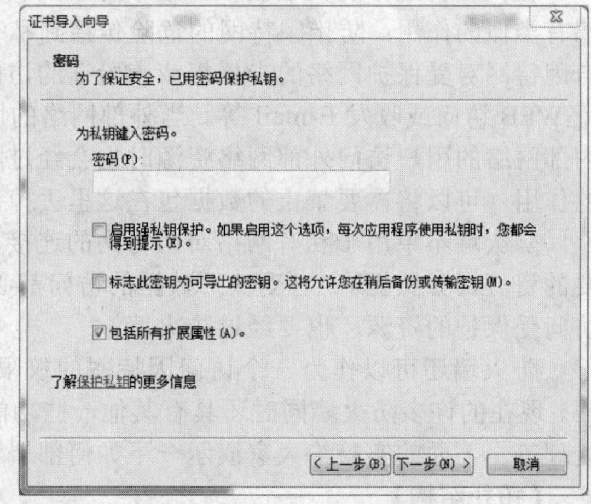

图 7-7　管理证书安装向导

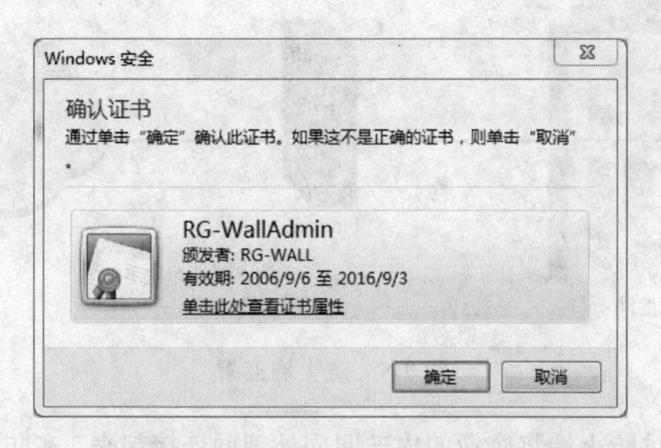

图 7-8　确认证书

③ 登录防火墙 WEB 界面防火墙出厂默认只有 MGT 口可管理，且 MGT 口地址为：192.168.10.100，端口号：6666。将电脑的网线接在 MGT 口，电脑 IP 设置为 192.168.10.200，在电脑浏览器里输入 https://192.168.10.100:6666 弹出证书确认，如图 7-8 所示，点击确定。

系统提示输入管理员账号和口令。缺省情况下，管理员账号是 admin，密码是：firewall，如图 7-9 所示。

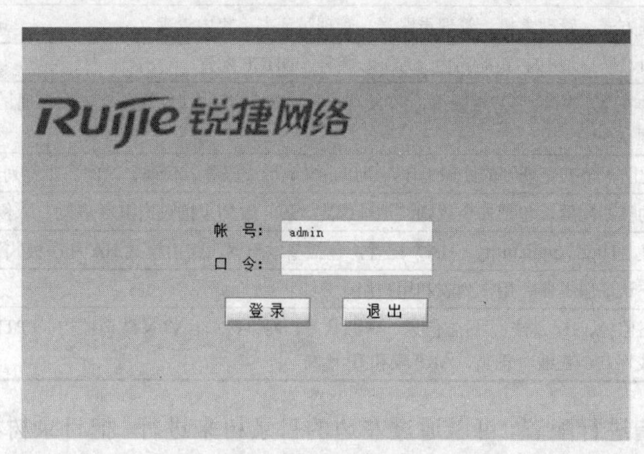

图 7-9 防火墙登录

成功登录防火墙后，就可以进入防火墙配置界面。配置页面由三个部分组成：最上部的标题栏、左边的目录树和右边的信息显示和配置区，如图 7-10 所示。

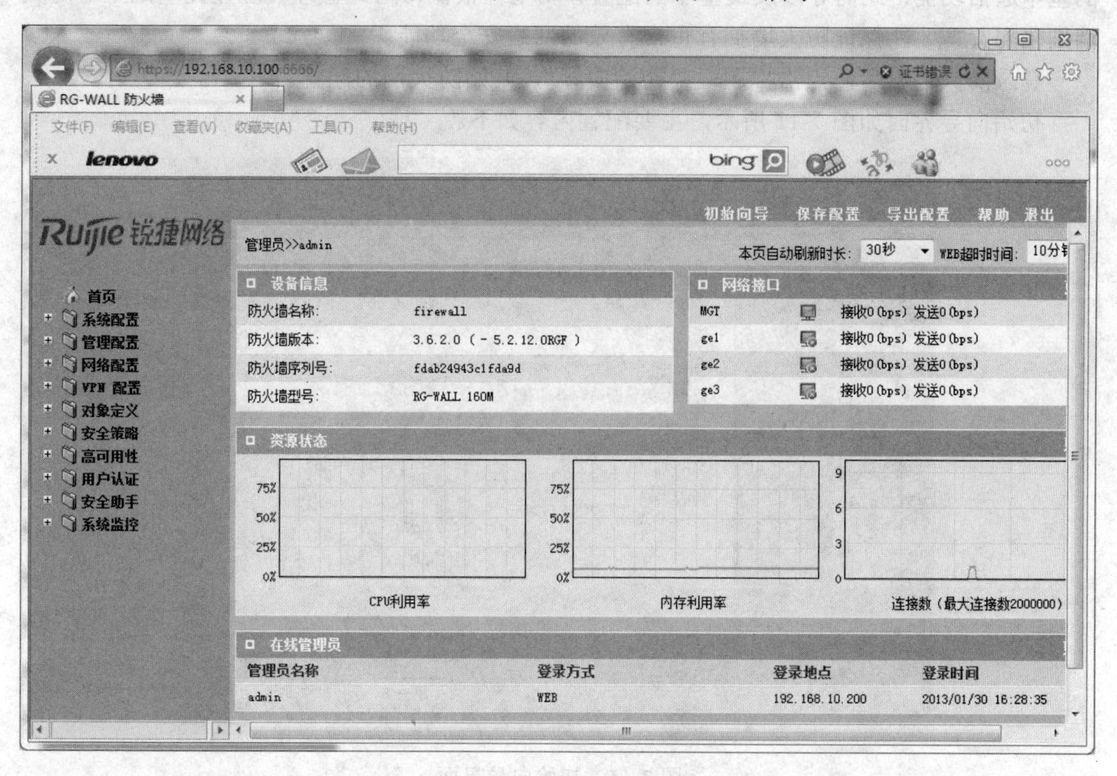

图 7-10 防火墙配置界面

表 7-1 防火墙菜单

一级菜单	说 明
首页	显示防火墙基本信息、网口接口状态、资源状态、在线管理员、最近事件
系统配置	包括系统时钟、升级许可、导入导出、报警邮箱、日志服务器、域名服务器

续表

一级菜单	说明
管理配置	包括管理方式、管理主机、管理员账号、管理员证书、集中管理
网络配置	网络接口、防火墙 IP、策略路由、ADSL 拨号、DHCP 配置
VPN 配置	VPN 基本配置、VPN 客户端分组、VPN 端点、VPN 隧道、VPN 设备、证书管理、PPTP/L2TP 基本配置和拨号用户管理
对象定义	用于简化防火墙安全规则的维护工作，可以定义地址、服务、代理、时间、带宽列表、URL 列表和病毒过滤
安全策略	防火墙的核心配置，包括安全规则、地址绑定、P2P 限制、抗攻击 IDS 联动、入侵防护和连接限制
高可用性	高可用性（High Availability，HA）配置，包括基本配置、路由模式 HA 和桥模式 HA
用户认证	包括用户认证服务器、用户列表和用户组
系统监控	包括网络监控、HA 监控、日志信息、资源状态、网络接口、VPN 隧道监控、PPTP/L2TP 监控、DHCP 用户信息、在线用户、在线管理员、ARP 表和 IP 诊断

如果要对防火墙进行配置，可以通过左边的目录树来进行，把目录树列出来进一步观察，点击文件夹图标可以显示其子目录，也可以点击左上角的“+”以展开全部目录，点击“-”折叠起全部目录。表 7-1 为防火墙菜单。

④ WEB 界面配置向导　配置向导仅适用于管理员第一次配置防火墙或者测试防火墙的基本通信功能，此向导涉及最基本的配置，安全性很低，因此管理员应在此基础上对防火墙细化配置，才能保证防火墙拥有正常有效的网络安全功能。

登录防火墙以后，点击标题栏“初始向导”，开始防火墙的配置。

初始向导界面如图 7-11 所示，主要配置内容如下。

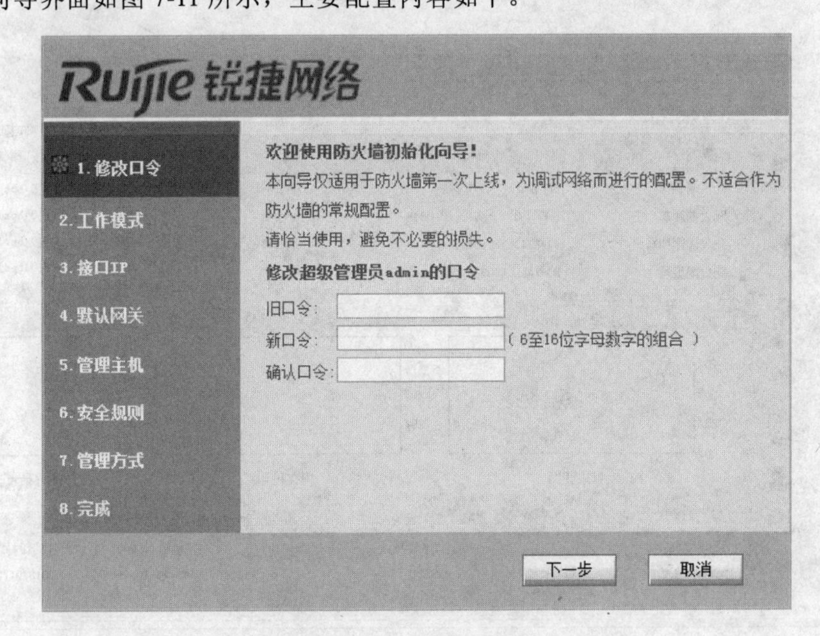

图 7-11　初始向导界面

- 修改超级管理员 admin 的密码，超级管理员的密码默认是：firewall。
- 选择防火墙 LAN 和 WAN 接口的工作模式，防火墙的接口默认都是工作在路由模式。
- 配置防火墙的 IP 地址，建议至少设置一个接口上的 IP 能用于管理，否则，完成初始配置后无法用 WEB 界面管理防火墙。图 7-12 所示为接口 IP 初始向导界面。

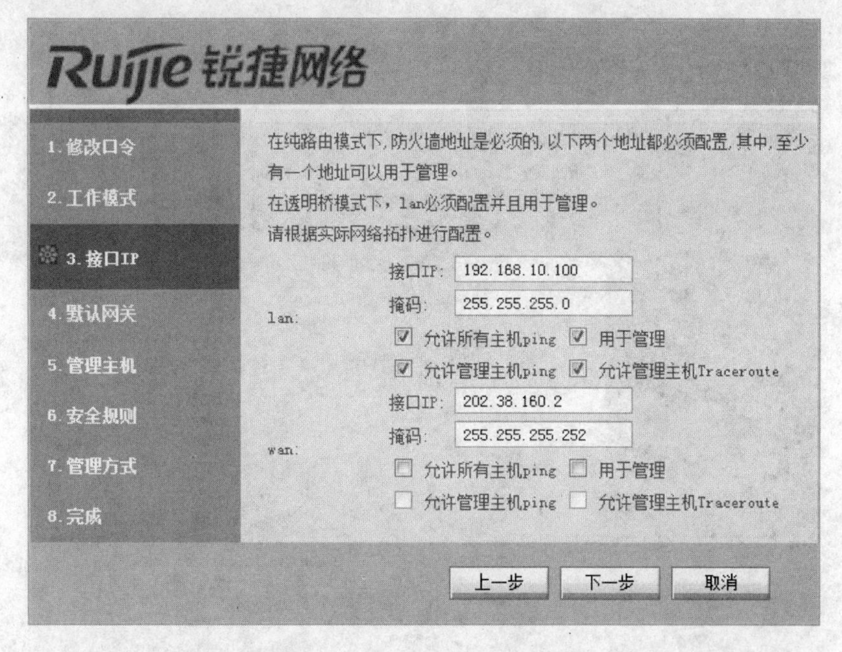

图 7-12　接口 IP 初始向导界面

⑤ 配置默认网关，如果希望防火墙能上互联网，则必须配置默认网关，否则，可以直接跳过本界面，配置下一个界面。如图 7-13 所示。

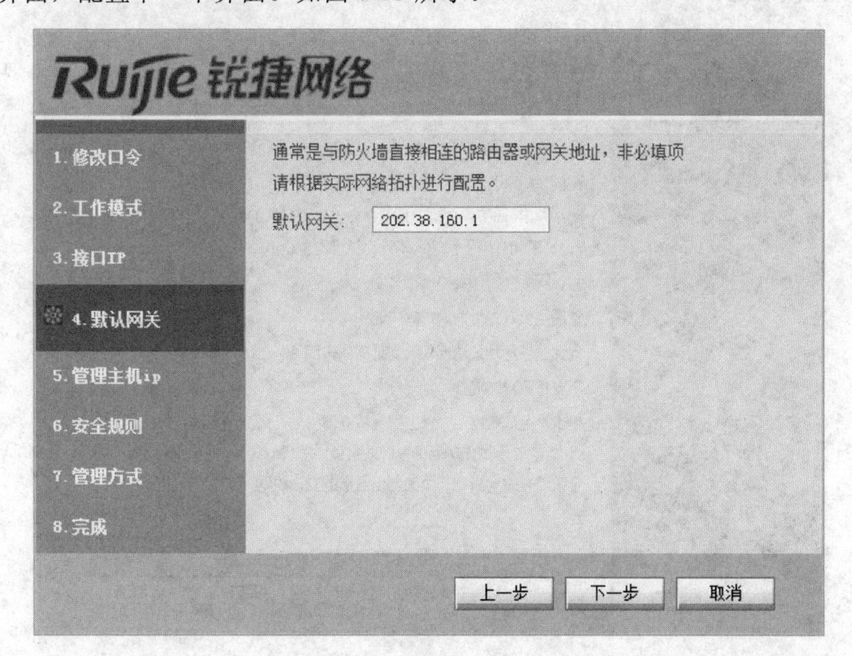

图 7-13　默认网关初始向导界面

⑥ 配置管理主机，管理主机必须与防火墙 IP 在同一网段。如果想通过防火墙 IP：192.168.10.100 来管理防火墙，则可以设置管理主机 IP：192.168.10.200。

⑦ 添加一条允许的安全规则，如果在界面上不填写源地址和目的地址，则会允许所有的访问，建议在网络调试通畅后，删除该规则。安全规则初始向导界面如图 7-14 所示。

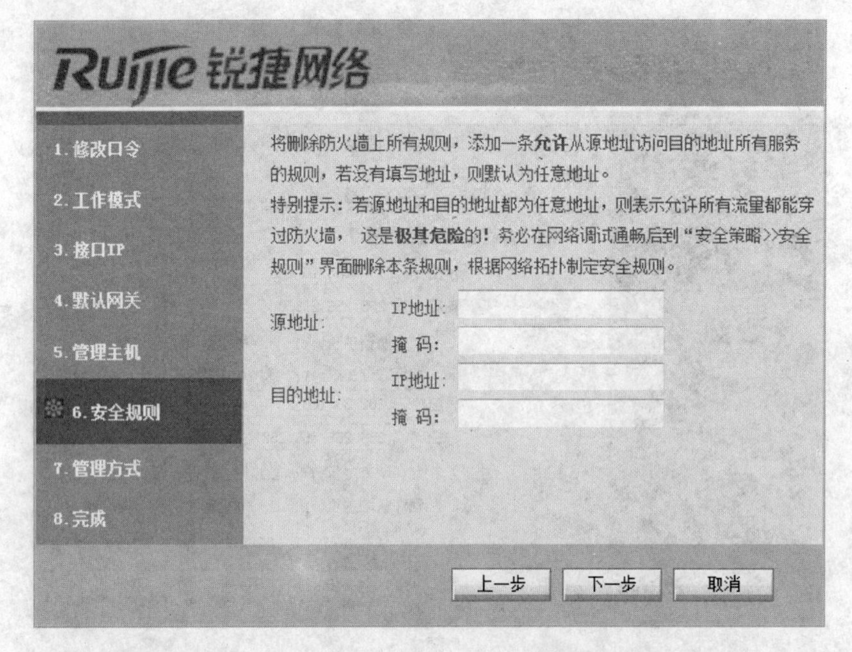

图 7-14 安全规则初始向导界面

⑧ 设置管理方式，如果希望用 SSH 远程登陆来管理防火墙，需要选中“远程 SSH 管理”，否则，可以直接跳过。

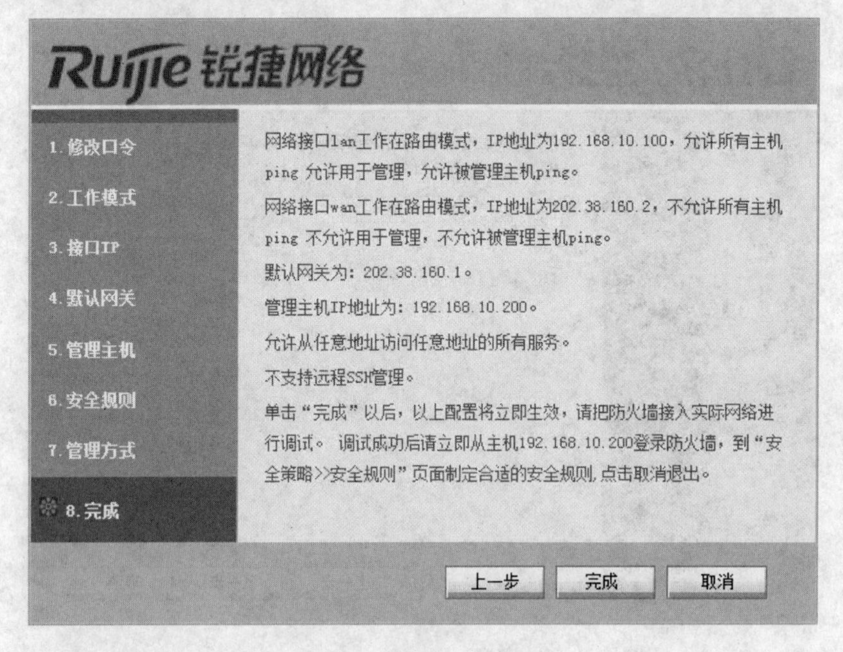

图 7-15 初始向导界面

⑨ 如果不需要更改界面上显示的配置信息，单击“完成”，如图 7-15 所示，以上配置将立即生效。至此完成防火墙的初始配置，然后根据提示重新登陆防火墙。如果需要保存该配置，请点击 WEB 界面上的“保存配置”。

防火墙的配置还有很多，具体可以查阅 RG-WALL 防火墙的操作手册和配置指南。

任务实施（网络安全部署）

步骤一、防火墙部署基础

所谓防火墙指的是一个由软件和硬件设备组合而成、在内部网和外部网之间、专用网与公共网之间的界面上构造的保护屏障。是一种获取安全性方法的形象说法，它是一种计算机硬件和软件的结合，使 Internet 与 Intranet 之间建立起一个安全网关（Security Gateway），从而保护内部网免受非法用户的侵入。

RG-WALL 防火墙以一体化策略做支撑，支持深度状态检测、外部攻击防范、防病毒、上网行为管理、流量监控、反垃圾邮件、网站防护等应用层过滤功能，能够有效的保证网络的安全。

RG-WALL 防火墙采用全并行多核架构和高效一体化引擎，通过对多核处理流程的优化，以最小性能开销的多核调度，实现性能随核数增加的线性增长，在安全功能全开启的情况下仍能保持高吞吐量处理、低网络延迟。RG-WALL 防火墙实现了全功能高集成，适用于多种复杂应用环境。

在上一节中，已经介绍了防火墙的配置方式有多种，可以通过命令行的方式，也可以通过图形化的 Web 界面。而后者是目前最流行的方式。下面具体了解一下在 Web 方式下防火墙是如何配置的，以及如何实现攻击防范、服务器发布、URL 网页过滤等技术应用。

将管理主机连接防火墙 MGT 网口。如图 7-16 所示。管理主机 IP 地址设置为 192.168.10.200，登录管理界面，出厂默认为 https://192.168.10.100:6666，默认用户名 admin,密码 firewall。

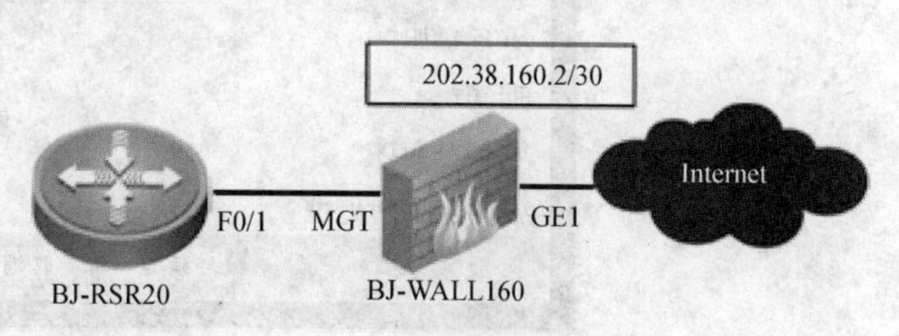

图 7-16　防火墙连接示意图

（1）防火墙网络配置

配置接口 IP 地址：选择“网络配置”，点击“接口 IP”，选择“添加”。如图 7-17 所示。

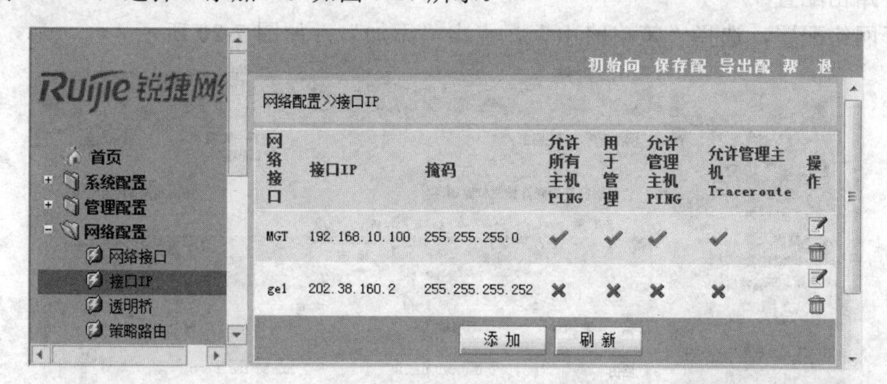

图 7-17　添加接口 IP

如图 7-18 所示，编辑 LAN 接口 IP 地址参数，设置网络接口为 GE1、接口 IP 地址为 202.38.160.2、掩码为 255.255.255.252，如不考虑来自外部网络对防火墙的管理，不选择接口管理。完成配置后，点击“确定”。

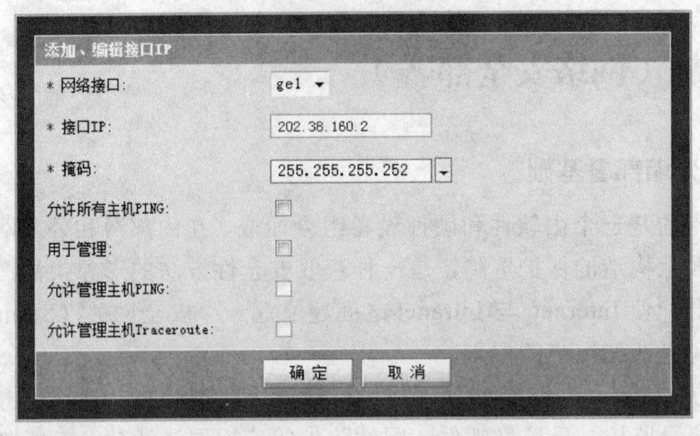

图 7-18 配置 LAN 接口

按照同样的方法，添加并编辑 WAN 接口 IP 地址参数，设置接口为 GE2、IP 地址为 192.168.0.6、掩码为 255.255.255.252，选择接口管理功能。完成配置后，点击“确定”，如图 7-19 所示。

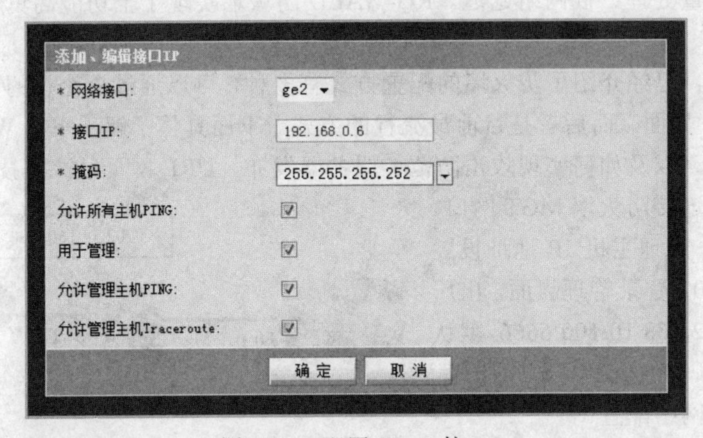

图 7-19 配置 WAN 接口

（2）路由配置

打开网络配置，选择“策略路由”，点击“添加”，如图 7-20 所示。

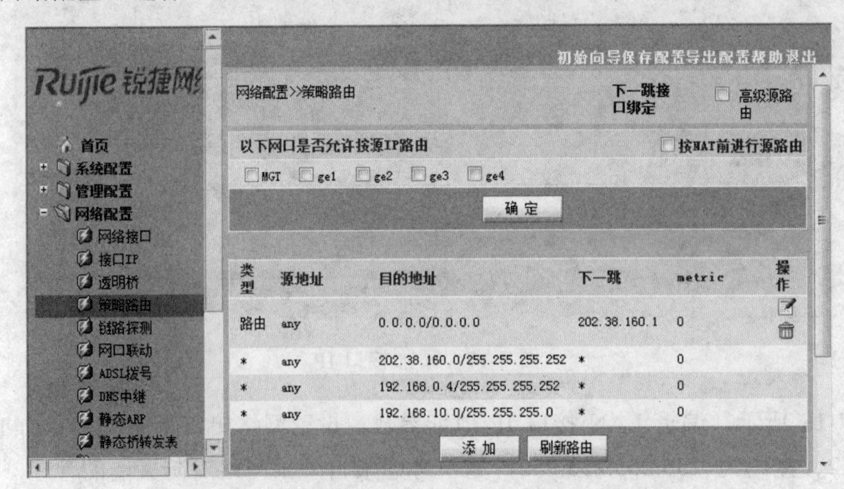

图 7-20 添加路由

为实现互联网接入，配置 0.0.0.0/0 的默认路由，如图 7-21 所示。

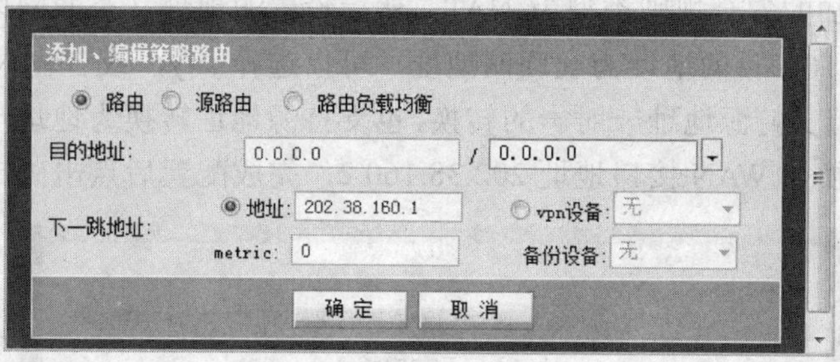

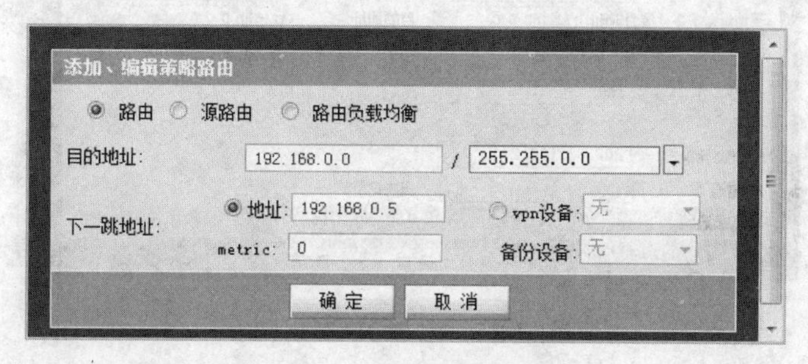

图 7-21　配置默认路由

为实现内部网络连接，配置指向本地路由器的内部静态路由，如图 7-22 所示。

图 7-22　配置内部静态路由

步骤二、NAT 配置

除了有去往 Internet 的路由之外，因京通集团的地址用的都是私有 IP 地址，所以还要在出口配置 NAT，此外在总部的服务器区还有 OA 及 WWW 服务器需要发布出去；在京通集团有这样一个规定，研发部是不允许访问外网的，而且其他部门也不能访问研发部。下面介绍如何部署 NAT 及发布内部服务器，出口拓扑如图 7-23 所示。

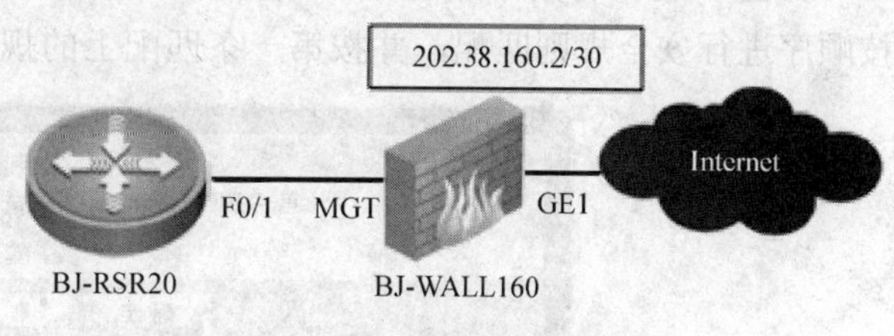

图 7-23　出口 NAT 示意图

（1）配置 NAT 转换规则

如图 7-24 所示，打开“安全策略”，选择“安全规则”，添加 NAT 类型的安全规则，实现内部私有地址主机的互联网接入。

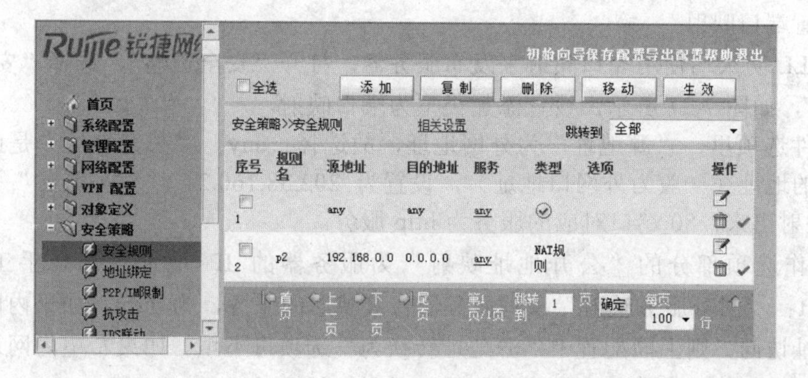

图 7-24　添加安全规则

用户可通过安全规则设定需要转换的源地址（支持网络地址范围）、源端口。如图 7-25 所示，首先选择添加的安全规则类型为 NAT，然后设置源地址（企业网内部私有地址），手工输入 192.168.0.0/16，目的地址为互联网地址，可以选择 any，或者输入 0.0.0.0/0。

RG Wall 防火墙支持源地址一对一的转换，也支持源地址转换为地址池中的某一个地址。这里配置源地址转换为 WAN 接口地址 202.38.160.2，完成配置后点击确定。

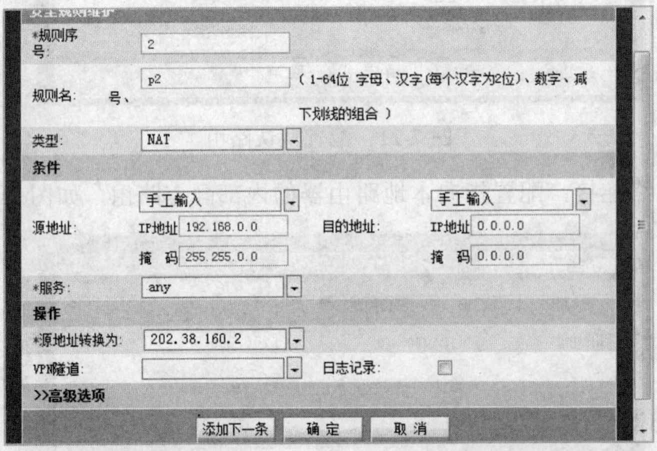

*规则序号: 2
规则名: p2 （1-64位 字母、汉字(每个汉字为2位)、数字、减号、下划线的组合）
类型: NAT
条件
源地址: 手工输入 IP地址 192.168.0.0 掩码 255.255.0.0　目的地址: 手工输入 IP地址 0.0.0.0 掩码 0.0.0.0
*服务: any
操作
*源地址转换为: 202.38.160.2
VPN隧道:　日志记录:
>>高级选项
添加下一条　确定　取消

图 7-25 添加 NAT 规则

防火墙按规则序号从小到大的顺序匹配规则并执行，序号为数字。若该数字与已定义的规则序号有重复，则防火墙会自动将原策略规则以及序号排在其后的所有规则自动后移一个数字，将新增策略规则的序号设为输入的序号。若不修改界面中序号，即为添加到最后。

如图 7-26，将刚添加的 NAT 规则移至最前端，确保被执行。这里需要注意的是防火墙按顺序进行安全规则匹配，并按第一条匹配上的规则执行，不再匹配该条规则以下的规则。

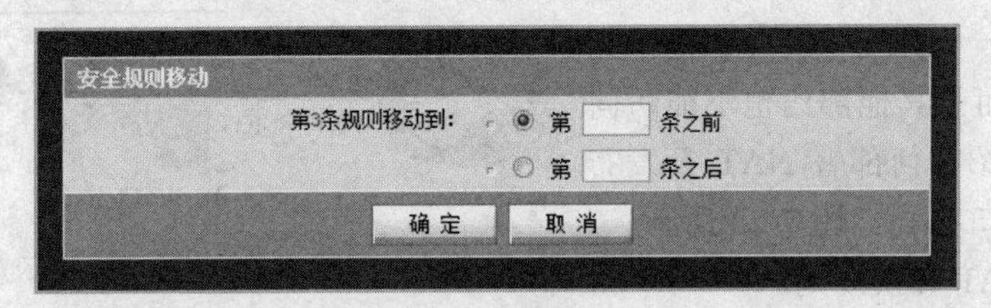

图 7-26 移动安全规则

（2）配置端口映射

RG-WALL 防火墙使用端口映射来发布服务器，打开“安全策略”，选择“安全规则”，点击“添加”，如图 7-27 所示，设置添加类型为端口映射。

其中条件选项里，“源地址”为外网地址，故选择：any；“公开地址”是此服务器映射到的外网的地址（一般为外网口地址），设置为 202.38.160.2；“对外服务”是将服务器的 80 端口映射出来，80 端口对应的服务为 http 服务。

下面操作选项部分的“公开地址映射”为服务器的 IP 地址，选择手工输入填写 192.168.0.131；“对外服务映射”填写服务器将被映射的服务，为 http。如果内网用户只需要用内网地址访问，则上面配置中“源地址转换为”选项可不填。如果希望内网地址也用公网地址访问，则在源地址转换为填写为内网口地址，这里为 192.168.0.6。

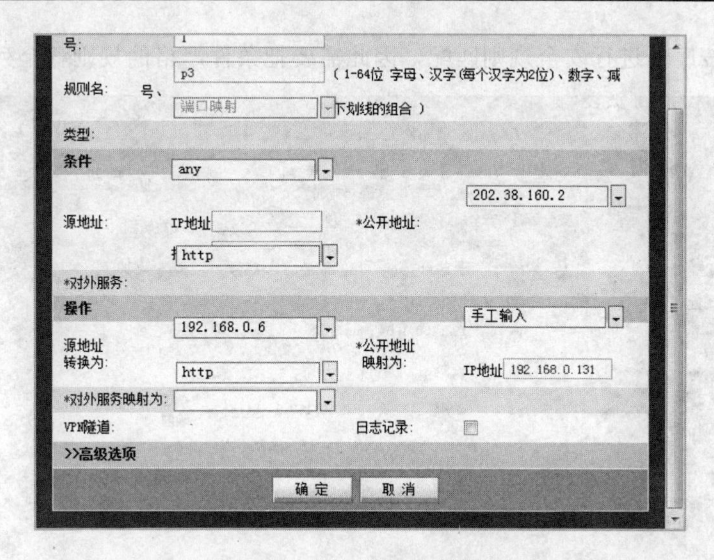

图 7-27　添加端口映射规则

京通集团的 OA 服务器地址为 192.168.0.130，端口为 8080，请参照上面 WWW 服务器的发布，配置 OA 服务器的对外发布。

（3）配置包过滤

在本案例中，研发部是不允许访问外网的，可以通过添加包过滤来进行访问控制。打开“安全策略”，选择“安全规则”，点击“添加”并设置类型为包过滤，如图 7-28 所示。设置条件中源地址为研发部地址 192.168.1.64/26，目的地址为 any，操作选择为禁止。

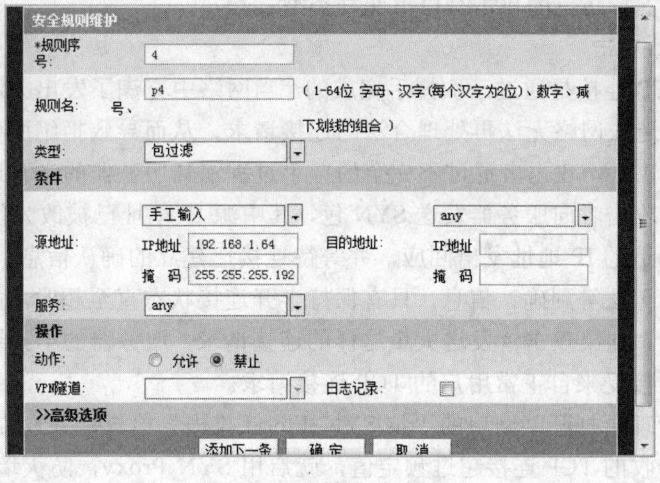

安全规则维护
*规则序号: 4
规则名: p4 （1-64位 字母、汉字(每个汉字为2位)、数字、减号、下划线的组合）
类型: 包过滤
条件
源地址: 手工输入　IP地址 192.168.1.64　掩 码 255.255.255.192
目的地址: any　IP地址　掩 码
服务: any
操作
动作: ○ 允许 ◉ 禁止
VPN隧道:　日志记录:
>>高级选项
添加下一条　确 定　取 消

图 7-28　添加包过滤规则

确定配置后再将该规则移至序号最前端。如图 7-29 所示，可以看到刚才完成的三条安全规则：通过包过滤限制研发部的外网连接；通过端口映射实现内外 WWW 服务器的对外发布；通过 NAT 规则实现内网私有地址的互联网接入。

通过以上配置之后内网就可以访问外网了，而且外部的用户也可以访问内部的服务器了。

在配置防火墙安全规则的时候有两点非常重要：

① 系统不对规则进行逻辑性检查，需要由管理员自己判定以保证规则符合逻辑。例如，即使有两条矛盾的安全规则并存，系统也不警告报错。

② 防火墙按序号进行安全规则匹配，因此需要把条件严格的规则移至列表前端。

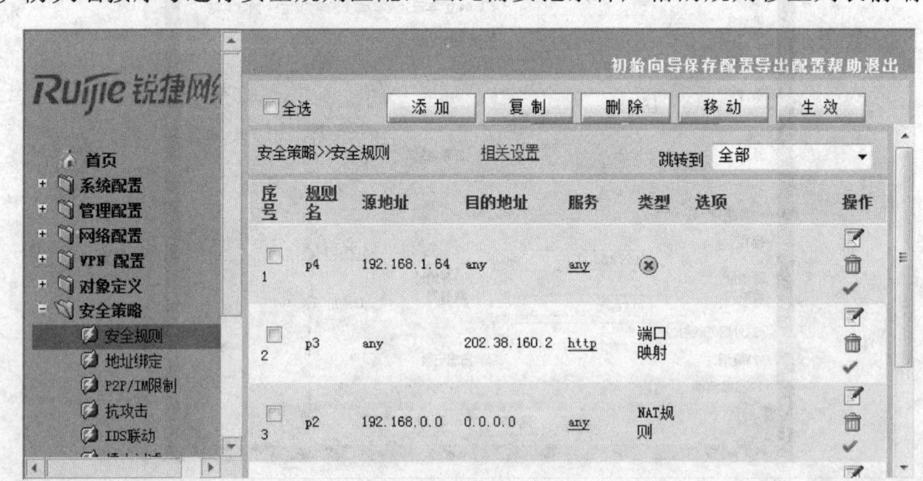

图 7-29　安全规则

步骤三、攻击防范

通常的网络攻击，一般是侵入或破坏网上的服务器（主机），盗取服务器的敏感数据或干扰破坏服务器对外提供的服务；也有直接破坏网络设备的网络攻击，这种破坏影响较大，会导致网络服务异常，甚至中断。防火墙的攻击防范功能能够检测出多种类型的网络攻击，并能采取相应的措施保护内部网络免受恶意攻击，保证内部网络及系统的正常运行。RG-WALL 防火墙支持防范的攻击有以下几种类型。

- SYN Flood 攻击

攻击原理：TCP 连接是通过三次握手完成的。当网络中充满了发出无法完成的连接请求的 SYN 封包时，造成网络无法再处理合法的连接请求，从而导致拒绝服务（DOS）时，就发生了 SYN 泛洪攻击。攻击者通过不完全的握手过程消耗服务器的半开连接数目达到拒绝服务的攻击目的。攻击者向服务器发送 SYN 包，其中源 IP 地址已被改为伪造的不可达的 IP 地址。服务器向伪造的 IP 地址发出回应，并等待连接已建立的确认信息。但由于该 IP 地址是伪造的，服务器无法等到确认信息，只有保持半开连接状态直至超时。由于服务器允许的半开连接数目有限，如果攻击者发送大量这样的连接请求，服务器的半开连接资源很快就会消耗完毕，无法再接受来自正常用户的 TCP 连接请求。

处理方法：管理员打开某网口的“抗 SYN Flood 攻击”检查，并设置 SYN 包速率阈值后，如果该网口接收的 TCP 连接超过预定值，就启用 SYN Proxy，防火墙将阻止 SYN 包直到已通过的 SYN 包的频率降到预定的阈值以内。默认值为每秒 200 个数据包。

- ICMP Flood 攻击

攻击原理：当 ICMP ping 产生的大量回应请求超出了系统的最大限度，以至于系统耗费所有资源来进行响应直至再也无法处理有效的网络信息流时，就发生了 ICMP 泛洪。

处理方法：管理员打开某网口的“抗 ICMP Flood 攻击”检查，并设置 ICMP 包速率阈值后，该网口将过滤发往广播地址的 ICMP 包，同时对发往单个 IP 地址的 ICMP 包进行频率统计，一旦达到预定的阈值就会调用 ICMP 泛滥攻击保护功能，防火墙将阻止 ICMP 包直到已通过的 ICMP 包的频率降到预定的阈值以内。默认值为每秒 1000 个数据包。

● Ping of Death 攻击

攻击原理：TCP/IP 规范要求用于数据包传输的封包必须具有特定的大小。许多 ping 允许用户根据需要指定更大的封包大小。当攻击者发送超长的 ICMP 包时会引发一系列负面的系统反应，早期的操作系统可能因为缓冲区溢出而宕机，如拒绝服务（DOS）、系统崩溃、死机以及重新启动。

处理方法：管理员打开某网口的“抗 Ping of Death 攻击”检查，并设置 ICMP 包长阈值后，该网口将过滤长度超过预定阈值的 ICMP 包。默认值为 800 字节

● UDP Flood 攻击

攻击原理：与 ICMP 泛滥相似。攻击者向同 IP 地址发送大量的 UDP 包，使得该 IP 地址无法响应其他 UDP 请求，就发生了 UDP 泛滥。

处理方法：管理员打开某网口的“抗 UDP Flood 攻击”检查，并设置 UDP 包速率阈值后，如果该网口对接收的每个 IP 地址的 UDP 包进行频率统计，一旦超过此临界值就会调用 UDP 泛滥攻击保护功能，如果从一个或多个源向单个目标发送的 UDP 封包数超过了此临界值，防火墙将立即忽略其他到该目标的 UDP 包，直到通过的 UDP 包频率降到预定的阈值以内。默认值为每秒 1000 个数据包。

● PING SWEEP 攻击

攻击原理：攻击者向某个网段的多个 IP 地址发送 ICMP 包（以 PING 包为主），探测 IP 地址是否存在，如果某个 IP 地址发出响应则可能被选定为攻击目标。

处理方法：管理员打开某网口的“抗 PING SWEEP 攻击”检查并设置 PING SWEEP 阈值后，如果发现网口接收的某个 IP 地址在指定阈值时间内向 10 个不同 IP 地址发送 ICMP 包就会调用 PING SWEEP 保护功能，阻断来自该 IP 地址的 ICMP 包 5 秒钟，不管其目的 IP 是多少。在阻断期内如果再次发现 PING SWEEP 攻击则延长阻断时间至攻击发现时刻后的 5 秒钟。默认值为每 10ms 发送到 10 个 IP 被判为攻击。

● TCP 端口扫描

攻击原理：攻击者向同一 IP 的多个 TCP 端口发起连接，探测目的主机开启的服务，为后续攻击做准备。

处理方法：管理员打开某网口的“抗 TCP 端口扫描”检查，并设置 TCP 端口扫描阈值后，如果发现网口接收的某个 IP 地址在指定阈值时间内向同一 IP 的 10 个不同端口发送 TCP 包，就会调用 TCP 端口扫描保护功能，阻断来自该 IP 地址的 TCP 包 5 秒钟，不管其目的 IP 和目的端口是多少。在阻断期内如果再次发现 TCP 端口扫描攻击则延长阻断时间至攻击发现时刻后的 5 秒钟。默认值为每 10ms 发送到同一 IP 的 10 个 TCP 端口被判为攻击。

● UDP 端口扫描

攻击原理：攻击者向同一 IP 的多个 UDP 端口发起连接，探测目的主机开启的服务，为后续攻击做准备。

处理方法：管理员打开某网口的“抗 UDP 端口扫描”检查，并设置 UDP 端口扫描阈值后，如果发现网口接收的某个 IP 地址在指定阈值时间内向同一 IP 的 10 个不同端口发送 UDP 包就会调用 UDP 端口扫描保护功能，阻断来自该 IP 地址的 UDP 包 5 秒钟，不管其目的 IP 和目的端口是多少。在阻断期内如果再次发现 UDP 端口扫描攻击则延长阻断时间至攻击发现时刻后的 5 秒钟。默认值为每 10ms 发送到同一 IP 的 10 个 UDP 端口被判为攻击。

● 松散源路由攻击

攻击原理：IP 包头信息有一个选项，其中包含的路由信息可指定与包头源路由不同的源路由。“松散源路由选项”可允许攻击者以假的 IP 地址进入网络，并将数据送回其真正的地址。

处理方法：管理员打开某网口的“抗松散源路由攻击”检查，对接收到的数据包进行检查，禁止符合此攻击特征的包通过。

● 严格源路由攻击

攻击原理：IP 包头信息有一个选项，其中包含的路由信息可指定与包头源路由不同的源路由。“严格源路由选项”可允许攻击者以假的 IP 地址进入网络，并将数据送回其真正的地址。

处理方法：管理员打开某网口的“抗严格源路由攻击”检查，对接收到的数据包进行检查，禁止符合此攻击特征的包通过。

● WinNuke 攻击

攻击原理：WinNuke 是一种常见的应用程序，其唯一目的就是使互联网上任何运行 Windows 的计算机崩溃。这种专门针对 Windows3.1/95/NT 的攻击曾经猖獗一时，受攻击的主机在片刻间出现蓝屏现象（系统崩溃）。WinNuke 通过已建立的连接向主机发送带外(OOB)数据，通常发送到 NetBIOS 端口（TCP139 端口），攻击者只要先跟目标主机的 139 端口建立连接，继而发送一个带 URG 标志的带外数据报文，引起 NetBIOS 碎片重叠，目标系统即告崩溃。重新启动后，会显示下列信息，指示攻击已经发生：

An exception OE has occurred at 0028:[address] in VxD MSTCP(01) +000041AE. This was called from 0028:[address] in VxD NDIS(01) +00008660. It may be possible to continue normally.

Press any key to attempt to continue.

Press CTRL+ALT+DEL to restart your computer.

You will lose any unsaved information in all applications. Press any key to continue.

原因是系统中某些端口的监听程序不能处理“意外”来临的带外数据，造成严重的非法操作。

处理方法：管理员打开某网口的“抗 WinNuke 攻击”检查，对接收到的数据包进行检查，禁止符合此攻击特征的包通过。

● smurf 攻击

攻击原理：攻击者伪装成被攻击主机向广播地址发送 ICMP 包（以 PING 包为主），这样被攻击主机就可能收到大量主机的回应，攻击者只需要发送少量攻击包，被攻击主机就会被淹没在 ICMP 回应包中，无法响应正常的网络请求。

处理方法：管理员打开某网口的“抗 smurf 攻击”检查，对收到的数据包进行检查，禁止符合此攻击特征的包通过。

● TCP 无标记攻击

攻击原理：正常数据包中，至少包含 SYN、FIN、ACK、RST 四个标记中的一个，不同的 OS 对不包含这四个标记中任何一个标志的数据包有不同处理方法，攻击者可利用这种数据包判断被攻击主机的 OS 类型，为后续攻击做准备。

处理方法：检查接收到的数据包，禁止符合此攻击特征的包通过。

● 圣诞树攻击

攻击原理：正常数据包中，不会同时包含 SYN、FIN、ACK、RST 四个标记，不同的 OS 对包含全部四个标志的数据包有不同处理方法，攻击者可利用这种数据包判断被攻击主机的 OS 类型，为后续攻击做准备。

处理方法：检查接收到的数据包，禁止符合此攻击特征的包通过。

● SYN&FIN 位设置攻击

攻击原理：正常数据包中，不会同时设置 TCP Flags 中的 SYN 和 FIN 标志，因为 SYN 标志用于发起 TCP 连接，而 FIN 标志用于结束 TCP 连接。不同的 OS 对同时包含 SYN 和 FIN 标志的数据包有不同处理方法，攻击者可利用这种数据包判断被攻击主机的 OS 类型，为后续攻击做准备。

处理方法：检查接收到的数据包，禁止符合此攻击特征的包通过。

● 无确认 FIN 攻击

攻击原理：正常数据包中，包含 FIN 标志的 TCP 数据包同时包含 ACK 标志。不同的 OS 对包含 FIN 标志但不包含 ACK 标志的数据包有不同处理方法，攻击者可利用这种数据包判断被攻击主机的 OS 类型，为后续攻击做准备。

处理方法：检查接收到的数据包，禁止符合此攻击特征的包通过。

● IP 安全选项攻击

攻击原理：IP 包头信息有一个选项，目前已经废除，因此数据包中出现这个选项则很可能是攻击行为。

处理方法：管理员打开某网口的“抗 IP 安全选项攻击”检查，对接收到的数据包进行检查，禁止符合此攻击特征的包通过。

● IP 记录路由攻击

攻击原理：IP 包头信息有一个选项，攻击者可利用这个选项收集被攻击主机周围的网络拓扑等信息，为后续攻击做准备。

处理方法：管理员打开某网口的“抗 IP 记录路由攻击”检查，对接收到的数据包进行检查，禁止符合此攻击特征的包通过。

● IP 流攻击

攻击原理：IP 包头信息有一个选项，目前已经废除，因此数据包中出现这个选项则很可能是攻击行为。

处理方法：管理员打开某网口的“抗 IP 流攻击”检查，对接收到的数据包进行检查，禁止符合此攻击特征的包通过。

● IP 时间戳攻击

攻击原理：IP 包头信息有一个选项，攻击者可利用这个选项收集被攻击主机周围的网络拓扑等信息，为后续攻击做准备。

处理方法：管理员打开某网口的“抗 IP 时间戳攻击”检查，对接收到的数据包进行检查，禁止符合此攻击特征的包通过。

● Land 攻击

攻击原理：“陆地”攻击将 SYN 攻击和 IP 欺骗结合在了一起，当攻击者发送含有受害方 IP 地址的欺骗性 SYN 包，将其作为目的和源 IP 地址时，就发生了“陆地”攻击。接收系统通过向自己发送 SYN-ACK 封包来进行响应，同时创建一个空的连接，该连接将会一直保持到达到空闲超时值为止。向系统堆积过多的这种空连接会耗尽系统资源，导致 DOS。攻击者发送特殊的 SYN 包，其中源 IP 地址、源端口和目的 IP 地址、目的端口指向同一主机，早期的操作系统收到这样的 SYN 包时可能会宕机。

处理方法：管理员打开某网口的“抗 Land 攻击”检查，对接收到的数据包进行检查，禁止符合此攻击特征的包通过。

● tear drop 攻击

攻击原理：数据包通过不同的网络时，有时必须根据网络的最大传输单位（MTU）将数据包分成更小的部分（片断）。攻击者可能会利用 IP 栈具体实现的数据包重新组合代码中的漏洞，通过 IP 碎片进行攻击。teardrop 是利用早期某些操作系统中 TCP/IP 协议栈对 IP 分片包进行重组时的漏洞进行的攻击，受影响的系统包括 Windows 3.1/95/NT 以及 Linux2.1.63 之前的版本，其结果是直接导致系统崩溃，Windows 系统则表现为典型的蓝屏症状。这一问题存在的直接原因在于：当目标系统收到这些封包时，一些操作系统的 TCP/IP 协议栈的实现中，对接收到的 IP 分片进行重组时，没有考虑到一种特殊的分片重叠，导致系统非法操作。

处理方法：管理员打开某网口的“抗 tear drop 攻击”检查，对接收到的数据包进行检查，禁止符合此攻击特征的包通过。

在京通集团原有的网络中，经常遭到别人的攻击，所以在新的网络中，攻击防范，成了安全的重点考虑对象，在新的网络中要求要能全部防御上面提到的常见网络攻击。在防火墙的图形化管理平台里，点击左边的防火墙菜单中的“安全策略”，选择“抗攻击”，点击需要启用的网络接口的操作按钮，会出现如图 7-30 所示的抗攻击设置。

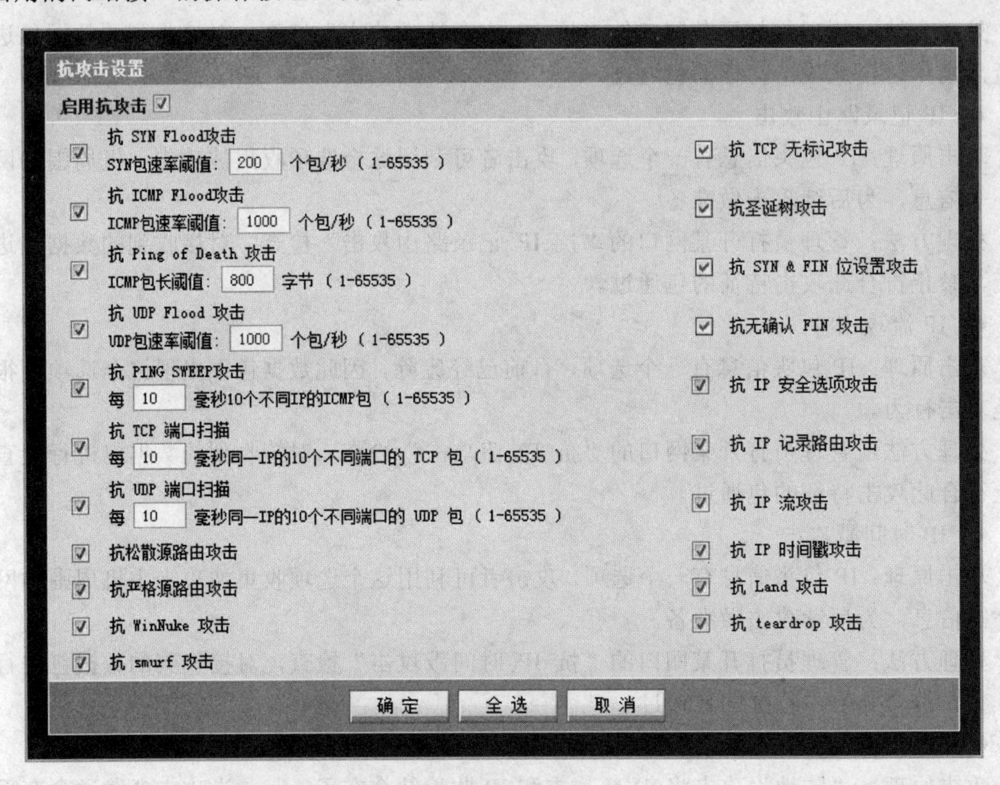

图 7-30 抗攻击设置

点击“全选”按钮（注：点击“全选”按钮后，所有选项变为全选状态，“全选”按钮变为“重置”按钮）。切记选择界面左上角的“启用抗攻击”选项，默认路由器是不启用抗攻击的。

关于抗攻击配置的配置效果可以在之前安全策略中的抗攻击界面中看到，如图 7-31 所示。

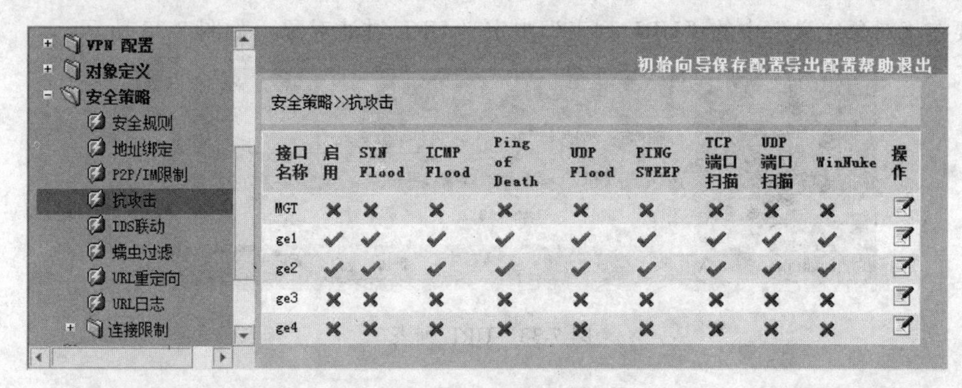

图 7-31 抗攻击界面

步骤四、P2P 限制及网页过滤

针对公司中有些员工在上班期间使用 P2P 软件造成网络拥塞和访问一些娱乐甚至违法网站的现象，京通集团在网络建设的初期就决定限制 P2P 流量，并对对上网的一些网页进行过滤。

（1）P2P 限制

打开“安全策略”，选择“P2P/IM 限制”，界面如图 7-32 所示。

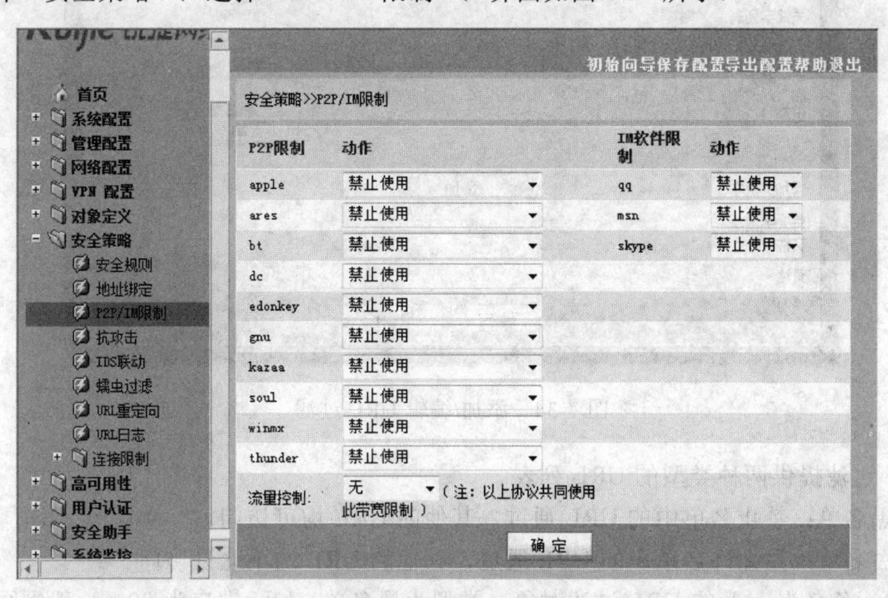

图 7-32 P2P/IM 限制

RG Wall 防火墙对 P2P 软件采用深度检测的方法，可以精确的识别 P2P 流量，以达到对 P2P 流量进行控制的目的。防火墙可以针对 P2P 流量做“允许使用不做任何限制”、“禁止使用”、“允许使用”三种动作控制。

在“对象定义>>带宽列表”中，针对 P2P 做了默认的带宽控制规则。所有的 P2P 协议将共享一个带宽列表。

（2）URL 过滤

防火墙可以通过对某些 URL 进行过滤实现对访问不良信息的控制，配置 URL 过滤，首先需要在“对象定义”中的“URL 列表”中定义 URL 过滤对象，如图 7-33 所示。

对象定义
地址
服务
代理
时间
带宽列表
URL列表
安全策略
初始向 保存配 导出配 帮 退
对象定义>>URL列表
请输入关键字
查 找
序号 名称 类型 备注 操作
1 web 黑名单
添 加

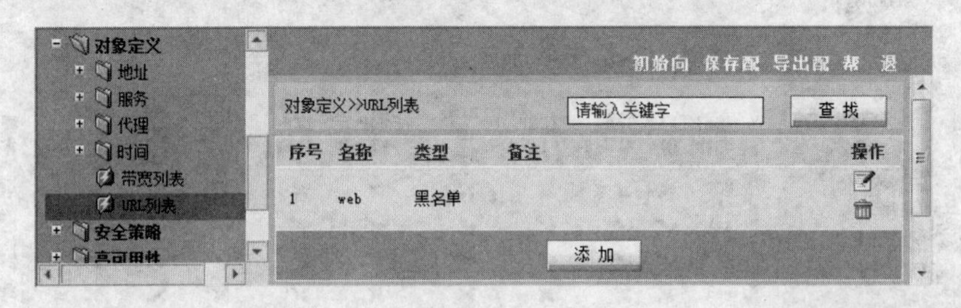

图 7-33　URL 列表

点击“添加”按钮，打开添加编辑 URL 过滤界面，如图 7-34 所示。

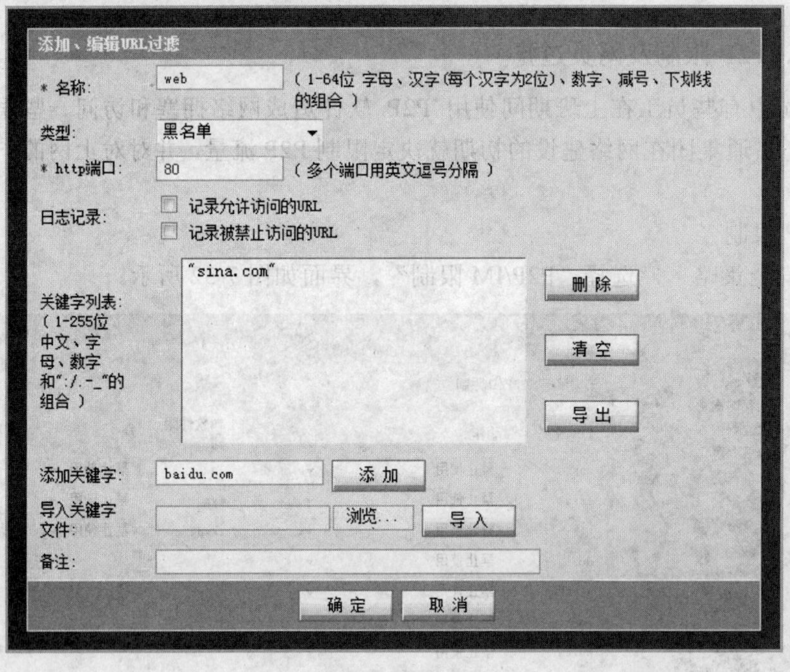

添加、编辑URL过滤
* 名称: web （1-64位 字母、汉字(每个汉字为2位)、数字、减号、下划线的组合）
类型: 黑名单
* http端口: 80 （多个端口用英文逗号分隔）
日志记录: 记录允许访问的URL
记录被禁止访问的URL
关键字列表:（1-255位中文、字母、数字和":/.-_"的组合）
"sina.com"
删 除
清 空
导 出
添加关键字: baidu.com 添 加
导入关键字文件: 浏览... 导 入
备注:
确 定 取 消

图 7-34　添加/编辑 URL 过滤

URL 过滤提供两种类型的 URL 列表。

① 黑名单：禁止名单中的 URL 通过，其他的 URL 均可访问。

② 白名单：只允许名单中的 URL 通过，其他的 URL 均不允许访问。

添加一条名为 web 的 URL 过滤对象，类型为黑名单，http 端口为 80（一般网页端口都是 80），添加两条关键字：baidu.com，sina.com（填写关键字即可，也可填为 baidu，sina）。

过滤对象需要在安全策略中引用，才能起到作用。编辑前面步骤二中所做的 NAT 转换规则，调用 URL 过滤对象。打开“安全策略”，选择“安全规则”，找到之前的 NAT 转换规则，点击“高级选项”，如图 7-35 所示。

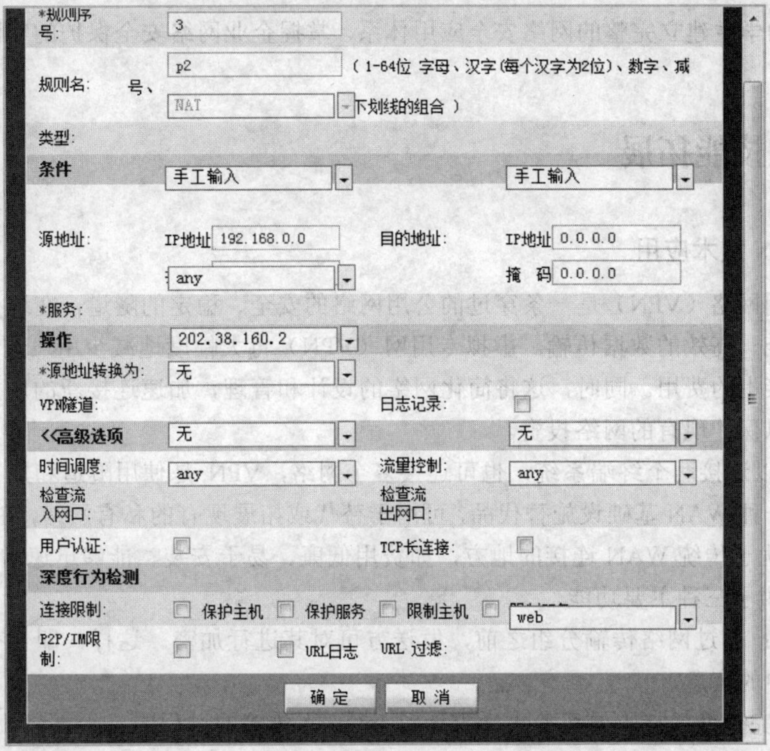

图 7-35 应用 URL 过滤

在高级选项处的深度行为检测最下面的“URL 过滤”中选择刚才配置的黑名单模板。这样的配置结果是新浪和百度都打不开，其余网站都可以。

步骤五、访问控制配置

在京通集团中有这样一个规定，任何其他部门是不能和研发部进行直接数据通信的，也就是说在总部，人事、财务、商务还有技术以及深圳、上海办事处是不能和研发部通信的。另外研发部内部两两之间也要相互隔离，但都能访问服务器。接下来就进行此方面的部署。

部门之间的访问控制可以部署在总部的核心交换机 BJ-S3750-1 上，因为所有访问研发部的数据都将通过此交换机转发，只需在此交换机上集中部署访问控制列表即可。

```
BJ-S3750-1(config)#ip access-list extended 110
BJ-S3750-1(config-exl-nacl)#deny ip 192.168.1.0 0.0.0.63 192.168.1.64 0.0.0.63
BJ-S3750-1(config-exl-nacl)#deny ip 192.168.1.128 0.0.0.63 192.168.1.64 0.0.0.63
BJ-S3750-1(config-exl-nacl)#deny ip 192.168.2.0 0.0.0.255 192.168.1.64 0.0.0.63
BJ-S3750-1(config-exl-nacl)#deny ip 192.168.3.0 0.0.0.255 192.168.1.64 0.0.0.63
BJ-S3750-1(config-exl-nacl)#permit ip any any
BJ-S3750-1(config)#interface vlan 20
BJ-S3750-1(config-if)#ip access-group 110 out
```

总结与回顾

在本任务学习中，首先介绍了企业网络安全的现状和各种安全应用需求，然后详细阐述了企业网络的系统安全部署以及相应的检测和调试，特别是网络系统防火墙的应用配置和管理策略。帮助学生建立完整的网络安全应用体系，掌握企业网络安全保护的实际配置和应用技能。

知识技能拓展

一、VPN 技术应用

虚拟专用网络（VPN）是一条穿过的公用网络的安全、稳定的隧道，在这条安全隧道上可以进行安全、高效的数据传输。虚拟专用网（VPN）将大幅度地减少用户花费在 WAN 和远程网络连接上的费用。同时，这将简化网络的设计和管理，加速连接新的用户和网站。另外，它还可以保护现有的网络投资。

VPN 可以连接两个终端系统，也可连接多个网络，VPN 是使用隧道和加密技术来组建的，VPN 是一种 WAN 基础设施替代品，可用于替代或拓展现有的私有网络，在很多情况下，VPN 有很多优于传统 WAN 连接的地方，如费用低廉、易于安装、能够迅速增加带宽等。

VPN 提供了三种主要功能。

■ 加密：通过网络传输分组之前，发送方可对其进行加密。这样，即使有人窃听，也无法读懂其中的信息。

■ 数据完整性：接收方可检查数据通过 Internet 传输的过程中是否被修改。

■ 来源验证：接收方可验证发送方的身份，确保信息来自正确的地方。

VPN 连接的主要优点如下。

费用更低：通过降低传输带宽、主干设备和运营等费用，降低了总体拥有的成本，LAN-LAN 连接的成本通常比使用租用线路的网络低 20%～40%，远程接入的费用降低 60%～80%。

业务更灵活：与传统的 WAN 相比，VPN 是一种更灵活、可扩展性更高的网络架构，让企业能够快速、经济地拓展网络，根据业务需求，便利地连接分部、分公司、远程办公人员、移动用户和商业合作伙伴。

隧道化网络拓扑降低了管理负担：通过使用 IP 主干，避免了永久虚电路和面向连接的协议静态地关联起来，进而可以建立全互联拓扑，同时降低了网络的复杂性和成本。

VPN 拥有私有网络的优点：保密性和使用多种协议，而这些优点是通过使用大型公共 IP 基础设施 internet 来获得的。

虚拟专用网是通过隧道方式在同一条标准 IP 连接上传输多种协议来实现的，RGNOS 支持三种隧道化方法：通用路由选择封装（GRE）、第 2 层隧道协议（L2TP）和 IPSec。虚拟专用网支持保密性、完整性和身份验证，通过对数据流进行加密并使用 IPSec 协议，使得数据流通过公共基础设施传输时，其身份验证与私有网络中相同。

二、VPN 技术配置实例

1. 配置 IPSec+IKE 主模式

本任务要求在 RTA 和 RTB 之间建立隧道。使用 IKE 预共享密钥验证方式。

2. 搭建实验环境

连接设备，如图 7-36 所示，在 SWA 上配置 VLAN10、VLAN20，将接口 F0/1 和 F0/2 加入 VLAN10、VLAN20。

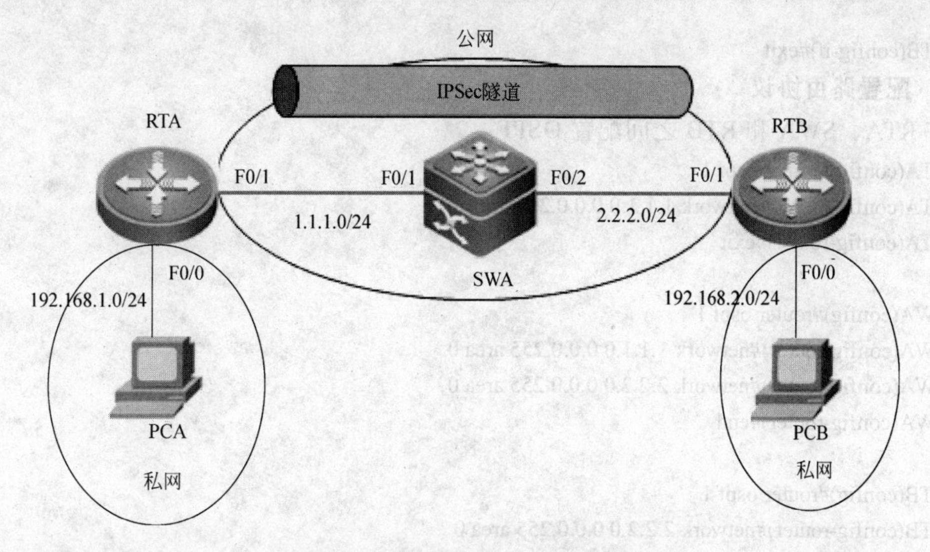

图 7-36　IPSec VPN 配置拓扑图

```
SWA(config)#vlan 10
SWA(config-vlan)#exit
SWA(config)#vlan 20
SWA(config-vlan)#exit
SWA(config)#interface vlan 10
SWA(config-if)#ip address 1.1.1.2 255.255.255.0
SWA(config-if)#exit
SWA(config)#interface vlan 20
SWA(config-if)#ip address 2.2.2.2 255.255.255.0
SWA(config-if)#exit
SWA(config)#interface fastEthernet 0/1
SWA(config-if)#switchport access vlan 10
SWA(config-if)#exit
SWA(config)#interface fastEthernet 0/2
SWA(config-if)#switchport access vlan 20
SWA(config-if)#exit
```

完成路由器 RTA、RTB 的接口配置：

```
RTA(config)#interface fastEthernet 0/0
RTA(config-if)#ip address 192.168.1.1 255.255.255.0
RTA(config-if)#exit
RTA(config)#interface fastEthernet 0/1
RTA(config-if)#ip address 1.1.1.1 255.255.255.0
RTA(config-if)#exit

RTB(config)#interface fastEthernet 0/0
RTB(config-if)#ip address 192.168.2.1 255.255.255.0
RTB(config-if)#exit
RTB(config)#interface fastEthernet 0/1
RTB(config-if)#ip address 2.2.2.1 255.255.255.0
```

```
RTB(config-if)#exit
```

3. **配置路由协议**

在 RTA、SWA 和 RTB 之间配置 OSPF：

```
RTA(config)#router ospf 1
RTA(config-router)#network 1.1.1.0 0.0.0.255 area 0
RTA(config-router)#exit

SWA(config)#router ospf 1
SWA(config-router)#network 1.1.1.0 0.0.0.255 area 0
SWA(config-router)#network 2.2.2.0 0.0.0.255 area 0
SWA(config-router)#end

RTB(config)#router ospf 1
RTB(config-router)#network 2.2.2.0 0.0.0.255 area 0
RTB(config-router)#exit
```

OSPF 自治系统不包括 RTA、RTB 与 PCA、PCB 互连的接口，因此，作为模拟公网设备的 SWA 上不具备 192.168.1.0 和 192.168.2.0 网段的路由，只有公网路由。

在 RTA 和 RTB 上为私网配置静态路由：

```
RTA(config)#ip route 192.168.2.0 255.255.255.0 1.1.1.2
RTB(config)#ip route 192.168.1.0 255.255.255.0 2.2.2.2
```

配置后查看 RTA、RTB 和 SWA 的路由表，可见 SWA 上没有私网路由：

```
RTA(config)#show ip route
Codes:  C - connected, S - static, R - RIP, B - BGP
        O - OSPF, IA - OSPF inter area
        N1 - OSPF NSSA external type 1, N2 - OSPF NSSA external type 2
        E1 - OSPF external type 1, E2 - OSPF external type 2
        i - IS-IS, su - IS-IS summary, L1 - IS-IS level-1, L2 - IS-IS level-2
        ia - IS-IS inter area, * - candidate default
Gateway of last resort is no set
C     1.1.1.0/24 is directly connected, FastEthernet 0/1
C     1.1.1.1/32 is local host.
O     2.2.2.0/24 [110/2] via 1.1.1.2, 00:03:44, FastEthernet 0/1
C     192.168.1.0/24 is directly connected, FastEthernet 0/0
C     192.168.1.1/32 is local host.
S     192.168.2.0/24 [1/0] via 1.1.1.2

RTB(config)#sh ip route
Codes:  C - connected, S - static, R - RIP, B - BGP
        O - OSPF, IA - OSPF inter area
        N1 - OSPF NSSA external type 1, N2 - OSPF NSSA external type 2
        E1 - OSPF external type 1, E2 - OSPF external type 2
        i - IS-IS, su - IS-IS summary, L1 - IS-IS level-1, L2 - IS-IS level-2
        ia - IS-IS inter area, * - candidate default
Gateway of last resort is no set
O     1.1.1.0/24 [110/2] via 2.2.2.2, 00:02:15, FastEthernet 0/1
```

```
C     2.2.2.0/24 is directly connected, FastEthernet 0/1
C     2.2.2.1/32 is local host.
S     192.168.1.0/24 [1/0] via 2.2.2.2
C     192.168.2.0/24 is directly connected, FastEthernet 0/0
C     192.168.2.1/32 is local host.

SWA#show ip route
Codes:  C - connected, S - static, R - RIP, B - BGP
        O - OSPF, IA - OSPF inter area
        N1 - OSPF NSSA external type 1, N2 - OSPF NSSA external type 2
        E1 - OSPF external type 1, E2 - OSPF external type 2
        i - IS-IS, su - IS-IS summary, L1 - IS-IS level-1, L2 - IS-IS level-2
        ia - IS-IS inter area, * - candidate default
Gateway of last resort is no set
C     1.1.1.0/24 is directly connected, VLAN 10
C     1.1.1.2/32 is local host.
C     2.2.2.0/24 is directly connected, VLAN 20
C     2.2.2.2/32 is local host.
```

验证 PCA 与 PCB 之间的连通性：

```
C:\Documents and Settings\User>ping 192.168.2.2
Pinging 192.168.2.2 with 32 bytes of data:
Request timed out.
Request timed out.
Request timed out.
Request timed out.
Ping statistics for 192.168.2.2:
    Packets: Sent = 4, Received = 0, Lost = 4 (100% loss),
```

可见由于此时 SWA 没有私网的路由，PCA 是无法 ping 通 PCB 的。

4. 配置安全 ACL

由于 IPSec 隧道需要保护的是私网数据，因此安全 ACL 应匹配 192.168.1.0/24 网段与 192.168.2.0/24 网段之间的数据流。

```
RTA(config)#access-list 100 permit ip 192.168.1.0 0.0.0.255 192.168.2.0 0.0.0.255

RTB(config)#access-list 100 permit ip 192.168.2.0 0.0.0.255 192.168.1.0 0.0.0.255
```

5. 配置 IPSec 安全提议

```
RTA(config)#crypto isakmp policy 100
RTA(isakmp-policy)#authentication pre-share
RTA(isakmp-policy)#hash md5
RTA(isakmp-policy)#exit

RTB(config)#crypto isakmp policy 100
RTB(isakmp-policy)#authentication pre-share
RTB(isakmp-policy)#hash md5
RTB(isakmp-policy)#exit
```

6. 配置 IKE 对等体

使用默认的预共享密钥方式：

```
RTA(config)#crypto isakmp key 0 ruijie123 address 2.2.2.1

RTB(config)#crypto isakmp key 0 ruijie123 address 1.1.1.1
```

7. 配置 IPSec 安全策略

```
RTA(config)#crypto ipsec transform-set vpn1 ah-md5-hmac esp-des esp-md5-hmac
RTA(cfg-crypto-trans)#mode tunnel
RTA(cfg-crypto-trans)#exit
RTA(config)#crypto map vpn-set 100 ipsec-isakmp
RTA(config-crypto-map)#set peer 2.2.2.1
RTA(config-crypto-map)#set transform-set vpn1
RTA(config-crypto-map)#match address 100
RTA(config-crypto-map)#exit
RTA(config)#

RTB(config)#crypto ipsec transform-set vpn1 ah-md5-hmac esp-des esp-md5-hmac
RTB(cfg-crypto-trans)#mode tunnel
RTB(cfg-crypto-trans)#exit
RTB(config)#crypto map vpn-set 100 ipsec-isakmp
RTB(config-crypto-map)#set peer 1.1.1.1
RTB(config-crypto-map)#set transform-set vpn1
RTB(config-crypto-map)#match address 100
RTB(config-crypto-map)#exit
```

8. 应用 IPSec 安全策略

```
RTA(config)#interface fastEthernet 0/1
RTA(config-if)#crypto map vpn-set
RTA(config-if)#exit

RTB(config)#interface fastEthernet 0/1
RTB(config-if)#crypto map vpn-set
RTB(config-if)#end
```

9. 检验配置

在 RTA 和 RTB 上用 display 命令检查配置参数：

```
RTA(config)#show crypto isakmp policy
Protection suite of priority 100
    encryption algorithm:   DES - Data Encryption Standard (56 bit keys).
    hash algorithm:         Message Digest 5
    authentication method:  Pre-Shared Key
    Diffie-Hellman group:   #1 (768 bit)
    lifetime:               86400 seconds
Default protection suite
    encryption algorithm:   DES - Data Encryption Standard (56 bit keys).
    hash algorithm:         Secure Hash Standard
    authentication method:  Rsa-Sig
    Diffie-Hellman group:   #1 (768 bit)
```

```
lifetime:                    86400 seconds

RTA(config)#show crypto ipsec transform-set
transform set vpn1: { ah-md5-hmac,esp-md5-hmac,esp-des,}
        will negotiate = {Tunnel,}
```

由这些命令输出可以看到当前配置所设定的 IPSec/IKE 参数。

10. 检验隧道工作状况

除第一个 ICMP Echo Request 包被报告超时之外，其他的都成功收到 Echo Reply 包。这是因为第一个包触发了 IKE 协商，在 IPSec SA 成功建立之前，这个包无法获得 IPSec 服务，只能被丢弃。而 IPSec SA 很快就成功建立了，后续的包也就可以顺利到达目的。

在 RTA 与 RTB 上查看 IPSec/IKE 相关信息：

```
RTB#show crypto isakmp sa
lifetime(second)    source              state               conn-id
86281               2.2.2.1             QM_IDLE             33
  5d87b0da032d567f   737b828a9199a0a7

RTB#show crypto ipsec sa
Interface: FastEthernet 0/1
        Crypto map tag:vpn-set, local addr 2.2.2.1
        media mtu 1500
        ==================================
        item type:static, seqno:100, id=32
        local    ident (addr/mask/prot/port): (192.168.2.0/0.0.0.255/0/0))
        remote   ident (addr/mask/prot/port): (192.168.1.0/0.0.0.255/0/0))
        PERMIT
        #pkts encaps: 3, #pkts encrypt: 3, #pkts digest 6
        #pkts decaps: 3, #pkts decrypt: 3, #pkts verify 6
        #send errors 0, #recv errors 0
        Inbound esp sas:
              spi:0x33554c35 (861228085)
               transform: esp-des esp-md5-hmac
               in use settings={Tunnel,}
               crypto map vpn-set 100
               sa timing: remaining key lifetime (k/sec): (4606999/3238)
               IV size: 8 bytes
               Replay detection support:Y
        Inbound ah sas:
              spi:0x7b3ad258 (2067452504)
               transform: ah-null ah-md5-hmac
               in use settings={Tunnel,}
               crypto map vpn-set 100
               sa timing: remaining key lifetime (k/sec): (4606999/3238)
               IV size: 0 bytes
               Replay detection support:Y
        Outbound esp sas:
```

```
            spi:0x7bbc54c7 (2075940039)
             transform: esp-des esp-md5-hmac
             in use settings={Tunnel,}
             crypto map vpn-set 100
             sa timing: remaining key lifetime (k/sec): (4606999/3238)
             IV size: 8 bytes
             Replay detection support:Y
        Outbound ah sas:
            spi:0x43a092a8 (1134596776)
             transform: ah-null ah-md5-hmac
             in use settings={Tunnel,}
             crypto map vpn-set 100
             sa timing: remaining key lifetime (k/sec): (4606999/3238)
             IV size: 0 bytes
             Replay detection support:Y
RTB#show crypto isakmp policy
Protection suite of priority 100
   encryption algorithm:     DES - Data Encryption Standard (56 bit keys).
   hash algorithm:            Message Digest 5
   authentication method:    Pre-Shared Key
   Diffie-Hellman group:      #1 (768 bit)
   lifetime:                   86400 seconds
Default protection suite
   encryption algorithm:     DES - Data Encryption Standard (56 bit keys).
   hash algorithm:            Secure Hash Standard
   authentication method:    Rsa-Sig
   Diffie-Hellman group:      #1 (768 bit)
   lifetime:                   86400 seconds

RTA#show crypto isakmp policy
Protection suite of priority 100
   encryption algorithm:     DES - Data Encryption Standard (56 bit keys).
   hash algorithm:            Message Digest 5
   authentication method:    Pre-Shared Key
   Diffie-Hellman group:      #1 (768 bit)
   lifetime:                  86400 seconds
Default protection suite
   encryption algorithm:     DES - Data Encryption Standard (56 bit keys).
   hash algorithm:            Secure Hash Standard
   authentication method:    Rsa-Sig
   Diffie-Hellman group:      #1 (768 bit)
   lifetime:                   86400 seconds
RTA#show crypto isakmp sa
 destination        source              state                          conn-id
lifetime(second)
 1.1.1.1            2.2.2.1             QM_IDLE                        33
```

```
85745
  5d87b0da032d567f   737b828a9199a0a7
RTA#show crypto ipsec transform-set
transform set vpn1: { ah-md5-hmac,esp-md5-hmac,esp-des,}
      will negotiate = {Tunnel,}
RTA#show crypto ipsec sa
Interface: FastEthernet 0/1
        Crypto map tag:vpn-set, local addr 1.1.1.1
        media mtu 1500
        ==================================
        item type:static, seqno:100, id=32
        local   ident (addr/mask/prot/port): (192.168.1.0/0.0.0.255/0/0))
        remote   ident (addr/mask/prot/port): (192.168.2.0/0.0.0.255/0/0))
        PERMIT
        #pkts encaps: 3, #pkts encrypt: 3, #pkts digest 6
        #pkts decaps: 3, #pkts decrypt: 3, #pkts verify 6
        #send errors 0, #recv errors 0
        Inbound esp sas:
             spi:0x7bbc54c7 (2075940039)
              transform: esp-des esp-md5-hmac
              in use settings={Tunnel,}
              crypto map vpn-set 100
              sa timing: remaining key lifetime (k/sec): (4607999/2911)
              IV size: 8 bytes
              Replay detection support:Y
        Inbound ah sas:
             spi:0x43a092a8 (1134596776)
              transform: ah-null ah-md5-hmac
              in use settings={Tunnel,}
              crypto map vpn-set 100
              sa timing: remaining key lifetime (k/sec): (4607999/2911)
              IV size: 0 bytes
              Replay detection support:Y
        Outbound esp sas:
             spi:0x33554c35 (861228085)
              transform: esp-des esp-md5-hmac
              in use settings={Tunnel,}
              crypto map vpn-set 100
              sa timing: remaining key lifetime (k/sec): (4607999/2911)
              IV size: 8 bytes
              Replay detection support:Y
        Outbound ah sas:
             spi:0x7b3ad258 (2067452504)
              transform: ah-null ah-md5-hmac
              in use settings={Tunnel,}
              crypto map vpn-set 100
```

```
sa timing: remaining key lifetime (k/sec): (4607999/2911)
IV size: 0 bytes
Replay detection support:Y
```

可见 ISAKMP SA 和 IPSec SA 都已经正常生成。观察 IPSec SA 中 IP 地址、SPI 等参数的对应关系。其中可以观察到 RTA 和 RTB 的对应方向的 SPI 值是相同的，采用的验证算法和加密算法也相同。

11. 观察 IPSec 工作过程

为了了解 IKE 和 IPSec 协商和加密操作过程，首先清除 IPSec SA 和 ISAKMP SA，中断 IPSec 隧道，以便重新观察整个过程。

```
RTA#clear crypto sa
RTA#clear crypto isakmp
```

打开 debugging 开关：

```
RTA#debug crypto isakmp
RTA#debug crypto ipsec
```

在 PCA 上 ping PCB，重新触发 IPSec 隧道建立：

```
C:\Documents and Settings\User>ping 192.168.2.2
Pinging 192.168.2.2 with 32 bytes of data:
Request timed out.
Reply from 192.168.2.2: bytes=32 time=1ms TTL=254
Reply from 192.168.2.2: bytes=32 time=1ms TTL=254
Reply from 192.168.2.2: bytes=32 time=1ms TTL=254
Ping statistics for 192.168.2.2:
    Packets: Sent = 4, Received = 3, Lost = 1 (25% loss),
Approximate round trip times in milli-seconds:
    Minimum = 1ms, Maximum = 1ms, Average = 1ms
```

这样就可以看到 IKE 的交换过程以及 IPSec 对数据包的加密处理过程。

```
*Feb 19 13:14:58: %7: IKE recvmsg 140 bytes.
*Feb 19 13:14:58: %7: IKE:recvmsg for 1.1.1.1 of interface FastEthernet 0/1.
*Feb 19 13:14:58: %7: begin main or aggressive mode negotiate!
*Feb 19 13:14:58: %7: (0) received packet from 2.2.2.1->1.1.1.1, NEW SA
*Feb 19 13:14:58: %7:    Exchange type : 0x2<sa> <vendor ID>
*Feb 19 13:14:58: %7:   extract_payload done!
*Feb 19 13:14:58: %7: (33) Checking ISAKMP transform 1 against priority 100 policy
*Feb 19 13:14:58: %7:       encryption DES-CBC
*Feb 19 13:14:58: %7:       hash MD5
*Feb 19 13:14:58: %7:       auth pre-share
*Feb 19 13:14:58: %7:       default group 1
*Feb 19 13:14:58: %7:       life type in seconds
*Feb 19 13:14:58: %7: life duration 86400 orginal:86400
*Feb 19 13:14:58: %7: (33) atts are acceptable
*Feb 19 13:14:58: %7: vendor_id=0xaf 0xca 0xd7 0x13 0x68 0xa1 0xf1 0xc9 0x6b 0x86 0x96 0xfc 0x77
0x57 0x1 0x0
*Feb 19 13:14:58: %7:   dpd's vendor id is detected.
*Feb 19 13:14:58: %7:   send packet to 1.1.1.1->2.2.2.1
*Feb 19 13:14:58: %7: IKE message packet process over.
```

```
*Feb 19 13:14:58: %7: IKE recvmsg 152 bytes.
*Feb 19 13:14:58: %7: IKE:recvmsg for 1.1.1.1 of interface FastEthernet 0/1.
*Feb 19 13:14:58: %7: (33) received packet from 2.2.2.1, (R) MM_SR1_WI2, MM_KEY_EXCH.......
```

技能训练

① 自行设计企业网络拓扑，实施防火墙基本配置。

② 模拟企业网 IPSEC VPN 的配置，并尝试使用更多的 IPSEC 选项。

③ 收集利用 VPN 的资料，通过网络设备平台建立 VPN 隧道。

工作任务八　工 程 验 收

任务描述

工程的验收工作是对工程施工质量的严格检验，对工程质量保证起到重要的作用。工程的验收工作主要分为随工验收、初步验收、竣工验收等几个阶段，每个阶段都有明确的内容和要求。

工程建设项目验收，是对一个工程建设项目，需要采取全过程、全方位、多目标的方式进行公正客观和全面科学的监督管理，也就是说在一个工程建设项目的策划决策、工程设计、安装施工、竣工验收、维护检修等阶段组成的整个过程中，对其投资、工期和质量等多个目标，在事先、中期（又称过程）和事后进行严格控制和科学管理。工程施工必须执行工程验收制度，以确保工程的施工质量，控制工程的投资。

任务目标

① 掌握网络工程验收的目标及主要内容；
② 了解验收的步骤及组织结构；
③ 熟悉现场验收、施工、质量保证、保障等相关措施；
④ 掌握网络施工进度、工艺管理知识；
⑤ 掌握网络工程验收的内容和验收方法；
⑥ 掌握初验和终验的工作程序。

相关知识

工程验收的步骤及组织结构；工程验收的目标及主要内容；现场验收等相关措施。

验收文档主要包括工程项目的建设报告、工程项目的测试报告、工程项目的资料审查报告、工程项目的用户意见报告、工程项目的验收报告。工程测试几种模式；验收的模式和内容，验收规范等。

① 链路测试和通道测试的验收；
② 工程测试类型；工程验收类型；
③ 记录链路测试的结果，说明各种验收需要验收的内容；
④ 工程验收的概念、工程验收的范围、工程验收的分类。
⑤ 验收程序

- 建设单位主持验收会议。
- 建设、勘察、设计、施工、监理单位汇报。
- 审阅建设、勘察、设计、施工、监理单位的工程档案资料：网络工程要听取参会的购房户意见。

- 验收组实地查验工程质量。
- 验收组成员发表意见。
- 验收组形成工程竣工验收意见并签署《工程竣工验收报告》。

工程验收证书/工程安装确认单

<table>
<tr><td>工程名称*</td><td colspan="2"></td></tr>
<tr><td>服务合同号*</td><td colspan="2"></td></tr>
<tr><td>合同号</td><td colspan="2"></td></tr>
<tr><td>客户名称</td><td colspan="2"></td></tr>
<tr><td>设备类型和数量</td><td colspan="2"></td></tr>
<tr><td>工程服务类型</td><td colspan="2">工程实施☑ 工程督导□</td></tr>
<tr><td rowspan="7">工程服务内容</td><td>于____年___月___日完成到货验收</td><td>☑是 □否 □不涉及</td></tr>
<tr><td>完成设备硬件安装和软件调测</td><td>☑是 □否 □不涉及</td></tr>
<tr><td>完成产品维护现场讲解和培训</td><td>☑是 □否 □不涉及</td></tr>
<tr><td>完成业务上线/割接</td><td>☑是 □否 □不涉及</td></tr>
<tr><td>工程文档、工程账号和密码已移交客户，并提醒客户修改账号和密码</td><td>☑是 □否 □不涉及</td></tr>
<tr><td>客户在实施前已对工程实施方案进行了确认</td><td>☑是 □否 □不涉及</td></tr>
<tr><td>工程实施进度和人力投入满足客户要求</td><td>☑是 □否 □不涉及</td></tr>
<tr><td>完工日期</td><td colspan="2">年 月 日</td></tr>
<tr><td colspan="2">甲方签章：

日期： 年 月 日</td><td>服务方签章：

日期： 年 月 日</td></tr>
</table>

备注：

1. 标注为“*”的工程名称和服务合同号务必填写正确。服务合同号为F开头的14位长度，如果是运营商维保凭证的没有服务合同号的可以不填。
2. 合同号可选择填写，可填二级订单号或客户合同号。涉及运营商维保的务必填写二级订单号。
3. 设备类型数量填写：如5台S9508、12台S7505E。
4. 签字盖章：甲方可以为总代、二代或最终客户，盖章可以为甲方的单位公章，也可为部门公章。服务方只需签字，返回工程管理部后统一盖章，也可盖办事处的公章。服务合作的也可盖合作伙伴的公章。
5. 原件在盖章日期后15天内返回工程管理部存档。

任务实施

步骤一、工程验收准备

1. 网络工程验收基础

对网络工程验收是施工方向用户方移交的正式手续，也是用户对工程的认可。尽管许多单位把验收与鉴定结合在一起进行，但验收与鉴定还是有区别的，主要表现如下。

验收是用户对网络工程施工工作的认可，检查工程施工是否符合设计要求和符合有关施工规范。用户要确认，工程是否达到了原来的设计目标？质量是否符合要求？有没有不符合原设计的有关施工规范的地方？

鉴定是对工程施工的水平程度做评价。鉴定评价来自专家、教授组成的鉴定小组，用户只能向鉴定小组客观地反映使用情况，鉴定小组组织人员对新系统进行全面的考察。鉴定组写出鉴定书提交上级主管部门备案。

作为验收，是分三部分进行的，第一部分是物理验收，主要是检查乙方在实施时是否符合工程规范，包括设备安装是否规范、线缆布放是否规范、所有设备是否接地等；第二部分是性能验收，主要通过测试手段来测试乙方实施的网络在性能方面是否达到设计要求，比如带宽、丢包率、协议状态切换等；第三部分是文档验收，检查乙方是否按协议或合同规定的要求，交付所需要的文档，主要包括设计文档、实施文档、各种图纸表格、配置文件等。

2. 京通集团网络工程验收流程

工程验收由甲、乙双方共同组成一个验收小组，对已竣工的工程进行验收。工程竣工结束后，由工程施工方（乙方）提交验收申请，双方依据有关标准及规范对工程进行验收。流程如图 8-1 所示。

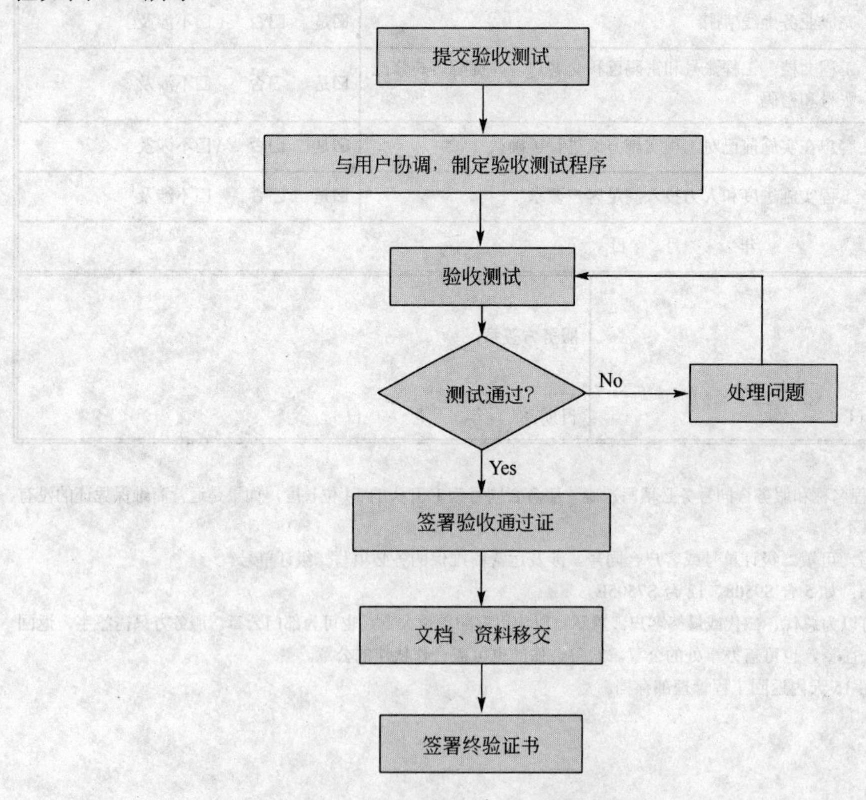

图 8-1 工程验收流程图

经甲乙双方验收小组确定，针对京通集团网络工程改造项目的验收分三部分。

① 工程质量检查：此部分按照《工程质量检查标准》进行逐项检查打分，低于 80 分，验收通不过，并做限期整改；

②网络性能测试：此部分主要测试分支机构访问总部的速度、内网的访问控制、网管平台等；

③工程文档交接：如前两部分验收通过，可以进行文档交接，主要是交接前期的工程文档、配置文件、操作手册等。

步骤二、工程质量检查

1. 工程质量检查信息

工程质量检查信息表主要是填写工程的相关信息，以方便备案，见表 8-1。

表 8-1 工程质量检查信息表

工程质量检查信息	
工程名称	京通集团网络改造项目
施工单位	×××技术公司
客户地址	××省××市××路××号
客户联系人/电话	×××
检查时间	××××年×月××日
检查人员	×××

2. 硬件质量检查标准

工程硬件质量检查主要是检查项目集成商在设备安装时是否符合设备安装规范，检查的内容主要有：机柜、线缆布放、电源及接地、设备安装环境等几方面。各检查项的检查方法及所占分值见表 8-2。

表 8-2 硬件质量检查表

分 类	序号	检 查 内 容	检查方法	满分
机柜	1	机架（机箱）安装位置正确，固定可靠，单板插拔顺畅，室外安装的设备应进行防水处理。如果有工程设计文件的，要符合文件中的抗震要求。特殊原因要签订工程备忘录。机架垂直偏差度小于 3mm	查看、测量	3
信号电缆布放	2	网线、尾纤等信号线走线路符合工程设计文件，便于维护扩容。不应有破损、断裂；插头干净无损坏，插接正确可靠，芯线卡接牢固。绑扎正确，间距均匀，松紧适度。布放应横平竖直、理顺、不交叉，转弯处留适当余量。（出机柜 1m 内允许交叉）	查看	4
	3	尾纤机柜外布放时，不应有其他电缆或物品挤压，且应加套管或槽道保护	查看	3
电源和接地	4	电源线、地线应采用整段铜芯材料，中间不能有接头，外皮无损伤。连接正确可靠，接触良好。线径符合工程设计文件，满足设备配电要求	查看	4
	5	电源线、地线与信号线分开布放。走线应平直，绑扎整齐，转弯处留合适余量	查看	5
设备安装环境	6	机房的电源参数及安装环境满足设备长期安全运行需要。 电源系统（直流、交流）保护地线正确可靠接地，机房宜采用联合接地方式。联合接地阻值：≤1 Ω； 容量小的系统≤3 Ω	客户确认	4
	7	客户方 PGND 电缆、一次电源的 GND 电缆，以工程设计文件或满足设备运行和扩容要求为准。客户提供的配线设备可靠接地，客户外线电缆屏蔽层应可靠接地。室外走线电缆应避免架空布放入室，否则应作防雷处理。入室前采取必要的避水措施	查看	3
	8	机柜、电缆、电源等标识正确、清晰、整齐；标签位置整齐、朝向一致，一般建议标签粘贴在距插头 2cm 处	查看	2
	9	设备上电硬件检查测试正常。（单板型号、电源电压、电源是否有短路等）	查看、测量	1
	10	机柜内无杂物，安装剩余的备用物合理堆放。未使用的插头进行保护处理，加保护帽等。配发扩容的信号电缆，宜绑扎或插接固定到待扩容机柜内部预留位置，便于今后扩容维护，避免丢失等其他问题	查看	1

3. 软件质量检查标准

工程软件质量检查主要是检查项目集成商在设备部署调试时在设备版本、系统安全管理、接口配置、IP 地址规划、路由协议规划等几方面是否符合设计要求。各检查项的检查方法及所占分值见表 8-3。

表 8-3 软件质量检查标准表

分 类	序号	检 查 内 容	满分
版本基本设备配置	1	软件版本：主机软件版本是 H3C 正式发布的版本或授权使用的版本	5
	2	软件版本：BOOTROM 软件版本是 H3C 正式发布的版本或授权使用的版本	5
	3	日志信息：正常工作情况下，路由器、交换机和防火墙日志功能打开，所有 Debug 信息应该关闭	1.5
	4	设备主机名（sysname）：如果客户有自己的命名规则，按照客户的规则设置主机名；如果没有，按规范（节点代码_局点缩写_设备名_设备序列号（A、B、C 等））正确设置设备主机名。如：天津电信黄山道局第一台 NE80 应填写：TJ_HSD_NE80_A（第 2 台：TJ_HSD_NE80_B...）	1
	5	主控板外网口或低端交换机“M0”口：只限于用于网管、版本升级等小流量的连接，不要挂接访问量很大的设备	1
	6	系统时间：时间设置应与北京时间一致（时间差不大于 5 分钟），便于日后定位故障时间和跟踪信息	1
	7	支持文件系统的交换机或者高端路由器（NE 系列）的 flash 回收站里不应该存放大量未清空的无用版本或者文件	1
	8	配置文件：配置文件有备份并在客户处有保存	1
客户及系统安全管理	9	系统视图：必须设置 super password	1.5
	10	密码/口令：各种口令/密码(password)建议按照客户规范设置，使用密文格式，符合安全要求，不主张使用客户名充当口令	1.5
	11	Telnet 登录控制： Telnet 口令和 system 口令的设置按照客户规范，尽量不一致	1
	12	网管参数：网管根据需要正确配置，配置的参数与网管计算机一致	1
接口配置	13	POS 口配置： 如无特殊原因，必须绑定 PPP 协议	1
	14	FE/GE 端口配置：端口模式必须与对端一致	1
	15	trunk 端口配置：在交换机的 trunk 端口上不应该允许所有的 vlan 通过，而需要精确指定 vlan	1
	16	Vlan 配置：设置 Vlan 逻辑接口时，逻辑接口按顺序使用，索引要有规律。合理划分 VLAN，尽量减小广播域	1
	17	FE/GE 端口配置：设置多个子接口时，从 1 开始按顺序使用	1
	18	接口描述：所有激活接口都使用 description 命令进行规范描述，建议按照客户规范进行描述；如果客户没有相应规范，按照下列规则进行描述，接口描述规则： TO 对端设备名，速率 例如：description TO YMK_NE16_A 155M）	1
	19	其他接口配置：所有其他接口配置数据必须符合实际情况，不能出现不正确、不完整、不规范及多余的数据	1
IP 地址、路由协议配置	20	IP 地址分配：IP 地址分配应有原则、有规律、易扩容。地址分配有结构、有层次，客户网段、网管网段、设备对接网段等要分开规划	1
	21	IP 地址分配：客户网段应按接入设备分段分配	1
	22	IP 地址分配：对于网络设备间互联的接口 IP 地址，子网掩码为 30 位	1
	23	IP 地址分配：loopback 接口的地址子网掩码为 32 位	1
	24	IP 地址分配：同类地址分配应连续，符合 VLSM/CIDR 原则，便于路由合并和以后扩容	1
	25	OSPF 配置：Router id 要事先规划分配好，建议使用 loopback 接口的 ip 地址，并使用 router id 命令配置	1
	26	OSPF 配置：接口 cost 的计算方法要统一，无规划时保持缺省值以便支持路由负荷分担	1
	27	OSPF 配置：禁止不加限制的引入 BGP 路由	1
	28	静态路由协议：尽量通过 CIDR 合并路由表项	1
	29	静态路由协议：不要创建无用路由和重复路由，容易影响性能、浪费路由表空间	1

续表

分　类	序号	检 查 内 容	满分
IP 地址、路由协议配置	30	MPLS/VPN 配置：lsr id 建议配置得与 loopback 接口的 ip 地址相同，建议配置 MPLS VPN 时，不同 PE 的相同 VRF 的 RD 要一致	1
	31	BGP 配置：建 EBGP 邻居时，要用双方互联的串口地址建。建 IBGP 邻居时，要用双方的 loopback 地址建。当一个 AS 内要建许多 IBGP 邻居时，要尽量用 ROUTER REFLECTER 技术	1
设 备 运 行情况	32	telnet 和串口登录：telnet 和串口两种方式能正常登录	2.5
	33	接口状态：正在使用的接口应为 UP，未用接口应为 down	1
	34	统计数据：查看各个使用的 port、pvc 收发统计数据是否正常	1
	35	日志内容：无系统稳定性方面的问题记录	1
	36	路由协议：动态路由协议运行正常，邻居关系建立正常	1
	37	链路连通性：如在广域网口上（会其他互联的接口）Ping 对端直连地址，可以 Ping 通 8100 字节的大包	1
	38	主备倒换：路由器、交换机、防火墙在主备倒换之后工作正常。（在不影响业务的时候执行，如条件不具备，可不进行检查）	1
	39	设备状态查看：如果显示故障单板，不应继续插在槽位上，避免引起其他问题	1

4. 文档质量与规范

文档质量与规范主要是检查实施方在工程实施所用的文档的规范、完整等以及机房服务挂牌等，具体检查表项及所占分值见表 8-4。

表 8-4　文档质量与规范表

序号	检　查　项	满　分
1	工程文档完整性、正确性、及时性	5
2	工程管理、工程周报、组织实施能力、机房服务挂牌	5

5. 工程质量检查结果

将前几部分的检查得分进行汇总，便可得到工程质量检查总分，对于低于合同要求的，进行限期整改，如符合要求便可进行网络性能测试，检查结果汇总见表 8-5。

表 8-5　工程质量检查结果汇总

公司工程质量检查结果		
得　分　项	满　分	检 查 得 分
硬件质量	40	
软件质量	40	
文档和规范	10	
合计（工程质量检查分数）	90	

说明：

① 适用范围：合同范围内主网络、安全设备的工程自检、检查和复查；

② 硬件质量分数 = 40 + 扣分总数；

③ 软件质量分数 = 40 + 扣分总数。若工程涉及主网络多个产品线，软件质量分数取各产品线软件质量分数的平均分；

④ 文档和规范分数 = 10 + 扣分分数；

⑤ 检查时在扣分项中填写负数，可以有小数，如扣 1.5 分，填写"−1.5"，“扣分说明”栏填写检查发现问题的说明；

⑥ 工程质量检查分数 = 硬件质量分数 + 软件质量分数 + 文档和规范分数，满分为 90 分；

工程满意度通过 800 回访调查。

⑦ 工程得分 = 工程质量检查分数 + 工程满意度得分，满分为 100 分。

6. 实施方法

核查可行性方案设计内各项工作或活动是否已经全部完成，是否符合网络工程实施规范，并将核查结果记录在验收文件中，根据项目验收结果，结合客户实际需求及可行性方案给予项目的整体评价。

① 项目验收所关注的内容；

② 根据客户实际环境及可行性方案确立测试目标；

③ 根据网络工程实施规范进行检查；

④ 根据测试结果检查工程是否存在问题（是否达到预期效果）、评估测试方案和测试报告、分组讨论给出评价；

⑤ 搜集、整理整个工程过程中的信息资料；

⑥ 撰写项目验收报告；

⑦ 完成项目验收报告撰写、分组交流、讨论。

步骤三、网络性能测试

1. 网络连通性测试

网络连通性测试见表 8-6。

表 8-6 网络连通性测试表

测试项目	北京总部至深圳、上海办事处连通性测试
测试目的	测试北京至深圳、上海办事处的网络连通性
测试环境	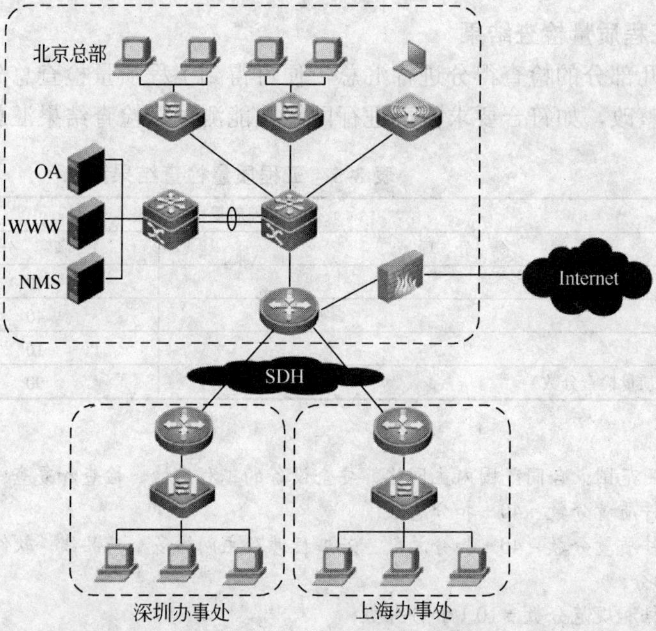 北京总部 OA WWW NMS Internet SDH 深圳办事处 上海办事处
总部终端 IP 地址：192.168.0.130 总部 OA 服务器	
深圳办事处终端 IP 地址：192.168.2.2/24 上海办事处终端 IP 地址：192.168.3.2/24	

续表

（一）网络系统连通性测试			
测试方式：从办事处终端 PC 上执行 PING 测试 （要求：连续 PING 1000 个 1400 字节的包，示例：ping -n 1000 -l 1400 192.168.0.130 ）			
◆ 北京总部—深圳办事处			
序号	测试内容	验收结果	备注
1	办事处 PC→总部 OA 服务器	不丢包□ 丢　个包　不通□	
◆ 北京总部—上海办事处			
序号	测试内容	验收结果	备注
1	办事处 PC→总部 OA 服务器	不丢包□ 丢　个包　不通□	
2	上海办事处一条 WAN 线路故障时	不丢包□ 丢　个包　不通□	
（二）网络业务正常性测试			
测试方式：在办事处能否正常登录 OA 服务器、上外网、访问 WWW 服务器			
序号	测试内容	验收结果	备注
1	访问 OA/WWW 服务器、访问外网	成功□　失败□	
2	访问 OA/WWW 服务器、访问外网	成功□　失败□	
验收总评：			
甲方签章：　　年　月　日		乙方签章：　　年　月　日	

2. 总部访问控制测试

总部网络访问控制测试见表 8-7。

表 8-7　总部访问控制测试表

测试项目	总部各部门的访问控制		
测试目的	测试总部各部门之间是否达到按设计要求的访问控制		
测试环境	BJ-S3152TP-0　BJ-S3152TP-1　BJ-WAP1208E-0　G1/1/1　G1/1/1　E1/0/1　G1/0/4　G1/0/5　G1/0/6　OA　WWW　NMS　G1/0/1　G1/0/2　G1/0/2　G1/0/3　BJ-S5626C-0　BJ-S5116p-0　G1/0/1　G0/0　G0/1　E1/0　E2/0　Internet　BJ-MSR3020-0　BJ-WALL160		
（一）研发部访问控制测试			
测试方式：在研发部里找两台 PC 机			
◆ 研发部内部能否相互访问			
序号	测试内容	验收结果	备注
1	研发部内部能否相互访问	能访问□ 不能访问□	

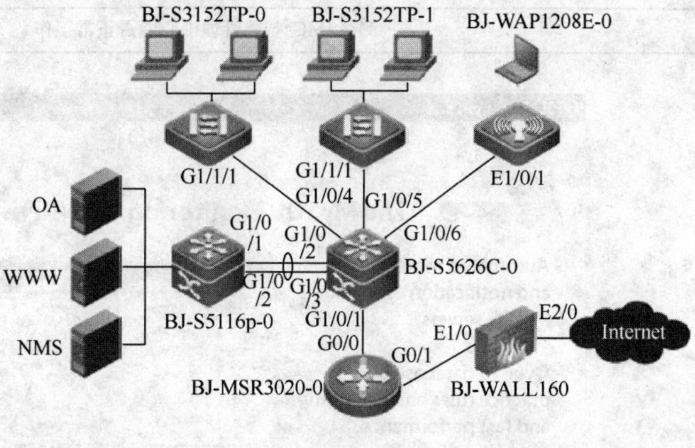

续表

◆ **研发部能否访问外网**

序号	测试内容	验收结果	备注
1	研发部能否访问外网	能访问□ 不能访问□	

◆ **办事处能否访问研发部**

序号	测试内容	验收结果	备注
1	深圳办事处访问研发部	能访问□ 不能访问□	
2	深圳办事处访问研发部	能访问□ 不能访问□	

（二）内网安全测试

测试内容：网页过滤及邮件过滤

测试方法：访问过滤的网站、发送不符合要求的邮件

序号	测试内容	验收结果	备注
1	访问过滤的网站	成功□ 失败□	
2	发送不符合要求的邮件	成功□ 失败□	

验收总评：

甲方签章： 年 月 日	乙方签章： 年 月 日

3. 网络管理平台测试

网络管理平台测试见表 8-8。

表 8-8 网络管理平台测试表

测试项目	IMC 智能管理中心
测试目的	测试 IMC 智能管理中心能否正常工作
测试环境	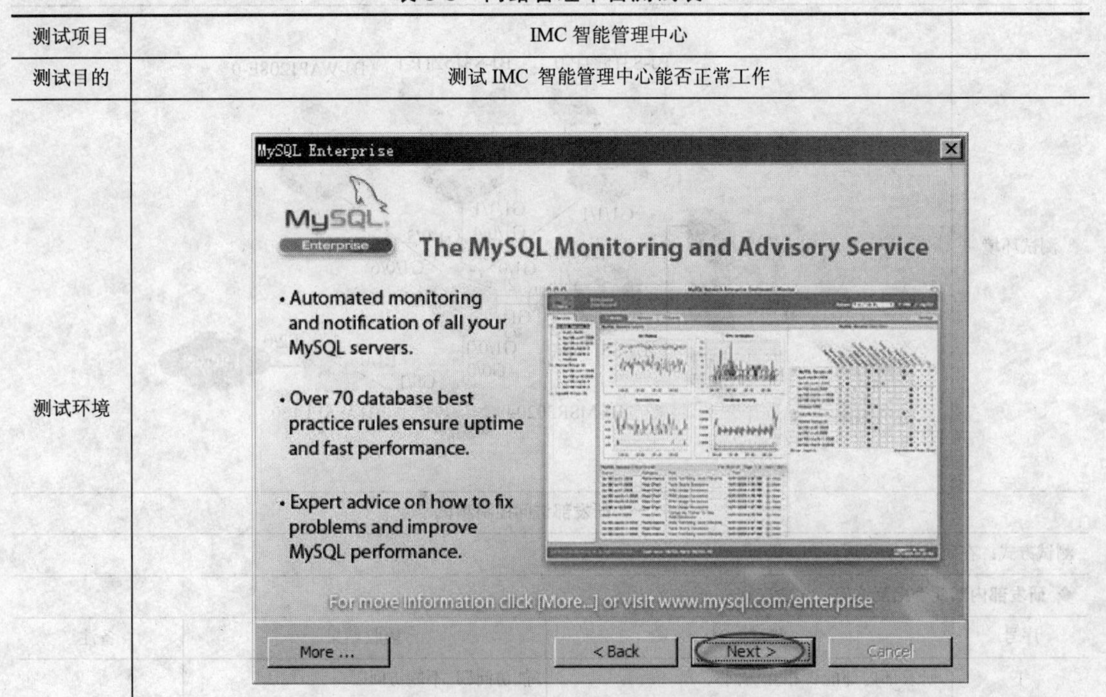

续表

（一）设备添加及拓扑发现			
测试方式：在 NMS 服务器上测试			
◆ 设备能否添加成功			
序号	测试内容	验收结果	备注
1	设备能否添加成功	能□ 不能□	
◆ 能否自动构建拓扑结构			
序号	测试内容	验收结果	备注
1	能否自动构建拓扑结构	能□ 不能□	
（二）故障告警测试			
测试方法：断掉一条设备连接线缆，观察是否产生告警			
序号	测试内容	验收结果	备注
1	断掉一条设备连接线缆，观察是否产生告警	产生□ 不产生□	
验收总评：			
甲方签章： 年 月 日		乙方签章： 年 月 日	

步骤四、工程终验

工程质量检查、网络性能测试以及文档符合规范要求，便可签署最终验收通过证书，格式见表 8-9。

表 8-9　工程终验证书

×××网络技术有限公司	
工程名称	
初验日期	

工程竣工验收证书	
兹证明__________ 购买×××通讯技术有限公司 的 __________设备（合同号：__________），已通过试运行， 于 ______年 ______月 ______日通过终验。	
（客户）建设单位签字及盖章：	施工单位签字及盖章：
年 月 日	年 月 日

对于以上所有验收表格，均一式四份打印，双方签字盖章后，双方各自存档两份。在验收结束后，将乙方所交付的文档材料，验收所使用的材料一起交给甲方的有关部门存档。

总结与回顾

工程竣工验收，是全面考核网络工程项目建设成果，检验项目决策、规划与设计、施工、管理综合水平的重要环节。

在本节任务学习中，首先介绍了企业网络工程验收概念和流程，然后详细阐述了工程验收的管理、步骤、方法、保障措施和最终形成工程验收结果。通过本单元学习，可以使学生掌握网络工程验收规范和流程内容，最终培养学生的组网工程质量检查技能、网络测试技能和验收文档的处理技能。

知识技能拓展

1. 网络工程竣工阶段的工作

（1）库房

由该工程的销售负责人与库房负责人完成如下工作：

① 库房点清此工程已交货物。

② 把还需交付的货物全部出库。

③ 在用户付清全部款项，并通过竣工审核后，库房撤掉此工程的库房账。

（2）财务

由该工程的销售负责人配合财务负责人完成如下工作：

① 点清应收账款。财务应根据库房的《工程出库清单》中所有的货物，包括历次增补货物，计应收账款。

② 支付各项费用，包括：施工材料、雇工等。

③ 结清所有内部有关此工程的费用，全部报销完毕，还清借款。

④ 收回全部应收账款。

⑤ 在用户付清全部款项，并通过竣工审核后，撤财务账。

（3）整理工程文件袋

由该工程的布线工程负责人整理工程文件袋，内容至少包括：

① 合同；

② 历次的设计；

③ 竣工平面图、系统图；

④ 工程中洽商记录、接货收条、日志；

⑤ 交工技术文件；

（4）工程文件备份软盘，内容包括：

① 合同；

② 历次的布线系统设计；

③ 图纸；

④ 工程洽商、日志、给客户的传真等工程实施过程中的文件；

⑤ 工程交工技术文件；

⑥ 插座、配线架标签；

删除计算机内该工程目录中的没用的文件，然后把该工程的所有计算机文件备份到文件服务器中。

（5）工程部验收前审核

工程项目负责人做好验收准备后，把项目文件袋和交工技术文件交项目经理审查。

（6）现场验收

和客户一起查看主机柜、配线架；

① 查看插座；

② 查看主干线槽；

③ 抽测信息点；

④ 验收签字；

（7）综合布线工程竣工审核

由各部门经理对项目组的工作进行审核，宣布工程竣工。

（8）交工技术文件

综合布线工程的交工技术文件应包括如下内容：

① 交工技术文件封面

② 交工技术文件目录

③ 开工报告

④ 设计变更明细表

⑤ 竣工报告

⑥ 竣工图纸

⑦ 配线架电缆卡接表

⑧ 测试报告

⑨ 工程质量评定表

⑩ 交工验收证

2. 网络工程验收项目及内容（见表 8-10）

表 8-10　工程验收内容

阶　段	验 收 项 目	验 收 内 容	验 收 方 式
一、施工前检查	1. 环境要求	① 土建施工情况：地面、墙面、门、电源插座及接地装置； ② 土建工艺：机房面积、预留孔洞； ③ 施工电源； ④ 活动地板敷设	施工前检查
	2. 器材检验	① 外观检查； ② 规格、品种、数量； ③ 电缆电气性能抽样测试	施工前检查
	3. 安全、防火要求	① 消防器材； ② 危险物的堆放； ③ 预留孔洞防火措施	施工前检查

续表

阶　段	验 收 项 目	验 收 内 容	验 收 方 式
二、设备安装	1. 设备机架	① 规格、程式、外观； ② 安装垂直、水平度； ③ 油漆不得脱落，标志完整齐全； ④ 各种螺丝必须紧固； ⑤ 防震加固措施； ⑥ 接地措施	随工检验
	2. 信息插座	① 规格、位置、质量； ② 各种螺丝必须拧紧； ③ 标志齐全； ④ 安装符合工艺要求； ⑤ 屏蔽层可靠连接	随工检验
三、电、光缆布放（楼内）	1. 电缆桥架及槽道安装	① 安装位置正确； ② 安装符合工艺要求； ③ 接地	随工检验
	2. 缆线布放	① 缆线规格、路由、位置； ② 符合布放缆线工艺要求	随工检验
四、电、光缆布放（楼间）	1. 架空缆线	① 吊线规格、架设位置、装设规格； ② 吊线垂度； ③ 缆线规格； ④ 卡、挂间隔； ⑤ 缆线的引入符合工艺要求	随工检验
	2. 管道缆线	① 使用管孔孔位； ② 缆线规格； ③ 缆线走向； ④ 缆线的防护设施的设置质量	隐蔽工程签证
	3. 埋式缆线	① 缆线规格； ② 辐射位置、深度； ③ 缆线的防护设施的设置质量； ④ 回土夯实质量	隐蔽工程签证
	4. 隧道缆线	① 缆线规格； ② 安装位置、路由； ③ 土建设计符合工艺要求	隐蔽工程签证
	5. 其他	① 通信线路与其他设施的间距； ② 进线室安装、施工质量	隐蔽工程签证
五、缆线终端	1. 信息插座	① 符合工艺要求	随工检验
	2. 配线模块	② 符合工艺要求	
	3. 光纤插座	③ 符合工艺要求	
	4. 各类跳线	④ 符合工艺要求	
六、系统测试	1. 工程电气性能测试	① 连接图； ② 长度； ③ 衰减； ④ 近端串扰； ⑤ 设计中特殊规定的测试内容	竣工检验
	2. 系统接地	符合设计要求	竣工检验
七、工程总验收	1. 竣工技术文件	清点、交接技术文件；	竣工检验
	2. 工程验收评价	考核工程质量，确认验收结果	

注：1. 楼内缆线敷设在预埋槽道及暗管中的验收方式为隐蔽工程签证；

2. 系统测试内容的验收也可在随工中进行检验。

接入网设备分项工程质量验收记录表（见表 8-11）。

表 8-11　工程验收记录表

单位（子单位）工程名称			子分部工程	通信网络系统
分项工程名称		接入网设备	验收部位	
施工单位			项目经理	
施工执行标准名称及编号				
分包单位			分包项目经理	
检测项目（主控项目）（执行本规范第 4.2.8 条的规定）			检查评定记录	备注
1	安装环境检查	机房环境		符合设计要求为合格
		电源		
		接地电阻值		
2	设备安装检查	管线敷设		符合设计要求为合格
		设备机柜及模块		
3 系统检测	收发器线路接口	功率谱密度		符合设计要求为合格
		纵向平衡损耗		
		过压保护		
	用户网络接口	25.6Mbit/s 电接口		
		10BASE-T 接口		
		USB 接口		
		PCI 接口		
	业务节点接口（SNI）	STM-1（155Mbit/s）光接口		
		电信接口		
	分离器测试			
	传输性能测试			
	功能验证测试	传输功能		
		管理功能		

检测意见：

监理工程师签字：　　　　　　　　　　检测机构负责人签字：
（建设单位项目专业技术负责人）
日期：　　　　　　　　　　　　　　　日期：

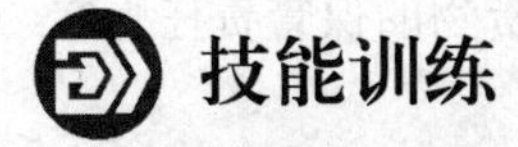

技能训练

按照企业网络工程验收要求制定如下内容。

工程定义：从工程前期的准备到工程最终验收。以工程竣工验收证书中客户盖章日期为整个工程的结束日期，工程完工后转入维护阶段。验收之后未安装的设备仍作为工程内容，由施工方负责安装。整个工程步骤包括：工前协调会、工程实施技术方案制作、开箱验货、硬件安装、软件调试（含软件版本升级）、测试验收、割接入网、设备试运行、最终验收等各阶段。涉及的内容有：工程中物料更换、工程管理（含工程周报管理）、工程质量管理、主要机房服务热线挂牌、工程文档、现场培训等。

工程项目经理：指施工方在工程实施时的负责人。

随工：指工程实施中，客户指派的配合进行工程安装的客户方工程师。大部分为维护设备的工程师。

合同：正式销售合同签订，有具体的配置清单和工程安装内容。

1. 明确双方工程接口人

在合同签订后工程实施前，施工方确定工程项目经理，作为在本次工程的总负责人，公司项目经理作为接口人。

2. 工前准备和工前协调会

工程项目经理，进行工程前期准备，主要内容如下。

① 掌握合同信息，合同中的设备类型数量、技术要求、软件版本要求，如果有新产品和新功能，是否有产品和软件版本能满足工程实施；

② 了解货物发货和计划到货信息；

③ 与客户沟通，了解工期要求和客户准备情况；

④ 如工程中有扩容和设备改造部分，要了解原有设备情况；

⑤ 根据工程情况准备制作《工程实施技术方案》，要求有组网图。重大工程项目公司委派技术负责人协助施工方参与《工程实施技术方案》的规划和指导；

⑥ 工前协调会。在工程开工前，工程项目经理及相关人员和客户相关部门一起召开开工协调会，其主要内容如下：

- 与客户协商并确定《工程实施技术方案》，作为工程实施中的技术文件；
- 与客户商定工程进度计划及配合事宜，按照进度要求客户完成安装环境准备；
- 确认客户是否对硬件安装等工艺方面有特殊要求。签订《工程备忘录》，模板见附件；
- 明确工程中客户的总负责人和接口人。建议客户派一到两名技术水平较高的工程师随工，建议为机房维护人员；
- 确定工程验收项目和验收方案，明确工程完工标志。

3. 工程实施

工程实施主要有如下几部分内容。

（1）开箱验货

施工方和客户双方同时在场进行开箱验货，开箱验收时先检查包装外观和设备外观，发现外观有损坏的，停止开箱，按照《公司到货即损问题处理方法》马上进行处理。

先打开装箱单所在的红标签箱子，取出装箱单（一式两份），按照装箱单中的数量核对，验货完毕后，根据验货情况双方在装箱单上签字，货物正式移交客户，货物的保管责任为客户。装箱单双方各保管一份。

开箱验货发现的物料问题，务必在3天内按照《公司到货即损问题处理方法》进行反馈处理。

（2）设备安装

施工方参照各产品随机返货的设备安装手册中安装要求进行设备的硬件安装和软件调试，主要有以下几个方面内容。

① 施工过程中，施工人员遵守公司、施工方和客户相应的行为规范；

② 施工中发现无法解决的技术问题，及时与工程师联系，得到技术支持，问题能得到

快速定位解决。需要升级软件版本的按照相关指导书进行软件版本升级；

③ 工程项目经理每周五发送工程周报，发给技术接口人、客户和相关人员。周报模板参考附件，停工期间不用发送工程周报；

④ 设备安装调试工程中，对照公司的《工程质量检查标准》进行工程质量自检；

⑤ 设备安装调试完成后进行相关的业务测试，并有测试记录和双方签字。

（3）割接入网

设备测试（或初验）通过后，进行设备割接入网。工程负责人根据需要配合客户一起指定详细的《割接方案》（可选），特别是改造工程，要把业务从原来的网络切换到新的网络中，有点要求切换时中断业务的时间很短。《割接方案》要考虑周全，明确双方责任人、分工，同时考虑割接失败的补救措施；安排落实人员观察设备运行情况。设备割接后开通业务，不能随意更改数据。《割接方案》参照附件模板。

（4）工程培训

工前或完工集中培训：有一定规模的工程，有些客户会要求在开工前或完工后，把各下属机构的技术人员集中进行网络知识和产品培训，施工方配合客户进行培训资料汇总和协调授课老师。按照客户的要求对客户进行培训。

工程施工中的现场培训：工程施工中，设备安装时要对客户的随工进行培训，培训一些产品知识、安装特点、常见故障处理等内容。让客户掌握基本维护和设备日常保养知识。

（5）提交工程文档给客户

提交给客户的工程文档，可按客户的要求完成。移交工程竣工资料时，填写《工程竣工资料移交清单》，客户签字确认。主要的一些文档参考如下。

① 双方签字的装箱单，在验货结束时当初移交；

② 《工程实施技术总结报告》；

③ 《设备日常维护建议书》。

（6）机房服务热线挂牌

对主要机房进行机房服务热线挂牌，让客户的维护人员能够了解维护和支持的途径。

4. 工程验收

根据工程合同条款和客户要求确定是否需要初验。如果需要初验，按照初验和终验分别完成。如果没有要求初验，按照终验的验收步骤操作。

（1）初验（可选）

① 根据合同和客户对验收的要求，如果要求初验，参照如下步骤操作;如果不需要初验，可省略；

② 了解客户对初验的特殊需求，确定初验时间、初验内容及日程安排；

③ 工程负责人在安装调试过程中可与客户随工人员完成部分技术指标的测试，双方签字确认后的数据在得到客户许可后，可以作为初验的测试数据使用。工程项目经理与客户共同组织进行初验，初验中的每一个测试项目都必须有客户签字。

④ 初验通过后，工程项目经理填写《系统初验证书》一式二份，由双方签字、盖章。施工方和客户保留一份；

⑤ 从初验通过之日开始设备进入试运行期，试运行周期由合同中明确，一般为三个月。试运行期间要解决初验时的遗留问题。试运行期结束，提前一周提交试运行报告和终验申请，报告内容主要是试运行期间设备运行情况和遗留问题解决进展情况。

（2）终验步骤

① 了解客户对终验的特殊要求，确定验收时间、测验内容及日程安排；

② 按双方协商的内容进行测试验收；

③ 终验结束后，工程负责人填写《工程竣工验收证书》一式二份，双方签字、盖章。施工方和客户各保留一份。

5. 工程质量控制

各施工方要建立相应的工程质量管理流程和工程质量检查标准，工程质量并不是依靠工程检查来提高，工程涉及组网规划、安装调试中的质量控制等内容。

工程前期的工程质量控制，在工程实施前，选择实施的工程师要具有一定的技术水平和质量控制能力。对工程实施技术方案进行评审，发给施工方高级工程师进行审核，发现的问题在工程前进行控制。

工程实施中的工程质量检查，工程在施工过程中工程师要参照《工程质量检查标准》进行工程质量自检，并对照工程质量标准进行评分。输出工程质量自检表。工程实施过程中施工方的技术经理对工程质量的现场抽查，发现的问题能及时得到整改。

工程完工后的工程质量抽查，施工方高级工程师和技术经理进行网络巡检，对设备和整个网络运行进行检查，发现的隐患能及时得到整改。

6. 工程完工和文档要求

工程以竣工验收为完工标志，工程转入维护阶段。工程完工后，为了便于维护，需要提交如下完工文档给服务经理。

① 工程信息表：XLS 格式的电子文件，含客户信息、局点信息、保修期、设备型号、软件版本、核心汇聚设备的配置信息（插入 TXT 文件）、遗留问题说明；

② 工程质量自检表，电子件，按照《工程质量标准》进行自检打分；

③ 《工程实施技术总结报告》，word 格式电子文件，在《工程实施技术方案》的基础上，在工程中经过修改，符合实际要求的；

④ 验收证书：纸面原件，有客户和施工方签字盖章。

工作任务九 运维管理

任务描述

当前，计算机网络的规模越来越大，复杂性越来越高，速度越来越快，服务越来越丰富，网络资源呈几何级数递增，其发展的势头打破了任何一种保守的预想。由此，也对网络管理和网络安全提出了更深层次的要求；但在目前的计算机网络中，网络规模大、结构复杂、设备种类多而且品牌广、应用更是层出不穷，这时候人工对网络的管理基本也就无能为力了。必须要由一套智能的管理系统来管理、监控整个网络；著名的 SNMP 协议就是为此而设计的。

为保证网络运营的正常需要，运维管理包括管理计划、进度计划、资源管理、检修费用、变动管理等一系列工作。在运行阶段应提交的产品务必达到及时、高效、高质的原则。对于一个运营网络系统，无论是小的局域网还是跨地域的大型网、局域网，对网络的管理和维护都是必不可缺的，主要从网络故障管理、网络性能管理两个方面进行。

任务目标

① 掌握项目管理组织结构和人员安排；
② 熟悉网络系统管理的工作流程；
③ 熟悉现场施工及主要管理措施；
④ 按照步骤要求实施网络工程运维和管理；
⑤ 掌握网络系统常见故障的检测技术；
⑥ 掌握网络系统平台的运行和维护。

相关知识

一、网络管理技术介绍

1. 网络管理结构

在实际网络管理过程中，网络管理应具有的功能非常广泛，包括了很多方面。ISO 在网络管理标准中定义了网络管理的 5 大功能：配置管理、性能管理、故障管理、安全管理和计费管理。

在目前的网络中，通常包括一些内容；设备的升级、网络运行状态的监控、网络故障的定位和排除；当然监控其他厂商的设备，而且是基于 B/S 架构的，非常适合网络的管理。

（1）配置管理

配置管理是指自动发现网络拓扑结构，构造和维护网络系统的配置，监测网络被管对象的状态，完成网络关键设备配置的语法检查，配置自动生成和自动配置备份系统，对配置的一致性进行严格的检验。

① 配置信息的自动获取

在一个大型网络中，需要管理的设备较多，如果每个设备的配置信息全部都依靠管理人员手工完成，其工作量是相当惊人的，而且存在人为出错的可能性。对于不熟悉网络结构的管理员来说，这项工作可以说是无法完成。

因此，一个先进的网络管理系统应该具有配置信息的自动获取功能，即使在管理人员不是很熟悉网络结构和配置状况的情况下，也能通过技术手段来完成对网络的配置和管理。

② 自动配置、自动备份及相关技术

自动获取配置信息相当于从网络设备中自动“读取”信息，相应的，可以在网络管理应用中进行大量“写入”信息的操作。网络配置信息根据设置手段可分为三类：一是可以通过网络管理协议标准中定义的方法进行设置的配置信息；二是可以通过自动登录到设备进行配置的信息；三是需要修改的管理性配置信息。

③ 配置一致性检查

由于大型网络中设备众多，通常这些设备由不同的管理人员进行配置。因此，对整个网络的配置情况特别是路由器端口配置和路由信息配置进行一致性检查是必需的。

④ 用户操作记录

配置系统的安全性是整个网络管理系统安全的核心，必须记录用户的每一项配置操作。管理人员可以随时查看特定用户在特定时间内进行的特定配置操作。

（2）性能管理

性能管理主要指对网络的关键业务应用进行监测、优化，提高应用的可靠性和质量，保证用户得到良好的服务，降低总体成本。性能管理主要功能如下。

① 性能监控　被管对象及其属性可由用户定义。被管对象类型包括线路和路由器；被管对象属性包括流量、延迟、丢包率、CPU 利用率、温度、内存余量。对于每个被管对象，可定时采集性能数据，并自动生成性能报告。

② 阈值控制　可对每个被管对象的每条属性设置阈值，对于特定被管对象的特定属性，可以针对不同的时间段和性能指标进行阈值设置。通过设置阈值检查开关控制阈值检查和告警，提供相应的阈值管理和溢出告警机制。

③ 性能分析　对历史数据进行分析、统计和整理，计算性能指标，对性能状况作出判断，为网络规划提供参考。

④ 可视化的性能报告　对数据进行扫描和处理，生成性能趋势曲线，以直观的图形反映性能分析的结果。

⑤ 实时性能监控　提供一系列的实时数据采集、分析和可视化工具，用以对流量、负载、丢包、温度、内存、延迟等网络设备和线路的性能指标进行实时检测，可任意设置数据采集间隔。

⑥ 网络对象性能查询　可通过列表或关键字检索被管网络对象及其属性的性能记录。

（3）故障管理

故障管理是指过滤、归并网络事件，有效地发现、定位网络故障，给出排错建议与排错工具，形成整套的故障发现、告警与处理机制。

① 故障监测　主动探测或被动接收网络上的各种事件信息，并识别出与网络和系统故障相关的内容，对其中的关键部分保持跟踪，生成网络故障事件记录。

② 故障报警 接收故障监测模块传来的报警信息，根据报警策略驱动不同的报警程序，以报警窗口/ 振铃或电子邮件的形式发出网络严重故障警报。

③ 故障信息管理 依靠对事件记录的分析，定义网络故障并生成故障卡片，记录排除故障的步骤和与故障相关的值班员日志，构造排错行录，将事件、故障、日志构成逻辑上相互关联的整体，以反映故障产生、变化、消除的整个过程的各个方面。

④ 排错支持工具 向管理人员提供一系列的实时检测工具，对被管设备的状况进行测试并记录测试的结果，供技术人员分析和排错；根据已有的排错经验和管理员对故障状态的描述给出排错行动的提示。

⑤ 检索/ 分析故障信息 浏览并且以关键字检索查询故障管理系统中所有的数据库记录，定期收集故障记录数据，在此基础上给出被管网络系统、被管线路设备的可靠性参数。

（4）安全管理

安全管理是指采用用户认证、访问控制、数据传输、存储的保密与完整性机制，保障网络管理系统本身的安全。维护系统日志，使系统的使用和网络对象的修改有据可查。控制对网络资源的访问。安全管理的功能分为两部分，首先是网络管理本身的安全，其次是被管网络对象的安全。

网络管理过程中，存储和传输的管理和控制信息对网络的运行和管理至关重要，一旦泄密、被篡改或伪造，将给网络造成灾难性的破坏。网络管理本身的安全由以下机制来保证。

① 管理员身份认证，采用基于公开密钥的证书认证机制；为提高系统效率，对于信任域内（如局域网）的用户，可以使用简单口令认证。

② 管理信息存储和传输的加密与完整性，Web 浏览器和网络管理服务器之间采用安全套接字层（SSL）传输协议，对管理信息加密传输并保证其完整性；内部存储的机密信息，如登录口令等，也是经过加密的。

③ 用户分组管理与访问控制，网络管理系统的用户按任务的不同分成若干用户组，不同的用户组具有不同的权限范围，对用户的操作进行访问控制检查，保证用户不能越权使用网络管理系统。

④ 系统日志分析，记录用户的所有操作，对系统的操作和对网络对象的修改有据可查，同时也有助于故障的跟踪与恢复。

（5）计费管理

对网际互联设备按 IP 地址的双向流量进行统计，产生信息统计报告及流量数据，提供网络计费工具，以便用户根据自定义的要求实施网络计费。

① 计费数据采集

计费数据采集是整个计费系统的基础，但计费数据采集往往受到采集设备硬件与软件的制约，而且也与进行计费的网络资源有关。

② 数据管理与数据维护

计费管理需要很强的交互性，虽然有很多数据维护系统自动完成，但仍然需要大量的人工管理操作，包括交纳费用的输入、联网单位信息维护，以及账单样式决定等。

③ 计费政策制定

由于计费政策的多变性，允许用户自主制定计费政策尤为重要。这需要提供一个人机界面友好的和功能完善的制定计费政策的数据模型。

④ 政策比较与决策支持

计费管理应提供多套计费政策的比较数据，为制定政策提供决策依据。

⑤ 数据分析与费用计算

利用采集的网络资源使用数据、联网用户的详细信息以及计费政策计算网络用户资源的使用情况，计算出应交纳的费用。

⑥ 数据查询

提供给每个网络用户关于自身使用网络资源情况的详细信息，网络用户根据这些信息可以计算、核对自己的收费情况。

2. 路由器管理的文件

路由器中的管理文件是指保持在设备上各种存储介质中的文件。例如 flash、usb 等等。设备的系统文件（如主程序系统文件、配置文件、日志文件、web 文件等）通常都保存在 flash 或 ROM 上。

（1）系统文件

这里需要指出的是，锐捷系列路由器的网络操作系统平台被称为 RGNOS（Red-Giant Network Operating System）。

RGNOS 程序文件是路由器启动时用来引导应用程序的文件，RGNOS 存放在 Flash 中，后缀名为二进制文件（.bin），在加电时加载到内存当中，RGNOS 在完成设备系统功能管理的同时，为用户提供统一的操作接口。

■ RGNOS 基本段是指完成系统基本初始化的 Boot。

■ RGNOS 扩展段具有丰富的人机交互功能，用于接口的初始化，可以实现升级应用程序和引导系统。

■ 完整的 RGNOS 是指基本段和扩展段合在一起的 Boot。基本段启动后，可以在基本段菜单下加载升级扩展段。

（2）配置文件

在系统装入 IOS 操作系统文件 RGNOS 后，寻找配置文件 config.text。配置文件通常在 NVRAM 中。配置文件也可从 TFTP 服务器装入。

目前主流的路由器的存储体系包括 ROM、FLASH、DRAM 和 NVRAM，它们的主要功能如下。

ROM：相当于 PC 机的 BIOS

FLASH：相当于 PC 机硬盘，包含 IOS（锐捷路由器的管理软件称为 RGNOS）

DRAM：动态内存（当前配置，running-config）

NVRAM：配置文件（启动配置，startup-config）

注意：在锐捷交换机中没有 NVRAM 的概念，启动配置文件 config.text 和系统文件都记录在 FLASH 中。其实业界实现 NVRAM 的方式或者直接采用 FLASH 或者使用 RAM 加电的方法，这只是实现手段上的不同而已。

通过一个例子来查看路由器当前目录状况：

```
Ruijie#dir
Directory of flash:/
Mode Link Size MTime Name
-------- --- -------- ------------------ ------------------
1 11014633 2006-01-01 08:00:46 rgos.bin
<dir> 1 0 2006-01-01 08:00:00 aaa/
1 399 2006-01-01 08:01:37 config.text
------------------------------------------------------------
2Files (Total size 11015032 Bytes), 1 Directories
```

Total 33030144 bytes (31MB) in this device, 9563693 bytes (9MB) available

确认 aaa 目录中是否存在文件

```
Ruijie#dir aaa
Directory of flash:/aaa
Mode Link Size MTime Name
-------- ---- --------- ------------------- -------------------
1 149 2006-01-01 08:01:37 backup.txt
--------------------------------------------------------------
1Files (Total size 149 Bytes), 0 Directories
Total 33030144 bytes (31MB) in this device, 9563693 bytes (9MB) available
```

通过以上的查看案例，在当前特权模式下用 DIR 命令可以看到有两个文件一个是系统文件 rgos.bin 另一个是配置文件 config.text，另外在 aaa 目录下可以看到有一个备份文件 backup.txt。

3. **路由器的软件维护的几种方法**

- 通过串口采用 XModem 协议完成 BootWare 及应用程序的升级；
- 在 BootWare 中通过以太口从 TFTP/FTP 服务器完成应用程序软件升级；
- 以命令行模式从 TFTP/FTP 服务器实现程序及配置文件的上传/下载。

说明：Boot 程序同 Blinux 应用程序捆绑升级，即用户不需要单独升级 Boot 程序，在升级最新版本的 Blinux 应用程序时，系统将检测当前的 Boot 版本和主机应用程序内包含的 Boot 版本是否一致，如果检测到不一致系统就会提示用户是否更新，如果用户不选择，等待 1 秒后自动将当前 Boot 刷新。

灵活接口平台启动时会自动检测当前运行的 Boot 版本，如果捆绑的版本同当前运行的版本不同系统将自动为用户刷新。

进行软件升级前应确认当前的 Boot 版本及应用程序版本，以便使用正确的文件。IOS 版本和 Boot 程序版本配套关系请参见《版本说明书》中的版本配套表。

在正常启动起来路由器后，可以在命令行下实现对应用程序的升级、备份及配置的备份、恢复等操作。

二、交换机日常维护要点

1. **设备运行环境维护**

数据通信产品的稳定运行一方面依赖于完备的网络规划，另一方面，日常的维护和监测，发现设备运行隐患也是非常必要的。以下主要给出千兆 RG-S3760/S6800 产品运行环境的日常维护建议，包括机房环境、机柜内部环境等。

2. **机房环境**

网络设备对运行环境的要求比较高，一般是安装在专用机房，配备专用的空调、供电系统等，主要的日常维护项目见表 9-1。

表 9-1 机房环境检查表

序号	检查内容	结果	备注
1	机房温度		
2	机房湿度		
3	供电系统		
...			

说明：检查项目可以根据具体设备运行环境进行补充。

3. 机柜、机架内部环境（见表9-2）

表9-2 机柜、机架内部环境检查表

序号	检查内容	结果	备注
1	电源线与业务线缆分开布放		
2	电源线布放整齐、有序		
3	业务线缆布放整齐、有序		
4	线缆标签清晰、准确，符合规范		
5	空闲槽位有假面板保护		
6	机框进风口没有过多灰尘堵塞，不影响设备正常散热		
7	直流供电的S6500系列以太网交换机具备冗余电源输入		

数据通信产品根据各款产品的不同形态，有的需要安装在专用机柜中，有的应用一体化机架。这部分的检查内容主要包括机柜内电缆布放、业务线缆标签等。

说明：S6800以太网交换机交流配电盒不提供冗余电源输入；
S3760以太网交换机提供外部冗余电源接口。

4. 设备基本运行信息检查

设备运行信息主要是指日志、单板运行转态、路由条目等，表9-3列举了一些常用的检查项目，可以在进行设备日常维护时参考，表9-4为路由相关信息，表9-5为软硬件运行状态。

表9-3 设备基本信息

序号	检查内容	检查方法	备注
1	软件版本	Router>display version	如果是双主控设备，要求主备用主控板版本一致
2	特权模式	Router>Enable Router#	正常运行时应进入特区模式
3	日志信息	Router>Banner login Router#show log	正常情况下，日志中不应该有大量重复的信息，比如端口频繁up/down，大量用户认证失败信息等
4	系统时间	Router#show clock	应该与实际时间相差小于10分钟
5	配置文件	Router# write memory Router# copy running-config startup-config	运行配置需要与保存过的配置相同
6	端口描述	Router#show interface	业务端口都应该有明确的描述信息，建议该命令多次执行，每次间隔一定时间，正常情况下，端口错包统计不应该有变化
7	登录配置	Router#show running-config	查看运行配置文件

表9-4 路由相关信息

序号	检查内容	检查方法	备注
1	OSPF邻居状态	Router#show ip ospf neighbor	邻居状态应该正常
2	BGP邻居状态	Router#show ip bgp neighbor	邻居状态应该正常
3	路由条目	Router#show ip route	主要关注路由条目统计值，对于处在同一个网络中，运行相同路由协议的设备来说，各设备上的路由条目应该相差不多（因为静态路由的配置差异，路由条目上可能存在一定差异）

说明：表中只列出了部分动态路由协议的邻居状态监控方法，如果实际应用中还有其他协议，请参考设备《命令手册》，原则就是要确保邻居状态正常。

表 9-5　软硬件运行状态

序号	检 查 内 容	检 查 方 法	备　注
1	CUP 占用率	Router#show cpu	CPU 占用率不应该长时间居高不下
2	内存占用率	Router#show memory slot slot number	内存占用率不应该长时间居高不下
3	接口状态	Router#show inerface	正在使用的接口应为 up，未用接口应为 down
4	单板运行状态	Router#show device	各单板工作状态正常
5	电源工作状态	Router#show power	各电源模块工作状态正常
6	风扇工作状态	Router#show fan	各风扇模块工作状态正常
7	查看单板备份状态	Router#show switch state	应该处于实时备份状态

5. 端口流量信息监控

网络业务是不断发展的，相应的设备负荷也随着业务量的增大而增大，而且网络上存在大量的病毒报文，需要对网络上的流量进行监控。一方面可以发现异常、非法流量，采取相应的限速和病毒查杀等操作；另一方面，如果发现网络上的正常流量已经几乎达到设备性能极限，就需要考虑升级或者扩容了。

设备端口流量信息的统计方式主要通过两个手段：通过网管系统监控；按时对设备的端口数据包收发进行监控、统计。

如果通过网管系统监控，可以比较容易的得到设备的端口流量信息。大部分的网管系统都提供流量监测功能，可以输出端口流量曲线。结合流量分析软件，还可以知道数据流量的组成，如果发现过多的非法报文，可以根据报文的“源 IP”、“目的 IP”、“协议类型”等特征设置限速或者访问控制。

如果无法借助网管系统，只能通过在设备上应用“show interface”命令，记录 5 分钟平均流量统计（回显信息中包括这个信息）的方式来监控端口流量。建议在每天的不同时段记录该统计值的结果，主要是针对“业务忙时”进行统计，这样可以起到与网管系统类似的作用。

6. 网络互通性检查

数据通信产品的基本功能就是将不同网段的设备互连在一起，保证各网段设备之间的网络层互通性。网络互通性检测的手段有 ping、tracert 等，0是一些通用的检查项目，日常维护中可以参考表 9-6。

表 9-6　路由相关信息

序号	检 查 内 容	检 查 方 法	备　注
1	网络设备的互通性	应用 ping 或者 tracert 命令	设备之间互通正常
2	终端与服务器之间的互通性	应用 ping 或者 tracert 命令	终端与服务器之间互通正常
3	终端与外网的互通性	应用 ping 或者 tracert 命令	如果不涉及 Internet 访问，该项不需检查
4	NAT 功能是否正常	查看运行配置，应用 Ping 或者 tracert 命令	包括为私网用户提供的 NAT 和私网服务器

说明：由于 ping 和 tracert 命令都应用到了特定的 ICMP 报文，个别设备上的访问控制列表配置问题，可能造成设备之间互通性无法通过 ping 和 tracert 命令进行测试；

ping 命令可以更改多个参数，互通性测试中比较有用的是通过“-a”来更改 ICMP 源地址信息。

7. 交换机故障信息采集指导

（1）采集基本信息（必须）

① 路由器表信息

Router#show ip route

该命令用于显示路由表信息，如果路由表太大，可以只截取相关部分信息。

② 交换机基本信息

Router# show running-config　　　　查看当前生效的配置信息

请执行两到三次本命令，中间相隔 10～15 秒。

③ 物理指示灯状态及相关电缆连接状态

④ 组网图

组网图信息非常重要，务必反馈。

⑤ 问题复现条件和操作方法

⑥ 如果可能，请收集对端设备的配置、版本和相关信息。

⑦ 如果用其他设备替代华为设备运行正常，则需要收集其他设备的相关信息。

（2）上报问题时需反馈信息汇总

① 客户单位名称

② 现场联系人及联系方式

③ 故障发生及恢复时间（如故障已恢复）

④ 故障现象详细描述及故障恢复方法（如故障已恢复）

⑤ 根据前两章指导采集相关信息及数据

⑥ 组网图

⑦ 以前该局点发生过的故障简要描述（如之前该局点发生过故障）

⑧ 如果可以远程 telnet，请提供远程登录方式。

三、防火墙日常维护指导

1. 版本与基本设备配置

检 查 内 容	检 查 方 法
1. VRP 软件版本： VRP 软件版本是公司正式发布的版本	Router# show version
2. BOOTROM 软件版本： BOOTROM 软件版本是公司正式发布的版本	Router# show version
3. 日志信息： 正常工作情况下，防火墙日志功能打开，所有 Debug 信息应该关闭	Router# show debug Router# show logbuffer
4. 设备主机名(config)# hostname： 如果客户有自己的命名规则，按照客户的规则设置主机名；如果没有，按规范（节点代码_局点缩写_设备名_设备序列号（A、B、C 等））正确设置设备主机名。如：北京××运营商上地局第一台 Eudemon 应填写：BJ_SD_Eudemon_A（第 2 台：BJ_SD_ Eudemon_B...）	直接查看命令行提示符如：(BJ_SD_Eudemon_A)
5. 系统时间： 时间设置应与北京时间一致（时间差不大于 0.5 小时），便于日后定位故障时间和跟踪信息	Router# show clock
6. 配置文件： 配置保存后，#show running-config 和#show startup -config 信息完全一致	比较 running-config 和 startup -config 信息是否完全一致

2. 用户及系统安全管理

检 查 内 容	检 查 方 法
1. 进入全局配置模式：Configure terminal 必须设置 password	检查是否需要密码才能进入特权模式
2. 密码/口令： 各种口令/密码(password)建议按照客户规范设置，使用密文格式，符合安全要求，不主张使用用户名充做口令	检查口令、密码是否规范，应使用密文验证
3. Telnet 登录控制： Telnet 口令和 super 口令的设置按照客户规范，尽量不一致	通过查看配置信息，检查 telnet 登录配置是否正确，telnet 登录检查配置是否生效
4. 网管： 网管根据需要正确配置，配置的参数与网管计算机一致，网管团体字不要过于简单	通过查看配置信息，检查网管配置是否正确
5. 其他： 所有安全管理相关数据必须符合实际情况，不能出现不正确、不完整、不规范及多余的数据	通过查看配置信息，检查配置中不能出现不规范的数据

3. 接口配置

检 查 内 容	检 查 方 法
1. 所有接口（包括子接口及逻辑接口）必须有 description： description 必须按照全网统一的规则进行设置。只要正确标明两个方向即可，建议使用 From XXXX To YYYY 的格式进行设置	Router# show running-config
2. 各类接口的子接口设置： 各类接口设置多个子接口时，子接口按顺序使用，子接口索引要有规律。	Router# show running-config
3. 各接口参数设备： 各接口在实际使用时，端口参数要求必须和对端设备统一，接口要启用快转功能，接口与对端协商模式为本接口最合理方式，显示接口数据时候不能出现过多 error	Router# show running-config Router #show interface serial 1/2
4. 其他接口配置： 所有接口配置数据必须符合实际情况，不能出现不正确、不完整、不规范及多余的数据	Router #show ip interface brief

4. IP 地址、路由

检 查 内 容	检 查 方 法
1. IP 地址分配：IP 地址分配应有原则、有规律、易扩容 地址分配有结构、有层次，用户网段、网管网段、设备对接网段等要分开规划	Router# show running-config
2. 静态路由协议： 不要创建无用路由和重复路由，容易影响性能、浪费路由表空间	Router# show ip route
3. 其他情况： 所有其他的 IP 地址和路由协议数据必须符合实际情况，不能出现不正确、不完整、不规范及多余的数据	Router# show running-config

5. 上报网上问题时资料汇总

① 局点名；

② 现场工程师及其联系方式；

③ 正确描述故障中断时间及恢复时间（如已恢复）；

④ 故障现象的详细描述及恢复方式（如已恢复）；

⑤ 按上面列表采集系统数据；

⑥ 如需要，请附上组网图。

任务实施

步骤一、网络管理维护

1. 网络管理基础

在计算机网络发展的早期，网络的规模小、架构简单、网络设备单一、应用简单；所以在早期的网络里，网络的管理工作一般都是由网络管理员人工来承担；但在目前的计算机网络中，规模大、结构复杂、设备种类多而且品牌广、应用更是层出不穷，这时候人工对网络的管理基本也就无能为力了。必须要由一套智能的管理系统来管理、监控整个网络；简单网络管理协议——SNMP 就是为此而设计的。

在目前的网络中，管理工作主要包含以下内容：设备的升级、配置文件的备份、网络运行状态的监控、网络故障的定位和排除；当然在管理过程当中网络管理员也不可能整天抱着笔记本在机房里跑，他可以通过 Telnet 来解决；如果在一个网络中，涉及的厂商太多，而不同厂商间命令行又大不一样时，远程登录就显得力不从心了，如果有图形化的智能网络管理平台这些问题就迎刃而解了。

在任务四的网络部署中，我们曾在京通集团的网络中成功部署了 IMC 智能网络管理中心，通过此管理平台即可对京通集团总部及深圳、上海两个分支机构的网络进行很好的监控和管理。

在本部分介绍在现有的网络中对设备的软件进行升级、对设备的配置进行备份以及网络状态的监控。

2. 设备软件升级

设备的操作系统同其他软件一样，也时常需要升级，比如在当前的操作系统版本运行不稳定时需要升级一个新的版本，在当前的操作系统没有某一个功能时，也需要升级操作系统。对于厂商的网络设备，最新版本的操作系统版本可以直接从网站上下载。

网络设备其实就是一种特殊功能的计算机，也有操作系统和引导程序，所以网络设备的升级也就分为引导程序的升级和操作系统的升级两个部分。

引导程序升级的升级一般使用 Xmodem 方式，因为引导程序一般只有几百 K；当然在一些高端的设备中，引导程序是包含在操作系统里；这样就不必要再单独升级了。而在一些中低端的设备里，还是需要升级的。

操作系统的升级方式有很多，比如 Xmodem 方式、FTP 方式、TFTP 方式，在 FTP/TFTP 方式中设备可以充当服务器，也可以充当客户端；在最新的一些产品和高端产品中，出现了像 CF 卡、USB 接口等；这样升级起来将更加方便。在传统的升级方式里，一般选择 TFTP 方式。

在下面的两个实验中首先给大家演示如何通过 Xmodem 方式升级引导程序，再给大家演示如何通过 TFTP 的方式升级操作系统，使用的拓扑结构如图 9-1 所示。

步骤一、使用配置线登录到设备上

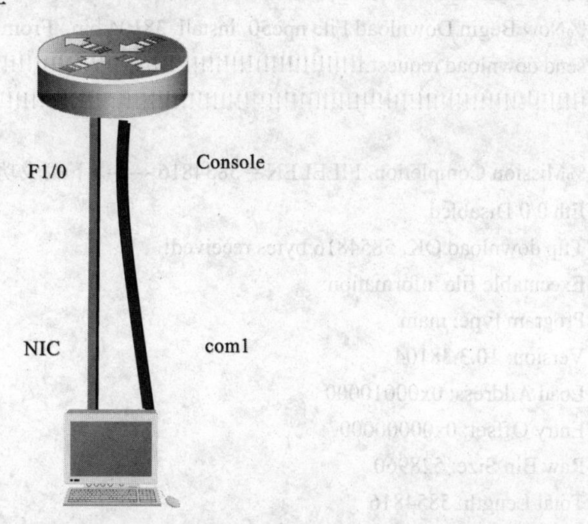

图 9-1 设备升级拓扑结构

（1）BootRom XModem 方式升级

步骤二、重启路由器按 ctrl+C 进入 ROM 层出现如下的信息：

system bootstrap ...

Boot Version: RGNOS 10.3.00(1), Release(26780)

Nor Flash ID: 0x00010049, SIZE: 2097152Byte

MTD_DRIVER-6-MTD_NAND_FOUND: 1 nand chip(s) found on the target(0).

Waiting for subcard to initialize ....

Press Ctrl+C to enter Boot Menu ... ------> 按 Ctrl+C 进入系统菜单

====== BootLoader Menu("Ctrl+Z" to upper level) ======

****

TOP menu items.

****

0. Tftp utilities.

1. XModem utilities.

2. Run Main.

3. Run a Executable file.

4. File management utilities.

5. SetMac utilities.

6. Scattered utilities.

****

Press a key to run the command:

步骤三、在 ROM 模式下，按 ctrl+Q 从菜单模式进入到命令行模式。

BootLoader>

步骤四、参照上面的 Hot Commands 进行下载，下载完毕后自动开始运行。

自动升级包下载、运行过程中严禁执行复位，断电等危险操作，直到提示升级完成。

BootLoader>tftp 192.168.204.254 192.168.204.102 npe50_install_38104.bin_ -main –go Now, begin download program through Tftp...

Eth 0/0 Enabled

Host IP[192.168.204.102] Target IP[192.168.204.254] File

```
name[npe50_install_38104.bin_] Read Mac Addr from norflash =00-D0-F8-6C-42-18
    %Now Begin Download File npe50_install_38104.bin_ From 192.168.204.102 to 192.168.204.254
    send download request.!!!!!!!!!!!!!!!!!!!!!!!!!!!!!!!!!!!!!!!!!!!!!!!!!!!!!!!!!!!!!!!!!!!!!!!!!!!!!!!!!!!!!!!
!!!!!!!!!!!!!!!!!!!!!!!!!!!!!!!!!!!!!!!!!!!!!!!!!!!!!!!!!!!!!!!!!!!!!!!!!!!!!!!!!!!!!!!!!!!!!!!!!!!!!!!!!!!!!!!!!!!!!!!!!!!
!!!!!
    %Mission Completion. FILELEN = 5854816 ------>下载成功提示信息
    Eth 0/0 Disabled
    Tftp download OK, 5854816 bytes received!
    Executable file information:
    Program type: main
    Version: 10.3.38104
    Load Address: 0x00010000
    Entry Offset: 0x00000000
    Raw Bin Size: 528960
    Total Length: 5854816
    Config Index: 0x00595504
    Total CRC: 0x6BFADA54
    THE PROGRAM VERSION: RGNOS 10.3.*, Release(38104)
    Prepare for upgrading main
    Current version: 10.2.27335.
    Upgrade to version: 10.3.38104
    Timeout in 2s [Y/n]
    !!!!!!!!!!!!!!!!!!!!!!!!!!!!!!!!!!!!!!!!!!!!!!!!!!!!!!!!!!!!!!!!!!!!!!!!!!!!!!!!!!!
    Upgrade main succeed.
    Installation process finished successfully ... ------>升级成功提示信息
    HAL-5-SYS_RESTART: System restarting, for reason 'Upgrade product !'.
```

步骤五、自动升级包运行完毕后，系统自动复位，引导新系统。

```
    System bootstrap ...
    Boot Version: RGNOS 10.3.00(1), Release(25280)
    Nor Flash ID: 0x00010049, SIZE: 2097152Byte
    Using 800.000 MHz high precision timer.
    Press Ctrl+C to enter Boot Menu ......
    Main Program File Name rgnos.bin, Load Main Program ...
    Executing program, launch at: 0x00010000
    Ruijie Network Operating System Software
    Release Software (tm), RGNOS 10.3.00(3), Release(38104), Compiled Fri Apr 25 15:12:11 CST 2008 by
ngcf31
    Copyright (c) 1998-2007 by Ruijie Networks.
    All Rights Reserved.
    Neither Decompiling Nor Reverse Engineering Shall Be Allowed.
```

步骤六、确认升级成功

进入主程序，执行命令 show version。

```
    Ruijie#show version
    System description : Ruijie Network outPut Engine(RSR50-20) by Ruijie Network.
    System start time : 2008-11-6 15:7:8
    System uptime : 0:0:8:56
```

System hardware version : 1.0

System software version : RGNOS 10.3.00(3), Release(38104)

System boot version : 10.3.25280

System serial number : 1234942570010

（2）采用 Boot Rom TFTP 方式升级

步骤一、路由器配置地址，让运行 tftp 软件的电脑和路由器之间可以互相通信，用于传输主程序

Ruijie>enable

Ruijie#configure terminal

Ruijie(config)#interface FastEthernet 0/0

Ruijie(config-if-FastEthernet 0/0)#ip add 192.168.1.1 255.255.255.0

Ruijie(config-if-FastEthernet 0/0)#end

Ruijie#ping 192.168.1.2 ----->测试跟 tftp 服务器的连通性

!!!!! ----->感叹号表示网络通信良好，点号表示网络不通

Success rate is 100 percent (5/5), round-trip min/avg/max = 1/2/10 ms

步骤二、开始传输主程序文件

Ruijie#copy tftp://192.168.1.2/rgos.bin flash:rgos.bin ------>copy tftp://电脑地址/电脑上存储的主程序名称 flash:存在设备的文件名称

Accessing tftp://192.168.1.2/rgos.bin...

!!

Checking file, please wait for a few minutes ....

Check file success.

Transmission finished, file length 6493696 bytes.

THE PROGRAM VERSION: RGOS 10.3.*, Release(98837)------>设备自检传到 flash 的主程序版本

Upgrade Master CM main program OK.

CURRENT PRODUCT INFORMATION :

PRODUCT ID: 0x100D0040

PRODUCT DESCRIPTION: Ruijie Router (RSR20-14) by Ruijie Networks

SUCCESS: UPGRADING OK. ------>提示更新成功

Ruijie#reload ----->重启设备，升级重启生效

步骤三、正常启动后输入以下命令查看是否升级成功。

Ruijie#sh ver

System description : Ruijie Router (RSR20-14) by Ruijie Networks

System start time : 2012-08-07 8:18:12

System uptime : 0:0:18:56

System hardware version : 1.00

System software version : RGOS 10.3(5b1), Release(98837)------>新软件版本

System BOOT version : 10.3.98837

3. 口令丢失的处理

如果路由器的 BootWare 口令、用户口令、Super Password 丢失，可以采用如下方法解决。

步骤一、重启路由器，按 Ctrl+C 进入 ROM 层

System bootstrap ...

Boot Version: RGNOS 10.3.00(1), Release(26780)

Nor Flash ID: 0x00010049, SIZE: 2097152Byte

MTD_DRIVER-6-MTD_NAND_FOUND: 1 nand chip(s) found on the target(0).

```
Waiting for subcard to initialize .................
Press Ctrl+C to enter Boot Menu ... ----->按 Ctrl+C 进入系统菜单
====== BootLoader Menu("Ctrl+Z" to upper level) ======
**************************************************
TOP menu items.
**************************************************
0. Tftp utilities.
1. XModem utilities.
2. Run Main.
3. Run a Executable file.
4. File management utilities.
5. SetMac utilities.
6. Scattered utilities.
**************************************************
Press a key to run the command:
```

步骤二、进入第统菜单后，按 Ctrl+Q 进入 BootLoader 视图

```
BootLoader>
```

步骤三、使用 ls 命令查看系统文件

```
BootLoader>ls
Mode Link Size MTime Name
-------- ---- --------- ------------------- -------------------
<DIR> 1 0 1970-01-01 08:00:00 dev/
<DIR> 4 0 1970-01-01 12:41:57 mnt/
<DIR> 1 0 2009-06-27 05:00:00 ram/
<DIR> 2 0 2009-06-27 04:59:46 tmp/
<DIR> 3 0 1970-01-01 08:04:06 info/
<DIR> 2 0 1970-01-01 12:41:52 proc/
1 14547328 2009-02-02 05:41:44 rgnos.bin
1 512 2008-09-23 05:30:09 Boot_hotcmd.cfg
1 528 2009-06-27 04:17:40 config.text -----> 配置文件
------------------------------------------------------------
3 Files (Total size 14548368 Bytes), 6 Directories.
Total 536346624 bytes (511MB) in this device, 507322368 bytes (483MB) available.
```

步骤四、修改配置文件的名称，让设备先以空配置启动。

```
BootLoader>rename config.text config.bak ----->修改配置文件的名字
BootLoader>ls
Mode Link Size MTime Name
-------- ---- --------- ------------------- -------------------
<DIR> 1 0 1970-01-01 08:00:00 dev/
<DIR> 4 0 1970-01-01 12:41:57 mnt/
<DIR> 1 0 2009-06-27 05:00:00 ram/
<DIR> 2 0 2009-06-27 04:59:46 tmp/
<DIR> 3 0 1970-01-01 08:04:06 info/
<DIR> 2 0 1970-01-01 12:41:52 proc/
1 14547328 2009-02-02 05:41:44 rgnos.bin
1 512 2008-09-23 05:30:09 Boot_hotcmd.cfg
1 528 2009-06-27 04:17:40 config.bak -----> 配置文件名修改成功
```

步骤五、重启路由器

BootLoader>reload

步骤六、恢复路由器配置和重设密码

恢复路由器之前的配置

Ruijie#copy flash:config.bak flash:config.text

Ruijie#copy startup-config running-config ----->这一步一定要操作，不然保存后会清空以前的配置。

清除密码，重新设置

Ruijie(config)#no enable password

Ruijie(config)#no enable secret

Ruijie(config)#enable password ruijie ----->密码重新设置为 ruijie

Ruijie(config)#end

Ruiji#write ----->保存修改的密码

步骤七、操作结束，可以尝试使用新的密码进入设备。如果发现密码没有恢复成功，请重新操作步骤六。

步骤二、设备配置备份

在网络的管理工作中，最重要的一项工作就是要将设备当前运行的配置文件备份，在当前设备出现故障更换新设备时或者设备配置文件丢失时，以便快速地恢复。

设备当前配置文件备份的方法有很多，在本小节中，主要介绍两种方法，希望在以后的管理工作当中对大家有所帮助。

■ 配置文件复制法

在终端界面里通过 display current-configuration 命令用来显示设备当前运行的配置文件，然后通过复制→粘贴，把配置文件粘贴到事先准备好的文本文档里，妥善保存。

■ 超级终端捕获文字法

在超级终端里选择“传送”→“捕获文字”，如图 9-2 所示：

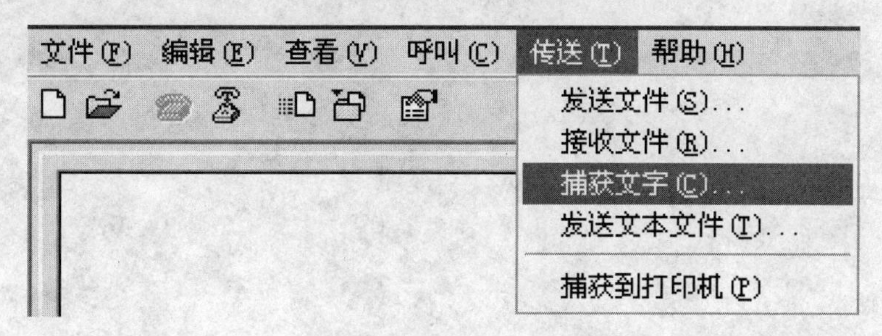

图 9-2　捕获文字界面

选择并点击“捕获文字”后会弹出如图 9-3 所示界面：

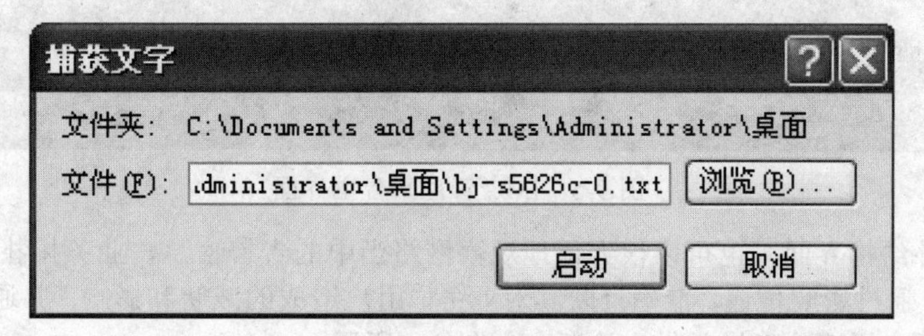

图 9-3　捕获文字文件保存界面

通过“浏览”按钮可以选择被捕获的文字放置的位置及保存的文件名；点击“启动”按钮，即开始了配置信息的捕获，在超级终端界面中，同样通过 display current-configuration 命令用来显示设备当前运行的配置文件，而显示的所有信息均被捕获。捕获文字结束，选择“传送”→“捕获文字”→“停止”即可结束文字的捕获，如图 9-4 所示。

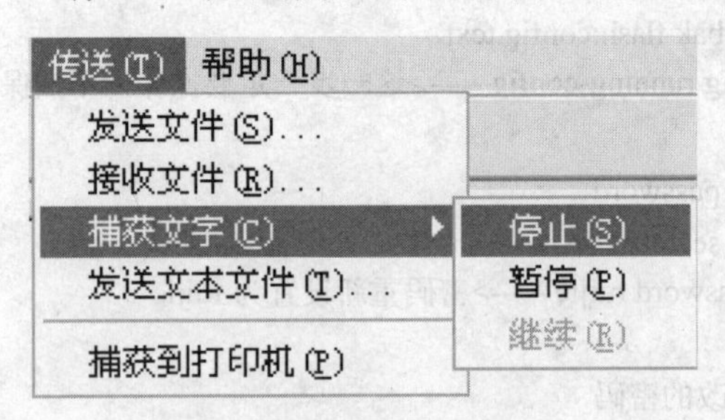

图 9-4 捕获文字结束

在配置文件备份的方法中，不管使用以上两种方法中的那一种，均可将设备的配置文件完整的保存备份到本地，对于备份出来的配置文件一定要妥善保管，既要防止丢失，又要防止被别人窃取。

步骤三、网络状态监控

通过前期部署的网络管理中心，即可方便地对设备的运行状态、网络状态进行很好的监控和管理。

通过主界面中的“设备状态快照”，便可对设备中的告警信息进行初步的了解，特别是业务应用分析：提供各业务横向对比分析，包括健康度、繁忙度、可用性、宕机次数、宕机时长。如图 9-5 所示。

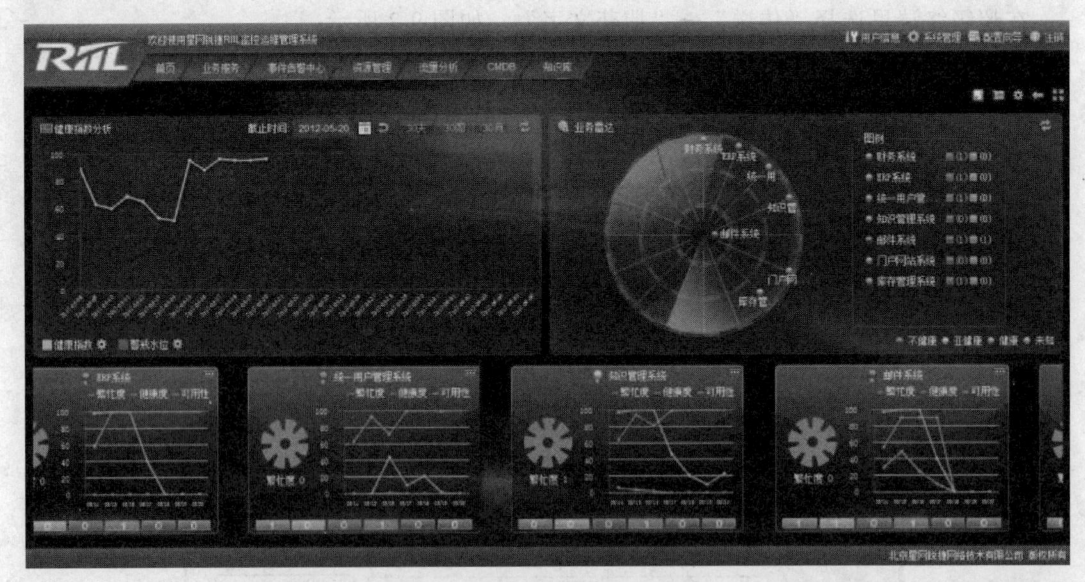

图 9-5 IMC 管理平台主界面

通过拓扑结构界面，也可以很方便地观察网络当中的告警信息，业务拓扑：当 IT 资源发生异常时，通过影响传递，准确反映其对业务、用户造成的威胁和影响；并通过关联事件、告警信息分析，快速故障异常做出诊断。如图 9-6 所示。

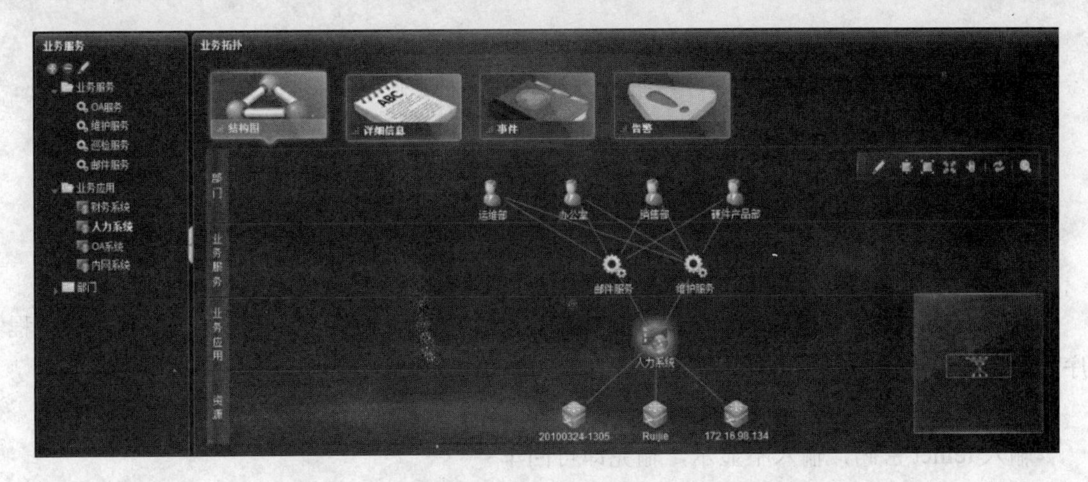

图 9-6　网络拓扑结构界面

通过以上方法，即可对设备的工作状态、网络的性能等进行很好的监控。

步骤四、远程登录维护

在前面的章节中曾讲到，现在网络的管理网络管理人员不可能整天抱着个笔记本在机房中奔波；他可以通过远程登陆的方式来管理设备；前提是他能 ping 通这个设备，而且设备上要开启 telnet 功能；本节就来给大家介绍一下 telnet 的配置。

1. 路由器远程登陆

【拓扑结构】

图 9-7　网络拓扑结构界面

实验拓扑结构如图 9-7 所示，Router A 的 E0/0 口下直接连一台 PC 机，IP 地址如拓扑机构所示。PC 机通过 Telnet 来管理这台设备。

【配置步骤】

步骤一、配置管理地址

Ruijie>enable ------>进入特权模式

Ruijie#configure terminal ------>进入全局配置模式

Ruijie(config)#interface FastEthernet 0/1 ------>进入 FastEthernet 0/1 接口

Ruijie(config-if)#ip address 192.168.33.180 255.255.255.0 ------>接口上设置管理 IP

Ruijie(config-if)#exit ------>退回到全局配置模式

步骤二、配置 telnet 密码

Ruijie(config)#line vty 0 4 ------> 进入 telnet 密码配置模式，0 4 表示允许共 5 个用户同时 telnet 登入到设备

Ruijie(config-line)#login ------>启用需输入密码才能 telnet 成功

Ruijie(config-line)#password ruijie ------> 将 telnet 密码设置为 ruijie

Ruijie(config-line)#exit ------> 回到全局配置模式

Ruijie(config)# enable secret ruijie ------>配置进入特权模式的密码为 ruijie

步骤三、检查配置，保存

Ruijie(config)#end ------>退出到特权模式

Ruijie#write ------>确认配置正确，保存配置

在 PC 机上测试一下：

再看一下能不能通过 telnet 配置这台设备。

注意：windows 7 默认 telent 没有安装，如果要验证，先进行以下操作：控制面板→程序和功能→打开或关闭 windows 功能→勾选 telnet 客户端→点“确定”

打开电脑的“开始”菜单→运行→输入 cmd 后回车

输入 telnet 密码，输入不显示，输完即可回车

输入特权密码

注意事项：在路由器上配置 Telnet 的时候，一定要开启 Telnet server：否则 PC 机无法登陆。

2. 交换机远程登录

【拓扑结构】

实验拓扑结构如图 9-8 所示，Switch A 是一台三层交换机，Switch B 是一台二层交换机；交换机的管理地址和 PC 机的 IP 地址如图所示；PC 机通过 Telnet 功能来管理和配置两台交换机。

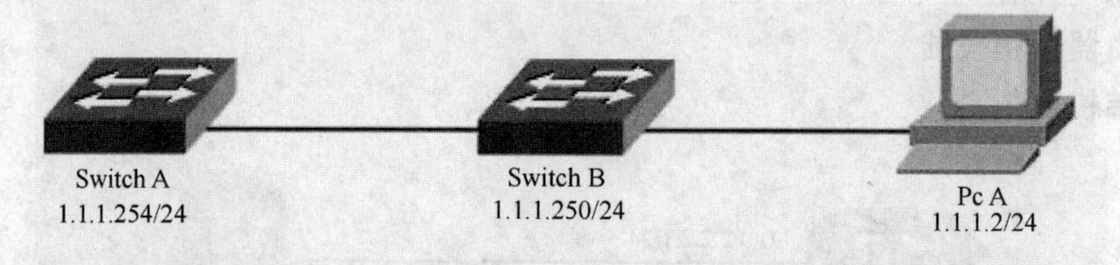

图 9-8 网络拓扑结构界面

【配置步骤】

步骤一、配置管理地址

Ruijie>enable ------>进入特权模式

Ruijie#configure terminal ------>进入全局配置模式

Ruijie(config)#interface vlan 1 ------>进入 vlan 1 接口

Ruijie(config-if)#ip address 1.1.1.254 255.255.255.0 ------>为 vlan 1 接口上设置管理 ip

Ruijie(config-if)#exit ------>退回到全局配置模式

步骤二、配置 telnet 密码

Ruijie(config)#line vty 0 4 ------> 进入 telnet 密码配置模式，0 4 表示允许共 5 个用户同时 telnet 登入到交换机

Ruijie(config-line)#login ------>启用需输入密码才能 telnet 成功

Ruijie(config-line)#password ruijie ------> 将 telnet 密码设置为 ruijie

Ruijie(config-line)#exit ------> 回到全局配置模式

Ruijie(config)# enable secret ruijie ------>配置进入特权模式的密码为 ruijie

Ruijie(config)#end ------>退出到特权模式

Ruijie#write ------>确认配置正确，保存配置

注意 PC 机的网关配置。

步骤五、系统故障诊断与排除

1. 网络故障概述

当今的网络互连环境是复杂的，而且其复杂性的日益增长也是可以预见的，主要原因如下。

- 现代的因特网络要求支持广泛的应用，包括数据、语音、视频及它们的集成传输；
- 新业务发展使网络带宽的需求不断增长，这就要求新技术的不断出现。例如：十兆以太网向百兆、千兆以太网的演进；MPLS 技术的出现；提供 QOS 能力等；
- 新技术的应用同时还要兼顾传统的技术。例如，传统的 SNA 体系结构仍在某些场合使用，作为通过 TCP/IP 承载 SNA 的一种技术而被应用。

因此，现代的因特网络是协议、技术、介质和拓扑的混合体。因特网络环境越复杂，意味着网络的连通性和性能故障发生的可能性越大，而且引发故障的原因也越发难以确定。同时，由于人们越来越多地依赖网络处理日常的工作和事务，一旦网络故障不能及时修复，所造成的损失可能很大甚至是灾难性的。

能够正确地维护网络，并确保出现故障之后能够迅速、准确地定位问题并排除故障，对网络维护人员和网络管理人员来说是个挑战，这不但要求他们对网络协议和技术有着深入的理解，更重要的是要建立一个系统化的故障排除思想并合理应用于实践中，以将一个复杂的问题隔离、分解或缩减排错范围，从而及时修复网络故障。

网络故障一般分为两大类：连通性问题和性能问题。它们各自故障排除的关注点如下。

（1）连通性问题

包含：硬件、媒介、电源故障、配置错误、设备兼容性问题。

（2）性能问题

包含：网络拥塞，到目的地不是最佳路由，供电不足，路由环路，网络不稳定。前面已基本了解了计算机网络故障的大致种类，那么，如何排除网络故障呢？建议采用系统化故障排除思想。故障排除系统化是合理地、一步一步找出故障原因，并解决故障的总体原则。它的基本思想是系统地将可能的故障原因所构成的一个大集合缩减（或隔离）成几个小的子集，从而使问题的复杂度迅速下降。故障排除时，有序的思路有助于解决所遇到的任何困难，一般网络故障排除流程如图 9-9 所示。

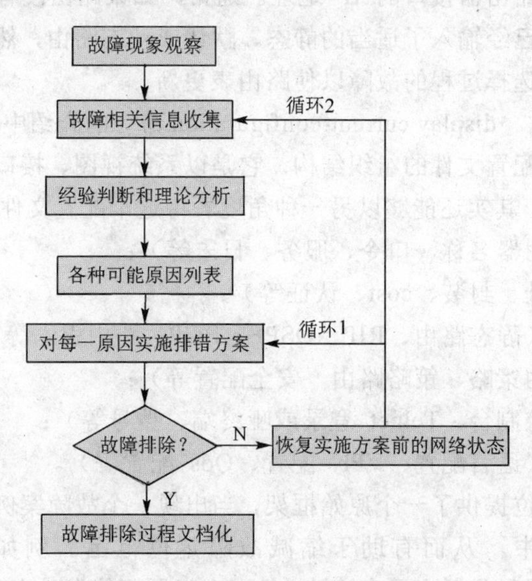

图 9-9　网络故障排除基本步骤

说明：该流程是网络维护人员所能够采用的排错模型中的一种，如果你根据自己的经验和实践总结了另外的排错模型，并证明它是行之有效的，请继续使用它；网络故障解决的处理流程是可以变化的，但故障排除有序化的思维模式是不可变化的。

2. 故障诊断方法与工具

（1）网络故障诊断的常用方法

① 层次化的故障排除思想　过去的十几年，因特网网络领域的变化是惊人的，但有一件事情没有变化：论述因特网网络技术的方法都与OSI模型有关，即使新的技术与OSI模型不一定精确对应，但所有的技术都仍然是分层的。因此，重要的是要培养一种层次化的网络故障分析方法。

分层法思想很简单：所有模型都遵循相同的基本前提——当模型的所有低层结构工作正常时，它的高层结构才能正常工作。在确信所有低层结构都正常运行之前，解决高层结构问题完全是浪费时间。

物理层负责通过某种介质提供到另一设备的物理连接，包括端点间的二进制流的发送与接收，完成与数据链路层的交互操作等功能。物理层需要关注的是：电缆、连接头、信号电平、编码、时钟和组帧，这些都是导致端口处于 down 状态的因素。

数据链路层负责在网络层与物理层之间进行信息传输；规定了介质如何接入和共享；站点如何进行标识；如何根据物理层接收的二进制数据建立帧。封装的不一致是导致数据链路层故障的最常见原因。当使用 display interface 命令显示端口和协议均为 up 时，基本可以认为数据链路层工作正常；而如果端口 up 而协议为 down，那么数据链路层存在故障。链路的利用率也和数据链路层有关，端口和协议是好的，但链路带宽有可能被过度使用，从而引起间歇性的连接失败或网络性能下降。

网络层负责实现数据的分段打包与重组以及差错报告，更重要的是它负责信息通过网络的最佳路径的选择。地址错误和子网掩码错误是引起网络层故障最常见的原因；因特网网络中的地址重复是网络故障的另一个可能原因；另外，路由协议是网络层的一部分，也是排错重点关注的内容。排除网络层故障的基本方法是：沿着从源到目的地的路径查看路由器上的路由表，同时检查那些路由器接口的 IP 地址。通常，如果路由没有在路由表中出现，就应该通过检查来弄清是否已经输入了适当的静态、默认或动态路由，然后，手工配置丢失的路由或排除动态路由协议选择过程的故障以使路由表更新。

② 分块故障排除法　display current-configuration 命令的介绍中提及了 H3C 系列路由器和交换机等网络设备的配置文件的组织结构，它是以系统视图、接口视图、协议视图、路由策略视图等方式编排的。其实还能够以另一种角度看待这个配置文件，该配置分为以下几块。

- 管理部分（路由器名称、口令、服务、日志等）；
- 端口部分（地址、封装、cost、认证等）；
- 路由协议部分（静态路由、RIP、OSPF、BGP、路由引入等）；
- 策略部分（路由策略、策略路由、安全配置等）；
- 接入部分（主控制台、Telnet 登录或哑终端、拨号等）；
- 其他应用部分（语言配置、VPN 配置、Qos 配置等）。

上述分类给故障定位提供了一个原始框架，当出现一个故障案例现象时，可以把它归入上述某一类或某几类中，从而有助于缩减故障定位范围。例如：当使用“display ip routing-table”命令，结果只显示出了直连路由，那么问题可能发生在哪里呢？看上述的分块，发现有三部分可能引起该故障：路由协议、策略、端口。如果没有配置路由协议或配置不当，路由表就可能为空；如果访问列表配置错误，就可能妨碍路由的更新；如果端口的地址、掩码或认证配置错误，也可能导致路由表错误。

③ 分段故障排除法　如果两个路由器跨越电信部门提供的线路而不能相互通信时，分段故障排除法是有效的。如：

■ 主机到路由器 LAN 接口的这一段；
■ 路由器到 CSU/DSU 接口的这一段；
■ CSU/DSU 到电信部门接口的这一段；
■ WAN 电路；
■ CSU/DSU 本身问题；
■ 路由器本身问题。

④ 替换法　这是检查硬件是否存在问题最常用的方法。例如，当怀疑是网线问题时，更换一根确定是好的网线试一试；当怀疑是接口模块有问题时，更换一个其他接口模块试一试。

（2）网络故障诊断的常用工具

所有厂商的交换机、路由器及其他产品提供了一套完整的命令集，可以用于监控网络互联环境的工作状况和解决基本的网络故障。

主要包括以下命令：

■ ping 命令；
■ tracert 命令；
■ display 命令；
■ reset 命令；
■ debugging 命令。

3. 网络故障诊断案例

（1）案例一：访问 internet 丢包和网速慢故障

① 故障现象简述

用户访问 internet 很慢，网页打开速度不能忍受；ping internet 上服务器丢包严重；故障发生在每天的中午 12 点以后，持续到下午 17 点左右的下班时间。故障连续 3 天发生。

② 网络拓扑图/应用说明

应用说明：用户网络通过 S6806E 汇聚后，出口部署一台 CISCO6509。ISP 对用户出口线路进行了 20M 限速。

③ 故障具体现象

某用户反映访问 internet 很慢，网页打开速度不能忍受，需多次刷新才能打开；ping internet 上服务器丢包严重；故障发生在每天的中午 12 点以后，持续到下午 17 点左右的下班时间。故障连续 2 天发生。

由于前两天故障发生时，恰逢中午，工程师已经安排任务，只能通过远程电话支持，通过简单的网络性能参数查看，判断网络故障与设备无关，故障与环境有关，根据故障发生的频率，故障很可能在第三天重现。第三天，工程师安排现场观察，以便故障重现进行故障定位和分析。

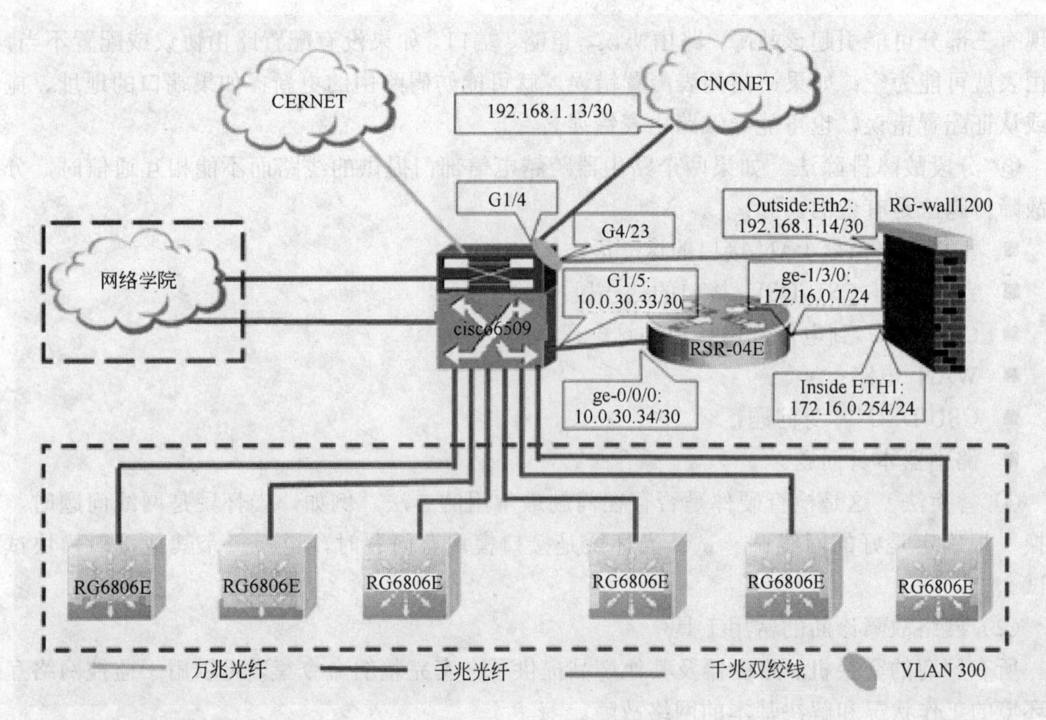

④ 故障详细分析

● 根据前两天的故障现象：故障发生在中午 12 点多，持续到下班时间，故障即可恢复。首先查看配置，确认配置没有问题。

批注：因为故障发生的时间段很有规律性，首先查看配置，确认配置无误。

● 根据故障发生时，引导用户查看核心设备和出口设备的 cpu、内存利用率，发现都在正常范围之内。判断故障与设备性能关系不大。

批注：掉包/掉线类型的故障，一定要确认故障是否是由设备转发性能引起。

● 根据故障时引导用户的 ping 测试，发现到对方 ISP 的地址 ping 无丢包，到 ISP 的下一跳出现丢包率很高的情况。判断故障很可能与运营商的设备有关。

批注：根据分段排查的原则，排查问题是否与 ISP 有关。

● 第三天抵达现场，将前两天的测试和以上分析与用户交流。用户开始与运营商交涉，并将以上第三点严重化，质问运营商。运营商不敢怠慢，协调工程师与用户一起解决问题。很快 ISP 反馈回来，近两天用户在某个时间流量异常，持续流量达 40~100M，而 ISP 提供给用户的是 20M 的流量，此时 ISP 的工程师提供近 5 天来的用户流量图：

说明：从上图可以看到异常流量在每天都持续 2~4 个小时，流量在 50~100M。

● 根据 ISP 的反馈和提供的流量图，可以看到平均流量在 10M 左右，近 2 天的流量中，有持续达到 100M 的情况。根据 ISP 提供的流量图，结合 ISP 对用户带宽控制机制的了解，初步结论如下：ISP 的网络设备针对用户的流量做 20M 限速，在流量异常时，超过 20M 的流量都被丢弃掉，大约有 2~3 倍于正常流量的流量被丢弃掉了。可以想象大部分用户的业务、办公和 internet 访问流量被丢弃，以至于用户反映网络访问速度不可忍受。

批注：根据基准线排查原则，以 ISP 限速 20M 的设定，可以明确的判断出用户发出流量异常，现在问题便是如何找到异常流量的来源。

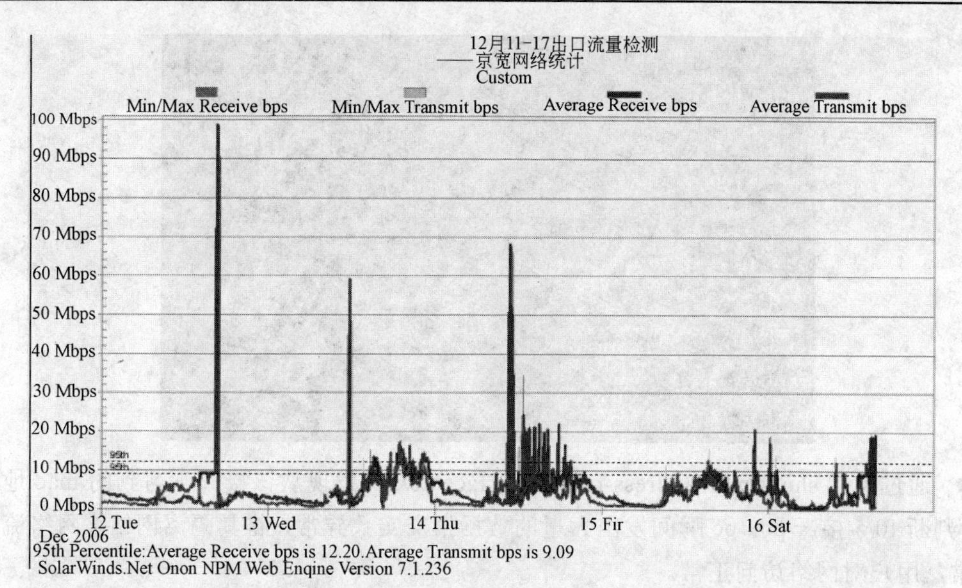

● 由于流量引起故障，故障处理从流量监控着手，查找故障源。到达用户现场，开始部署流量监控软件，对核心 cisco6509 的上联出口接口，下联汇聚交换机接口、RSR-04E 下联接口、上联接口、RG-WALL1200 上联口和下联口进行流量监控。采用软件 SolarWinds，软件对设备通过 snmp 对接口的流量进行读取。并描绘流量图。

● 通过观测，在中午 12 点左右，网络流量异常。此时从 cisco6509 的接口流量图可以看到，下联汇聚交换机 S6806-1 的接口流量异常。

● 此时将异常流量的故障源定位在第一台 S6806E-1 上，在该设备上打开 snmp，对其所有 up 的接口进行流量监控。发现该交换机的 g2/14 流量异常，定位故障源位于该接口下，如图：

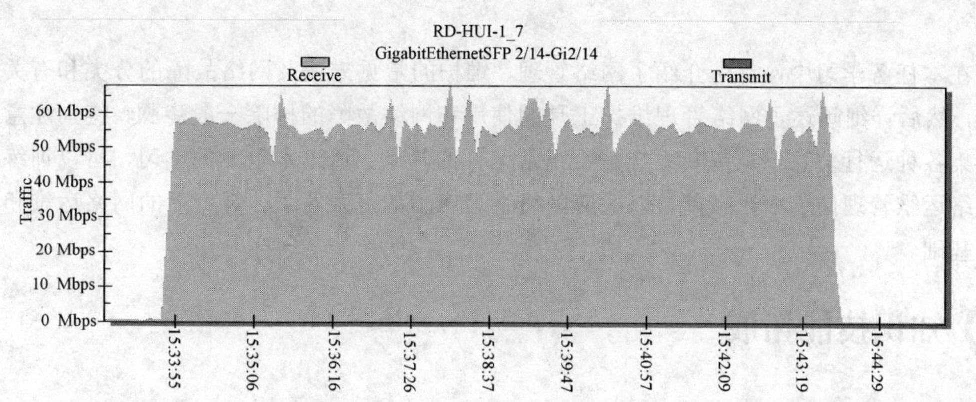

● RG-S6806E-1 的 G2/14 接口下为一台 RG-S2150G，故障源可以定位在该接入交换机上。

● telnet 到该 RG-S2150G 上，使用 show counter 查看所有接口的计数信息，发现 F0/5 接口数据发送流量大，高于接受的 500 倍，将其隔离出网络，出口的流量即恢复正常。异常流量如下图：

说明：该 2150G 的 f0/5 5 分钟的 input 平均流量为 33801336bit/s，即为 33，801，336Mbit/s，33.8M 之大的流量，而 output 仅为 3，948kbit/s。

批注：以上几步操作，根据分段排查的方式，定位到异常流量接口。

```
OutMulticastPkts      : 1
OutBroadcastPkts      : 6
Undersize packets     : 0
Oversize packets      : 0
collisions            : 0
Fragments             : 0
Jabbers               : 0
CRC alignment errors  : 0
AlignmentErrors       : 0
FCSErrors             : 0
dropped packet events (due to lack of resources): 0
packets received of length (in octets):
  64:0, 65-127: 4, 128-255: 3,
  256-511: 0, 512-1023: 0, 1024-1518: 0

Interface : Fa0/5
5 minute input rate   : 33801336 bits/sec, 3948 packets/sec
5 minute output rate  : 776 bits/sec, 1 packets/sec
InOctets              : 89118199059
InUcastPkts           : 86857426
InMulticastPkts       : 208
InBroadcastPkts       : 195799
OutOctets             : 6272530947
OutUcastPkts          : 6536504
```

● 通过使用 show mac-address-table interface f0/5，发现从该接口学习到的 mac 地址数为 1，判断 f0/5 接一 pc；pc 瞬间发出大量的数据报文实数异常，将其隔离网络，网络流量恢复正常，用户对网络访问正常。

⑤ 最终解决方案

将流量异常 PC 隔离出网络。

通过以上故障，简要地向大家介绍了故障处理的方法和故障处理时使用的工具；网络管理是一项重要的工作，关系到网络能不能健康、稳定、可靠、高效的运行，作为网络管理人员在处理故障时一定要沉着应对、冷静思考、认真收集每一个故障现象，用理论进行分析，列出可能出现的原因，并一一排除，最终故障即可解决。对于故障解决的过程及方法做好记录，以便以后出现类似故障时借鉴解决。

总结与回顾

在本任务学习中，首先介绍了网络管理、维护的常见方法及网络故障的分类和有关知识内容，然后详细阐述了网络管理维护工具的使用和网络故障的排除一般步骤，特别注意整理和收集各种运行信息，是判断系统是否正常运行的基础。通过本单元的学习，可以训练学生的网络运维管理岗位应用技能，以适应网络管理应用的复杂背景，为今后的网络运维和管理打好基础。

知识技能拓展

一、网络故障排除案例

1. 组网拓扑描述

本案例是网络的概况与要求，具体的 IP 地址及端口规划如图 9-10 所示。

案例中用到了 1 台路由器，4 台交换机，其中 3 层交换机 1 台，2 层交换机 3 台。另外需要安装 H3C 802.1X 客户端软件。网络模型接近实际组网，有一定的实用性。

案例以 VLAN、VLAN 路由以及 3 层交换机做 VLAN 路由，交换机和路由器的配合、802.1X 验证为考察重点，要求所有的 VLAN 用户都能够正常访问外网，并能够对所有的交换设备通过管理 VLAN 进行网络管理。另外不允许将外网的路由 40.0.1.1 引入 S3610。

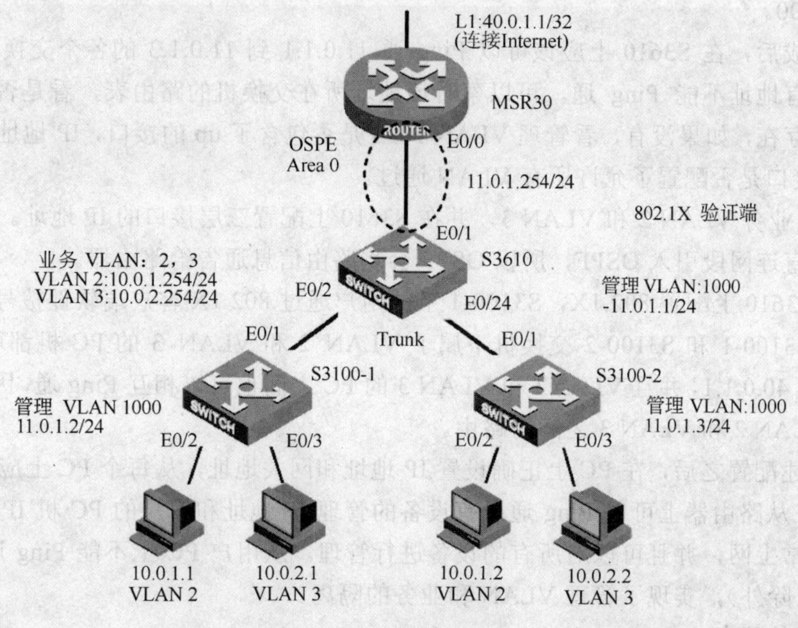

图 9-10　网络故障拓扑结构

案例中设备之间的连接如图 9-10 所示，MSR30 配置 loopback 接口 1，用于模仿连接 Internet 的接口，在实验中我们成为外网接口。在所有交换设备上配置管理 IP 地址，网段为 11.0.1.X/24，VLAN 为 1000，也就是配置在 VLAN 1000 的 3 层接口上。图中 S3610 作为 3 层交换机使用，用于实现不同 VLAN 间的路由功能。在 S3610 上配置 VLAN 2、VLAN 3 的三层虚接口地址 10.0.1.254、10.0.2.254，在 S3100-1 和 S3100-2 上分别配置 VLAN 2 和 VLAN 3，并包含端口 2 和端口 3。

最终要求接入的 VLAN 用户能够正常上网，也就是所有的 VLAN 用户可以 Ping 通 MSR30 路由器上 L1 的接口地址 40.0.1.1，另外要求可以对所有的交换设备进行管理，也就是要求 4 台交换机上 11.0.1.x/24 网段的地址可以相互 Ping 通，满足设备管理的需求。

2. 实验前准备

配置全网互通

在实验前的第一项重要准备工作应该是准备好实验环境，根据组网需求描述中的要求配置全网互通，并进行验证。下面按步骤介绍设备的配置。

① 首先配置 MSR30 和 S3610 之间 OSPF 互通。（详细配置略）

配置完成后，在 S3610 或 MSR30 上使用以下命令看 OSPF 邻居是否正常建立，并且在 S3610 的终端里应该可以 Ping 通 Internet 接口地址 40.0.1.1。如果邻居没有正常建立，请检查 IP 地址、区域等配置是否正确。

② 按照组网图中标示的接口号，连接各个交换机之间的网线，配置 Trunk 链路，并允许所有的 VLAN 通过。

③ 配置 S3610 和 2 台 S3100 的管理 VLAN 地址，并相互之间可以 Ping 通。管理 VLAN 统一使用 1000。

配置完成后，在 S3610 上应该可以 Ping 通 11.0.1.1 到 11.0.1.3 的各个交换机的管理 IP 地址。如果有地址不能 Ping 通，可以察看该地址所在交换机的路由表，看是否有 11.0.1.X 网段的路由存在，如果没有，看管理 VLAN 1000 是否包含了 up 的接口，IP 地址是否配置正确，Trunk 接口是否配置了允许所有 VLAN 通过。

④ 配置业务 VLAN 2 和 VLAN 3，并在 S3610 上配置三层接口的 IP 地址。由于前面已经配置了将直连网段引入 OSPF，所以 OSPF 会将路由信息通告给路由器。

⑤ 在 S3610 上配置 802.1X，S3100-1 下的用户通过 802.1X 客户端软件拨号上网。

⑥ 在 S3100-1 和 S3100-2 交换机下属于 VLAN 2 和 VLAN 3 的 PC 机都可以 Ping 通 Internet 地址 40.0.1.1，并且 VLAN2 和 VLAN 3 的 PC 之间也可以相互 Ping 通，因为有 S3610 交换机作 VLAN 2 和 VLAN 3 之间的路由。

完成上述配置之后，在 PC 上正确设置 IP 地址和网关地址，从每个 PC 上应该可以 Ping 通 40.0.1.1，从路由器上可以 Ping 通所有设备的管理 IP 地址和用户的 PC 机 IP 地址，说明用户可以正常上网，并且可以对所有的设备进行管理。从用户 PC 上不能 Ping 通管理 IP 地址（11.0.1.1 除外），实现了管理 VLAN 和业务的隔离。

3. 设置故障点

在完成全网互通的配置之后，接下来的准备工作是在网络中进行故障点的设置。可以在网络中设置如下几类故障。

① 三层交换机与路由器对接问题：交换机和路由器对接既可以使用 Trunk 接口，也可以使用 Access 接口，关键是要保证交换机上三层 IP 接口所属的 VLAN 和 Trunk 端口的 PVID 或者 Access 端口的 VLAN 保持一致。前面实验中交换机使用 Access 接口和路由器对接，此处可以将接口设置为 Trunk 类型，允许所有 VLAN 通过，但不设置该 Trunk 端口的 PVID 为 1000，使用默认的 PVID 1，这时 VLAN 1000 上的三层接口就无法和路由器建立 OSPF 邻居关系，无法 Ping 通外部网关。

```
[S3610]interface e0/1
[S3610-Ethernet0/1]port link-type trunk
[S3610-Ethernet0/1]port trunk permit vlan all
[S3610-Ethernet0/1]ping 40.0.1.1
  PING 40.0.1.1: 56   data bytes, press CTRL_C to break
    Request time out
  --- 40.0.1.1 ping statistics ---
    5 packet(s) transmitted 0 packet(s) received 100.00% packet loss
```

② S3610 中没有配置缺省路由：否则 Ping 外网地址的报文不能送到路由器上。故障现象为用户可以 Ping 通网关，OSPF 邻居可以正常建立（没有设置 1 故障的前提下），但 Ping 不通外网地址。

```
[S3610]undo ip route-static 0.0.0.0 0
```

③ S3610 中的 OSPF 路由协议问题：S3610 中 OSPF 没有引入直连路由，导致 AR28 路由器没有学习到 S3610 上三层接口的网段地址，没有回程路由。故障现象为用户可以 Ping 通网关，OSPF 邻居可以正常建立（没有设置 1 故障的前提下），但 Ping 不通外网地址。

```
[S3610]ospf
```

```
[S3610-ospf]undo import-route direct
```

④ 802.1X 用户验证不通过问题，设置 3 个故障点。

● 802.1X 验证缺省情况下使用 CHAP 验证，如果修改为 PAP 或者 EAP 验证都无法通过。

● 另外在配置 802.1X 时，下面的交换机不需要配置任何命令，这里启动 802.1X，这样交换机就会在本地查找用户数据库，因为找不到所以验证失败。没有配置时，由于 802.1X 使用组播发送验证请求报文，所以 S3610 可以收到报文并进行响应，查找本地数据库后验证通过。

● 将本地用户的 LAN 服务类型去掉。

```
[S3610]dot1x authentication-method pap
[S3100-1]dot1x
[S3100-1]dot1x
[S3100-1]interface e0/2
[S3100-1-Ethernet0/2]dot1x
[S3100-1-Ethernet0/2]interface e0/3
[S3100-1-Ethernet0/3]dot1x
[S3610]localuser H3C
[S3610-user-H3C]undo service-type lan-access
```

4. 故障现象描述

由于在设置故障点之后，各故障点之间可能会有所影响，最终网络大体故障现象如下：

■ S3100-1 下的 VLAN 2 和 VLAN 3 用户 Ping 不通网关，也不能正常上网；

■ S3100-2 下的 VLAN 2 和 VLAN 3 用户可以 Ping 通网关，但不能正常上网；

■ 从 S3610 上可以 Ping 通 S3100-1 和 S3100-2 的管理 IP 地址；

■ 路由器上看不到其他路由，只有自己的直连路由。

5. 故障相关信息收集

引导学生利用各种方法收集信息，定位故障。

① S3100-2 下 VLAN 2 和 VLAN 3 的用户能 Ping 通网关，但不能 Ping 通外网，说明网关和外网之间路由不通，在路由器上显示信息如下：

```
[R2630E]display ip routing
Routing Tables:
  Destination/Mask  Proto   Pref   Metric   Nexthop     Interface
       11.0.1.0/24  Direct   0      0       11.0.1.254  Ethernet0
     11.0.1.254/32  Direct   0      0       127.0.0.1   LoopBack0
       40.0.1.1/32  Direct   0      0       127.0.0.1   LoopBack0
 [MSR30]display current-configuration
#
 sysname MSR30
#
router id 1.1.1.1
#
radius scheme system
#
domain system
```

```
#
interface Ethernet0/0
ip address 11.0.1.254 255.255.255.0
#
interface LoopBack1
    ip address 40.0.1.1 255.255.255.255
#
ospf 1
area 0.0.0.0    network 11.0.1.0 0.0.0.255
#
user-interface con 0
user-interface vty 0 4
#
return
[MSR30]display ospf peer
```

通过以上信息发现，路由器只有直连路由，没有从对端学到路由，没有 OSPF 邻居信息，说明邻居没有建立。

在交换机上显示信息如下：

```
[S3610]display ip routing
 Routing Table: public net
Destination/Mask   Protocol    Pre   Cost   Nexthop      Interface
10.0.1.0/24        DIRECT      0     0      10.0.1.254   Vlan-interface2
10.0.1.254/32      DIRECT      0     0      127.0.0.1    InLoopBack0
10.0.2.0/24        DIRECT      0     0      10.0.2.254   Vlan-interface3
10.0.2.254/32      DIRECT      0     0      127.0.0.1    InLoopBack0
11.0.1.0/24        DIRECT      0     0      11.0.1.1     Vlan-interface1000
11.0.1.1/32        DIRECT      0     0      127.0.0.1    InLoopBack0
 [S3610]display current-configuration
#
 sysname S3610
#
 router id 1.1.1.2
#
vlan 1、vlan 2、vlan 3、vlan 1000
#
interface Vlan-interface2
 ip address 10.0.1.254 255.255.255.0
#
interface Vlan-interface3
 ip address 10.0.2.254 255.255.255.0
#
interface Vlan-interface1000
 ip address 11.0.1.1 255.255.255.0
#
interface Ethernet0/1
 port link-type trunk
```

```
 port trunk permit vlan all
#
interface Ethernet0/2
……
interface Ethernet0/22
#
interface Ethernet0/23
 port link-type trunk
 port trunk permit vlan all
#
interface Ethernet0/24
 port link-type trunk
 port trunk permit vlan all
#
ospf
 #
 area 0.0.0.0  network 11.0.1.0 0.0.0.255
#
return
[S3610]display ospf peer
```

没有任何显示，说明 OSPF 邻居未能正常建立。

```
[S3610]display ospf routing
Routing for Network
Destination    Cost   Type  NextHop      AdvRouter     Area
11.0.1.0/24    10     Stub 11.0.1.1      1.1.1.2       0
Total Nets: 1
Intra Area: 1  Inter Area: 0  ASE: 0  NSSA: 0
```

路由器互通的三层接口为 VLAN 1000，和路由器同在 Area 0，也在同一个网段，接口状态也是 up 的，另外网络类型是 Broadcast，不需要配置邻居，如果是两个路由器连接，邻居应该可以正常建立。问题可能出在交换机上互通的 VLAN 接口上。交换机发送给路由器的应该是不含 VLAN ID 的 OSPF LSA，如果有 VLAN ID，则路由器无法识别。

② S3100-1 下的 802.1x 用户不能上网。首先当然要看用户的认证能否通过，拨号后输入正确的用户名和密码验证失败。问题肯定出在 802.1x 的配置上。通过查看 S3526 和 S3026-1 的配置对问题进一步进行定位。

6. **原因分析及故障排除参考流程**

通过对以上信息的观察和分析，初步断定网络中主要有 3 个故障点：

（1）S3610 和 MSR30 之间的 VLAN 接口相关问题

由以往路由器之间 OSPF 互通的经验判断，MSR28 的配置没有问题，S3610 配置可能存在以下问题：

■ 上联接口 E0/1 的接口类型配置不正确；

■ 上联接口 E0/1 的 PVID 设置不正确，导致路由信息报文无法通过；

由于要对交换设备进行管理，管理 VLAN 配置为 1000，因此管理 VLAN 的 IP 接口要和路由器互通，OSPF 报文就是由此接口发出，发出的报文到上行接口应该正常通过，并且不能携带 VLAN ID，所以该上行接口如果是 Access 接口，应该属于 VLAN 1000；如果是 Trunk

接口，PVID应该设置为1000。

正确的配置命令如下（接口为Access类型）：

```
[S3610]interface e0/1
[S3610-Ethernet0/1]port link-type access
[S3610-Ethernet0/1]port access vlan 1000
```

或者（接口为Trunk类型）：

```
[S3610]interfac e0/1
[S3610-Ethernet0/1]port link-type trunk
[S3610-Ethernet0/1]port trunk pvid vlan 1000
```

（2）S3610和MSR30之间OSPF路由协议的路由引入问题

配置完成后，使用命令display ospf peer发现邻居正常建立。但MSR30的路由表中仍然没有S3610的路由，检查S3610的OSPF部分的配置，发现是没有引入直连路由，或者没有在直连接口上启用OSPF。在OSPF视图下使用命令import-route direct引入VLAN 2、VLAN 3的直连路由，并通过OSPF协议通告给MSR30路由器。在MSR30上显示路由信息可以看到VLAN 2、VLAN 3的路由信息。

现在从S3610上Ping外网接口40.0.1.1，依然不能Ping通，从VLAN 2或者VLAN 3用户的PC上也不能Ping通，那是还有什么原因呢？

（3）S3610和MSR30之间的链路直接路由问题

察看S3610的路由表，发现并没有40.0.1.1的路由，原来在MSR30并没有将直连接口引入OSPF，考虑到其他的VLAN的用户要访问外网时只有MSR30一个出口，所以在S3610上配置缺省路由，命令如下：

```
[S3610]ip route-static 0.0.0.0 0 111.0.1.254
```

或者在AR28上OSPF下引入直连路由：

```
[MSR30-ospf-1]import-route direct
```

现在从S3610可以Ping通外网地址，但VLAN 2和3下的PC却仍然不能Ping通外网地址，但可以Ping通自己的网关，还有什么问题存在？

问题出在S3610连接路由器的E0/1接口上，由于接口类型为Trunk，而且允许所有VLAN的报文通过，业务VLAN 2和3的用户Ping报文被S3610收到后，然后会转发给允许该VLAN通过的接口，包括3个Trunk接口，但路由器不能识别含有VLAN ID的报文，所以接口类型不能配置为Trunk类型，当接口类型为Access并且属于VLAN 1000时，业务VLAN的用户可以Ping通外网，表明用户可以正常上网。

结论：虽然接口类型配置为Trunk和Access都可以使OSPF工作正常，但接口类型为Trunk时用户不能正常上网。

技能训练

根据本校实际网络设备实验环境，进行相关信息收集：

① 网络设备版本信息；

② 网络部署信息收集；

③ 网络内部故障信息收集；

④ 各实验小组分别构建一个双核心三层网络，自拟交换平台网络故障，并各小组交叉实施排除。

附录一　工程师日常行为标准

一、精神面貌

① 衣着整洁，仪表大方，精力充沛。

② 保持愉快的工作情绪，不要将个人情绪带到工作之中。

③ 站立时抬头挺胸，身子不要歪靠在一旁。

④ 走路不可摇晃，遇急事可加快步伐，但不可慌张。

⑤ 坐下时不要跷二郎腿，不可抖动双腿，不可仰坐在沙发或座椅上。

二、礼仪

① 与用户初次见面时应主动作自我介绍，双手递上名片。

② 见到用户应主动打招呼，做到礼貌热情。

③ 出入房间，上下电梯，应让用户先行。

④ 与用户交谈时要注视对方、彬彬有礼、谈吐得体、说话要铿锵有力，并谨记工作常用语及工作禁忌语。

⑤ 养成倾听的习惯，不轻易打断用户的谈话或随意转移话题，谈到重要的事情要作记录。

⑥ 对用户应真诚、富有耐心，做到谦虚稳重，不可夸夸其谈，以免给用户造成轻浮、不可信的印象。

⑦ 与用户有不同意见时，应保持头脑冷静，切忌与用户争执，必要时上报直接主管。

⑧ 对用户有礼有节，不卑不亢。

三、工作作风

① 守时，准时赴约。

② 遇到竞争对手时应尊重对方，不攻击对方。

③ 尊重当地风俗习惯，遵守用户的各项规章制度。

④ 在用户面前不贬低对手。

⑤ 不与用户谈论待遇、设备价格、技术缺陷以及有损华三公司形象的问题。

⑥ 对用户应言而有信，不随意承诺。

⑦ 养成以数据说话的工作习惯，做到事事有记录，必要的记录要归入文档。

⑧ 养成平时自我学习的习惯，多看技术资料，多上技术支持网站。

⑨ 养成日清的习惯，当天的问题当天处理。

四、机房行为规范

① 插拔单板须带防静电手腕，严格遵守用户的各项规章制度，如进机房是否穿拖鞋等规定。

② 对设备进行维护操作时，须经用户主管认可，并在用户相关人员陪同下进行。在设备正常运行时，进行重大操作应选择在深夜，数据操作应谨慎，重要数据事先备份。

③ 进机房要征得用户同意，离开机房要与用户打招呼，必要时要提交申请报告。

④ 出入机房所带物品应严格登记，借用户的东西，应及时归还。

⑤ 一切用数据说话，填好每日维护记录。

⑥ 严禁擅自使用用户电话，如确实需要，须经用户同意后方可使用。

⑦ 严禁在机房内抽烟、玩游戏和乱动其他厂家设备。

⑧ 每天工作结束后，要清理工作现场，整理各种物品，保持机房整洁。

⑨ 除非用户要求，不能住机房。

五、用户办公场所行为规范

① 不能乱动用户的资料、书籍和办公设备。

② 未经许可，不可使用用户电话。

③ 不主动在用户办公场所抽烟。

④ 与用户交谈时，要认真倾听，不要随意打断用户的谈话或随意转移话题，将手机设成静音。

⑤ 对用户提出的问题、要求、意见和建议要做详实记录。

⑥ 对用户应言而有信，不随意承诺，谦虚稳重、不卑不亢。

六、语言规范

① 工作中使用普通话

② 尊重对方，谦虚稳重。

常用语：

“感谢您对我们的支持”

“希望我们能共同发展”

“谢谢你们对我们的帮助”

“您的意见对我们很重要”

“你们的问题就是我们的问题”

“这件事我来帮您处理”

“欢迎您给我们提宝贵意见”

禁忌语：

“这事不归我管”

“以前这是谁做的，水平这么差”

“这是公司的规定，我没办法”

“这是小事，无所谓”

“不关我事，你找别人吧”

“你会不会，你怎么搞的？”

“这么简单的问题还问我！”

“不可能”

“我是新来的，这我不懂”

“这我早告诉过你，怎么又搞错了？”

“这合同怎么签的？”

“厂家机器就这样”

“我没空”

“反正我做不了”

“我不知道”

“这事你不懂”

“有问题？关电复位就得了”

附录二 缩 略 语

缩略语	英 文	中 文
AAA	Authentication, Authorization and Accounting	认证、授权和计费
ABR	Area Border Router	区域边界路由器
ACL	Access Control List	访问控制列表
ARP	Address Resolution Protocol	地址解析协议
AS	Autonomous System	自治系统
ASBR	Autonomous System Border Router	自治系统边界路由器
BDR	Backup Designated Router	备份指定路由器
CAR	Committed Access Rate	允许访问速率
CLI	Command Line Interface	命令行接口
CoS	Class of Service	服务等级
DDM	Distributed Device Management	分布式设备管理
DLA	Distributed Link Aggregation	分布式链路汇聚
DLDP	Device Link Detection Protocol	设备连接检测协议
DRR	Distributed Resilient Routing	分布式弹性路由
DHCP	Dynamic Host Configuration Protocol	动态主机配置协议
DNS	Domain Name System	域名系统
DR	Designated Router	指定路由器
D-V	Distance Vector Routing Algorithm	距离矢量路由算法
EAD	Endpoint Admission Defense	端点准入防御
EGP	Exterior Gateway Protocol	外部网关协议
FTP	File Transfer Protocol	文件传输协议
GARP	General Attribute Registration Protocol	一般属性注册协议
GVRP	General VLAN Registration Protocol	VLAN 注册协议
GE	Gigabit Ethernet	千兆以太网
TACACS	Terminal Access Controller Access Control System	终端访问控制器控制系统
IAB	Internet Architecture Board	因特网体系结构委员会
ICMP	Internet Control Message Protocol	因特网控制消息协议
IGMP	Internet Group Management Protocol	因特网组管理协议
IGP	Interior Gateway Protocol	内部网关协议
IP	Internet Protocol	因特网协议
IRF	Intelligent Resilient Framework	智能弹性架构
LSA	Link State Advertisement	链路状态公告
LSDB	Link State DataBase	链路状态数据库
MAC	Medium Access Control	介质访问控制
MIB	Management Information Base	管理信息库
NBMA	Non Broadcast MultiAccess	非广播多路访问
NIC	Network Information Center	网络信息中心
NMS	Network Management System	网络管理系统

续表

缩略语	英 文	中 文
NTP	Network Time Protocol	网络时间协议
NVRAM	Nonvolatile RAM	非易失随机存储器
OSPF	Open Shortest Path First	开放最短路径优先
PIM	Protocol Independent Multicast	与协议无关的组播
PIM-DM	Protocol Independent Multicast-Dense Mode	与协议无关的组播密集模式
PIM-SM	Protocol Independent Multicast-Sparse Mode	与协议无关的组播稀疏模式
QoS	Quality of Service	服务质量
RADIUS	Remote Authentication Dial-In User Service	远程认证拨号用户服务
RIP	Routing Information Protocol	路由信息协议
RMON	Remote Network Monitoring	远程网络监视
RSTP	Rapid Spanning Tree Protocol	快速生成树协议
SNMP	Simple Network Management Protocol	简单网管协议
SP	Strict Priority	严格优先级
SSH	Secure Shell	安全壳
STP	Spanning Tree Protocol	生成树协议
TCP/IP	Transmission Control Protocol/ Internet Protocol	传输控制协议/互联网协议
TFTP	Trivial File Transfer Protocol	简单文件传输协议
ToS	Type of Service	服务类型
TTL	Time To Live	生存时间
UDP	User Datagram Protocol	用户数据报协议
VLAN	Virtual Local Area Network	虚拟局域网
VOD	Video On Demand	视频点播
VRRP	Virtual Router Redundancy Protocol	虚拟路由冗余协议
WRR	Weighted Round Robin	加权循环调度队列

附录三 思科-锐捷命令对照表

序号	思科-Cisco	锐 捷	功 能
1	enable	enable	进入特权模式
2	configure terminal	configure terminal	进入全局配置模式
3	show	show	显示
4	show running-config	show running-config	显示目前的运行配置
5	show version	show version	显示版本
6	show start	show startup- config	显示已保存的配置
7	show tech-support	show log	显示设备日志信息
8	no	no	取消（删除）
9	hostname	hostname	更改机器名
10	erase	erase	删除配置
11	user	user	新建修改用户
12	end	end	返回到特权模式
13	exit	exit	返回上层模式
14	write	write	保存配置
15	Dir	Dir	列出给定设备上的文件
16	History	History	查看历史记录
17	show ip interface brief	show ip interface brief	查看设备的三层接口 ip 和掩码
18	show vlan	show vlan	查看交换接口所属的 vlan 信息
19	access-list	access-list	控制访问列表
20	shut down	shut down	关闭接口
21	no shutdown	no shutdown	激活端口
22	show ip route	display ip route	显示路由表
23	router rip	router rip	rip 动态路由
24	router ospf	router ospf	ospf 路由
25	encapsulation	encapsulation	封闭链路层协议
26	no debug all	no debug all	取消所有 debug 命令
27	vlan database	vlan	进入 vlan 的配置
28	trunk	trunk	主干线
29	mode	mode	模式
30	access	access	访问
31	switchport	switchport	接口控制
32	ip dhcp	ip dhcp	设置 dhcp 服务器功能
33	line	line	进入线路配置模式
34	Reload	Reload	关机并执行冷启动
35	ip route	ip route-static	配置静态路由
36	ip address	ip address	接口地址
37	Help	Help	获得关于帮助系统的描述
38	Config-register	Config-register	修改配置寄存器设置
39	Erase startup-config	Erase startup-config	删除 NVRAM 中的内容
40	Login	Login	用特定的用户登录

从上述对照表看基本命令基本相同，但是越深入命令就有些不一样，有需要的请参考操作手册。

附录四　企业组网技术-综合实训

一、企业组网技术（综合实训）

第一部分　网络组建项目

【第一部分网络组建项目占总分的比例为 60%。实验环境提供思科网络设备，各任务小组的学生依照考核试题提供的网络拓扑图完成网络搭建及配置调试内容。】

（一）注意事项

1．检查硬件设备、网线头和 Console 线等的数量是否齐全，电脑设备是否正常。

2．操作完成后，需要保存设备配置，不要关闭任何设备，不要拆动硬件的连接，不要对设备随意加密码。

3．检查实训所需的各项设备、软件和实验材料等。

（二）实训环境

1．网络硬件设备见表 1。

表 1　网络硬件设备清单

设备类型	设备型号	设备数量（台/条）
路由器	CISCO-R2801	2
二层交换机	CISCO-S2960-24	3
三层交换机	CISCO-S3560-24	3
串口 V35 线缆	V.35 DTE-V.35 DCE 线缆	1
以太网线缆	RJ45 跳线-超五类双绞线	14

2．软件环境见表 2。

表 2　软件清单

软件名称	介质形式	软件数量
Windows Server 2008 企业版	镜像	1
Red Had Linux AS5 免费软件	镜像	1
Windows XP Professional	镜像	1
Windows XP Professional	硬盘	1
RAR 3.8 免费版	硬盘	1
VMwareWorkstation7.0 免费软件	硬盘	1
Microsoft Office 2008	硬盘	1

（三）项目背景及网络拓扑

下图是模拟一个企业的局域网，为了实现网络资源的共享，需要 PC 机能够访问内部网络中的 WWW、FTP 服务器，以实现文件的上传和下载。PC 机需要能够通过网络连接到 Linux 的服务器，并能够进行资源下载和 Web 网页的浏览。核心交换机为 S3560-A、S3560-B，接入交换机

S2960-A、S2960-B 连接的公司各种业务类型的用户办公网络，S2960-C 连接内部服务器；R2801-A 和 R2801-B 之间通过 V.35 背靠背连接，通过 R2801-A 接入外网。

在网络中，VLAN10 是行政管理 VLAN，VLAN20 是生产 VLAN，VLAN30 是内网资源 VLAN。网络拓扑结构规划如图 1 所示。

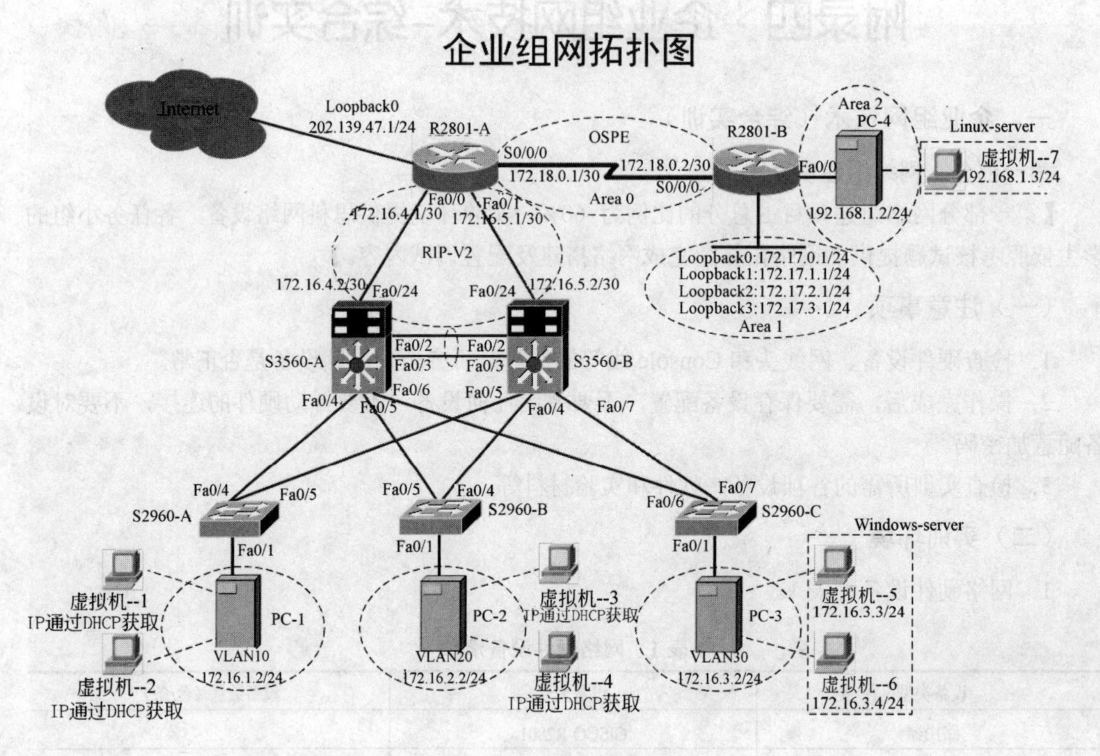

图 1 网络拓扑结构图

（四）IP 地址规划

IP 地址规划见表 3。

表 3 IP 地址分配表

设　备	设备名称	设备接口	IP 地址/设备名
路由器	R2801-A	Fa0/0	172.16.4.1/30
		Fa0/1	172.16.5.1/30
		S3/0	172.18.0.1/30
		Loopback 0	202.139.47.1/24
路由器	R2801-B	Fa0/0	192.168.1.254/24
		S3/0	172.18.0.2/30
		Loopback 0	172.17.0.1/24
		Loopback 1	172.17.1.1/24
		Loopback 2	172.17.2.1/24
		Loopback 3	172.17.3.1/24
三层交换机	S3560-A	Fa0/24	172.16.4.2/30
		虚接口-VLAN10	172.16.1.252/24

续表

设　备	设备名称	设备接口	IP 地址/设备名
三层交换机	S3560-A	虚接口-VLAN20	172.16.2.252/24
		虚接口-VLAN30	172.16.3.252/24
	S3560-B	Fa0/24	172.16.5.2/30
		虚接口-VLAN10	172.16.1.253/24
		虚接口-VLAN20	172.16.2.253/24
		虚接口-VLAN30	172.16.3.253/24
二层交换机	S2960-A	F0/1	PC1
		VLAN10	F0/1
	S2960-B	F0/1	PC2
		VLAN20	F0/1
	S2960-C	F0/1	PC3
		VLAN20	F0/1

（五）项目实施

1．按照网络拓扑结构实现设备连接，并按照要求配置正确的 IP 地址。设备名称按照拓扑图配置，并设置所有设备特权明文口令为 CISCO，Console 密码为 Cisco。

2．在 S3560-A 上创建 VLAN10、VLAN20、VLAN30，设置 S3560-A 为服务器模式，域名为 cisco.com，密码为 123，其他交换机为客户端模式（除 S2960-B）以外，最终实现 VLAN 的同步；将 S2960-B 配置为透明模式，实现 PC-2 能够正常转发数据。

3．在 S3560-A、S3560-B 分别配置 F0/2、F0/3 的链路聚合。

4．在 S2960-A、S2960-B、S2960-C 上配置端口安全，实现 F0/1 端口只允许 3 个主机访问；违规，关闭此接口。

5. 配置多生成树协议，设置 S3560-A 为 VLAN10、VLAN20 的根交换机，S3560-B 为 VLAN30 的根交换机；域名为 Cisco，修订版本为 0，并且创建两个多生成树协议实例：Instance1、Instance2；其中，Instance1 包括：VLAN10、VLAN20；而 Instance2 包括：VLAN30。

6．配置边缘端口以使其能快速进行转发状态，并配置当其接收到 BPDU 时，关闭此端口。

7．配置虚拟路由器冗余协议，使 VLAN10、VLAN20 首选由 S3560-A 转发数据，VLAN30 首选由 S3560-B 转发数据；配置上行链路监听，当上行链路断了保证所有主机正常通信；当关闭 S3560-A、S3560-B 任何一台交换机保证所有主机正常通信（每个 VLAN 虚拟 IP 地址为该网段最大主机 IP 地址）。

8．配置 DHCP 服务，VLAN20 通过 S3560-A 自动获取 IP 地址；VLAN10 通过虚拟机-5 自动获取 IP 地址。

9．在 R2801-A、R2801-B 之间配置 PPP 协议，使用双向 CHAP 验证，验证口令为 123456。

10．在 S3560-A、S3560-B、R2801-A 上配置 RIPv2 路由协议；在 R2801-A、R2801-B 上配置 OSPF 路由协议，R2801-A 的 Router-id 为 1.1.1.1，R2801-B 的 Router-id 为 2.2.2.2，根据拓扑功能正常配置 OSPF 区域。

11．配置 R2801-A、R2801-B 之间的网络接口类型为广播网络，并且选举 R2801-A 为 DR；对 Area 1 做区域汇总，实现区域之间互相通信；配置路由重分发，使全网互通。

12．在 S3560-A 和 R2801-A 的接口之间配置 RIP 验证，使用明文验证，验证口令为 cisco123；在 R2801-A 和 R2801-B 的接口之间配置 OSPF 验证，使用 MD5 验证，验证口令为 abcd。

13．配置 NAT，要求内网的 VLAN10、VLAN20 和 PC-4 所在网段的用户地址均可经过地址转换后访问 Internet。

14. 配置 ACL 只允许 VLAN20 的用户可以访问内网的 Windows 服务器的 WWW、DNS、FTP 服务；在 RB 上配置 ACL，实现 VLAN10 内的用户仅允许在每周一至周五的 8:30 到 17:30 之间访问内网的 Linux 服务器的 WWW、FTP 服务，其他时间不允许访问 Linux 服务器的所有网络服务。

15. 在相关设备上配置 ACL，除了 VLAN30 的用户外，允许所有其他主机对 S3560-A、S3560-B、R2801-A、R2801-B 的 Telnet 连接,密码为 123cisco。

16. 请备份对 S3560-A 和 R2801-A 的 IOS，并保存在 PC-2 主机 F 盘以自己实训小组编号为文件夹的目录中。

第二部分 服务器配置及应用项目

【第二部分服务器配置及应用项目占总分的比例为 30%。实训场提供 2 台计算机作为服务器使用，服务器操作系统在 Windows 平台上利用 VMware workstation 7.0 虚拟机系统实现，所有的服务器项目在虚拟机上完成。】

（一）注意事项

① 服务器相关软件由实训场所提供。

② 服务器操作系统在 Windows 平台上利用 VMware workstation 7.0 虚拟机系统实现。

③ 参赛选手自己安装的所有 linux 系统的 root 密码为 redhat，所有 windows 系统的 administrator 密码为空。考生在 VMware 下安装的 linux 在创建 linux 文件夹下,windows server 2008 在创建的 Windows 2008 文件夹下。

（二）设备规划

表 4 台式机系统设备规划表

设备	设备名称	操作系统	IP 地址
PC-3	Server1	Windows XP	172.16.3.2/24
	虚拟机-5	Windows Server 2008	172.16.3.3/24
	虚拟机-6	Windows Server 2008	172.16.3.4/24
PC-4	Server2	Windows XP	192.168.1.2/24
	虚拟机-7	Linux-5 server	192.168.1.3/24

（三）项目实施

1. 在 PC-3 上利用 VMware workstation 软件，安装 Windows2008 server，配置虚拟主机-5，IP 地址为 172.16.3.3/24，设置 IIS 服务，设置主机域名为 www.domain.com,，网页的主目录为 c:/www，设置该站点首页内容信息为本次比赛的名称，最终实现在内网浏览器上通过该地址可以访问到该网页。

2. 在 PC-3 上，配置虚拟主机-5，设置 DNS 服务，创建域 ack.com，根据需要进行相应正反主机记录，创建域 domain.com，实现 WWW 服务的域名解析。

3. 在 PC-3 上，配置虚拟主机-6,IP 地址为 172.16.3.4/24，设置 ftp 服务，站点名称为 ftp，允许匿名用户访问公共文件夹 D:\share 下的资源，匿名用户可以进行文件上传与下载；设置 DHCP 服务，为 VLAN10 的主机分配 IP 地址。

4. 在 PC-4 上利用 VMware workstation 软件，安装 RedHat AS 5 Linux sever，配置虚拟主机-7，虚拟机名称为 redhat，且虚拟机位置为 F:\ Redhat，密码为 redhat，第一分区为/boot，分区大小 100M；第二分区为 swap 分区，分区大小 500M；第三分区为/，分区大小 5G。

5．在虚拟主机-7 上设置 IP 地址为 192.168.1.3/24，配置 Samba 共享，共享文件夹为/home 下的 web1；建立用户 test，分别对应上述文件夹，密码 123456 权限 rwx。用户属 test 组。从 WIN Server 系统下向共享文件夹拷贝 web1.html 文件。

6. 在虚拟主机-7 上配置 DNS 正反向文件，添加域为 ftp.domain.com（172.16.47.3/28）、test.com（172.16.47.3/28），并添加所需指针记录。

7．在虚拟主机-7 上配置 WEB 站点，在/var/www 目录下面创建 web1 作为网站的家目录，对应“测试页 1”作为网站的内容，实现通过 web1.test.com 可以访问，并通过用户 test 验证才能访问。

8．在虚拟主机-7 上配置 VSFTP 服务，设置匿名 VSFTP。也可以直接使用 ftp.domain.com 域名进行登陆，匿名用户有文件上传和下载权限。

第三部分　实训其他要求

说明：除网络组建项目、服务器配置及应用项目外，其它分值分配如下：

1．相关文档的准确性与规范性，占 5%；

2．团队风貌、团队协作与沟通、组织与管理能力和工作计划性等，占 5%。

3．所有项目完成后，在网络设备上分别执行如下操作：

（1）R2801-A

show run、show ip route、show ip ospf neighbor

（2）R2801-B

show run、show ip route、show ip ospf neighbor

（3）S3560-A

show run、show vlan、show spanning-tree mst、show ip route、show vrrp、show ip dhcp binding

（4）S3560-B

show run、show vlan、show spanning-tree mst、show ip route、show vrrp

（5）S2960-A、S2960-B、S2960-C

show run、show vlan

（6）在虚拟机-1 上分别 ping 192.168.1.3、ping 192.168.1.3

4．综合实训所需虚拟机、操作系统镜像等软件在各自 PC 机的 E 盘 Tools 目录下存放。

并将结果各自保存为设备名.txt 文件（例如“SW-1.txt”）。汇总后保存在 F 盘以自己实训小组编号命名文件夹的目录中。

二、网络设计与应用（实训题）-评分标准

项　目	标　准	分值	备注
一、网络部分（共 60 分）			
1．路由器 R2801-A 配置（10 分）			
1.1 路由器命名正确	配置正确得 0.25 分，没命名或命名错误不得分	0.25 分	
1.2 特权口令、console 密码配置正确	特权口令、console 密码配置正确各得 0.5 分，全部配置正确得 0.25 分，没有配置或错误不得分	0.25 分	
1.3 IP 地址配置正确	Fa0/0、Fa0/1、loopback0 及 S0/0/0 每个接口 ip 配置正确各得 0.25 分	1 分	
1.4 PPP 配置正确	S0/0/0 封装格式正确、验证方式正确、用户和密码正确各得 0.5 分	0.5 分	
1.5 RIP 路由协议配置正确	设置动态路由命令正确 0.25 分 及发布指定网段路由，每条命令 0.25 分	0.5 分	

续表

项　目	标　准	分值	备注
1.6 OSPF 路由协议配置正确	Router-id 配置正确 0.5 分 及发布指定网段路由，每条命令 0.5 分	1 分	
1.7 默认路由配置正确	默认路由配置正确得 0.5 分	0.5 分	
1.8 S0/0/0 接口类型、DR 选举正确	S0/0/0 接口类型和 DR 选举正确各得 0.5 分	0.5 分	
1.9 路由重分布正确	RIP 注入 OSPF 正确得 0.5 分 OSPF 注入 RIP 正确得 0.5 分 默认路由注入 OSPF 得 0.5 分 默认路由注入 RIP 得 0.5 分	2 分	
1.10 接口配置 RIP、OSPF 验证正确	接口配置 RIP、OSPF 验证正确各得 0.5 分	0.5 分	
1.11 NAT 配置正确	内网接口、外网接口指定正确各得 1 分 NAT 转换控制流正确得 0.5 分 PAT 地址转换正确得 0.5 分	2 分	
1.12 telnet 配置正确	ACL 配置正确和密码正确各得 0.5 分	0.5 分	
1.13 备份 IOS 正确	备份 IOS 及放置位置都正确得 0.5 分，否则不得分	0.5 分	
2．路由器 R2801-B 配置（10 分）			
2.1 路由器命名正确	配置正确得 0.5 分，没命名或命名错误不得分	0.5 分	
2.2 特权口令、console 密码配置正确	特权口令、console 密码配置正确各得 0.5 分，全部配置正确得 1 分，没有配置或错误不得分	1 分	
2.3 IP 地址配置正确	Fa0/0、Fa0/1、loopback0 及 S0/0/0 每个接口 ip 配置正确各得 0.25 分	2 分	
2.4 PPP 配置正确	S0/0/0 封装格式正确、验证方式正确、用户和密码正确各得 0.25 分	1.5 分	
2.5 OSPF 路由协议配置正确	Router-id 配置正确 0.5 分 及发布指定网段路由，命令正确 0.5 分 区域 1 汇总正确得 1 分	2 分	
2.6 S0/0/0 接口类型	S0/0/0 接口类型正确各得 0.5 分	0.5 分	
2.7 接口配置 OSPF 验证正确	接口配置 OSPF 验证正确各得 0.5 分	0.5 分	
2.8 访问控制列表	建立扩展访问列表，每个列表项目 0.25 分	1 分	
2.9 telnet 配置正确	ACL 配置正确和密码正确各得 0.5 分	1 分	
3．三层交换机 S3560-A 配置（15 分）			
3.1 交换机命名正确	没命名或命名错误不得分	0.5 分	
3.2 特权口令、console 密码配置正确	特权口令、console 密码配置正确各得 0.5 分，全部配置正确得 1 分，没有配置或错误不得分	1 分	
3.3 建立 VLAN、VTP 配置正确	建立 VLAN 正确得 0.25 分 VTP 模式、域名、密码配置正确各得 0.25 分	1 分	
3.4 启用三层功能、接口 IP 地址及三层 vlan 接口 IP 配置正确	启用交换机三层功能得 0.5 分 S3560-A 的 Fa0/24 接口 IP 地址配置正确得 0.5 分 每个 Vlan 接口 IP 配置正确各得 0.5 分（共三个）	2 分	
3.5 二层接口配置正确	Fa0/4、Fa0/5、Fa0/6 接口模式配置正确各得 0.5 分，接口配置错误一项该接口不得分	0.5 分	
3.6 链路聚合配置正确	设置接口及编组正确 0.5 分，接口模式及通道模式正确 0.5 分	1 分	
3.7 MSTP 配置正确	模式、域名及修订版本号、MST 实例、根桥选举正确各得 0.5 分	2 分	

续表

项 目	标 准	分值	备注
3.8 VRRP 配置正确	每个 VRRP 组虚拟 IP 地址、优先级、监听接口配置正确各得 0.5 分	1.5 分	
3.9 DHCP 配置正确	VLAN20:DHCP 地址池、网关地址、排除网关地址配置正确各得 1 分 VLAN10:中继配置正确得 0.5 分	1.5 分	
3.10 RIP 路由协议设置正确	设置路由协议命令正确 0.25 分 发布指定网段路由一条命令正确 0.25 分	1 分	
3.11 接口配置 RIP 验证正确	配置 RIP 验证模式、密码正常各得 0.5 分	1 分	
3.12 访问控制列表	建立扩展访问列表，每个列表项目 1 分	0.5 分	
3.13 telnet 配置正确	telnet 配置正确和密码正确各得 0.5 分	0.5 分	
3.14 备份 IOS 正确	备份 IOS 及放置位置都正确得 1 分，否则不得分	1 分	
4. 三层交换机 S3560-B 配置（10 分）			
4.1 交换机命名正确	没命名或命名错误不得分	0.5 分	
4.2 特权口令、console 密码配置正确	特权口令、console 密码配置正确各得 0.5 分，全部配置正确得 1 分，没有配置或错误不得分	1 分	
4.3 VTP 配置正确	VTP 模式、域名、密码配置正确得 1 分	1 分	
4.4 启用三层功能、接口 IP 地址及三层 vlan 接口 IP 配置正确	启用交换机三层功能得 1 分 S3560-B 的 Fa0/24 接口 IP 地址配置正确得 0.25 分 每个 Vlan 接口 IP 配置正确各得 0.25 分（共三个）	2 分	
4.5 二层接口配置正确	Fa0/4、Fa0/5、Fa0/7 接口模式配置正确各得 0.5 分，接口配置错误一项该接口不得分	1.5 分	
4.6 链路聚合配置正确	设置接口及编组正确 0.5 分，接口模式及通道模式正确 0.5 分	1 分	
4.7 MSTP 配置正确	模式、域名及修订版本号、MST 实例、根桥选举正确各 1 分	2 分	
4.8 VRRP 配置正确	每个 VRRP 组虚拟 IP 地址、优先级、监听接口配置正确得 1 分	1 分	
4.9 DHCP 中继配置正确	DHCP 中继配置得 1 分	1 分	
4.10 RIP 路由协议设置正确	设置路由协议命令正确 0.5 分 发布指定网段路由一条命令正确 0.25 分	1.5 分	
4.11 访问控制列表	建立扩展访问列表，每个列表项目 1 分	2 分	
4.12 telnet 配置正确	ACL 配置正确和密码正确得 0.5 分	0.5 分	
5. 二层交换机 S2960-A 配置（5 分）			
5.1 交换机命名	设置正确 0.5 分，没命名或命名错误不得分	0.5 分	
5.2 特权口令、console 密码配置正确	特权口令、console 密码全部配置正确各得 0.5 分，全部配置正确得 1 分，没有配置或错误不得分	0.5 分	
5.3 VTP 配置正确	VTP 模式、域名、密码配置正确得 0.5 分	0.5 分	
5.4 二层接口配置正确	Fa0/1、Fa0/4、Fa0/5 接口模式配置正确得 0.5 分	0.5 分	
5.5 端口安全配置正确	启用端口安全、允许主机访问数量、违规处理正确得 1 分	1 分	
5.6 MSTP 配置正确	模式、域名及 MST 实例、修订版本号设定正确各得 0.5 分	1.5 分	
5.7 边缘端口、BPDU 保护配置正确	边缘端口、BPDU 保护配置正确得 0.5 分	0.5 分	
6. 二层交换机 S2960-B 配置（5 分）			
6.1 交换机命名	设置正确 0.5 分，没命名或命名错误不得分	0.5 分	

续表

项　目	标　准	分值	备注
6.2 特权口令、console 密码配置正确	特权口令、console 密码全部配置正确得 0.5 分，没有配置或错误不得分	0.5 分	
6.3 VTP 配置正确	VTP 模式、域名、密码配置正确得 0.5 分	0.5 分	
6.4 创建 VLAN、二层接口配置正确	创建 VLAN 得 0.25 分 Fa0/1、Fa0/4、Fa0/5 接口模式配置正确得 0.25 分	0.5 分	
6.5 端口安全配置正确	启用端口安全、允许主机访问数量、违规处理正确得 1 分，错一处不得分	1 分	
6.6 MSTP 配置正确	模式、域名及 MST 实例、修订版本号设定正确各得 0.5 分	1.5 分	
6.7 边缘端口、BPDU 保护配置正确	边缘端口、BPDU 保护配置正确得 0.5 分	0.5 分	
7. 二层交换机 S2960-C 配置（5 分）			
7.1 交换机命名	设置正确 0.5 分，没命名或命名错误不得分	0.5 分	
7.2 特权口令、console 密码配置正确	特权口令、console 密码全部配置正确得 1 分，没有配置或错误不得分	0.5 分	
7.3 VTP 配置正确	VTP 模式、域名、密码配置正确得 1 分	1 分	
7.4 二层接口配置正确	Fa0/1、Fa0/6、Fa0/7 接口模式配置正确得 0.5 分	1 分	
7.5 端口安全配置正确	启用端口安全、允许主机访问数量、违规处理正确得 0.5 分	0.5 分	
7.6 MSTP 配置正确	模式、域名及 MST 实例、修订版本号设定正确得 1 分	1 分	
7.7 边缘端口、BPDU 保护配置正确	边缘端口、BPDU 保护配置正确得 0.5 分	0.5 分	
二、用户应用部分（共 10 分）			
1. 系统公共配置部分（10 分）			
1.1 所有 pc 机 IP、掩码、网关、DNS 正确	IP 正确 0.25 分，掩码正确 0.25 分，网关正确 0.25 分，DNS 正确 0.25 分	1 分	
1.2 PC-2 上建有 F：\参赛号文件夹并保存有 R2801-A.txt、S3560-A.txt 等五个文件	文件夹中 7 个文件名正确，每个文件 0.5 分， 没有在规的文件夹中存放，此项不得分	3.5 分	
1.3 S3560-A、S3560-B、R2801-A、R2801-B 可以通过 telnet 登录	登录正确 0.5 分	0.5 分	
1.4 在 PC-2 上 F 盘中有\参赛号文件夹并保存有 R2801-A、S3560-A 的 IOS 文件	保存正确 1 分，名称正确 1 分	2 分	
1.5 设备连通测试 ping192.168.1.3 ping 172.16.3.4	每项 ping 通共得分 0.5 分	0.5 分	
1.6 虚拟机-1 不能使用 http://172.16.3.3 打开 web 服务器上的网页	打开指定网页 0.5 分	0.5 分	
1.7 虚拟机-1 能使用 FTP 服务访问 172.16.3.4 上 D:\share 的资源	打开指定 FTP 服务器目录资源得 0.5 分	0.5 分	
1.8 PC-2 能使用 www.domain.com 打开 web 服务器上的网页	访问成功 1 分	0.5 分	
1.9 PC-1 能远程访问FTP 服务 ftp://172.16.3.4 实现文件上传和下载	能登录远程 FTP 服务器得 1 分	1 分	
三、Windows 服务器部分（共 15 分）			
1. WEB 服务器设置（5 分）			
1.1 PC-3（本机）IP（172.16.3.2/24）掩码（255.255.255.255.0）、网关（172.16.3.254）正确	IP、掩码、网关正确 1 分，任错一处不得分	1 分	

续表

项　目	标　准	分值	备注
1.2windows 2003 虚拟机网卡 IP、掩码（IP1：172.16.3.3/24　IP2：172.16.3.4/24）网关（172.16.3.254/24）、DNS（172.16.3.3）设置正确	IP、掩码、网关、dns 正确 1 分，任错一处不得分	1 分	
1.3 web 配置 IIS 服务安装及配置正确	配置正确 1 分，任错一处不得分	1 分	
1.4 web 服务的主目录为 C：\www 设置正确，且目录存在.	主目录配置正确 1 分，任错一处不得分	1 分	
1.5 使用软件建立 index.htm 格式正确	主页格式设置正确 0.5 分	0.5 分	
1.6 web 服务的主页文档 index.htm 设置正确，且可访问	能正常访问 0.5 分	0.5 分	
2．安装域名（DNS）服务（5 分）			
2.1 DNS 服务 IP 地址 172.16.3.3 域名设置正确	域名设置正确 1 分	1 分	
2.2 DNS 服务器安装及正反向查找区域的配置正确	IP 地址设置正确 2 分	2 分	
2.3 DNS 服务器能正常提供域名服务，工作正常	服务工作正常 2 分	2 分	
3．FTP 服务器设置（5 分）			
3.1 FTP 服务器（本机）IP、掩码（172.16.3.4/24）、网关（172.16.3.254）设置正确	IP、掩码、网关正确 1 分，任错一处不得分	1 分	
3.2 FTP 服务器的安装及配置正确	安装正确 1 分	1 分	
3.3 FTP 服务器的新建站点名为：ftp	配置名称正确 1 分	1 分	
3.4 FTP 服务的新建站点目录为 D:\share 设置正确，且目录存在.	站点目录正确 1 分	1 分	
3.5 FTP 服务的新建站点允许匿名连接权限为读写	能正确运行登录到桌面，正常操作 1 分	1 分	
四、Linux 服务器部分（共 15 分）			
1．Linuxa 安装设置（3 分）			
1.1 Linux 服务器网卡 IP、掩码（192.168.1.3/24）、网关（192.168.1.254）设置正确	IP、掩码、网关正确 0.5 分，任错一处不得分	0.5 分	
1.2 虚拟机名称为 redhat，且虚拟机位置为 f:\ redhat	名称、位置正确 0.5 分，任错一处不得分	0.5 分	
1.3 管理员用户名：root；密码设置为：redhat	管理员账号、密码正确 0.5 分	0.5 分	
1.4 虚拟磁盘大小设为: /boot:100M swap:/500M 根/:5G	虚拟磁盘大小设置正确 1 分	1 分	
1.5 虚拟机安装 redhat 系统正确运行	系统运行正常 0.5 分	0.5 分	
2．Linux　samba 服务器设置（5 分）			
2.1 在/home 下的 web1:有创建用户 test，且密码 123456 权限 rwx。用户属 test 组。	名称、位置正确 1 分	1 分	
2.2 安装 samba 软件包:	安装 samba 软件包正确 1 分	1 分	
2.3 samba 服务状态查询:	samba 服务启动正常 0.5 分	0.5 分	
2.4 设置 Smb 主配置文件:	samba 主配置文件配置正确 2 分	2 分	
2.5 从 WIN Server 系统下向共享文件夹拷贝 web1.html 文件	拷贝成功 0.5 分	0.5 分	
3．Linux　web 服务器设置（5 分）			
3.1 安装 httpd 软件包:	安装 httpd 软件包正确 1 分	1 分	
3.2 httpd 服务状态查询:	httpd 服务启动正常 0.5 分	0.5 分	
3.3 设置 web 主配置文件:	web 主配置文件配置正确 2 分	2 分	
3.4 在本机 hosts 里面添加主机记录:	hosts 里面添加主机记录正确 1 分	1 分	
3.5 做测试页:	本机能正常访问 web 站点 0.5 分	0.5 分	

续表

项　目	标　准	分值	备注
4. Linux　ftpd 服务器设置（2 分）			
4.1 安装 ftpd 软件包:	安装 ftpd 软件包正确 0.5 分	0.5 分	
4.2 ftpd 服务状态查询:	ftpd 服务启动正常 0.5 分	0.5 分	
4.3 设置 frpd 主配置文件:	ftpd 主配置文件配置正确 0.5 分	0.5 分	
4.4 验证 frp 服务	显示、上传、下载正确 0.5 分	0.5 分	
合计	100 分	总分:	

三、网络设计与应用（实训题）-评分细则

二、评分细则

组号：________ 签字：__

项　目	分值	得分	小计
一、网络部分（共 60 分）			
1. 路由器 R2801-A 配置（10 分）			
1.1 路由器命名　Router(config)#hostname R2801-A	0.25 分		
1.2 特权口令、console 密码配置正确（特权口令或 console 密码正确各 0.25 分/项） R2801-A(config) #enable password CISCO R2801-A(config) #line console 0 R2801-A(config-line) #password cisco R2801-A(config-line) #login	0.25 分		
1.3 IP 地址配置正确（ 每个 IP 配置正确各 0.25 分/项） R2801-A(config)#int fastEthernet 0/0 R2801-A(config-if)#ip address 172.16.4.1 255.255.255.252 R2801-A(config-if)#no shutdown R2801-A(config)#int fastEthernet 0/1 R2801-A(config-if)#ip address 172.16.5.1 255.255.255.0 R2801-A(config-if)#no shutdown R2801-A(config)#int serial 0/0/0 R2801-A(config-if)#ip address 172.18.0.1 255.255.255.252 R2801-A(config-if)#clock rate 64000 R2801-A(config-if)#no shutdown R2801-A(config)#int loopback 0 R2801-A(config-if)#ip address 202.139.47.1 255.255.255.0	1 分		
1.4 PPP 配置正确（封装格式正确、验证方式正确、用户和密码正确得 0.5 分/项） R2801-A(config)#int serial 0/0/0 R2801-A(config-if)#encapsulation ppp R2801-A(config-if)#ppp authentication chap R2801-A(config-if)#ppp chap hostname R2801-A R2801-A(config-if)#no shutdown R2801-A(config)#username R2801-B password 123456	0.5 分		
1.5 RIP 路由协议配置正确（设置动态路由命令正确 0.25 分及指定网段路由两条命令，命令正确 0.25 分/项） R2801-A(config)#router rip R2801-A(config-router)#version 2 R2801-A(config-router)#no auto-summary R2801-A(config-router)#network 172.16.4.0 R2801-A(config-router)#network 172.16.5.0	0.5 分		

续表

项　目	分值	得分	小计
1.6 OSPF 路由协议配置正确（Router-id 配置正确 0.5 分及发布指定网段路由命令 0.5 分） R2801-A(config)#router ospf 1 R2801-A(config-router)#router-id 1.1.1.1 R2801-A(config-router)#network 172.18.0.1 0.0.0.0 area 0	1 分		
1.7 默认路由配置正确　0.5 分/项 R2801-A(config)#ip route 0.0.0.0 0.0.0.0 loopback 0	0.5 分		
1.8 S0/0/0 接口类型、DR 选举正确 R2801-A(config)#int serial 0/0/0 R2801-A(config-if)#ip ospf network broadcast R2801-A(config-if)#ip ospf priority 255	0.5 分		
1.9 路由重分布正确（RIP 注入 OSPF 正确得 0.5 分、OSPF 注入 RIP 正确得 0.5 分、默认路由注入 OSPF 得 0.5 分、默认路由注入 RIP 得 0.5 分） R2801-A(config)#router ospf 1 R2801-A(config-router)#redistribute rip subnets metric 100 R2801-A(config)#router rip R2801-A(config-router)#redistribute ospf 1 metric 5 R2801-A(config)#router ospf 1 R2801-A(config-router)#redistribute static subnets metric 200 2801-A(config)#router rip R2801-A(config-router)#redistribute static metric 6	2 分		
1.10 接口配置 RIP、OSPF 验证正确（RIP、OSPF 配置正确得 0.5 分/项） R2801-A(config)#key chain 1 R2801-A(config-keychain)#key 1 R2801-A(config-keychain-key)#key-string cisco123 R2801-A(config)#int fastEthernet 0/0 R2801-A(config-if)#ip rip authentication key-chain 1 R2801-A(config-if)#ip rip authentication mode text R2801-A(config)#int serial 0/0/0 R2801-A(config-if)#ip ospf authentication message-digest R2801-A(config-if)#ip ospf authentication-key abcd	0.5 分		
1.11 NAT 配置正确（内网接口、外网接口指定正确得 1 分，NAT 转换控制流正确得 0.5 分，PAT 地址转换正确得 0.5 分） R2801-A(config)#int loopback 0 R2801-A(config-if)#ip address 202.139.47.1 255.255.255.0 R2801-A(config-if)#ip nat outside R2801-A(config)#int range fastEthernet 0/0 - 1 R2801-A(config-if-range)#ip nat inside R2801-A(config)#int serial 0/0/0 R2801-A(config-if)#ip nat inside R2801-A(config)#access-list 1 permit 172.16.1.0 0.0.0.255 R2801-A(config)#access-list 1 permit 172.16.2.0 0.0.0.255 R2801-A(config)#access-list 1 permit 192.168.1.0 0.0.0.255 R2801-A(config)#ip nat inside source list 1 interface loopback 0 overload	2 分		
1.12 telnet 配置正确（ACL 配置正确和密码正确得 0.5 分） R2801-A(config)#access-list 10 permit 172.16.1.0 0.0.0.255 R2801-A(config)#access-list 10 permit 172.16.2.0 0.0.0.255 R2801-A(config)#access-list 10 deny any R2801-A(config)#line vty 0 4 R2801-A(config-line)#password 123cisco R2801-A(config-line)#login R2801-A(config-line)#access-class 10 in	0.5 分		

续表

项　目	分值	得分	小计
1.13 备份 IOS 正确（备份 IOS 及放置位置都正确得 0.5 分，否则不得分） S3560-A#copy flash:R2801.bin tftp 填写 PC-2 IP 地址，保存到盘以自己参赛编号为文件夹的目录中为正确	0.5 分		
2．路由器 R2801-B 配置（10 分）			
2.1 路由器命名　Router(config)#hostname R2801-B	0.5 分		
2.2 特权口令、console 密码配置正确（特权口令或 console 密码正确各 0.5 分/项） R2801-B(config)#enable password CISCO R2801-B(config)#line console 0 R2801-B(config-line)#password cisco R2801-B(config-line)#login	1 分		
2.3 IP 地址配置正确（ 每个 IP 配置正确各 0.5 分/项） R2801-B(config)#int serial 0/0/0 R2801-B(config-if)#ip address 172.18.0.2 255.255.255.252 R2801-B(config-if)#clock rate 64000 R2801-B(config-if)#no shutdown R2801-B(config)#int fastEthernet 0/0 R2801-B(config-if)#ip address 192.168.1.254 255.255.255.0 R2801-B(config-if)#no shutdown R2801-B(config)#int loopback 0 R2801-B(config-if)#ip address 172.17.0.1 255.255.255.0 R2801-B(config-if)#no shutdown R2801-B(config)#int loopback 1 R2801-B(config-if)#ip address 172.17.1.1 255.255.255.0 R2801-B(config-if)#no shutdown R2801-B(config)#int loopback 2 R2801-B(config-if)#ip address 172.17.2.1 255.255.255.0 R2801-B(config-if)#no shutdown R2801-B(config)#int loopback 3 R2801-B(config-if)#ip address 172.17.3.1 255.255.255.0 R2801-B(config-if)#no shutdown	2 分		
2.4 PPP 配置正确（封装格式正确、验证方式正确、用户和密码正确各得 0.25 分/项） R2801-B(config)#int serial 0/0/0 R2801-B(config-if)#encapsulation ppp R2801-B(config-if)#ppp authentication chap R2801-B(config-if)#ppp chap hostname R2801-B R2801-B(config-if)#no shutdown R2801-B(config-if)#exit R2801-B(config)#username R2801-A password 123456	1.5 分		
2.5 OSPF 路由协议配置正确（Router-id 配置正确 0.5 分及发布指定网段路由命令正确 0.5 分，区域汇总命令正确得 1 分） R2801-B(config)#router ospf 1 R2801-B(config-router)#router-id 2.2.2.2 R2801-B(config-router)#network 172.18.0.2 0.0.0.0 area 0 R2801-B(config-router)#network 172.17.0.1 0.0.0.0 area 1 R2801-B(config-router)#network 172.17.1.1 0.0.0.0 area 1 R2801-B(config-router)#network 172.17.2.1 0.0.0.0 area 1 R2801-B(config-router)#network 172.17.3.1 0.0.0.0 area 1 R2801-B(config-router)#network 192.168.1.254 0.0.0.0 area 2 R2801-B(config-router)#area 1 range 172.17.0.0 255.255.252.0	2 分		

续表

项　目	分值	得分	小计
2.6 S0/0/0 接口类型正确　0.5 分 R2801-B(config)#int serial 0/0/0 R2801-B(config-if)#ip ospf network broadcast R2801-B(config-if)#no shutdown	0.5 分		
2.7 接口 OSPF 验证正确（OSPF 配置正确得 0.5 分/项） R2801-B(config)#int serial 0/0/0 R2801-B(config-if)#ip ospf authentication message-digest R2801-B(config-if)#ip ospf authentication-key abcd	0.5 分		
2.8 访问控制列表配置正确（时间配置确定得 0.25 分，acl 配置正确得 0.5 分，应用接口正确得 0.25 分） R2801-B(config)#time-range linux R2801-B(config-time-range)#periodic weekdays 8:30 to 17:30 R2801-B(config-time-range)#exit R2801-B(config)#access-list 100 permit tcp 172.16.1.0 0.0.0.255　host 192.168.1.3 eq 80 time-range linux R2801-B(config)#access-list 100 permit tcp 172.16.1.0 0.0.0.255　host 192.168.1.3 eq 20 time-range linux R2801-B(config)#access-list 100 permit tcp 172.16.1.0 0.0.0.255　host 192.168.1.3 eq 21 time-range linux R2801-B(config)#int fastEthernet 0/0 R2801-B(config-if)#ip access-group 100 out R2801-B(config-if)#exit	1 分		
2.9 telnet 配置正确（ACL 配置正确和密码正确得 0.5 分） R2801-B(config)#access-list 10 permit 172.16.1.0 0.0.0.255 R2801-B(config)#access-list 10 permit 172.16.2.0 0.0.0.255 R2801-B(config)#access-list 10 deny　any R2801-B(config)#line vty 0 4 R2801-B(config-line)#access-class 10 in R2801-B(config-line)#password 123cisco R2801-B(config-line)#login	0.5 分		
3．三层交换机 S3560-A 配置（15 分）			
3.1 交换机命名正确　Switch(config)#hostname S3560-A	0.5 分		
3.2 特权口令、console 密码配置正确（特权口令或 console 密码正确各 0.5 分/项） S3560-A(config)#enable password CISCO S3560-A(config)#line console 0 S3560-A(config-line)#password cisco S3560-A(config-line)#login S3560-A(config-line)#exit	1 分		
3.3 建立 VLAN、VTP 配置正确（建立 VLAN、VTP 正确各 0.5 分/项） S3560-A(config)#vlan 10　S3560-A(config-vlan)#exit S3560-A(config)#vlan 20　S3560-A(config-vlan)#exit S3560-A(config)#vlan 30　S3560-A(config-vlan)#exit S3560-A(config)#vtp mode server S3560-A(config)#vtp domain cisco.com S3560-A(config)#vtp password 123	1 分		

续表

<table>
<tr><th>项　目</th><th>分值</th><th>得分</th><th>小计</th></tr>
<tr><td>3.4 启用三层功能　1分
S3560-A(config)#ip routing
接口IP地址及三层vlan接口IP配置正确（每个IP配置正确各0.5分/项）
S3560-A(config)#int vlan 10
S3560-A(config-if)#ip address 172.16.1.252 255.255.255.0
S3560-A(config-if)#no shutdown
S3560-A(config)#int vlan 20
S3560-A(config-if)#ip address 172.16.2.252 255.255.255.0
S3560-A(config-if)#no shutdown
S3560-A(config)#int vlan 30
S3560-A(config-if)#ip address 172.16.3.252 255.255.255.0
S3560-A(config-if)#no shutdown
S3560-A(config)#int fastEthernet 0/24
S3560-A(config-if)#no switchport
S3560-A(config-if)#ip address 172.16.4.2 255.255.255.252
S3560-A(config-if)#no shutdown</td><td>2分</td><td></td><td rowspan="4"></td></tr>
<tr><td>3.5 二层接口配置正确（每个接口配置正确0.5分/项，任错一项不得分）
S3560-A(config)#int fastEthernet 0/4
S3560-A(config-if)#switchport trunk encapsulation dot1q
S3560-A(config-if)#switchport mode trunk
S3560-A(config-if)#switchport trunk allowed vlan 10
S3560-A(config-if)#no shutdown
S3560-A(config)#int fastEthernet 0/5
S3560-A(config-if)#switchport trunk encapsulation dot1q
S3560-A(config-if)#switchport mode trunk
S3560-A(config-if)#switchport trunk allowed vlan 20
S3560-A(config-if)#no shutdown
S3560-A(config)#int fastEthernet 0/6
S3560-A(config-if)#switchport trunk encapsulation dot1q
S3560-A(config-if)#switchport mode trunk
S3560-A(config-if)#switchport trunk allowed vlan 30
S3560-A(config-if)#no shutdown</td><td>0.5分</td><td></td></tr>
<tr><td>3.6 链路聚合配置正确（接口及编组正确0.5分，接口模式及通道模式正确0.5分）
S3560-A(config)#int port-channel 1
S3560-A(config-if)#switchport trunk encapsulation dot1q
S3560-A(config-if)#switchport mode trunk
S3560-A(config-if)#switchport trunk allowed vlan all
S3560-A(config-if)#no shutdown
S3560-A(config)#int ran fastEthernet 0/2 - 3
S3560-A(config-if-range)#switchport trunk encapsulation dot1q
S3560-A(config-if-range)#channel-group 1 mode on
S3560-A(config-if-range)#no shutdown</td><td>1分</td><td></td></tr>
<tr><td>3.7 MSTP配置正确 (模式、域名及修订版本号、MST实例、根桥选举正确各0.5分/项)
S3560-A(config)#spanning-tree mode mst
S3560-A(config)#spanning-tree mst configuration
S3560-A(config-mst)#name cisco
S3560-A(config-mst)#revision 0
S3560-A(config-mst)#instance 1 vlan 10, 20
S3560-A(config-mst)#instance 2 vlan 30
S3560-A(config)#spanning-tree mst 1 root primary
S3560-A(config)#spanning-tree mst 2 root secondary</td><td>2分</td><td></td></tr>
</table>

续表

项　目	分值	得分	小计
3.8 VRRP 配置正确（每个 VRRP 组虚拟 IP 地址、优先级、监听接口配置正确各 0.5 分/项）			
S3560-A(config)#track 1 interface fastEthernet 0/24 line-protocol S3560-A(config)#int vlan 10 S3560-A(config-if)#vrrp 1 ip 172.16.1.254 S3560-A(config-if)#vrrp 1 priority 255 S3560-A(config-if)#vrrp 1 preempt S3560-A(config-if)#vrrp track 1 decrement 200 S3560-A(config)#int vlan 20 S3560-A(config-if)#vrrp 2 ip 172.16.2.254 S3560-A(config-if)#vrrp 2 priority 255 S3560-A(config-if)#vrrp 2 preempt S3560-A(config-if)#vrrp track 1 decrement 200 S3560-A(config)#int vlan 30 S3560-A(config-if)#vrrp 3 ip 172.16.3.254 S3560-A(config-if)#vrrp 3 preempt	1.5 分		
3.9 DHCP 配置正确（VLAN20:DHCP 地址池、网关地址、排除网关地址配置正确各得 0.5 分/项）			
S3560-A(config)#ip dhcp pool VLAN20 S3560-A(dhcp-config)#network 172.16.2.0 /24 S3560-A(dhcp-config)#default-router 172.16.2.254 S3560-A(config)#ip dhcp excluded-address 172.16.1.254 VLAN10:中继配置正确　　1 分/项 S3560-A(config)#int vlan 10 S3560-A(config-if)#ip helper-address 172.16.3.4	1.5 分		
3.10 RIP 路由协议设置正确（设置路由协议命令正确、发布指定网段路由一条命令正确各得 0.25 分/项）			
S3560-A(config)#router rip S3560-A(config-router)#version 2 S3560-A(config-router)#no auto-summary S3560-A(config-router)#network 172.16.1.0 S3560-A(config-router)#network 172.16.2.0 S3560-A(config-router)#network 172.16.3.0 S3560-A(config-router)#network 172.16.4.0	1 分		
3.11 接口配置 RIP 验证正确（配置 RIP 验证模式、密码正常各得 0.5 分/项）			
S3560-A(config)#key chain 1 S3560-A(config-keychain)#key 1 S3560-A(config-keychain-key)#key-string cisco123 S3560-A(config)#int fastEthernet 0/24 S3560-A(config-if)#ip rip authentication mode text S3560-A(config-if)#ip rip authentication key-chain 1	1 分		
3.12 访问控制列表配置正确			
S3560-A(config)#access-list 10 permit 172.16.1.0 0.0.0.255 S3560-A(config)#access-list 10 permit 172.16.2.0 0.0.0.255 S3560-A(config)#access-list 10 deny any	0.5 分		
3.13 Telnet 配置正确（ACL 配置正确和密码正确各得 0.25 分/项）			
S3560-A(config)#line vty 0 4 S3560-A(config-line)#access-class 10 in S3560-A(config-line)#password 123cisco S3560-A(config-line)#login	0.5 分		

续表

项　目	分值	得分	小计
3.14 备份 IOS 正确（备份 IOS 及放置位置都正确得 1 分，否则不得分） S3560-A#copy flash:s2560.bin tftp 填写 PC-2 IP 地址，保存到盘以自己参赛编号为文件夹的目录中为正确	0.5 分		
4．三层交换机 S3560-B 配置（10 分）			
4.1 交换机命名正确　　Switch(config)#hostname S3560-B	0.5 分		
4.2 特权口令、console 密码配置正确（特权口令或 console 密码正确各 0.5 分/项） S3560-B(config)#enable password CISCO S3560-B(config)#line console 0 S3560-B(config-line)#password cisco S3560-B(config-line)#login S3560-B(config-line)#exit	1 分		
4.3 VTP 配置正确（VTP 模式、密码、域名配置正确 1 分/项） S3560-B(config)#vtp mode client S3560-B(config)#vtp domain cisco.com S3560-B(config)#vtp password 123	1 分		
4.4 启用三层功能　　1 分 S3560-B(config)#ip routing 接口 IP 地址及三层 vlan 接口 IP 配置正确（ 每个 IP 配置正确各 0.25 分/项） S3560-B(config)# int vlan 10 S3560-B(config-if)#ip address 172.16.1.253 255.255.255.0 S3560-B(config-if)#no shutdown S3560-B(config)#int vlan 20 S3560-B(config-if)#ip address 172.16.2.253 255.255.255.0 S3560-B(config-if)#no shutdown S3560-B(config)#int vlan 30 S3560-B(config-if)#ip address 172.16.3.253 255.255.255.0 S3560-B(config-if)#no shutdown S3560-B(config)#int fastEthernet 0/24 S3560-B(config-if)#no switchport S3560-B(config-if)#ip address 172.16.5.2 255.255.255.252 S3560-B(config-if)#no shutdown	2 分		
4.5 二层接口配置正确（每个接口配置正确各 0.5 分/项） S3560-B(config)#int fastEthernet 0/5 S3560-B(config-if)#switchport trunk encapsulation dot1q S3560-B(config-if)#switchport mode trunk S3560-B(config-if)#switchport trunk allowed vlan 10 S3560-B(config-if)#no shutdown S3560-B(config)#int fastEthernet 0/4 S3560-B(config-if)#switchport trunk encapsulation dot1q S3560-B(config-if)#switchport mode trunk S3560-B(config-if)#switchport trunk allowed vlan 20 S3560-B(config-if)#no shutdown S3560-B(config)#int fastEthernet 0/7 S3560-B(config-if)#switchport trunk encapsulation dot1q S3560-B(config-if)#switchport trunk allowed vlan 30 S3560-B(config-if)#no shutdown	1.5 分		

续表

项　目	分值	得分	小计
4.6 链路聚合配置正确（接口及编组正确 0.5 分，接口模式及通道模式正确 0.5 分） S3560-B(config)#int port-channel 1 S3560-B(config-if)#switchport trunk encapsulation dot1q S3560-B(config-if)#switchport mode trunk S3560-B(config-if)#switchport trunk allowed vlan all S3560-B(config-if)#no shutdown S3560-B(config)#int ran fastEthernet 0/2 - 3 S3560-B(config-if-range)#switchport trunk encapsulation dot1q S3560-B(config-if-range)#channel-group 1 mode on S3560-B(config-if-range)#no shutdown	1 分		
4.7 MSTP 配置正确（模式、域名及修订版本号、MST 实例、根桥选举正确各 0.5 分/项） S3560-B(config)#spanning-tree mode mst S3560-B(config)#spanning-tree mst conf S3560-B(config-mst)#name cisco S3560-B(config-mst)#revision 0 S3560-B(config-mst)#instance 1 vlan 10,20 S3560-B(config-mst)#instance 2 vlan 30 S3560-B(config)#spanning-tree mst 1 root secondary S3560-B(config)#spanning-tree mst 2 root primary	2 分		
4.8 VRRP 配置正确（每个 VRRP 组虚拟 IP 地址、优先级、监听接口配置正确 1 分/项） S3560-A(config)#track 1 interface fastEthernet 0/24 line-protocol S3560-B(config)#int vlan 10 S3560-B(config-if)#vrrp 1 ip 172.16.1.254 S3560-B(config-if)#vrrp 1 preempt S3560-B(config)#int vlan 20 S3560-B(config-if)#vrrp 2 ip 172.16.2.254 S3560-B(config-if)#vrrp 2 preempt S3560-B(config)#int vlan 30 S3560-B(config-if)#vrrp 3 ip 172.16.3.254 S3560-B(config-if)#vrrp 3 priority 255 S3560-B(config-if)#vrrp track 1 decrement 200 S3560-B(config-if)#vrrp 3 preempt	1 分		
4.9 DHCP 中继配置正确　　1 分/项 S3560-B(config)#int vlan 10 S3560-B(config-if)#ip helper-address 172.16.3.4	1 分		
4.10 RIP 路由协议设置正确（设置路由协议命令正确 0.5 分、发布指定网段路由一条命令正确各得 0.25 分/项） S3560-B(config)#router rip S3560-B(config-router)#version 2 S3560-B(config-router)# no auto-summary S3560-B(config-router)#network 172.16.5.0 S3560-B(config-router)#network 172.16.1.0 S3560-B(config-router)#network 172.16.2.0 S3560-B(config-router)#network 172.16.3.0	1.5 分		

续表

项　目	分值	得分	小计
4.11 访问控制列表配置正确	2 分		
4.12 Telnet 配置正确（ACL 配置正确和密码正确各得 0.5 分/项） S3560-B(config)#access-list 10 permit 172.16.1.0 0.0.0.255 S3560-B(config)#access-list 10 permit 172.16.2.0 0.0.0.255 S3560-B(config)#access-list 10 deny any S3560-B(config)#line vty 0 4 S3560-B(config-line)#access-class 10 in S3560-B(config-line)#password 123cisco S3560-B(config-line)#login	0.5 分		
5．二层交换机 S2960-A 配置（5 分）			
5.1 交换机命名正确　Switch(config)#hostname S2960-A	0.5 分		
5.2 特权口令、console 密码配置正确（特权口令或 console 密码正确 0.5 分/项） S2960-A(config)#enable password CISCO S2960-A(config)#line console 0 S2960-A(config-line)#password cisco S2960-A(config-line)#login	1 分		
5.3 VTP 配置正确（VTP 模式、密码、域名配置正确 0.5 分/项） S2960-A(config)#vtp domain cisco.com S2960-A(config)#vtp mode client S2960-A(config)#vtp password 123	0.5 分		
5.4 二层接口配置正确（所有接口配置正确 1 分/项，错一项不得分） S2960-A(config)#int fastEthernet 0/4 S2960-A(config-if)#switchport mode trunk S2960-A(config-if)#switchport trunk allowed vlan 10 S2960-A(config-if)#no shutdown S2960-A(config)#int fastEthernet 0/5 S2960-A(config-if)#switchport mode trunk S2960-A(config-if)#switchport trunk allowed vlan 10 S2960-A(config-if)#no shutdown S2960-A(config)#int fastEthernet 0/1 S2960-A(config-if)#switchport mode access S2960-A(config-if)#switchport access vlan 10 S2960-A(config-if)#no shutdown	1 分		
5.5 端口安全配置正确（启用端口安全、允许主机访问数量、违规处理正确得 1 分/项，错一处不得分） S2960-A(config)#int fastEthernet 0/1 S2960-A(config-if)#switchport port-security S2960-A(config-if)#switchport port-security maximum 3 S2960-A(config-if)#switchport port-security mac-address sticky S2960-A(config-if)#switchport port-security violation shutdown S2960-A(config-if)#no shutdown	1 分		
5.6 MSTP 配置正确（模式、域名及修订版本号、MST 实例各 0.5 分/项） S2960-A(config)#spanning-tree mode mst S2960-A(config)#spanning-tree mst configuration S2960-A(config-mst)#name cisco S2960-A(config-mst)#revision 0 S2960-A(config-mst)#instance 1 vlan 10,20 S2960-A(config-mst)#exit	1.5 分		

续表

项　目	分值	得分	小计
5.7 边缘端口、BPDU 保护配置正确（边缘端口、BPDU 保护配置正确得 0.5 分/项，错一处不得分） S2960-A(config)#int fastEthernet 0/1 S2960-A(config-if)#spanning-tree portfast S2960-A(config-if)#spanning-tree bpduguard enable S2960-A(config-if)#no shutdown S2960-A(config-if)#exit	0.5 分		
6．二层交换机 S2960-B 配置（5 分）			
6.1 交换机命名正确　Switch(config)#hostname S2960-B	0.5 分		
6.2 特权口令、console 密码配置正确（特权口令或 console 密码正确 0.5 分/项） S2960-B(config)#enable password CISCO S2960-B(config)#line console 0 S2960-B(config-line)#password cisco S2960-B(config-line)#login	0.5 分		
6.3 VTP 配置正确（VTP 模式、密码、域名配置正确 0.5 分/项） S2960-B(config)#vtp mode transparent S2960-B(config)#vtp domain cisco.com S2960-B(config)#vtp password 123	0.5 分		
6.4 创建 VLAN、二层接口配置正确（创建 VLAN 正确 0.25 分，每个接口配置正确各 0.25 分/项） S2960-B(config)#int fastEthernet 0/4 S2960-B(config-if)#switchport mode trunk S2960-B(config-if)#switchport trunk allowed vlan 20 S2960-B(config-if)#no shutdown S2960-B(config)#int fastEthernet 0/5 S2960-B(config-if)#switchport mode trunk S2960-B(config-if)#switchport trunk allowed vlan 20 S2960-B(config-if)#no shutdown S2960-B(config)#vlan 20 S2960-B(config)#int fastEthernet 0/1 S2960-B(config-if)#switchport mode access S2960-B(config-if)#switchport access vlan 20 S2960-B(config-if)#no shutdown	0.5 分		
6.5 端口安全配置正确（启用端口安全、允许主机访问数量、违规处理正确得 1 分/项） S2960-B(config)#int fastEthernet 0/1 S2960-B(config-if)#switchport port-security S2960-B(config-if)#switchport port-security maximum 3 S2960-B(config-if)#switchport port-security mac-address sticky S2960-B(config-if)#switchport port-security violation shutdown S2960-B(config-if)#no shutdown	1 分		
6.6 MSTP 配置正确（模式、域名及修订版本号、MST 实例各 0.5 分/项） S2960-B(config)#spanning-tree mode mst S2960-B(config)#spanning-tree mst configuration S2960-B(config-mst)#name cisco S2960-B(config-mst)#revision 0 S2960-B(config-mst)#instance 1 vlan 10,20	1.5 分		

续表

项目	分值	得分	小计
6.7 边缘端口、BPDU 保护配置正确（边缘端口、BPDU 保护配置正确得 0.5 分/项） S2960-B(config)#int fastEthernet 0/1 S2960-B(config-if)#spanning-tree portfast S2960-B(config-if)#spanning-tree bpduguard enable S2960-B(config-if)#no shutdown	0.5 分		
7．二层交换机 S2960-C 配置（5 分）			
7.1 交换机命名正确 Switch(config)#hostname S2960-C	0.5 分		
7.2 特权口令、console 密码配置正确（特权口令或 console 密码正确 1 分/项） S2960-C(config)#enable password CISCO S2960-C(config)#line console 0 S2960-C(config-line)#password cisco S2960-C(config-line)#login	1 分		
7.3 VTP 配置正确（VTP 模式、密码、域名配置正确 1 分/项） S2960-C(config)#vtp mode client S2960-C(config)#vtp domain cisco.com S2960-C(config)#vtp password 123	1 分		
7.4 二层接口配置正确（每个接口配置正确 0.5 分/项） S2960-C(config)#int fastEthernet 0/6 S2960-C(config-if)#switchport mode trunk S2960-C(config-if)#switchport trunk allowed vlan 30 S2960-C(config-if)#no shutdown S2960-C(config)#int fastEthernet 0/7 S2960-C(config-if)#switchport mode trunk S2960-C(config-if)#switchport trunk allowed vlan 30 S2960-C(config-if)#no shutdown S2960-C(config)#int fastEthernet 0/1 S2960-C(config-if)#switchport mode access S2960-C(config-if)#switchport access vlan 30 S2960-C(config-if)#no shutdown	0.5 分		
7.5 端口安全配置正确（启用端口安全、允许主机访问数量、违规处理正确得 0.5 分/项） S2960-C(config)#int fastEthernet 0/1 S2960-C(config-if)#switchport port-security S2960-C(config-if)#switchport port-security mac-address sticky S2960-C(config-if)#switchport port-security maximum 3 S2960-C(config-if)#switchport port-security violation shutdown S2960-C(config-if)#no shutdown	0.5 分		
7.6 MSTP 配置正确（模式、域名及修订版本号、MST 实例正确 1 分/项） S2960-C(config)#spanning-tree mode mst S2960-C(config)#spanning-tree mst configuration S2960-C(config-mst)#name cisco S2960-C(config-mst)#revision 0 S2960-C(config-mst)#instance 2 vlan 30	1 分		
7.7 边缘端口、BPDU 保护配置正确（边缘端口、BPDU 保护配置正确得 0.5 分/项） S2960-C(config)#int fastEthernet 0/1 S2960-C(config-if)#spanning-tree portfast S2960-C(config-if)#spanning-tree bpduguard enable S2960-C(config-if)#no shutdown	0.5 分		

续表

项　　目	分值	得分	小计
二、系统公共配置及应用部分（共 10 分）			
1.1 所有 pc 机 IP、掩码、网关、DNS 正确（每项均正确 0.1 分）	1 分		
1.2 PC-2 上建有 F：\参赛号文件夹并保存有 R2801-A.txt、S3560-A.txt 等七个文件	3.5 分		
1.3 S3560-A、S3560-B、R2801-A、R2801-B 可以通过 telnet 登录进行管理	0.5 分		
1.4 在 PC-2 上 F 盘中有\参赛号文件夹并保存有 R2801-A、S3560-A 的 IOS 文件	2 分		
1.5 设备连通测试 ping192.168.1.3 ping 172.16.3.4	0.5 分		
1.6 虚拟机-1 不能使用 http://172.16.3.3 打开 web 服务器上的网页	0.5 分		
1.7 虚拟机-1 能使用 FTP 服务访问 172.16.3.4 上 D:\share 的资源	0.5 分		
1.8 PC-2 能使用 http://172.16.3.3 打开 web 服务器上的网页	0.5 分		
1.9 PC-1 能远程访问 FTP 服务 ftp://172.16.3.4 实现文件上传和下载	1 分		
三、Windows 服务器部分（共 15 分）			
1．WEB 服务器及虚拟机 1-2 设置（5 分）			
1.1 PC-3（本机）IP、掩码（172.16.3.2/24）、网关（172.16.3.254）正确	1 分		
1.2 windows 2003 虚拟机网卡 IP、掩码（IP1：172.16.3.3/24 IP2：172.16.3.4/24）网关（172.16.3.254/24）、DNS（172.16.3.3）设置正确	1 分		
1.3 web 配置 IIS 服务安装及配置正确	1 分		
1.4 web 服务的主目录为 C：\www 设置正确，且目录存在.	1 分		
1.5 使用软件建立 index.htm 格式正确	0.5 分		
1.6 web 服务的主页文档 index.htm 设置正确，且可访问	0.5 分		
2．安装域名（DNS）服务（5 分）			
2.1 DNS 服务 IP 地址 172.16.3.3 绑定域名设置正确	1 分		
2.2DNS 服务器安装及正反向查找区域的配置正确	2 分		
2.3 DNS 服务器能正常提供域名服务，工作正常	2 分		
3．FTP 服务器设置（5 分）			
3.1 FTP 服务器 IP、掩码（172.16.3.4/24）、网关（172.16.3.254）设置正确	1 分		
3.2 FTP 服务器的安装及配置正确	1 分		
3.3 FTP 服务器的新建站点名为：ftp	1 分		
3.4 FTP 服务的新建站点目录为 D:\share 设置正确，且目录存在.	1 分		
3.5 FTP 服务的新建站点允许匿名连接权限为读写	1 分		
四、Linux 服务器部分（共 15 分）			
1．Linux 安装设置（3 分）			
1.1 Linux 服务器网卡 IP、掩码（192.168.1.3/24）、网关（192.168.1.254）设置正确	0.5 分		
1.2 虚拟机名称为 redhat，且虚拟机位置为 f:\ redhat	0.5 分		
1.3 管理员用户名：root；密码设置为：redhat	0.5 分		
1.4 虚拟磁盘大小设为: /boot:100M swap:/500M 根/:5G	1 分		
1.5 虚拟机安装 redhat 系统正确运行	0.5 分		
2．Linux samba 服务器设置（5 分）			
2.1 在/home 下的 web1:有创建用户 test，且密码 123456 权限 rwx。用户属 test 组。	1 分		
2.2 安装 samba 软件包：samba-3.0.33-3.14.el5.i386.rpm samba-client-3.0.33-3.14.el5.i386.rpm samba-common-3.0.33-3.14.el5.i386.rpm samba-swat-3.0.33-3.14.el5.i386.rpm #rpm -qa | grep samba # chkconfig --list |grep smb	1 分		

续表

项　目	分值	得分	小计
2.3 samba 服务状态运行： #service samba restart #service samba status #smbpasswd -a test	0.5 分		
2.4 设置 Smb 主配置文件： #vim /etc/samba/smb.conf 在 smb.conf 中有 [web1] path = /home/web1 borwseable = yes write list = test writeable = no qw	2 分		
2.5 从 WIN Server 系统下向共享文件夹拷贝 web1.html 文件	0.5 分		
3．Linux　web 服务器设置（5 分）			
3.1 安装 httpd 软件包：httpd-2.2.3-31.el5.i386.rpm #httpd-manual-2.2.3-6.e15.i386.rpm #rpm -qa | grep httpd #chkconfig --list |grep httpd # chkconfig httpd on	1 分		
3.2 httpd 服务状态运行： #service httpd restart #service httpd status	0.5 分		
3.3 设置 web 主配置文件 #vim /etc/httpd/conf/httpd.conf NameVirtualHost 192.168.1.3 <VirtualHost　192.168.1.3> DocumentRoot /var/www/web1 ServerName　web1.test.com <Directory "/var/www/web1"> AllowOverride AuthConfig1 分 </Directory> </VirtualHost> #service httpd reload	2 分		
3.4 在本机 hosts 里面添加主机记录： #vim /etc/hosts 192.168.1.3　　web1.test.com	1 分		
3.5 做测试页： #echo "测试页 1" 》 /var/www/web1/index.html 验证方法：　在本机的浏览器中输入 http://web1.test.com	0.5 分		
4．Linux　ftpd 服务器设置（2 分）			
4.1 安装 ftpd 软件包：vsftpd-2.0.5-16.el5.i386.rpm #rpm -qa | grep ftpd #chkconfig --list |grep ftpd # chkconfig vsftpd on	0.5 分		

续表

项　目		分值	得分	小计
4.2 ftpd 服务状态查询: #service vsftpd restart #service vsftpd status		0.5 分		

4.3 设置 frpd 主配置文件:
#Vim /etc/vsftpd/vsftpd.conf
anonymous_enable=YES
anon_upload_enable=YES
#chmod 777 /var/ftp
		0.5 分		

4.4 验证 frp 服务	#ls -ld /var/ftp 能远程访问 FTP 服务　ftp://192.168.1.3	0.5 分		
查看结果:	如果显示 ftp 的内容能够浏览，试着上传文件，如果不成功，则实验成功，否则失败。			
	合计	100 分	总分:	

四、网络设计与应用（实训题）-评价表

（一）评判方法

1．评分应当本着公正、公平的原则，自始到终评分标准一致，避免有严有松。

2．应严格根据评分细则进行评判，不得随意给分。

3．先对每个小项目打分并填入表格，填写完毕计算小计分数，最后核算总分。

学生评价表单 5-1

教师对个人评价表					
责任教师		小组成员		教师签名	
评价内容	分值	得分	备注		
目标认知程度	5				
情感态度	5				
团队协作	5				
资讯材料的准备情况	5				
方案的制订	10				
方案的实施	45				
解决的实际问题	10				
安全操作、经济、环保	5				
技术文档分析	10				
合计	100				

小组长签字: ____________

小组评价表单 5-2

教师对小组评价表			
班级		组别	
责任教师		教师签名	
评价内容	分值	得分	备注
基本知识和技能水平	15		
方案设计能力	15		
任务完成情况	20		
团队合作能力	20		

续表

教师对小组评价表			
班级		组别	
工作态度	20		
任务完成情况演示	10		
合计	100		

小组成员签字：____________

成绩汇总表单 5-3

综合实训-成绩汇总表					
班级		组别		组员	
评价方式	个人自评	组内评价	教师评价	教师对小组评价	任务四评价总分数
评价分数					
评价系数	10%	30%	30%	30%	
汇总分数					
责任教师、组长、个人签名					

主持教师签字：__________

参 考 文 献

[1] [美]Priscilla Oppenheimer. 胡捷，毛用华译. 自顶向下网络设计. 北京：人民邮电出版社，2004.

[2] [美]Cisco Systems 公司. 思科网络技术学院教程 CCNP1 高级路由.第二版. 北京：人民邮电出版社，2005.

[3] 锐捷网络技术有限公司. 网络互联与实现. 北京：北京希望电子出版社，2007.

[4] 柳纯录. 信息系统项目管理师教程. 北京：清华大学出版社，2008.

[5] 邓拥军. 网络工程项目实践. 北京：清华大学出版社，2009.

[6] 桑世庆，卢晓慧. 交换机/路由器配置与管理. 北京：人民邮电出版社，2010.

[7] 杭州华三通信技术有限公司. IPv6 技术. 北京：清华大学出版社，2010.